Java EE 编程技术
(第 2 版)

主　编　温立辉
副主编　冯昭强　练敏灵　巫锦润

北京理工大学出版社
BEIJING INSTITUTE OF TECHNOLOGY PRESS

内 容 简 介

本教材共分11章，以Java EE技术体系为中心贯穿各章节，内容包括Java EE入门导论、Struts框架应用、Spring框架应用、Hibernate框架应用、MyBatis框架应用、版本管理工具应用、日志组件应用、单元测试技术、Java Web集成开发工具（IDE）、Web服务器配置与应用、UML统一建模语言、设计模式等。

本教材有配套的电子课件、章节源码、相关插件、工具包等，可在出版社网站下载使用。

本书适合计算机相关专业作为Java Web开发方向的专业课程教材，也可供技术人员阅读和参考。

图书在版编目（CIP）数据

Java EE编程技术 / 温立辉主编. —2版. —北京：北京理工大学出版社，2021.6（2024.7重印）

ISBN 978-7-5682-9446-1

Ⅰ.①J…　Ⅱ.①温…　Ⅲ.①JAVA语言-程序设计　Ⅳ.①TP312.8

中国版本图书馆CIP数据核字（2021）第005048号

责任编辑：王玲玲　　**文案编辑**：王玲玲
责任校对：刘亚男　　**责任印制**：李志强

出版发行 / 北京理工大学出版社有限责任公司
社　　址 / 北京市丰台区四合庄路6号
邮　　编 / 100070
电　　话 / （010）68914026（教材售后服务热线）
（010）68944437（课件资源服务热线）
网　　址 / http://www.bitpress.com.cn

版 印 次 / 2024年7月第2版第6次印刷
印　　刷 / 河北盛世彩捷印刷有限公司
开　　本 / 787 mm×1092 mm　1/16
印　　张 / 20
字　　数 / 466千字
定　　价 / 59.80元

前　言

中国共产党在第二十次全国代表大会上指出，教育、科技、人才是全面建设社会主义现代化国家的基础性、战略性支撑。必须坚持科技是第一生产力、人才是第一资源、创新是第一动力，深入实施科教兴国战略、人才强国战略、创新驱动发展战略，开辟发展新领域新赛道，不断塑造发展新动能新优势。

教材建设必须立足服务于党的教育事业，遵循党的教育方针，服务于国家经济建设，为社会各行业输送专门合格人才。软件工程是一门应用性非常强的学科，在人才培养过程中，应侧重培养学生的实践技能，使其掌握主流的软件应用技术。实践教学内容要符合培养高素质、国际化、工程化、创新性人才的目标要求，突出工程型人才培养模式的特点，在实际工程项目中培养学生职业能力，加强软件产品开发与应用的实践性，适应软件产业发展的需要。

本教材在第一版基础上进行修订，本次修订主要是针对企业、行业的最新岗位能力需求与教材中的知识、技能目标所存在的偏差，做相关的完善与补充。具体的修订内容主要体现在以下三大方面：①增加了重要技能模块：UML 建模技术、Web 服务器高级应用、IDE 集成开发工具企业级应用。②为每章增加了章节习题，增加课程趣味性，丰富学生的学习元素，增加教师授课的题材。③针对原教材使用过程中专业教师及学生反馈的问题做进一步的完善与处理。本次对原教材做了较大幅度的修订，使教材既体现岗位技能目标，又体现时代性。

本教材在修订过程中，着重突出职业教育的新理念，以就业为导向，以学生为主体，以能力为本位，积极倡导“做中学、学中做”的职业教育方式，注重学生的职业发展和职业素养的培养，教学内容积极与职业标准结合，反映产业升级和技术进步，以“技能必需和知识够用”为原则，体现信息技术产业特点，服务当代产业经济。

本教材修订后共 11 章，以 Java EE 技术体系为中心贯穿各章节。第 1 章为 Java EE 相关编程技术的入门导论，总述开发环境的搭建与 Java EE 领域的基础技术。第 2 章为 Struts 框架的应用，讲述 Struts2 框架的基本使用方法。第 3 章为 Spring 框架的应用，重点讲述 IoC 的依赖注入。第 4 章为 Hibernate 框架的使用，讲述自动化 ORM 框架操纵数据库的过程。第 5 章为 MyBatis 框架应用，讲述 MyBatis 框架的基本语法与编程配置。第 6 章为 SVN、CVS 版本管理工具的使用，讲述团队开发过程中版本管理的过程与步骤。第 7 章为日志模块的使用，介绍 Log4j 插件的使用方法。第 8 章为单元测试方法，介绍 Junit 技术的使用。第 9 章为 Java Web 集成开发工具（IDE），介绍 Eclipse 如何集成插件，进行 Web 应用开发。第 10 章为 Tomcat 服务器配置与应用，介绍 Tomcat 的核心配置及高级功能应用，如内存管理、多节点配置、远程项目部署等。第 11 章为 UML 建模语言，介绍常用的 UML 建模图形及其在实际开发中的应用。

针对高职学生动手能力较弱的问题，本教材在任务项目上设置较大的程序代码编写量，以求强化学生的编码能力；针对高职学生的知识体系及抽象能力较弱的特点，教材在表现形式上力求直观和新颖，图文并茂，绝大部分学生只要按照案例操作步骤，均可独立完成，易于学生的自我学习，以保证实操项目的质量与效果；同时，在语言文字上力求形象化、具体化、通俗易懂，以求达到与高职学生的抽象思维能力相匹配的目的。

本教材有配套的电子课件、章节源码、相关的插件、工具包等，所有资源均可在http://www.bitpress.com.cn下载。同时，本教材的教程内容为在线开放课程，所有章节均可通过https://mooc1.chaoxing.com/course/216817855.html平台进行在线学习。在本教材编写过程中，得到了编者所在学院领导和同事的帮助，他们提出了许多宝贵意见和建议，在此表示衷心的感谢。

由于时间仓促和编者水平有限，书中难免存在不妥或疏漏之处，敬请广大读者和专家不吝赐教。作者E-mail:wenlihui2004@163.com。

编者

目　　录

第 1 章

Java EE 入门导论

本章目标

知识目标

① 全面认识，了解 Java EE 体系结构。
② 了解 Java EE 的技术规范。
③ 掌握 Servlet 组件基本结构。
④ 认识 Filter 技术。
⑤ 掌握单例模式的应用。
⑥ 掌握工厂模式的应用。

能力目标

① 能够搭建起 Java EE 三层架构体系。
② 能够在 Web 应用中自定义 Servlet 组件。
③ 能够在 Web 应用中自定义 Filter 组件。
④ 能够根据实际场景选择合适的设计模式。

素质目标

① 具有良好的技能知识拓展能力。
② 具有良好的动手操作能力。
③ 具有严密的逻辑思维能力。
④ 养成严谨求实、专注执着的职业态度。
⑤ 具有程序开发人员的基本素养。

Java EE 历史背景概述

1.1 Java EE 概述

Java EE（Java Platform，Enterprise Edition）是 Sun 公司推出的企业级应用程序版本。这个版本以前称为 J2EE，其能够帮助我们开发和部署可移植、健壮、可伸缩且安全的服务器端 Java 应用程序。Java EE 是在 Java SE 的基础上构建的，它提供 Web 服务、组件模型、管理和通信 API，可以用来实现企业级的面向服务体系结构（Service - Oriented Architecture，SOA）和 Web 2.0 应用程序。

1.1.1 Java EE 核心技术

Java EE 平台由一整套服务（Service）、应用程序接口（API）和协议构成，对 Web 的多层应用提供支持，其包含的核心技术有十多种，其中较为基础的有如下几种：

① JDBC（Java Database Connectivity），提供连接各种关系数据库的统一接口，可以为多种关系数据库提供统一访问，像 ODBC 一样，JDBC 对开发者屏蔽了一些实现细节，其对数据库的访问具有平台无关性。

② JavaBeans，一个开放的标准的组件体系结构，它独立于平台，但使用 Java 语言。一个 JavaBean 是一个满足 JavaBeans 规范的 Java 类，通常定义了一个现实世界的事物或概念。

③ Java Servlet，一种小型的 Java 程序，它扩展了 Web 服务器的功能，作为一种服务器端的应用，重在逻辑控制。

④ JSP（Java Server Page），服务器在页面被客户端被客户请求后，对 Java 代码进行处理，然后将生成的 HTML 页面返回给客户端的浏览器。

⑤ XML（Extensible Markup Language），可扩展标记语言，是一种用来定义其他标志语言的语言，它被用来在不同的商务过程中共享数据。

⑥ EJB（Enterprise JavaBeans），使得开发者方便地创建、部署和管理跨平台的基于组件的企业应用。

⑦ RMI（Remote Method Invocation），远程方法调用，用来开发分布式 Java 应用程序。一个 Java 对象的方法能被远程 Java 虚拟机调用。

⑧ JNDI（Java Naming and Directory Interface），提供从 Java 平台到企业级资源的统一的无缝的连接。这个接口屏蔽了企业网络所使用的各种命名和目录服务。

⑨ JMS（Java Message Service），提供企业消息服务，如可靠的消息队列、发布和订阅通信，以及有关推/拉（Push/Pull）技术的各个方面。

1.1.2 Java EE 体系结构

设计 Java EE 的初衷就是解决两层模式（Client/Server）的弊端。在传统的 C/S 模型（图 1-1）中，客户端担当了过多的角色而显得臃肿。在这种模式下，第一次部署的时候比较容易，但难以升级或改进，可伸展性也不理想，这使重用业务逻辑和界面逻辑变得非常困难。

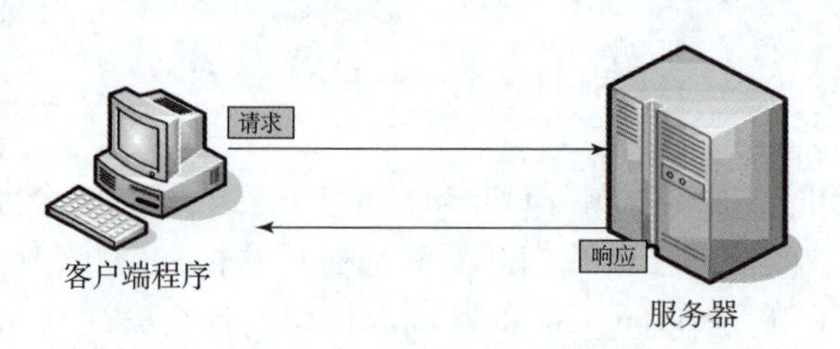

C/S 及 B/S 系统应用模式

图 1-1　C/S 模型结构

与 C/S 模式相对应，B/S（Browser/Server）模式（图 1-2）的企业级应用模型通常分为三层：客户层、服务器层、数据层，每个层能够扮演不同的角色、提供不同的服务。在这种结构下，客户层是通过 IE 浏览器来实现的，用户可以通过 WWW 浏览器去访问 Web 服务器层，而每一个 Web 服务器又可以与数据库服务器层连接，大量的数据实际存放在数据库服务器中。

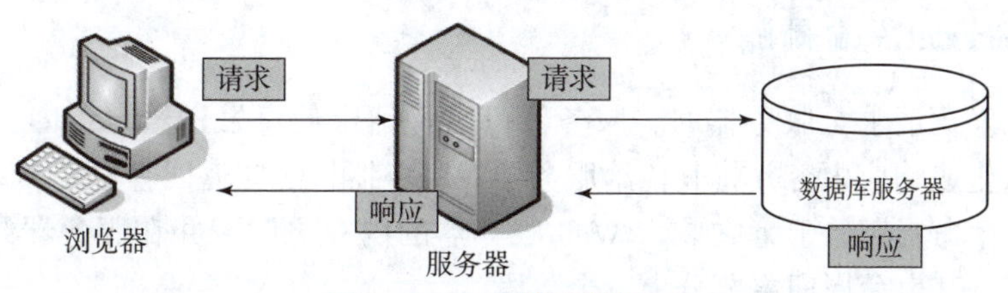

图 1－2 B/S 模型结构

与 C/S 结构相比，在 B/S 模式下，用户可以在任何有互联网的地方直接用浏览器与 Web 服务器交互，使用非常方便；客户端仅仅是浏览器，非常简单，非常有利于日后系统的升级与维护。但 B/S 模式架构的系统也在很大程度上加重了服务的负载，客户端能实现的功能相对简单，在某些必要的情况下还是要用 C/S 模式去开发应用程序，如大型的网络游戏。

Java EE 使用多层的分布式应用模型（图 1－3），应用逻辑按功能划分为组件，各个应用组件根据它们所在的层分布在不同的机器上。通常分为三层或四层，其中，客户层：运行在客户计算机上的组件；控制层与业务逻辑层：运行在 Java EE 服务器上的组件；企业信息系统层（EIS）：运行在 EIS 服务器上的信息系统。

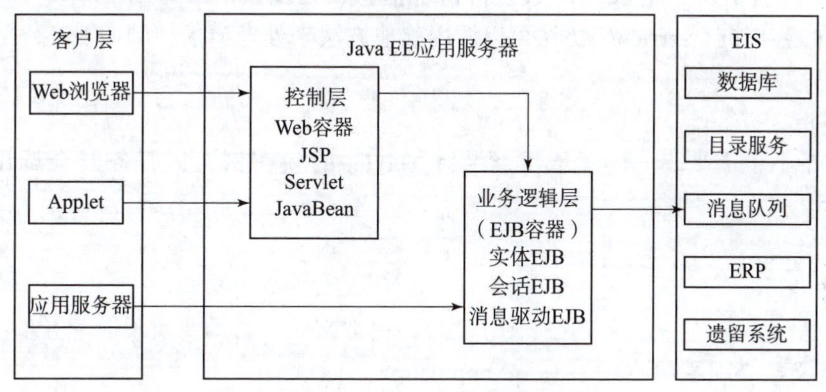

图 1－3 Java EE 体系结构

客户层的组件可以是基于 Web 方式的，也可以是基于传统方式（一个应用程序客户端）的。控制层也叫表示层，其组件可以是 Servlet、JavaBean 等元素；业务逻辑层组件由企业级 JavaBean 来担当，有三种类型，分别为会话（Session）Beans、实体（Entity）Beans 和消息驱动（Message－driven）Beans。企业信息系统层处理企业信息系统软件，包括企业基础建设系统，如企业资源计划（ERP）、大型机事务处理、数据库系统和其他遗留系统。业务层组件为了连接数据库，可能需要访问企业信息系统。

1.2 Servlet 应用

Servlet 是一种服务器端的 Java 应用程序，其主要功能是交互式地浏览和修改数据，生成动态 Web 内容。它担当客户请求层与数据响应层的中间层，即控制层，可担当控制器的角色。Servlet 位于 Web 服务器内部的服务器端，与传统的从命令行启动的 Java 应用程序不同，

Servlet 由 Web 服务器进行加载，该 Web 服务器必须包含支持 Servlet 的 Java 虚拟机。

1.2.1 Servlet 生命周期

当客户机发送请求至服务器时，服务器可以将请求信息发送给 Servlet，并让 Servlet 根据客户端请求生成响应内容并将其传给服务器，服务器将响应返回客户端。

Servlet 的生命周期始于将它装入 Web 服务器的内存之时，并在服务器终止或重新装入 Servlet 时结束，其生命周期主要分为三个阶段：

（1）初始化

在下列时刻装入 Servlet：

① 如果已配置自动装入选项，则在启动服务器时自动装入；

② 在服务器启动后，客户机首次向 Servlet 发出请求时；

③ 重新装入 Servlet 时，装入 Servlet 后，服务器创建一个 Servlet 实例并且调用 Servlet 的 init( )方法。

（2）请求处理

对于到达服务器的客户机请求，服务器创建特定于请求的一个“请求”对象和一个“响应”对象。服务器调用 Servlet 的 service( )方法，该方法用于传递“请求”和“响应”对象。service( )方法从“请求”对象获得请求信息、处理该请求并用“响应”对象的方法以将响应传回客户机。service( )方法可以调用其他方法来处理请求，例如 doGet( )、doPost( )或其他方法。

（3）终止

当服务器不再需要 Servlet，或重新装入 Servlet 的新实例时，服务器会调用 Servlet 的 destroy( )方法。

1.2.2 自定义一个 Servlet

如果自己需要定义一个 Servlet（图 1 –4），一般来说，必须要实现以下五步：

① 自定义类必须继承 javax. servlet. http. HttpServlet 类。

② 自定义类中要覆盖父类中的 init( )方法，此方法在初始化时调用。

③ 自定义类中要覆盖父类中的 destroy( )方法，此方法在销毁时调用。

④ 自定义类中要覆盖父类中的 doGet( )方法，客户端以 get 方式发送服务器请求时，调用此方法。此方法带有两个参数，分别为 HttpServletRequest 与 HttpServletResponse。

⑤ 自定义类中要覆盖父类中的 doPost( )方法，客户端以 post 方式发送服务器请求时，调用此方法，此方法的参数与 doGet( )方法的相同。

1.2.3 Servlet 案例开发

使用 MyEclipse 集成工具与 Tomcat 服务器开发一个 JSP + Servlet + JavaBean 的入门案例，以通过实践来加深对 Servlet 组件的认识与理解。

应用的题材为：假如今年是十二生肖中的猪年，输入你的年龄，则应用能算出你属于哪个生肖（即你所出生的年份所属生肖）。

实现过程如图 1 –5 所示。

```java
import java.io.IOException;

public class HelloServlet extends HttpServlet {

    public HelloServlet() {
        super();
    }

    //初始化时调用此方法
    public void init() throws ServletException {
    }

    //销毁时调用此方法
    public void destroy() {
        super.destroy();
    }

    //客户端以get方式发送请求时，调用此方法
    public void doGet(HttpServletRequest request,
            HttpServletResponse response)
            throws ServletException, IOException {
    }

    //客户端以post方式发送请求时，调用此方法
    public void doPost(HttpServletRequest request,
            HttpServletResponse response)
            throws ServletException, IOException {
    }

}
```

JSP 运行原理

图 1-4　Servlet 类结构

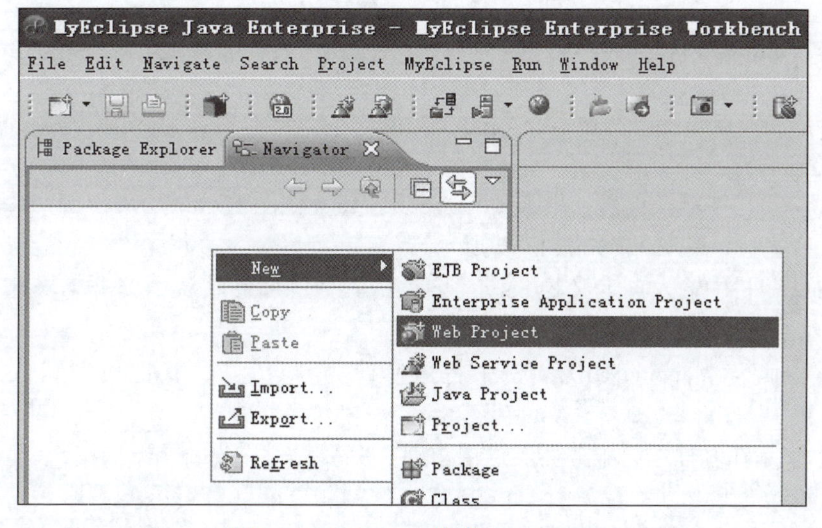

Java EE 技术体系

图 1-5　MyEclipse 构建 Servlet（1）

打开 MyEclipse 集成工具，创建一个 Web Project，如图 1－6 所示。

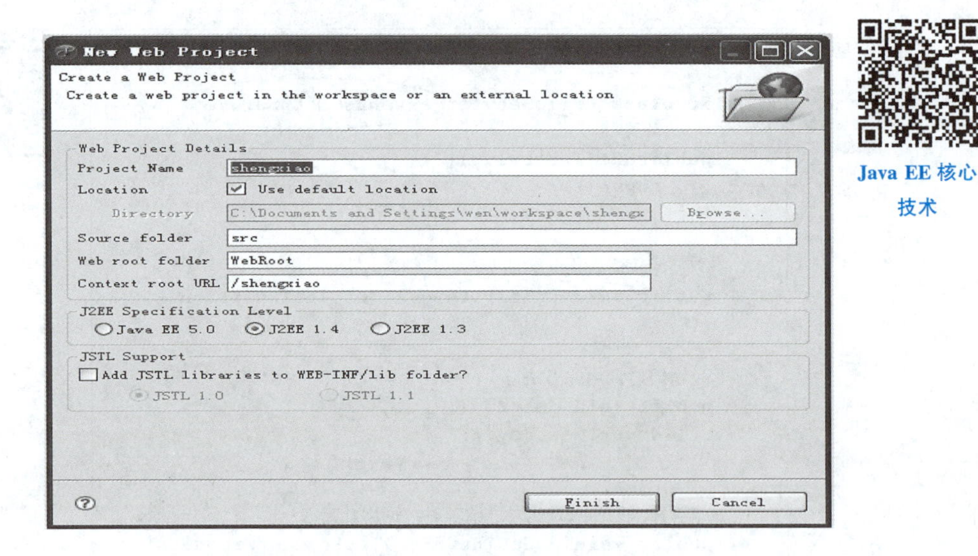

Java EE 核心技术

图 1－6　MyEclipse 构建 Servlet（2）

只需在“Project Name”中输入应用的名称即可，其他属性默认，单击“Finish”按钮。在应用中创建一个 Package 包，如图 1－7 所示。

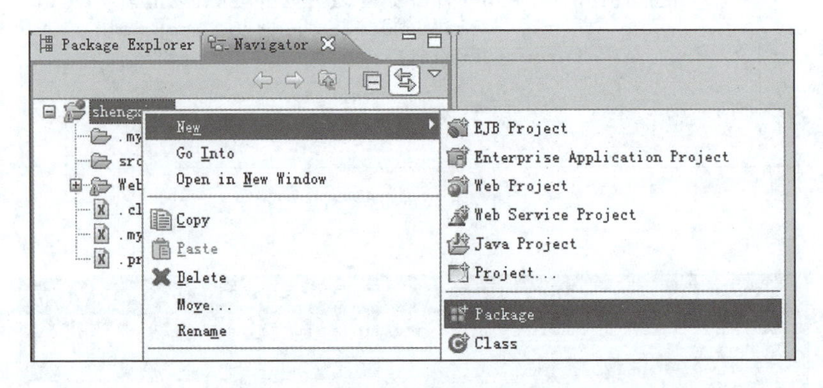

EJB 组件

图 1－7　MyEclipse 构建 Servlet（3）

在“Name”栏中输入包名，单击“Finish”按钮，如图 1－8 所示。

在包中创建一个 Servlet，如图 1－9 所示。

在“Name”栏中输入自定义的 Servlet 名称，其他的属性默认，单击“Next”按钮，如图 1－10 所示。

在“Servlet/JSP Mapping URL”栏中将值修改为“＊.s”，其他属性默认，如图 1－11 所示。

“＊.s”表示在客户端向服务器发送请求时，只要是“.s”结尾的请求，都会被 Servlet 组件截获。

Servlet 组件添加到应用后，会在 web.xml 文件中添加相应的映射与配置项，如图 1－12 所示。

敏捷开发框架

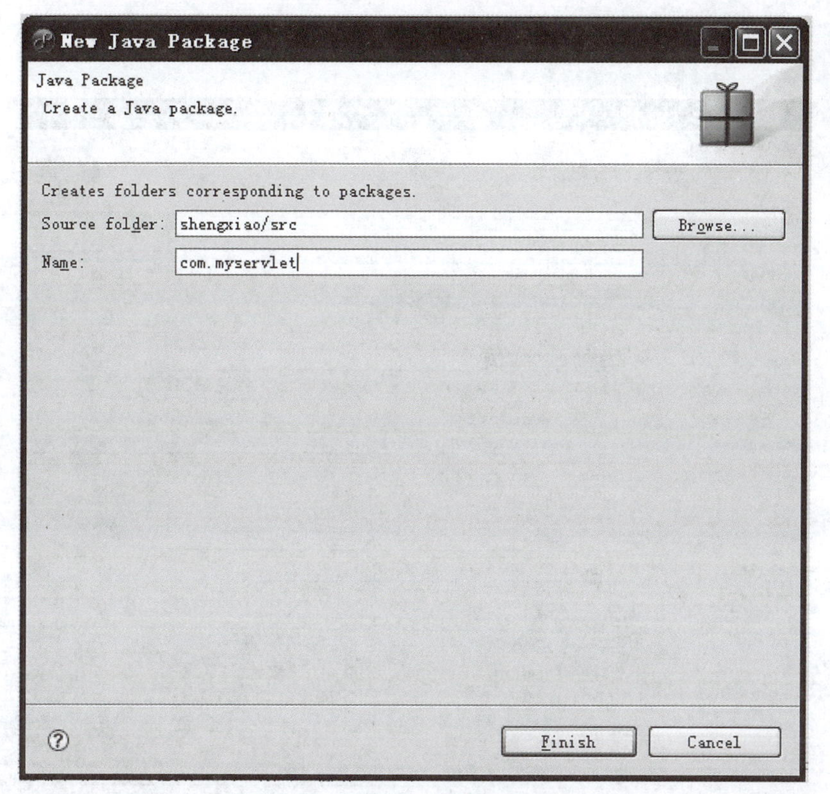

图 1－8　MyEclipse 构建 Servlet（4）

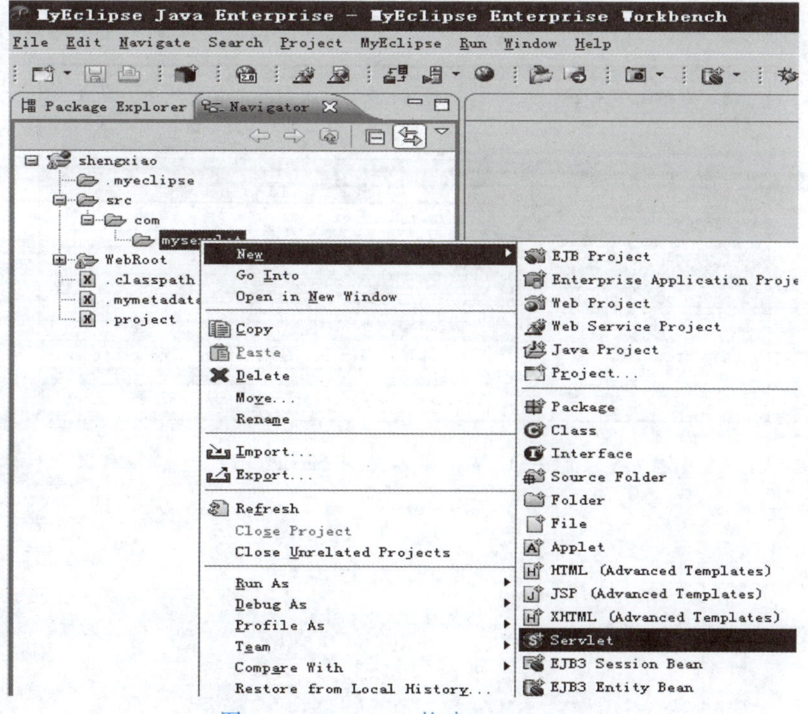

图 1－9　MyEclipse 构建 Servlet（5）

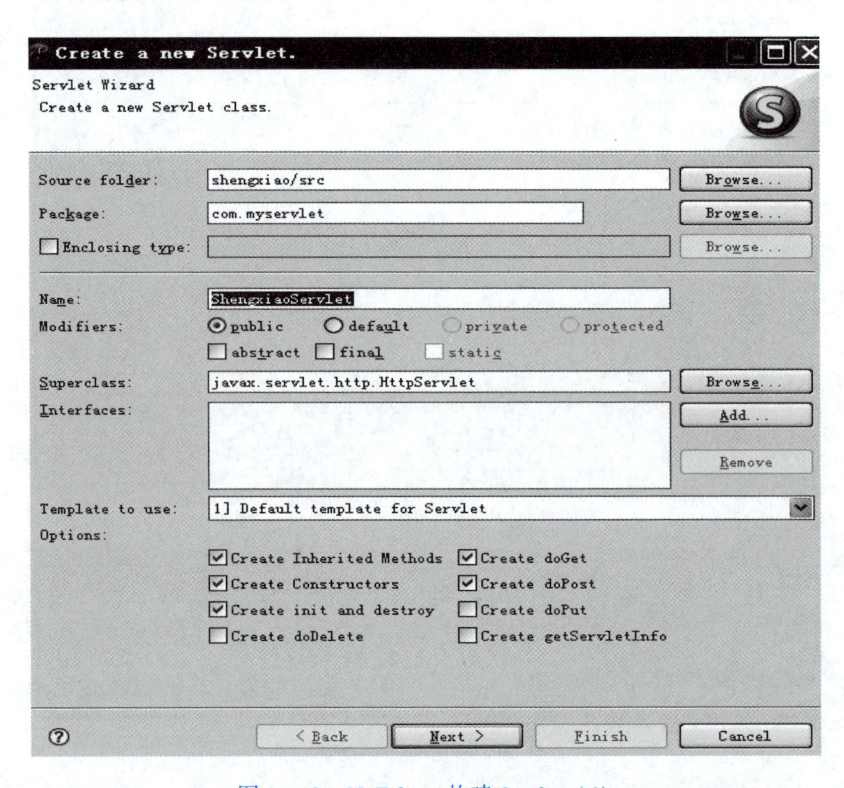

图 1－10　MyEclipse 构建 Servlet（6）

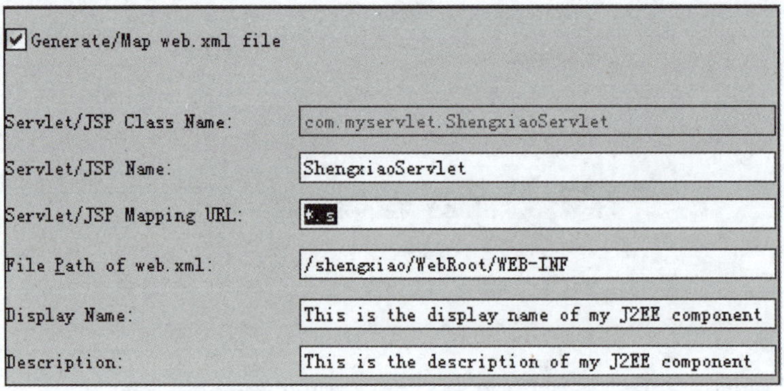

Generate/Map web.xml file

Servlet/JSP Class Name: com.myservlet.ShengxiaoServlet

Servlet/JSP Name: ShengxiaoServlet

Servlet/JSP Mapping URL: *.s

File Path of web.xml: /shengxiao/WebRoot/WEB-INF

Display Name: This is the display name of my J2EE component

Description: This is the description of my J2EE component

图 1－11　MyEclipse 构建 Servlet（7）

```
<?xml version="1.0" encoding="UTF-8"?>
<web-app version="2.4"
    xmlns="http://java.sun.com/xml/ns/j2ee"
    xmlns:xsi="http://www.w3.org/2001/XMLSchema-inst
    xsi:schemaLocation="http://java.sun.com/xml/ns/j
    http://java.sun.com/xml/ns/j2ee/web-app_2_4.xsd"
  <servlet>
    <description>This is the description of my J2EE
    <display-name>This is the display name of my J2E
    <servlet-name>ShengxiaoServlet</servlet-name>
    <servlet-class>
        com.myservlet.ShengxiaoServlet
    </servlet-class>
  </servlet>

  <servlet-mapping>
    <servlet-name>ShengxiaoServlet</servlet-name>
    <url-pattern>*.s</url-pattern>
  </servlet-mapping>
  <welcome-file-list>
    <welcome-file>index.jsp</welcome-file>
  </welcome-file-list>
</web-app>
```

图 1－12　生成 Servlet 映射

在包中添加一个业务类，用于处理业务逻辑，如图 1－13 所示。

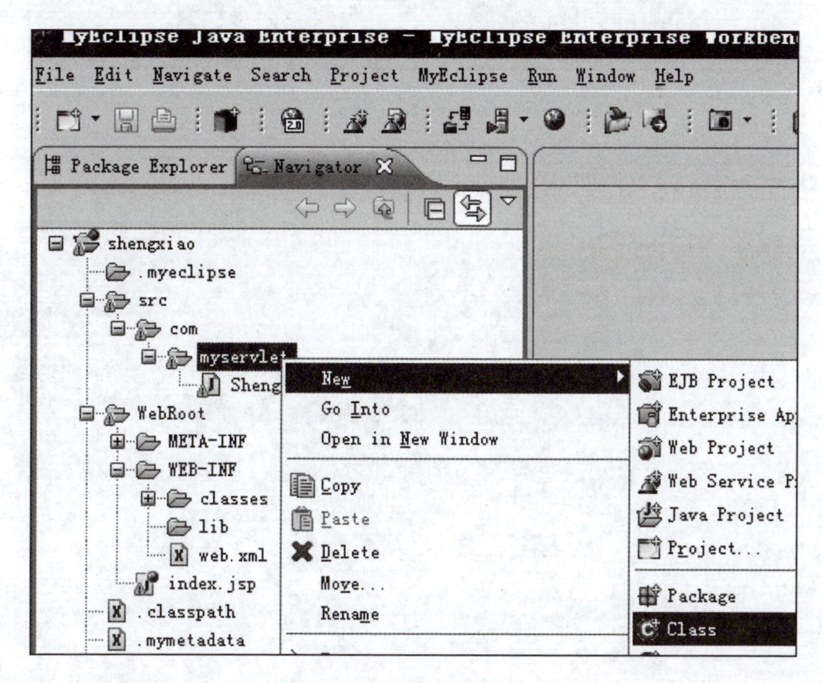

图 1－13　构建业务类（1）

在“Name”栏中输入自定义的业务类的名字，其他属性默认，单击“Finish”按钮，如图1－14 所示。

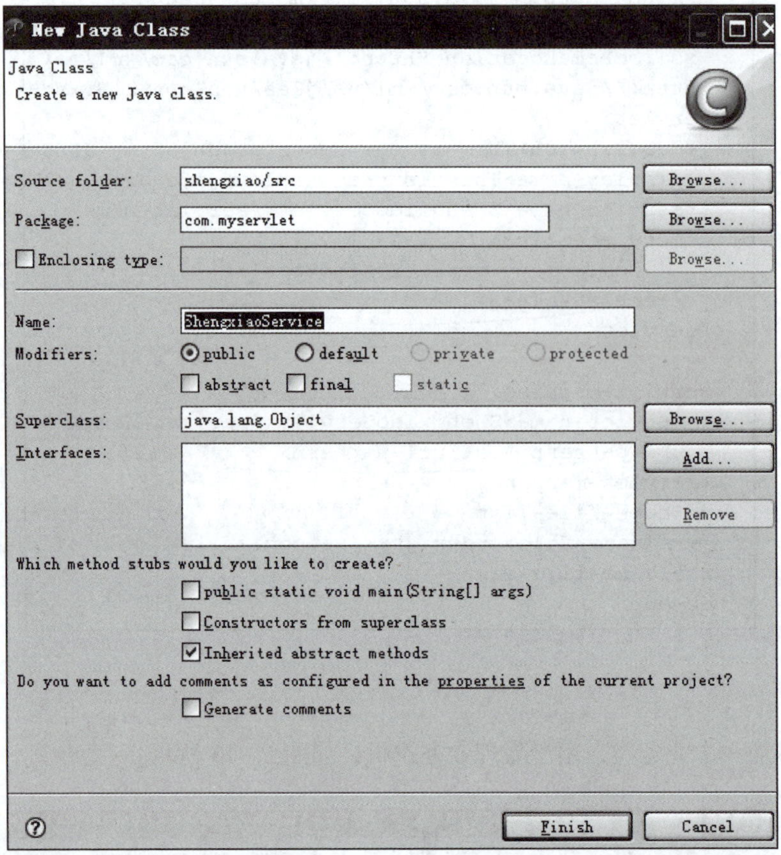

图 1－14　构建业务类（2）

在 ShengxiaoService 类中添加 doService( )方法，编码如下。

```
ShengxiaoService.java
package com.myservlet;
public class ShengxiaoService {
    public String doService(int age){
      String[] animal = {"猪","狗","鸡","猴","羊",
            "马","蛇","龙","兔","虎","牛","鼠"};
      int i = age% 12;
      String mess = "你的生肖是:"+animal[i]+"!";
      return mess;
    }
}
```

在应用中添加一个 JSP 文件作为客户端，如图 1 – 15 所示。

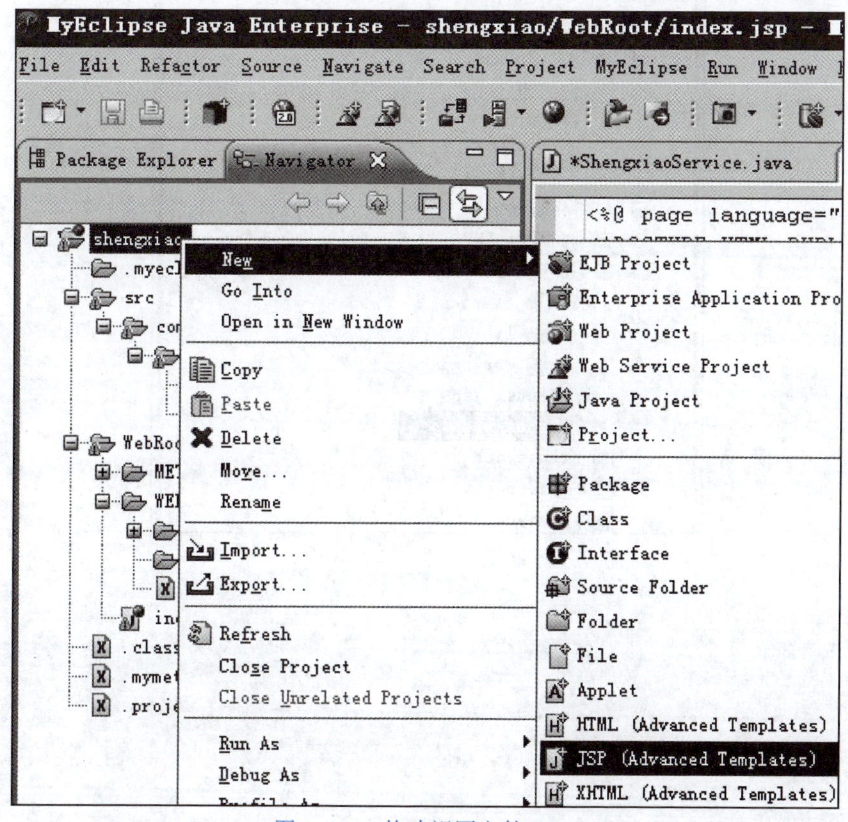

图 1 – 15 构建视图文件（1）

在 “File Name” 栏中输入文件名，其他属性默认，如图 1 – 16 所示。单击 “Finish” 按钮。

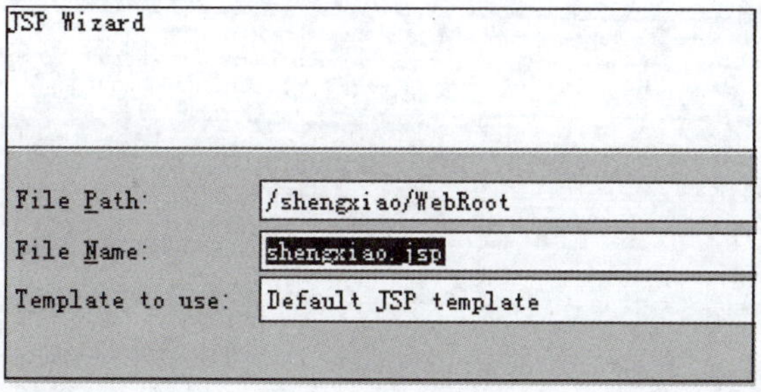

JSP Wizard

File Path: /shengxiao/WebRoot

File Name: shengxiao.jsp

Template to use: Default JSP template

图 1 – 16 构建视图文件（2）

应用的文件结构如图 1 – 17 所示。

打开 shengxiao. jsp 文件，把文件的内容全部清空，然后重新修改为如下的内容。

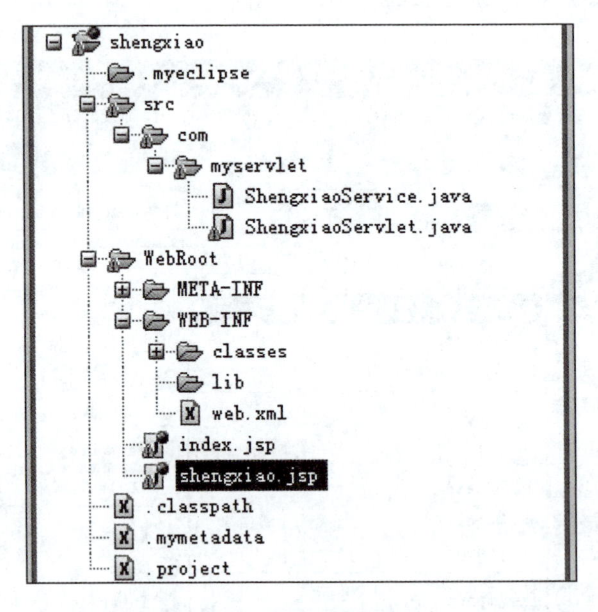

图 1－17　构建视图文件（3）

```
shengxiao.jsp
<%@ page language="java" pageEncoding="utf-8"%>
<!DOCTYPE HTML PUBLIC "-//W3C//DTD HTML 4.01 Transitional//EN">
<html><body>
  <h1><br><center>生肖计算<br><br>
    <form action="age.s" method="post" focus="login">
      <table border="0">
        <tr>
          <td>你的年龄是:</td>
          <td><input type = "text" name = "age" /></td>
          <td>(数字) 岁! </td>
        </tr>
        <tr>
          <td> </td>
          <td> </td>
          <td> </td>
        </tr>
        <tr>
          <td colspan="3" align="center">
          <input type = "submit" name = "submit" value = "提交" />
          </td>
        </tr>
```

```
    </table>
  </form>
</center></h1>
</body></html>
```

此 JSP 文件中的 form 表单是用 post 方式向服务器提交 age. s 的请求的，此请求会被 Servlet组件截获，并执行 ShengxiaoServlet 类中的 doPost( )方法。

打开 ShengxiaoServlet 类文件，对 doPost( )方法做相应修改。

在 response. setContentType( )方法中，应加上 charset = GBK，否则响应页面不支持中文字符。此外，在前面加上英文状态下的分号，从而与 text/html 分隔开来。

out. print(mess) 表示将业务处理的结果通过 PrintWriter 流输出到页面响应客户端。

```
ShengxiaoServlet.java
public void doPost(HttpServletRequest request,
HttpServletResponse response)
        throws ServletException, IOException {
    String mess = "";
    String parameter = request.getParameter("age");
    ShengxiaoService ss = new ShengxiaoService();
    try{
      int age = Integer.parseInt(parameter);
      mess = ss.doService(age);
    }
    catch(Exception e){
      e.printStackTrace();
      mess = "你输入的信息不正确!";
    }
    response.setContentType("text/html;charset=GBK");
    PrintWriter out = response.getWriter();
    out.println("<!DOCTYPE HTML PUBLIC \"
        -//W3C//DTD HTML 4.01 Transitional//EN\">");
    out.println("<HTML>");
    out.println(" <HEAD><TITLE>A Servlet</TITLE></HEAD>");
    out.println("  <BODY><center><h1><br>");
    out.print(mess);
    out.println("  </h1></center></BODY>");
    out.println("</HTML>");
    out.flush();
    out.close();
}
```

至此，应用程序的代码开发完毕，接下来把应用部署到 Tomcat 服务器上。部署完毕后，启动服务器就可以正确访问基于 Servlet 的 Web 应用程序了。

单击图 1－18 中圆圈圈住的命令按钮，开始部署过程。

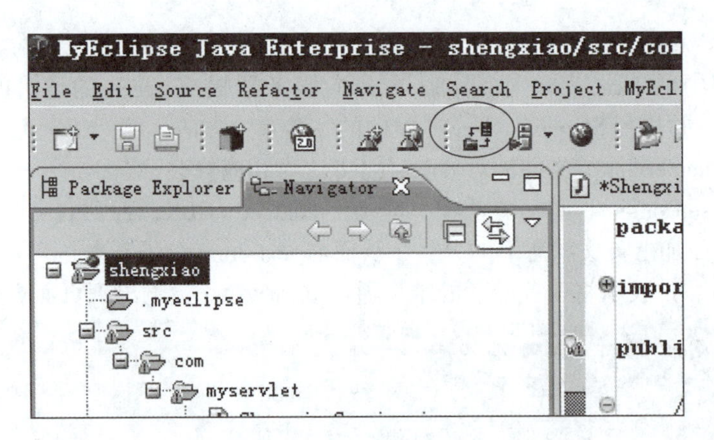

图 1－18　部署应用（1）

在“Project”栏中选择“shengxiao”，单击“Add”按钮，如图 1－19 所示。

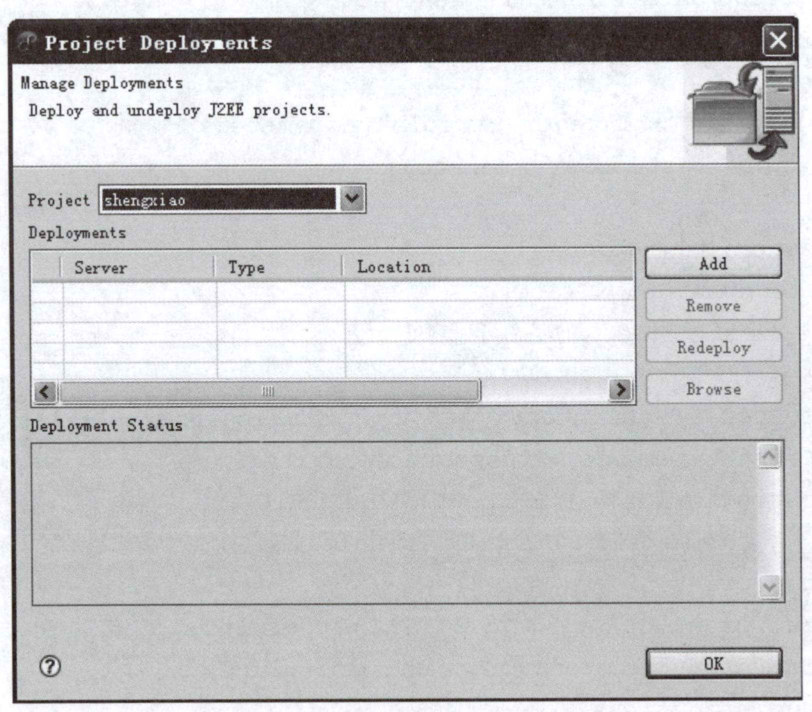

图 1－19　部署应用（2）

在“Server”栏中选择“Tomcat 5.x”，如图 1－20 所示。表示你的应用程序部署在 Tomcat 5 服务器上。这个服务器要先安装好，并与 MyEclipse 工具集成整合好。

最后，单击“Finish”按钮，单击“OK”按钮，部署完成。

启动 Tomcat 服务器，如图 1－21 所示。

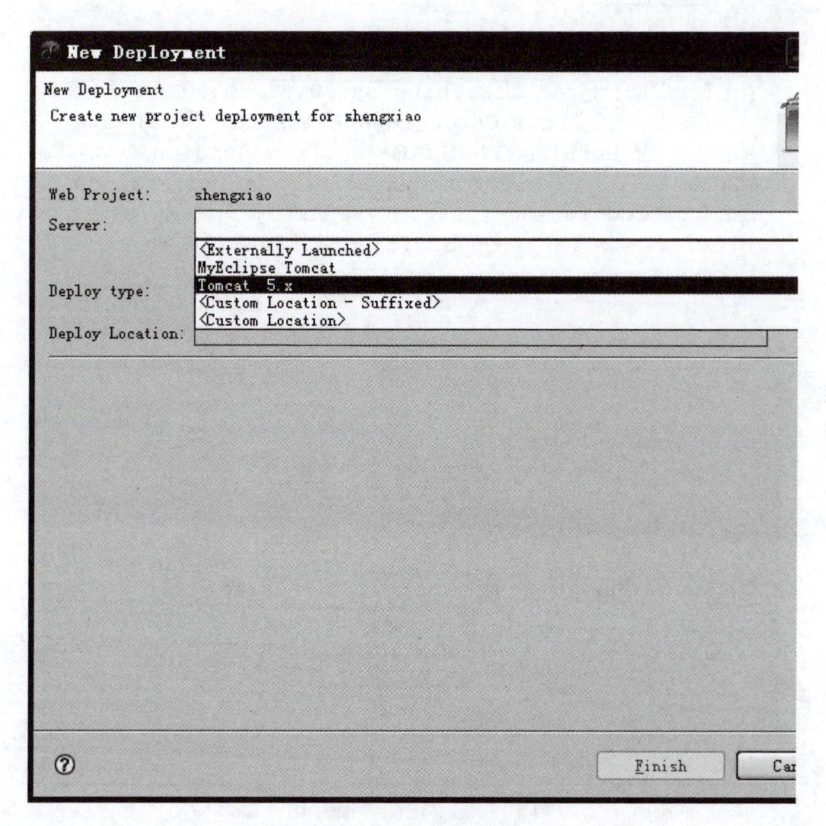

图 1－20　部署应用（3）

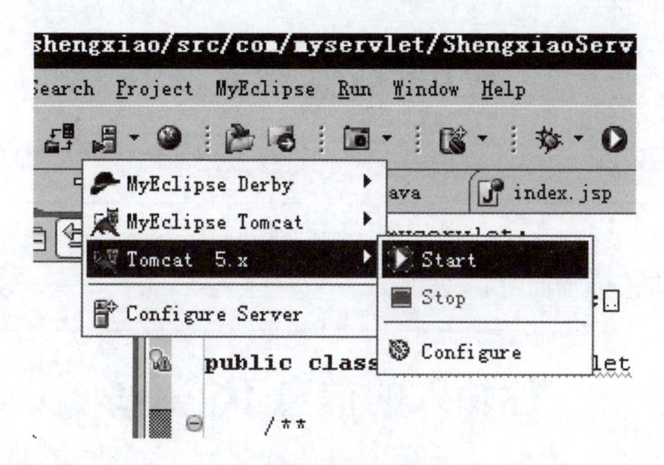

图 1－21　部署应用（4）

服务器启动没有报错，如图 1－22 所示。

在浏览器地址栏输入“http://localhost:8080/shengxiao/shengxiao.jsp”，可以得到图 1－23 所示页面。在页面上输入一个数值（年龄），单击“提交”按钮，可得到服务器的响应页面。

正确输入年龄时的响应页面如图 1－24 所示。

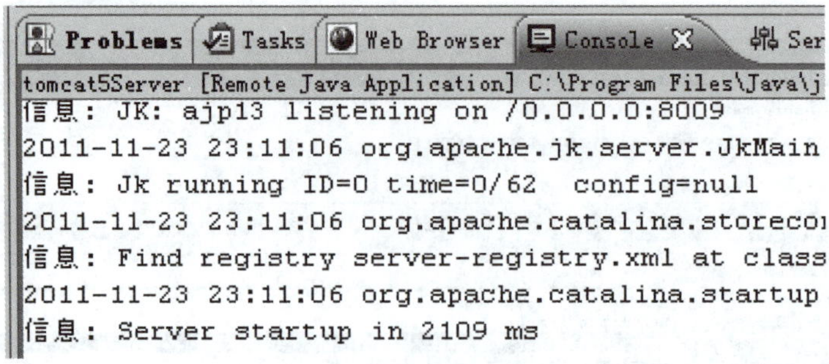

```
Problems  Tasks  Web Browser  Console  Ser
tomcat5Server [Remote Java Application] C:\Program Files\Java\j
信息: JK: ajp13 listening on /0.0.0.0:8009
2011-11-23 23:11:06 org.apache.jk.server.JkMain
信息: Jk running ID=0 time=0/62  config=null
2011-11-23 23:11:06 org.apache.catalina.storeco
信息: Find registry server-registry.xml at class
2011-11-23 23:11:06 org.apache.catalina.startup
信息: Server startup in 2109 ms
```

图 1-22　部署应用（5）

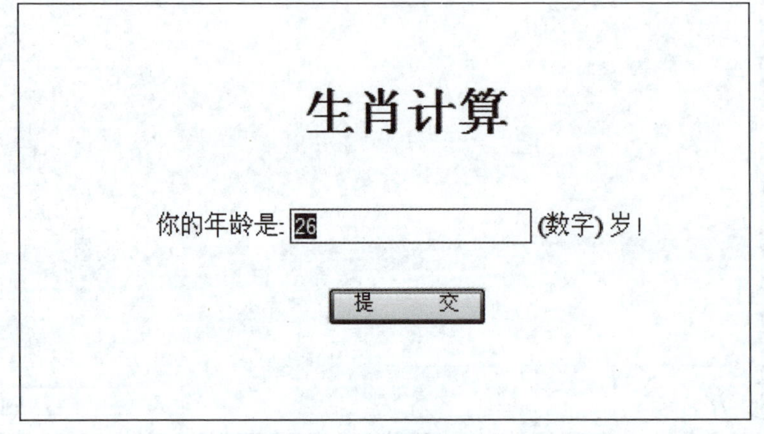

图 1-23　视图界面（1）

你的生肖是：鸡　！

图 1-24　视图界面（2）

错误输入时的响应页面如图 1-25 所示。

你输入的信息不正确!

图 1-25　视图界面（3）

以上过程为一个完整的 JSP + Servlet + JavaBean 案例开发实现过程。三种组件分别承担不同的角色，JSP 承担客户端的角色，Servlet 作为应用的控制器，JavaBean 作为服务器端的业务逻辑处理类。

客户端发送请求到服务器，被作为控制器层的 Servlet 组件截获，再把请求转发到

JavaBean 的业务逻辑类处理。控制器 Servlet 根据业务逻辑类处理结果生成相应的页面来响应客户端的请求。

1.3 Filter 技术

Java EE 提供了一种特殊的 Servlet，就是 Filter。Filter 技术是 Servlet 2.3 新增加的功能，它不产生请求和响应信息，并且必须依附于其他的网络组件存在。利用它可以完成信息的编码转化、数据加密、身份验证、数据压缩、日志记录等很多种工作。下面看一下 Filter 的结构和具体的应用方法，并且结合实际操作案例进行讲解。

1.3.1 Filter 的结构

自己编写的 Filter 必须要实现 javax. servlet. Filter 接口，这个接口包含了三个主要的方法：

① init()：初始化过滤器。它是输入参数 javax. servlet. FilterConfig 的一个实例，这里可以初始化过滤要使用到的 FilterConfig。这个方法由 Web 容器自动调用。

② doFilter()：具体的过滤操作，以 javax. servlet. ServletRequest 请求信息，javax. servlet. ServletResponse 响应信息，javax. servlet. FilterChain 过滤链，三个实例为输入参数。过滤链是指：在 Web 应用程序中所有的过滤器会构成一个链状，符合过滤条件的程序将会根据定义的顺序执行所有链中的过滤器。在这个方法中调用 FilterChain 的 doFilter (javax. servlet. ServletRequest，javax. servlet. SerletResponse) 方法就可以传递到链中的下一个过滤器。

③ destory()：销毁过滤器，可以在这里释放使用完的资源，例如设置过滤器中的 FilterConfig 为 null。

1.3.2 在 Web 应用中添加 Filter

在自己定义的 Filter 类中，所有符合映射配置的 URL 请求都会被截获，并把请求转移到 doFilter()方法。doFilter()方法是自定义 Filter 类的核心方法，所需的业务功能将在本方法中实现。在该方法的最后需调用参数 FilterChain 的 doFilter()方法，程序才能往下运行。

下面以把所有请求信息编码转化为 GBK 为例，讲述如何使用过滤器。

① 建立实现 javax. servlet. Filter 接口的自定义 EncodingFilter 程序。

```
EncodingFilter.java
package com.filter;
import java.io.IOException;
import javax.servlet.Filter;
import javax.servlet.FilterChain;
import javax.servlet.FilterConfig;
import javax.servlet.ServletException;
import javax.servlet.ServletRequest;
```

```
import javax.servlet.ServletResponse;
import javax.servlet.http.HttpServletRequest;
public class EncodingFilter implements Filter {
    private FilterConfig filterConfig;
    //初始化时调用此方法
    public void init(FilterConfig filterConfig) {
      this.filterConfig = filterConfig;
    }
    //符合相关映射的请求都会被过滤器截获,用此方法执行过滤操作
    public void doFilter(ServletRequest request,
        ServletResponse response, FilterChain filterChain) {
      try {
        HttpServletRequest hrequest =(HttpServletRequest)request;
        //把编码方法软化为 GBK
        hrequest.setCharacterEncoding("GBK");
        //测试语句,每次请求被截获时,会输出一串*号
        System.out.println("***************");
        //传递过滤器,为必须执行的语句
        filterChain.doFilter(request, response);
      }
      catch(ServletException sx) {
        filterConfig.getServletContext().log(sx.getMessage());
      }
      catch(IOException iox) {
        filterConfig.getServletContext().log(iox.getMessage());
      }
    }
    //销毁时调用此方法
    public void destroy() {
      this.filterConfig =null;
    }
}
```

② 配置 web.xml 文件。要使 Filter 在程序中起作用，必须要配置 web.xml。在文件添加如下配置内容：

```
web.xml
...
<filter>
```

```
    <filter-name>encodingfilter</filter-name>
    <filter-class>com.filter.EncodingFilter</filter-class>
</filter>
<filter-mapping>
    <filter-name>encodingfilter</filter-name>
    <url-pattern>/*</url-pattern>
</filter-mapping>
...
```

<filter - mapping>是一个映射节点，子节点<url - pattern>表示 URL 的映射模式，其值为“/＊”，其中“＊”是能配符，表示所有的请求都符合此映射节点的要求，即所有的请求都会被 filter 截获。子节点<filter - name>表示此映射对应的 filter 名，与上面<filter>节点中的子节点<filter - name>对应，即<filter - mapping>中的<filter - name>的值需与<filter>中的<filter - name>的值一样，否则无法寻找到自定义的 filter 类。<filter - class>表示自定义的 filter 类的位置。

对 Web 应用进行正确部署，启动后，每次访问请求都会被自定义 Filter 截获，每次截获都会在控制台输出“**************”，因为 doFilter( )方法中有一条 System. out. println ("**************")语句。

1.4 设计模式

设计模式（Design pattern）是一套被反复使用、多数人知晓的、经过分类编目的、代码设计经验的总结。使用设计模式是为了可重用代码、让代码更容易被他人理解、保证代码可靠性。程序设计是思维具体化的一种方式，是思考如何解决问题的过程，设计模式是在解决问题的过程中，一些良好思路的经验集成。

1.4.1 单例模式

单例模式（Singleton）就是确保在任何情况下只能有一个实例，即此类的对象只能占据一个内存空间，而且必须自行实例化并向整个系统提供这个实例。

那么为什么要使用单例模式呢？在某些场景下，某些对象，我们只需要一个就能满足所有的需求了，既能提高系统的性能，又能保证程序的正确运行。

我们可以参看这样的一个日常生活中的例子：假如某单位的所有员工都在同一栋写字楼办公，每一个员工偶尔会打电话与外面联系，假如打电话的时候都去前台领一本电话通讯录，打完之后就丢弃，那么就会造成极大的浪费。总经理知道这个事情后，对行政部门的做法提出了批评。那么怎么来处理这个问题呢？有一天行政主管突然宣布，以后大家打电话到前台领电话通讯录实行借阅制度，每个员工用完后要及时归还前台。这样每个员工需要的时候到前台领取，归还后其他员工可以借阅，只需要一本通讯录就能满足整个单位对打电话外联系的需要，就避免了不必要的浪费。这本通讯录就是我们所说的单例。

当然，在实际的应用中，单例的作用远不止这些，使用单例除了提高性能外，还能维护数据的一致性，单例在软件工程中具有举足轻重的位置，也是程序设计过程中经常使用的一种模式。

要实现一个单例模式，不同的应用场景中会有所不同，但任何一个单例模式至少需满足以下的三大点。

- 必须有一个私有的静态变量指向本类自身：
  √ 私有的变量只能供自身调用。
  √ 静态的变量只能分配一次内存空间，以后这个空间地址不改变。
- 必须有一个私有、参数为空的构造器：
  √ 私有的构造器只能供本类创建对象时调用。
  √ 本类以外的地方不能直接调用构造器来创建对象。
- 必须有一个公有、静态方法，返回自身实例：
  √ 此方法返回类的对象实例。
  √ 在任何地方均可调用此公有的方法。
  √ 可以通过类名.方法名的形式调用此静态方法。

下面来看一个最基本的单例模式的例子，通过分析此单例代码来加深对以上三大点的理解。

```
package com.pattern;
public class Singleton {
   private static Singleton instance =new Singleton();
   private Singleton(){
   }
   public static Singleton getInstance(){
          return instance;
   }
}
```

private static Singleton instance：

√ 定义了一个私有的静态变量 instance，此变量就是本类 Singleton 类型，满足第一点的要求。

private Singleton(){}：

√ 定义了一个私有的构造方法，满足第二点要求。

public static Singleton getInstance(){return instance；}：

√ 定义了一个公有的静态方法，此方法返回上面定义的 instance 实例，满足第三点要求。

满足了以上的三点，那么如何来保证任何地方任何时候获取的都是同一个实例，即每个实例都指向同一内存空间呢？下面来对这个问题做必要的分析与讲解。

① instance 是一个静态的变量，一旦分配内存空间后，其所占据的地址空间一直不会释放，直到整个程序退出运行。因为 instance 是静态变量，在 Singleton 类初始化时，就通过 new Singleton()得到了内存空间，以后一直不变。

② 通过 new 的方式去创建对象，一定要调用本类的对应的构造方法。由于 Singleton 类中的构造方法只有一个且是私有的，所以只能在本类的位置能够调用，其他地方是无法调用这个构造方法的。换句话说，只有在 Singleton 类以内才能用 new 的方式去创建对象。

③ 既然无法通过 new 方式来创建 Singleton 类的对象，那么要怎样才能获取它的实例呢？这个责任由 Singleton 类中的 getInstance( ) 来实现。getInstance( ) 是一个静态的方法，不需要通过对象，用类加方法名：Singleton. getInstance( ) 即可调用。调用此方法便可得到方法的返回值 instance 实例。在 Singleton 类以外的任何地方，都只能通过此方法来得到 Singleton 类的实例 instance，而 instance 是早就定义好的，所以无论何时何地，得到的都是同一个实例对象。

1.4.2 工厂模式

工厂模式是我们最常用的模式，工厂模式在应用程序中可以说随处可见，其专门负责将大量有共同接口的类实例化。

按照软件工程的设计原则，程序设计过程中应该面向接口编程而不是面向实现编程，因为面向实现编程会使得我们的设计更脆弱，缺乏灵活性。但是我们在每次使用 new 时，正是违背了这一原则。

在软件系统中，经常面临着“某个对象”由于需求的变化，对象的具体实现面临着剧烈的变化。为了应对这种变化，我们抽象出它比较稳定的接口，隔离出“这个易变对象”的变化，从而保持系统中“其他依赖该对象的对象”不随着需求的改变而改变，这就是设计模式之中的工厂模式。

工厂模式可分为简单工厂（Simple Factory）模式、工厂方法（Factory Method）模式、抽象工厂（Abstract Factory）模式三种形态。

简单工厂：又称静态工厂方法模式，它存在的目的很简单，即定义一个用于创建对象的接口。简单工厂由三个角色组成，分别为工厂类、抽象产品、具体产品。

工厂方法：是简单工厂模式的衍生，能够解决比简单工厂更复杂的问题。首先，完全实现“开 - 闭原则”，实现了可扩展；其次，实现更复杂的层次结构，可以应用于产品结果复杂的场合。

抽象工厂：是所有形态的工厂模式中最为抽象和最具一般性的一种形态。抽象工厂是指当有多个抽象角色时，使用的一种工厂模式。抽象工厂模式可以向客户端提供一个接口，使客户端在不必指定产品的具体的情况下，创建多个产品族中的产品对象。

下面以简单工厂为例，从其结构、交互、编码等方面来分析，以进一步深化认识工厂模式的相关知识。

◇ 简单工厂结构：

- 工厂类角色：
  - √ 本模式的核心，含有一定的商业逻辑和判断逻辑。
  - √ 在 Java 中，它往往由一个具体类实现。
- 抽象产品角色：
  - √ 它一般是具体产品继承的父类或者实现的接口。
  - √ 在 Java 中，由接口或者抽象类来实现。

- 具体产品角色：
  √ 工厂类所创建的对象就是此角色的实例。
  √ 在 Java 中由一个具体类实现。

举个例子，某汽车生产厂有三条生产线，分别生产 BMW、BenZ、Honda 三种车型，有人来买车时，便从仓库出车。用简单工厂实现以上编码，如图 1－26 所示。

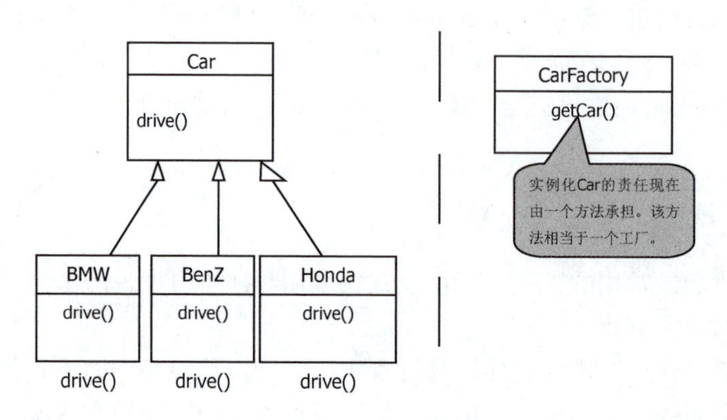

图 1－26　简单工厂类图

从图 1－26 的类图中可以看到，简单工厂主要分为两部分，分别是左边的基类 Car，子类 BMW、BenZ、Honda，以及右边的工厂类 CarFactory。Car 类是一个抽象类或接口，有抽象方法 drive()，每一个子类 BMW、BenZ、Honda 都实现这个抽象方法，但各自实现方式均不同。CarFactory 类有一个 getCar()负责产生 Car 类型实例，拿到这个实例直接到 Car 类中调用 drive()，Car 类会自动为我们指派所希望调用子类中某种类型汽车的 drive()。

在测试类 CarTest 类中，直接调用 CarFactory 类的 getCar()方法，并传入相关的车名“BMW”“BenZ”“Honda”，即可得到对应的实例。用获得的实例到 Car 类调用 drive()，就能准确运行相应子类的 drive()。从 CarTest 类运行时在控制台的输出，可以得到以上证明。

```
Car.java
public abstract class Car{
   public abstract void drive();
}

BMW.java
public class BMW extends Car{
   public void drive(){
          System.out.println("宝马轿车正在行驶,时速 100 千米 ...");
   }
}

BenZ.java
```

```
public class BenZ extends Car{
  public void drive(){
        System.out.println("奔驰轿车正在行驶,时速 80 千米...");
  }
}

Honda.java
public class Honda extends Car{
  public void drive(){
        System.out.println("本田轿车正在行驶,时速 60 千米...");
  }
}

CarFactory.java
public class CarFactory{
  public Car getCar(String carName){
        if(carName.equals("BenZ")){
              return new BenZ();
        }
        else if(carName.equals("BMW")){
              return new BWM();
        }
        else if(carName.equals("Honda")){
              return new Honda();
        }
        else{
              return null;
        }
  }
}

CarTest.java
public class CarTest{
  public static void main(String[] args){
        CarFactory factory =new CarFactory();
        Car bmw = factory.getCar("BMW");
```

```
            bmw.drive();
            Car benz = factory.getCar("BenZ");
            benz.drive();
            Car honda = factory.getCar("Honda");
            honda.drive();
    }
}
```

控制台输出结果如图 1－27 所示。

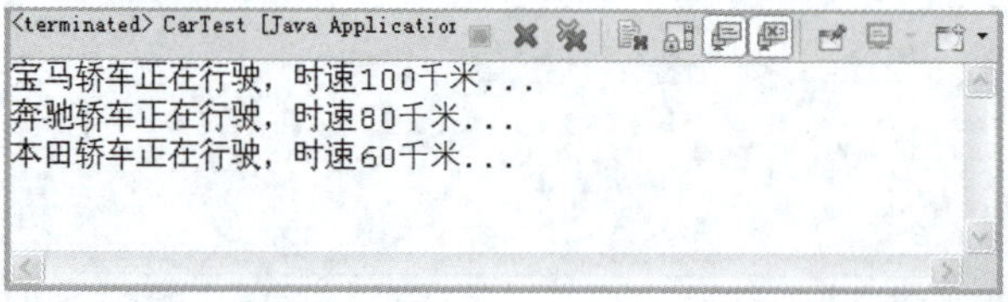

```
<terminated> CarTest [Java Applicatio
宝马轿车正在行驶，时速100千米...
奔驰轿车正在行驶，时速80千米...
本田轿车正在行驶，时速60千米...
```

图 1－27　简单工厂－控制台输出

1.4.3　外观模式

外观模式（Facade），也叫门面模式，是软件工程中常用的一种软件设计模式。它为子系统中的一组接口提供一个统一的高层接口，采用子系统更容易使用。Facade 外观模式，是一种结构型模式，它主要解决的问题是：组件的客户和组件中各种复杂的子系统有了过多的耦合，随着外部客户程序和各子系统的演化，这种过多的耦合对系统日后的维护、扩充、移植、重用等方面都是非常不利的。

在什么时候使用外观模式呢？我们可以先来看一个日常生活中的例子。假如某软件公司有两个开发小组，每个开发小组 5 名程序员，现在两个小组共同开发一个应用系统，每个小组各负责一个模块，两个模块之间需要相互交换数据。在开发过程中，两个小组的程序员需要相互协商相关的规则与标准。在项目刚开始不久，有一天，一个小组的程序员小王需要请假一周，那么在请假前小王就必须跟另一个小组的每一个程序员都做好相关工作交接。这样小王就必须要跟五个人进行沟通，需要进行五次沟通。一个月后，两个小组各自产生一名组长，两个小组之间需要进行沟通、协调相关的规范与标准时，由两个组长直接讨论、协商。有一天，另一个程序员小张也请假一周，这次小张只对本组组长进行工作交接，没有与另一组程序员进行任何的交待。在请假期间，如果另一个开发小组的工作要牵涉到小张，那么他们直接与组长沟通即可。这样，小张这次请假只需要与组长沟通一次即可，比起上一次小王的请假就非常简单、方便。小张这种请假方式就是外观模式的一个很好体现。

外面模式的设计原则是：最少知识原则——只和你的密友谈话。如果按刚才的例子，可以这样理解：每个开发小组的程序员尽量少与其他小组的成员通信，只与本组的成员紧密沟通合作，当需要与其他小组交互时，由组长负责对外沟通。如果按程序结构，可以这样理解：模块之间的每一个类避免与其他模块直接通信，但却要加强模块内各类之间的内聚性交互，如果要与其他模块通信，要通过接口的来对外通信。

举例：在一个模块中有四个运算类，分别是加法类、减法类、乘法法、除法类，模块以外的地方在调用四个运算类时不能直接调用，必须通过门面类来调用。

Add 类中有一个 addNumber( )，实现加法运算；Minus 类有一个 minusNumber( )，实现减法运算；Multiply 类中有一个 multiplyNumber( )，实现乘法运算；Devide 类中有一个 devideNumber( )，实现除法运算。在运算模块以外的地方有一个 Client 类，需要调用四个运算类的加、减、乘、除的功能时，通过外观类 Facade 来转调，这就实现了外模块与运算模块的解耦。运行 Client 类，从控制台的输出可以看到，通过 Facade 类能为外模块正确提供本运算模块的运算功能，如图 1－28 所示。

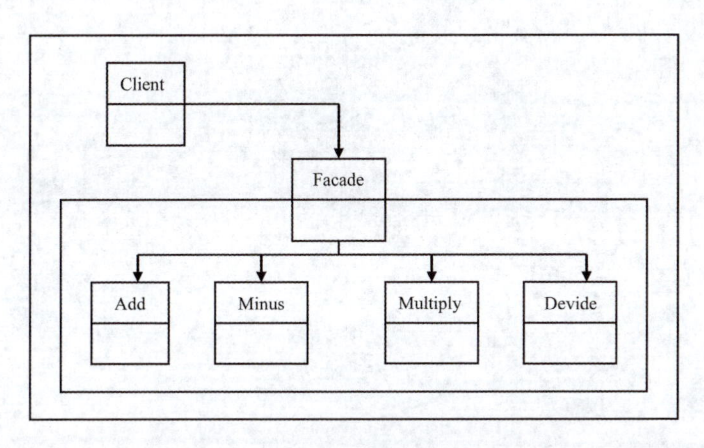

图 1－28　外观模式结构图

```
Add.java
package com.desing;
public class Add {
   public double addNumber(double d1,double d2){
         double d = d1 + d2;
         return d;
   }
}

Minus.java
package com.desing;
public class Minus {
   public double minusNumber(double d1,double d2){
         double d = d1 - d2;
         return d;
   }
}
```

```
Divide.java
package com.desing;
public class Divide {
   public double divideNumber(double d1,double d2){
         double d = d1 /d2;
         return d;
   }
}

Multiply.java
package com.desing;
public class Multiply {
   public double multiplyNumber(double d1,double d2){
         double d = d1 * d2;
         return d;
   }
}

Facade.java
package com.desing;
public class Facade {
   private Add add;
   private Divide divide;
   private Minus minus;
   private Multiply multiply;
   public Facade(){
         add = new Add();
         divide = new Divide();
         minus = new Minus();
         multiply = new Multiply();
   }
   public double addNum(double n1,double n2){
         double n = add.addNumber(n1, n2);
         return n;
   }

   public double minusNum(double n1,double n2){
```

```
        double n = minus.minusNumber(n1, n2);
        return n;
    }
    public double divideNum(double n1,double n2){
        double n = divide.divideNumber(n1, n2);
        return n;
    }
    public double multiplyNum(double n1,double n2){
        double n = multiply.multiplyNumber(n1, n2);
        return n;
    }
}

Client.java
package com.desing;
public class Client {
    public static void main(String[] args){
        Facade f = new Facade();
        double n1 = 60;
        double n2 = 20;

        double add = f.addNum(n1, n2);
        double minus = f.minusNum(n1, n2);
        double divide = f.divideNum(n1, n2);
        double multiply = f.multiplyNum(n1, n2);

        System.out.println(n1 + "与" + n2 + "相加的结果是:" + add);
        System.out.println(n1 + "与" + n2 + "相减的结果是:" + minus);
        System.out.println(n1 + "与" + n2 + "相除的结果是:" + divide);
        System.out.println(n1 + "与" + n2 + "相乘的结果是:" + multiply);
    }
}
```

控制台输出结果如图1-29所示。

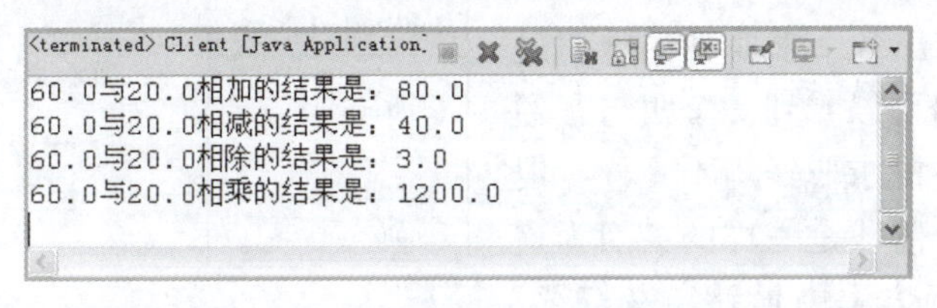

图1-29　外观模式-控制台输出

1.4.4 模板方法

模板方法（Template Method）模式是最为常见的几个模式之一。现在流行的很多框架（如 Spring、Struts 等）中，我们都可以看到模板方法模式的广泛应用。模板方法模式主要应用于框架设计中，在日常的应用设计中也被经常使用。

通常我们会遇到这样的一个问题：我们知道一个算法所需的关键步骤，并确定了这些步骤的执行顺序。但是某些步骤的具体实现是未知的，或者说某些步骤的实现与具体的环境相关。模板方法模式把我们不知道具体实现的步骤封装成抽象方法，提供一个按正确顺序调用它们的具体方法，这个具体方法就称为模板，由这个具体方法和抽象方法共同构成一个抽象基类。子类通过继承这个抽象基类去实现各个步骤的抽象方法，而工作流程却由父类控制。

那么如何理解上面的描述呢？我们来看一个日常生活中的例子。某单位人事部门在招聘人员的流程中规定：①求职人员必须先投递简历；②求职人员要经过笔试测试相关技能；③求职人员需与部门领导面谈；④用人部门做出评价。任何一个进入该单位的人员都必须经过经历这四个阶段，这是一个固定不变的规定，谁都无法跨越。这就是模板方法中的固定模板，也叫具体方法。但求职人员投递简历的方式却是可以多种多样的，可以亲自到单位提交简历，可以邮递简历，也可以在网上投递简历。笔试的过程也是多种多样的，其考核的内容、时间、难易程度等，对不同部门的求职者来说可能都是不一样的。面谈过程也是多种多样的，面谈的方式、时间和长短等，不同求职者会有不一样的经历。用人部门对不同的职位、不同求职者会做出不同的结论。这些变化的步骤与过程，就是抽象方法。每个求职者的具体行为，就相当于在子类实现这些抽象方法的过程。

模板访求的设计思想是：作为模板的方法定义在父类（父类为抽象类），模板方法的声明是定义抽象方法执行过程先后问题，实现抽象方法的是子类，要在子类实现方法，才能决定具体的操作。如果在不同的子类执行不同实现，就可以发展出不同的处理内容。不过，无论在哪个子类执行哪一种实现，处理的大致流程都还是要依照父类制定的方式。

以上面的人事招聘为例，写出相关的类。定义一个 Hr 类，此类为抽象的父类，定义四个求职过程的抽象方法，定义一个具体模板方法，确定好求职四个步骤的先后顺序。定义一个 JobHunterLiMing 类，代表求职者李明，此类要继承 Hr 类，为李明的具体求职过程。定义一个 JobHunterZhangYing 类，代表求职者张颖，此类要继承 Hr 类，为张颖的具体求职过程。定义一个 Client 类，为测试类，创建两个求职者对象，再调用 Hr 类 jobhunter( )，可以输出各个求职者的求职过程。从控制台的输出可以看到，李明与张颖两位求职者虽然具体的求职经历不一样，但是其所经历的过程、阶段是一样的，因为这些步骤在父类的模板方法中早就定义好了，如图 1－30 所示。

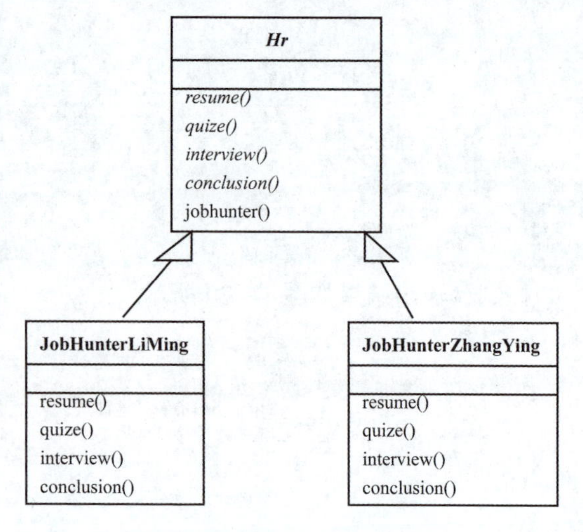

图 1－30 模板方法模式结构图

```
Hr.java
package com.template;
public abstract class Hr {
  //定义一个投递简历的抽象方法
  public abstract void resume();
  //定义一个笔试的抽象方法
  public abstract void quize();
  //定义一个面谈的抽象方法
  public abstract void interview();
  //定义一个评价的抽象方法
  public abstract void conclusion();

  //定义一个模板方法,
  public void jobhunter(){
        //第一步投递简历
        resume();
        //第二步笔试
        quize();
        //第三步面谈
        interview();
        //第四步评价
        conclusion();
  }
}

JobHunterLiMing.java
package com.template;
public class JobHunterLiMing extends Hr{
  public void conclusion() {
        System.out.println
              ("(4)很抱歉,李明没有得到软件工程师职位...");
  }
  public void interview() {
        System.out.println("(3)李明正与开发部项目经理面谈...");
        }
  public void quize() {
```

```
            System.out.println("(2)李明正在做面向对象的笔试题...");
            }
    public void resume() {
            System.out.println
                ("(1)李明在网上投递简历,申请一个软件工程师的职位...");
    }
}

JobHunterZhangYing.java
package com.template;
public class JobHunterZhangYing extends Hr{
    public void conclusion() {
            System.out.println("(4)恭喜,张颖得到了行政助理职位...");
    }
    public void interview() {
            System.out.println("(3)张颖正与人事部经理面谈...");
    }
    public void quize() {
            System.out.println("(2)张颖正在做行政事务的笔试题...");
            }
    public void resume() {
            System.out.println
                ("(1)张颖邮递了一份简历,申请一个行政助理的职位...");
    }
}

Client.java
package com.template;
public class Client {
    public static void main(String[] args){
            Hr liming = new JobHunterLiMing();
            liming.jobhunter();
            System.out.println("\n ---------------------- \n");
            Hr zhangying = new JobHunterZhangYing();
            zhangying.jobhunter();
    }
}
```

控制台输出结果如图 1－31 所示。

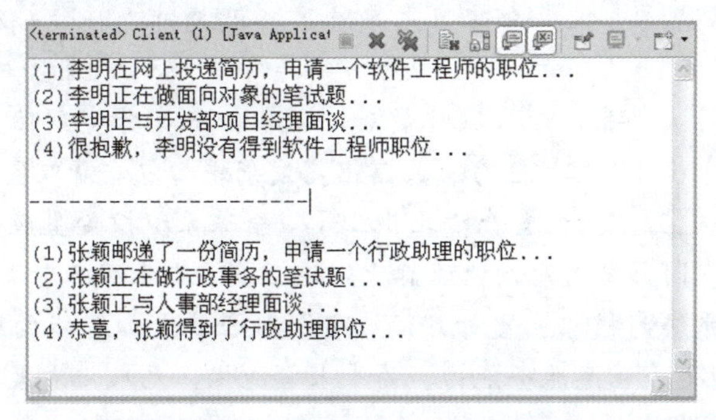

图 1－31　模板方法－控制台输出

思政讲堂

我国北斗卫星导航系统发展历程

我们的日常生活、工作、出行等方方面面都离不开卫星定位导航，工业上高精度目标定位需要卫星定位，开车出行需要卫星导航，在国家安全及国防建设中更离不开卫星导航。离开了卫星定位导航，很多领域将无法正常工作，让我们一起了解我国北斗卫星导航系统的发展历程。

1994 年，中国卫星导航工程获批立项，我们正式开始卫星导航试验系统研制，以北斗星来进行命名。至此，我们的科学家正式开始第一代卫星导航的研制。

2000 年 10 月 31 日，在西昌卫星发射中心，“长征三号甲”运载火箭发射首颗北斗导航实验卫星升空。在第一颗试验卫星发射 50 天后，第二颗试验卫星也被“长征三号甲”火箭送上同步轨道。

2003 年 5 月 25 日 0 时 34 分，我国发射第三颗北斗导航试验卫星。作为备份卫星，其与前两颗卫星组成了中国完整的第一代卫星导航系统，这就是“北斗一号”导航卫星。

2004 年，“北斗二号”卫星导航系统工程建设启动。从 2009 年开始，北斗导航卫星迎来了高频率发射期，截至 2011 年，完成北斗区域卫星导航系统的基本建设，具备向中国大部分地区提供初始服务的能力。

2012 年，北斗卫星导航系统的 16 颗卫星全部发射成功。12 月 27 号，国务院新闻办召开北斗卫星导航系统新闻发布会，宣布我们自主建设独立运行的北斗导航系统和世界其他卫星导航系统可以兼容共用。

2017 年 11 月 5 日，“北斗三号”第一颗和第二颗组网卫星在西昌卫星发射中心升空，拉开了北斗导航全球组网的大幕。从 2009 年 12 月，“北斗三号”工程立项，到 2017 年共发射了数颗导航定位卫星。

2018 年，在一年之内北斗导航系统发射了 18 颗卫星，北斗导航系统刷新了卫星研制生产的中国速度。其中，于 2018 年 2 月 12 日发射的“北斗三号”第五颗和第六颗卫星，更是 100% 实现了零部件国产化，全部拥有自主产权。

2018 年 9 月 19 日，北斗导航系统中增加了国际搜救系统和全球短报文等新功能，从此标志着北斗导航系统正式走向世界。2018 年 11 月，中国第一颗地球同步轨道卫星发射成功，成为世界现役功能最强的导航卫星。2018 年 11 月 19 日，“北斗三号”基本系统星座部署圆满完成。2018 年 12 月 27 号，北斗全球卫星导航系统正式向“一带一路”及全球提供基本导航服务。

2019 年 5 月 17 日，“北斗二号”系统最后一颗备份卫星升空到位，标志着二号工程圆满收官。2019 年 12 月 16 日 15 时 22 分，西昌卫星发射中心以一箭双星的方式，成功发射第 52 颗和第 53 颗北斗导航卫星，标志着“北斗三号”全球系统核心星座部署完成。

2020 年上半年，中国再发射两颗地球静止轨道卫星，“北斗三号”导航系统全面建成。2035 年将建成以北斗系统为核心，更加广泛、更加融合、更加智能的国家综合定位导航授时（PNT）体系，提升时空信息服务能力，为未来智能化、无人化发展提供核心支撑，实现北斗导航系统的高质量发展。

◇ 思政浅析：

（1）建设创新型强国

中国共产党二十大报告中指出，我国制造业规模世界第一，已建成了世界最大的高速铁路网、高速公路网，机场港口、水利、能源、信息等基础设施建设取得重大成就。我国在推进科技自立自强同时，基础研究和原始创新不断加强，关键核心技术实现突破，战略性新兴产业发展壮大，载人航天、探月探火、深海深地探测、超级计算机、卫星导航、量子信息、核电技术、新能源技术、大飞机制造、生物医药等取得重大成果，进入创新型国家行列。

（2）自力更生，艰苦创业

北斗卫星导航系统是我国自主建设、独立运行的卫星导航系统，是广大科学工作者依靠自身力量，经过呕心沥血的研发，通过不懈努力而最终建成的高科技、高智慧、高水平定位导航系统，在社会、经济、国防等领域有重要作用及影响。作为新一代大学生，应该继承老一辈科技工作者的求真务实、自力更生的不懈奋斗精神，推动我国科学技术水平的发展。

（3）科技创新，敢为人先

卫星定位导航是一个智能化的领域，其科技含量高，我国科技工作者在前期一片空白的基础上，通过不断的尝试与实验，勇于在科技领域创新探索，突破国外技术封锁，最终集成整套软件、硬件设备，成功建设北斗定位导航体系。作为年轻一代的大学生，应该发扬老一辈科技工作者的科研创新精神，响应国家号召，形成万众创新的新格局。

（4）“北斗精神”薪火相传

北斗卫星导航系统是由众多的科研工作者一起付出无数辛勤努力的智慧结晶，也是众多科研工作者默默奉献，舍小家为大家的忘我工作的结果。功成不必在我，但功成必定有我，是北斗人的座右铭，也是我们新一代年轻人应该接过的薪火。

本章练习

一、选择题

1. 自定义的 Servlet 应重载 HttpServlet 类的（　　）方法，以响应客户发出的 post 请求方法。[单选]

A. post　　B. onPost　　C. doPost　　D. ResponsePost

2. 一个实例运行在本地计算机的端口 8080 处。Web 服务器实例中部署有一个名为 SimpleServlet 的 Web 应用，其部署描述符文件片断如下：

```
<servlet>
    <servlet-name>PDFServlet</servlet-name>
      <servlet-class>com.servlet.PDFServlet</servlet-class>
</servlet>
<servlet-mapping>
    <servlet-name>PDFServlet</servlet-name>
    <url-pattern>/pdfshow</url-pattern>
</servlet-mapping>
```

仅根据这些片断判断，可用（　　）访问本机的名为 PDFServlet 的 Servlet。[单选]

A. http://localhost:8080/PDFServlet

B. http://localhost:8080/SimpleServlet/PDFServlet

C. http://localhost:8080/pdfshow

D. http://localhost:8080/SimpleServlet/pdfshow

3. 下列关于 Servlet 的编写方式，错误的是（　　）。[单选]

A. 必须是 HttpServlet 的子类

B. 通常需要覆盖 doGet()和 doPost()方法或其中之一

C. 通常需要覆盖 Service()方法

D. 通常需要在 web. xml 文件中声明 <servlet> 和 <servlet-mapping> 两个元素

4. 关于 HttpSession 的 getAttribute()和 setAttribute()方法，正确的说法是（　　）。[单选]

A. getAttribute()方法的返回类型是 String

B. getAttribute()方法的返回类型可以是 Object，也可以是 String

C. 使用 setAttribute()方法保存数据时，如果名字重复，会抛出异常

D. 使用 setAttibute()方法保存数据时，如果名字重复，会覆盖以前的数据

5. Servlet 中，HttpServletResponse 的（　　）方法用来把一个 Http 请求重定向到另外的 URL。[单选]

A. sendURL()　　　　B. redirectURL()

C. sendRedirect()　　　　D. redirectResponse()

6. 给定一个 Servlet 的代码片段如下：

```
public void doGet(HttpServletRequest request,
    HttpServletResponse response)
    throws ServletException,IOException{
    ________________________________
    out.println("hi kitty!");
    out.close();
}
```

运行此 Servlet 时，输出如下：

```
hi kitty!
```

则应在此 Servlet 下划线处填上（　　）代码。[单选]

A. PrintWriter out = response. getWriter( );

B. PrintWriter out = request. getWriter( );

C. OutputStream out = response. getOutputStream( );

D. OutputStream out = request. getWriter( );

7. J2EE 中，以下关于 HttpServlet 的说法，错误的是（　　）。[单选]

A. HttpServlet 是一个抽象类

B. HttpServlet 类扩展了 GenericServlet 类

C. HttpServlet 类的子类必须重写 Service 方法

D. HttpServlet 位于 javax. servlet. http 包中

8. Servlet 中，使用________接口或类中定义的________方法来处理客户端发出的表单数据请求。（　　）[单选]

A. HttpServlet doHead　　B. HttpServlet doPost

C. ServletRequest doGet　　D. ServletRequest doPost

9. JSP 页面经过编译之后，将创建一个（　　）。[单选]

A. applet　　B. servlet　　C. application　　D. exe 文件

10. 在 Java EE 中，test. jsp 文件中有如下一行代码：

```
<jsp:useBean id = "user" scope = "________"class = "com.UserBean" />
```

要使 user 对象一直存在于对话中，直至本会话终止或被删除为止，下划线中应填入（　　）。[单选]

A. page　　B. request　　C. session　　D. application

11. 在 JSP 中，page 指令的（　　）属性用来引入需要的包或类。[单选]

A. extends　　B. import　　C. languge　　D. contentType

12. 在 J2EE 中，重定向到另一个页面，以下（　　）语句是正确的。[单选]

A. request. sendRedirect("http://www. jb – aptech. com. cn")

B. request. sendRedirect( )

C. response. sendRedirect("http://www. jb – aptech. com. cn")

D. response. sendRedirect( )

13. 设计模式一般用来解决的问题为（　　）。[单选]

A. 同一问题的不同表现　　B. 不同问题的同一表现

C. 不同问题的不同表现　　D. 以上都不是

14. 保证一个类仅有一个实例，并提供一个访问它的全局访问点。这句话是对（　　）模式的描述。[单选]

A. 外观模式（Facade）　　B. 策略模式（Strategies）

C. 适配器模式（Adapter）　　D. 单例模式（Singleton）

15. 单例模式（Singleton）的设计意图是（　　）。[单选]

A. 定义一系列的算法，把它们一个个封装起来，并且使它们可相互替换

B. 为一个对象动态链附加的职责

C. 你希望只拥有一个对象，但不用全局对象来控制对象的实例化

D. 在对象之间定义一种一对多的依赖关系，这样当一个对象的状态改变时，所有依赖于它的对象都将得到通知并自动更新

16. 下面属于创建型模式的有（　　）。[单选]

A. 工厂（Factory）模式　　B. 外观（Facade）模式

C. 适配器（Adapter）模式　　D. 桥接（Bridge）模式

17. 外观模式的作用是（　　）。[单选]

A. 当不能采用生成子类的方法进行扩充时，动态地给一个对象添加一些额外的功能

B. 为系统中的一组功能调用提供一个一致的接口，这个接口使得这一子系统更加容易使用

C. 保证一个类仅有一个实例，并提供一个访问它的全局访问点

D. 在方法中定义算法的框架，而将算法中的一些操作步骤延迟到子类中实现

18. 工厂模式的类型有（　　）。[多选]

A. 简单工厂　　B. 工厂方法　　C. 复合工厂　　D. 抽象工厂

19. 工厂模式的简单工厂结构包含（　　）。[多选]

A. 工厂类　　B. 产品接口　　C. 产品实现子类　　D. 以上都不是

20. 要保证一个类为单例类，需满足的条件有（　　）。[多选]

A. 一个高效、安全的实例创建过程　　B. 一个私有的静态变量指向自身

C. 一个私有空参的构造方法　　D. 一个公有的静态方法返回自身

21. 关于模板方法模式的说法，正确的是（　　）。[多选]

A. 是一种很好的代码复用解决方案

B. 需要定义一个抽象的模板类，类中需要定义一个算法骨架

C. 不变的行为与可变的行为分开，不变的行为定义在模板类中

D. 变化的行为在模板类中以抽象方法存在，在具体的子类中实现变化的行为

22. 以下关于工厂模式的描述，正确的是（　　）。[多选]

A. 工厂组件的角色是负责生产父产品接口下的实例

B. 父产品接口下，只能有一个子类产品实现

C. 能够更好地为系统模块解耦，降低各业务模块之间的耦合度

D. 工厂组件产品实例创建过程，底层使用反射的原理实现

二、问答题

1. 什么是 Java EE？
2. 简述 Java EE 体系包含的主要技术。
3. 三层体系结构应用程序如何分层？每层的作用是什么？
4. MVC 架构模式的原理是怎样的？每部分分别由什么组件来担当？
5. 什么是设计模式？设计模式的目标是什么？

第 2 章

Struts 框架应用

本章目标

知识目标

① 认识、了解 Struts 核心组件。
② 理解 Struts 流程、生命周期。
③ 熟练使用 IDE 集成工具搭建 Struts 框架。
④ 掌握 Struts 框架的基本语法。
⑤ 了解 Struts1 与 Struts2 的差异。

能力目标

① 能够用集成开发工具搭建 Struts 框架。
② 能够在 Web 工程中调用 Struts 控制流程。
③ 能够正确定义 Action 类。
④ 能够根据实际需要自定义 Action 类业务方法。
⑤ 能够正确使用通配符方法进行业务流程控制。

素质目标

① 培养良好的与人沟通能力。
② 具有良好的专业术语表达能力。
③ 具有良好的承受挫折韧性与抗压能力。
④ 遵循软件工程编码开发的基本原则。
⑤ 培养认真严谨的工作态度和一丝不苟的工作作风。

Struts 入门简介

2.1　Struts 框架概述

Struts 是 Apache 软件基金会（ASF）赞助的一个开源项目。它通过采用 Java Servlet/JSP 技术，实现了基于 Java EE Web 应用的 MVC 设计模式的应用框架，是 MVC 经典设计模式中的一个经典产品。

2.1.1　Struts 框架的起源

Struts 是开源软件，这个名字来源于在建筑和旧式飞机中使用的支持金属架。这个框架之所以叫“Struts”，是为了提醒我们记住那些支撑我们房屋、建筑、桥梁的基础支撑。当建立一个物理建筑时，建筑工程师使用支柱为建筑的每一层提供支持。同样，软件工程师使用 Struts 为业务应用的每一层提供支持。它的作用是帮助我们减少运用 MVC 设计模型来开发

Web 应用的时间。如果想混合使用 Servlet 和 JSP 的优点来建立可扩展的应用，Struts 是一个很好的选择。

在 Java EE 的 Web 应用发展的初期，除了使用 Servlet 技术以外，普遍是在 JavaServer Pages（JSP）的源代码中采用 HTML 与 Java 代码混合的方式进行开发。因为这两种方式不可避免地要把表现与业务逻辑代码混合在一起，都给前期开发与后期维护带来了巨大的复杂度。为了摆脱上述约束与局限，把业务逻辑代码从表现层中清晰地分离出来，2000 年，Craig McClanahan 采用了 MVC 的设计模式开发 Struts。后来该框架产品一度被认为是最广泛、最流行的 Java 的 Web 应用框架。

2006 年，WebWork 与 Struts 这两个优秀的 Java EE Web 框架（Web Framework）的团体，决定共同开发一个新的，整合了 WebWork 与 Struts 的优点，并且更加优雅、扩展性更强的框架，命名为“Struts2”，原 Struts 的 1. x 版本产品称为“Struts1”。

至此，Struts 项目并行提供与维护两个主要版本的框架产品——Struts1 与 Struts2。

2.1.2　MVC 模式

MVC 是早期 Smalltalk 程序语言发明的一种软件设计模式，至今已被广泛使用。MVC 是 Web 应用程序中的三种元素，分别为模型（Model）、视图（View）和控制（Controller）。MVC 模式的作用就是实现 Web 系统的职能分工。Model 层通常用 JavaBean 或 EJB 来实现系统中的业务逻辑。View 层用于与用户交互，通常用 JSP 来实现。Controller 层是 Model 与 View 之间沟通的桥梁，它可以分派用户的请求并选择恰当的视图用于显示，同时，它也可以解释用户的输入并将它们映射为模型层可执行的操作，通常可以用 Servlet 来实现。

MVC 的处理过程通常有五步，如图 2－1 所示。首先用户的请求被控制器接收，并根据请求的类型决定调用哪个模型来处理。然后，模型根据用户请求进行相应的业务处理，并返回数据。最后，控制器调用相应的视图来格式化模型返回的数据，通过视图呈现给用户。

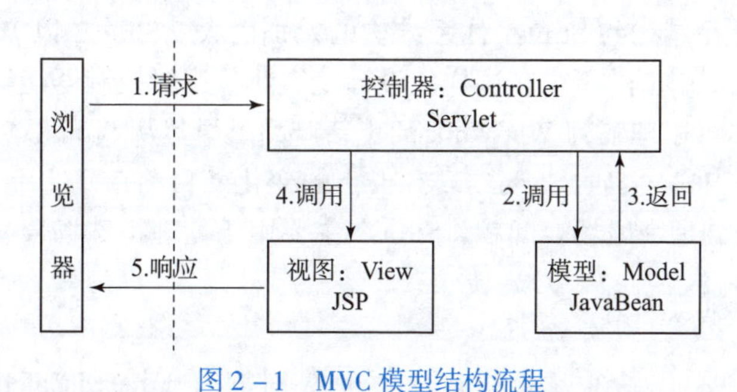

基于 MVC 的 Struts 流程

图 2－1　MVC 模型结构流程

MVC 是一种非常流行的架构模式，其优点主要体现在如下几个方面。

① MVC 模式降低了模块耦合性。视图层和业务层分离，这样就允许更改视图层代码而不用重新编译模型和控制器代码，同样，一个应用的业务流程或者业务规则的改变只需要改动 MVC 的模型层即可。

② MVC 模式提高了模块重用性和可适用性。随着技术的不断进步，现在需要用越来越多的方式来访问应用程序。MVC 模式允许使用各种不同样式的视图来访问同一个服务器端

的代码。它包括任何 Web（HTTP）浏览器或者无线浏览器。由于模型返回的数据没有进行格式化，所以同样的构件能被不同的界面使用。

③ MVC 模式实现了快速的部署。使用 MVC 模式使开发时间得到相当大的缩减，它使 Java 开发人员集中精力于业务逻辑上，界面程序员（HTML 和 JSP 开发人员）集中精力于表现形式上。

④ MVC 模式提高了系统可维护性。分离视图层和业务逻辑层也使得 Web 应用更易于维护和修改。

⑤ MVC 模式有利于软件工程化管理。由于不同的层各司其职，每一层不同的应用具有某些相同的特征，有利于通过工程化、工具化管理程序代码。

Struts 是一种基于 MVC 模式的，非常优秀的设计框架。正因为 MVC 的模式有如此多优势，因而 Struts 在 Java EE 的 Web 系统架构中有着非常广阔的空间与强大的生命力。

2.2 Struts2 应用框架

Struts 框架有两个版本：Struts1 和 Struts2。Struts1 是 Struts 框架的早期版本，同时也是一个高度成熟的 MVC 框架，经过多年的发展，不管是稳定性还是可靠性，都得到了广泛的证明。其市场占有率超过 20%，拥有丰富的开发人群，几乎已经成为事实上的工业标准。但是，随着时间的流逝、技术的进步，Struts1 也浮现出一些局限性，并且制约了 Struts1 的继续发展。从目前的技术层面上看，出现了许多与 Struts1 竞争的视图层框架，比如 JSF、Tapestry 和 Spring MVC 等。这些框架由于出现的年代比较近，应用了最新的设计理念，同时也从 Struts1 中吸取了经验，克服了很多不足。这些框架的出现促进了 Struts 的新发展。正是基于这种改进，在传统的 Struts1 的基础上，融合了另一个优秀的 Web 框架 WebWork，出现了 Struts2。Struts2 虽然是在 Struts1 的基础上发展起来的，但是实质上是以 WebWork 为核心。Struts2 为传统的 Struts1 注入了 WebWork 的先进的设计理念，统一了 Struts1 和 WebWork 两个框架。

全新的 Struts2 体系结构与 Struts1 体系结构的差别巨大。Struts2 以 WebWork 为核心，采用拦截器的机制来处理用户的请求，这样的设计使得业务逻辑控制器能够与 Servlet API 完全脱离开，所以 Struts2 可以理解为 WebWork 的更新产品。虽然从 Struts1 到 Struts2 有着非常大的变化，但是相对于 WebWork，Struts2 只有很小的变化。目前市场上是 Struts1 与 Struts2 并存，Struts1 主要用于处理一般场合问题，Struts2 主要用于处理特殊场合问题。

2.2.1 Struts2 框架组件

在 Struts2 框架中，有多个核心组件，其中常用的有 FilterDispatcher、Action、ServletActionContext、struts. xml 文件等。

（1）FilterDispatcher

FilterDispatcher 是 Struts2 框架中的核心组件，扮演控制器的角色。FilterDispatcher 是一个 Servlet 过滤器，负责接收客户端请求，根据配置文件 struts. xml 的信息，把请求转发到适当的 Action 对象，最后根据返回的处理结果选择视图响应客户端。相关的配置信息定义在 web. xml 文件中，如图 2－2 所示。

Struts 框架
核心组件

```
<?xml version="1.0" encoding="UTF-8"?>
<web-app version="2.5"xmlns="http://java.sun.com/x
  <filter>
    <filter-name>struts2</filter-name>
    <filter-class>
     org.apache.struts2.dispatcher.FilterDispatcher
    </filter-class>
  </filter>
  <filter-mapping>
     <filter-name>struts2</filter-name>
     <url-pattern>*.action</url-pattern>
  </filter-mapping>
</web-app>
```

图 2 – 2　web. xml 文件配置

（2）Action

Action 同样也是控制器的一部分，负责与模型层进行交互，根据模型层处理结果，指明下一个转跳视图。一般来说，自定义的 Action 类继承了 com. opensymphony. xwork2. ActionSupport类，这样就能够重用基类中的常量与相关的方法。在自定义 Action 类中有一个 execute( )方法，当请求从 FilterDispatcher 组件转跳至本类时，自动执行 execute( )方法，最后该方法返回与配置文件相映射的字符串，此方法中已经没有任何参数。

Struts2 中已经不存在 ActionForm 类，ActionForm 类的功能已经全部移植到 Action 类，即 Action 类属性中应包含客户端表单中的每一个属性，并且属性名字需一致。每一个属性均有对应的 set( )与 get( )方法，如图 2 – 3 所示。

```
public class LoginAction extends ActionSupport {
    private String username;
    private String password;

    public String execute() {
        String username = this.getUsername();
        String password = this.getPassword();
        if(username.equals(password)){
            return "OK";
        }else{
            return "NO";
        }
    }
    public String getUsername() {
        return username;
    }
    public void setUsername(String username) {
        this.username = username;
    }
    public String getPassword() {
        return password;
    }
    public void setPassword(String password) {
        this.password = password;
    }
}
```

图 2 – 3　Action 类结构

（3）ServletActionContext

工具类，Struts2 的 Action 类的 execute( )方法中，已经没有任何参数，当需要获取 Servlet API 中的 HttpServletRequest、HttpServletResponse 等实例时，可用此类提供的静态方法。

① getRequest( )方法获取 HttpServletRequest 实例：

```
HttpServletRequest request = ServletActionContext.getRequest()
```

② getResponse( )方法获取 HttpServletResponse 实例：

```
HttpServletResponse response = ServletActionContext.getResponse()
```

③ getServletContext( )方法获取 ServletContext 实例：

```
ServletContext context = ServletActionContext.getServletContext()
```

④ getPageContext( )方法获取 PageContext 实例：

```
PageContext page = ServletActionContext.getPageContext()
```

（4）struts. xml

描述用户请求路径和 Action 映射关系的配置信息，信息以 XML 文件格式存储。文件主要定义了以下三方面信息：请求对应的 Action、Action 类的位置、响应请求的视图，如图 2－4 所示。

```
<?xml version="1.0" encoding="UTF-8" ?>
<!DOCTYPE struts PUBLIC "-//Apache Software Foundation//I
<struts>
 <package name="neusoft" extends="struts-default">
   <action name="body" class="com.BodyAction">
    <result name="thin">/thin.jsp</result>
    <result name="little_thin">/little_thin.jsp</result>
    <result name="normal">/normal.jsp</result>
    <result name="little_fat">/little_fat.jsp</result>
    <result name="fat">/fat.jsp</result>
    <result name="error">/index.jsp</result>
   </action>
 </package>
</struts>
```

图 2－4　struts. xml 配置文件结构

2. 2. 2　Struts2 框架流程

Strtus 框架运行机制

Struts2 框架的大概处理流程如下：

① 加载控制器：在服务器启动时就加载 FilterDispatcher 类。

② 加载配置文件：加载 Struts 配置文件中的 Action 信息。

③ 派发请求：客户端发送请求到服务器端，被控制器 FilterDispatcher 截获。

④ 调用 Action：FilterDispatcher 从 Struts 配置文件中读取与之相对应的 Action。

⑤ 处理业务逻辑：Action 类中的 execute( )方法，调用其他业务逻辑。

⑥ 返回响应：通过 execute( )方法将字符串信息返回到 FilterDispatcher。

⑦ 查找响应：FilterDispatcher 根据配置查找哪个 JSP 页面响应客户端请求。

2.2.3　Struts2 框架案例开发

案例题材：

完成测体型的应用（用 Struts2 框架实现）。

案例要求：

① 在开始页面输入身高和体重。

② 在响应页面输出身高、体重、体型判断结果。

③ 体型判断标准如下：

$$[身高(cm) - 100] \times 0.9 = 标准体重\ (kg)$$

偏瘦：小于标准体重的 80%；

苗条：标准体重的 80%~90%；

正常范围：标准体重的 90%~110%；

轻度肥胖：标准体重的 110%~130%；

重度肥胖：标准体重的 130% 以上。

操作过程：

① 打开 MyEclipse 8.5 集成工具，新建一个 Web 项目，取名为 struts2_app。在项目中有六个 JSP 页面，第一个为 index.jsp，具有身高、体重两个输入框及一个"提交"按钮即可。第二个为 thin.jsp，体型"偏瘦"时用此页面响应。第三个为 little_thin.jsp，体型"苗条"时用此页面响应。第四个为 normal.jsp，体型"正常"时用此页面响应。第五个为 little_fat.jsp，体型"轻度肥胖"时用此页面响应。第六个为 fat.jsp，体型"重度肥胖"时用此页面响应。

```
index.jsp
<%@ page language="java" pageEncoding="utf-8"%>
<!DOCTYPE HTML PUBLIC "-//W3C//DTD HTML 4.01 Transitional//EN">
<html>
  <head>
  </head>
  <body>
  <center>
    <form action="body.action" method="post" focus="login">
      <table border="0">
        <tr>
          <td>身 高:</td>
          <td><input type = "text" name = "height" />厘米</td>
        </tr>
        <tr>
          <td>体 重:</td>
          <td><input type = "text" name = "weight" />千克</td>
        </tr>
```

```
        <tr>
          <td colspan="2" align="center">
          <input type="submit" name="submit" value="提 交" />
          </td>
        </tr>
      </table>
    </form>
  </center>
  </body>
</html>
normal.jsp
<%@ page language="java" pageEncoding="utf-8"%>
<!DOCTYPE HTML PUBLIC "-//W3C//DTD HTML 4.01 Transitional//EN">
<html>
  <head>
  </head>
  <body>
  <center>
  <br>
    <h1>你的体型:正常！</h1>
  </center>
  </body>
</html>
thin.jsp
<%@ page language="java" pageEncoding="utf-8"%>
<!DOCTYPE HTML PUBLIC "-//W3C//DTD HTML 4.01 Transitional//EN">
<html>
  <head>
  </head>
  <body>
  <center>
  <br>
    <h1>你的体型:偏瘦！</h1>
  </center>
  </body>
</html>
little_thin.jsp
<%@ page language="java" pageEncoding="utf-8"%>
```

```
<!DOCTYPE HTML PUBLIC "-//W3C//DTD HTML 4.01 Transitional//EN">
<html>
  <head>
  </head>
  <body>
  <center>
  <br>
    <h1>你的体型:苗条！</h1>
  </center>
  </body>
</html>
little_fat.jsp
<%@ page language="java" pageEncoding="utf-8"%>
<!DOCTYPE HTML PUBLIC "-//W3C//DTD HTML 4.01 Transitional//EN">
<html>
  <head>
  </head>
  <body>
  <center>
  <br>
    <h1>你的体型:轻度肥胖！</h1>
  </center>
  </body>
</html>
fat.jsp
<%@ page language="java" pageEncoding="utf-8"%>
<!DOCTYPE HTML PUBLIC "-//W3C//DTD HTML 4.01 Transitional//EN">
<html>
  <head>
  </head>
  <body>
  <center>
  <br>
    <h1>你的体型:重度肥胖！</h1>
  </center>
  </body>
</html>
```

② 为 Web 应用添加 Struts2 框架，在集成工具中添加所需要的依赖包，并生成相关的配

置文件和相应的组件类。

a. 单击“MyEclipse”→“Add Struts Capabilities…”，如图 2-5 所示。

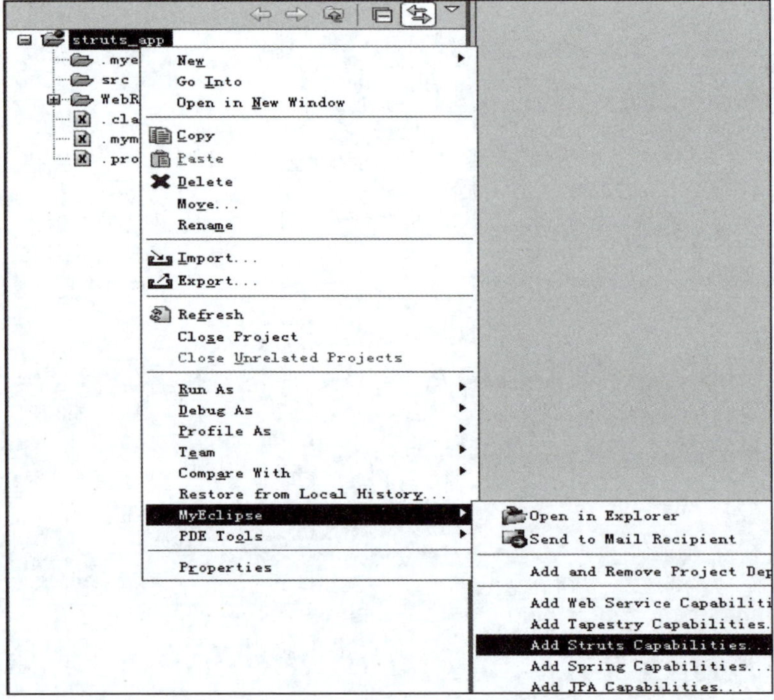

图 2-5　构建 Struts2 工程（1）

b. 选择 Struts 的版本，如图 2-6 所示。

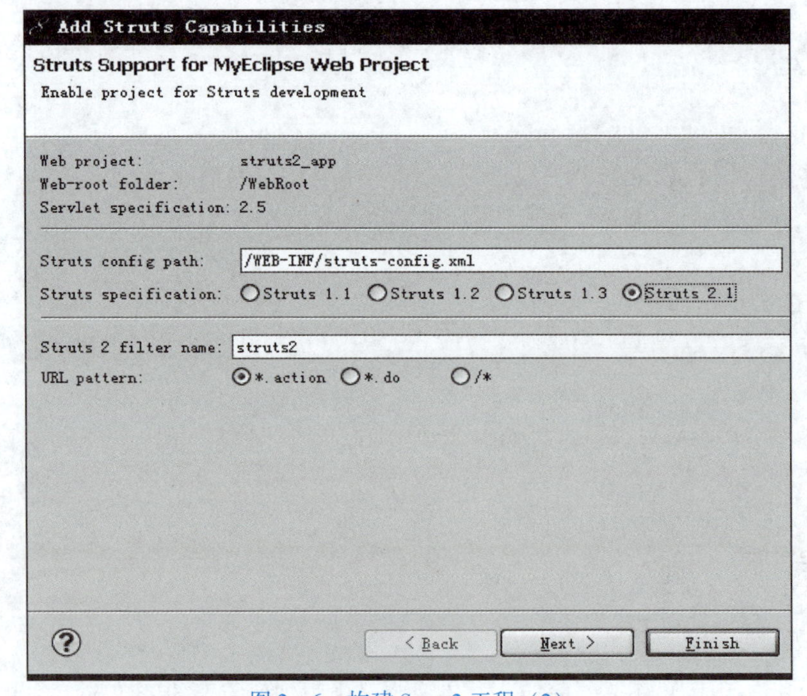

图 2-6　构建 Struts2 工程（2）

Struts specification：表示 Struts 的版本，选择“Struts 2.1”。

URL pattern：表示 Struts 请求的类型，即哪种请求会被 Struts 所截获，选择“*.action”表示只要是“.action”结尾的请求，都会被 Struts 所截获。

其他的属性默认，单击“Next”按钮。

c. 选择要添加的组件，如图 2－7 所示。

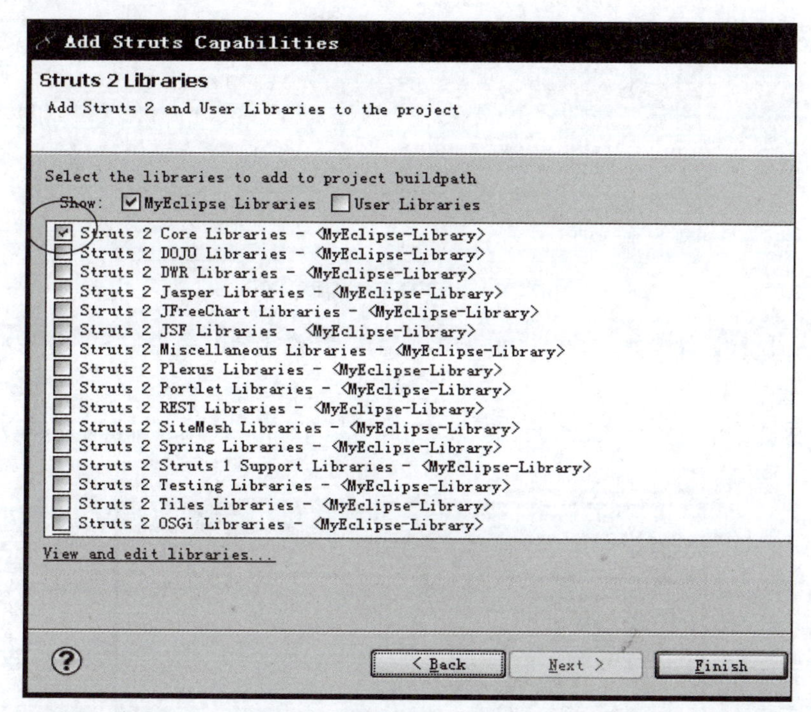

图 2－7　构建 Struts2 工程（3）

只选默认的第一项“Struts 2 Core Libraries”，其他的不能选，即只添加核心包到应用中，单击“Finish”按钮，框架添加到项目中，如图 2－8 所示。

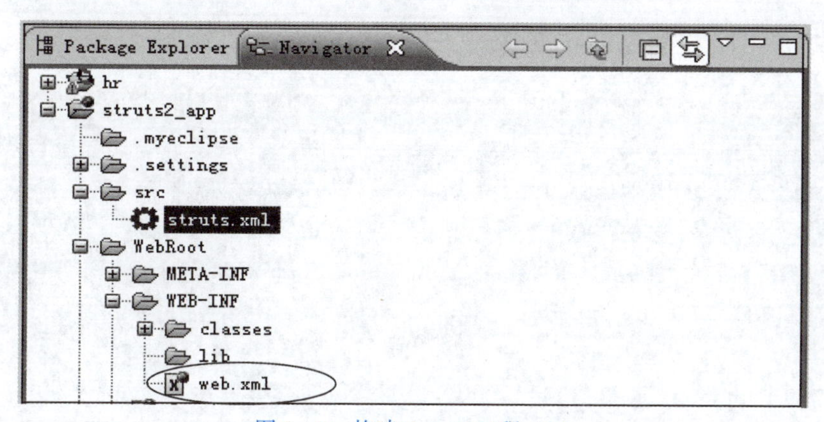

图 2－8　构建 Struts2 工程（4）

在项目中的源码文件夹 src 下多添加了一个 Struts2 的配置文件：struts.xml，同时，web.xml 文件也添加了相应的配置信息。

d. 修改 web.xml 文件，如图 2－9 所示。

```
<?xml version="1.0" encoding="UTF-8"?>
<web-app version="2.5"
    xmlns="http://java.sun.com/xml/ns/javaee"
    xmlns:xsi="http://www.w3.org/2001/XMLSchema-in
    xsi:schemaLocation="http://java.sun.com/xml/ns
    http://java.sun.com/xml/ns/javaee/web-app_2_5.
 <welcome-file-list>
   <welcome-file>index.jsp</welcome-file>
 </welcome-file-list>
 <filter>
  <filter-name>struts2</filter-name>
  <filter-class>
   org.apache.struts2.dispatcher.FilterDispatcher
  </filter-class>
 </filter>
 <filter-mapping>
    <filter-name>struts2</filter-name>
    <url-pattern>*.action</url-pattern>
 </filter-mapping>
</web-app>
```

图2－9　构建 Struts2 工程（5）

打开 web. xml 文件，把节点 <filter－class> 值修改为 org. apache. struts2. dispatcher. FilterDispatcher。

e. 在项目中新建一个 com 包，包名中不能是 j2ee、struts、action 等特殊符，如图2－10所示。

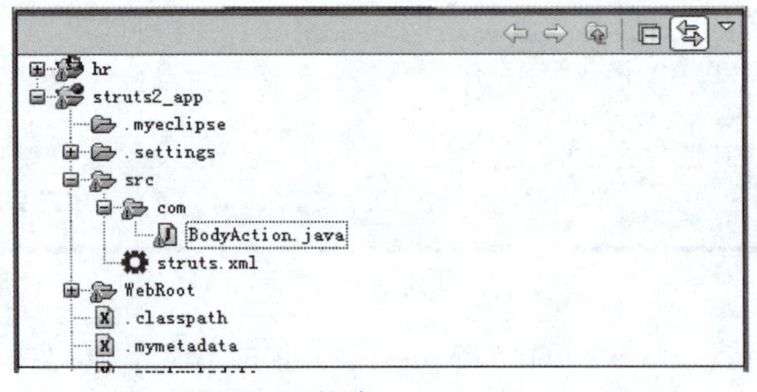

图2－10　构建 Struts2 工程（6）

f. 新建一个名字为 BodyAction 的类。

```
BodyAction.java
package com;
import com.opensymphony.xwork2.ActionSupport;
public class BodyAction extends ActionSupport{
    private String height;
    private String weight;
    public String execute(){
      double bodyHeight = Double.parseDouble(height);
      double bodyWeight = Double.parseDouble(weight);
      double standardBody =(bodyHeight -100) *0.9;
      double body = bodyWeight /standardBody;
      if(body <0.8){
```

```
                return "thin";
            }
            else if(body > =0.8&&body <0.9){
                return "little_thin";
            }
            else if(body > =0.9&&body <1.1){
                return "normal";
            }
            else if(body > =1.1&&body < =1.3){
                return "little_fat";
            }
            else if(body >1.3){
                return "fat";
            }
            else{
                return "error";
            }
        }
        public String getHeight() {
            return height;
        }
        public void setHeight(String height) {
            this.height = height;
        }
        public String getWeight() {
            return weight;
        }
        public void setWeight(String weight) {
            this.weight = weight;
        }
    }
```

BodyAction 类继承 ActionSupport 基类。为该类添加两个属性：height、weight，用于接收客户端传送过来的身高、体重值。此两属性名字须与 index. jsp 页面的两个输入框的 name 属性值一致：

```
<input type = "text" name = "height"/>    身高输入框
<input type = "text" name = "weight"/>    体重输入框
```

在 BodyAction 类中为 height、weight 属性生成 setXX()与 getXX()的方法，以供参数传递时调用。

同时，为类中添加 execute( )方法，该方法不需要参数，需要一个 String 类型的返回值：public String execute( )，流程转跳到该类时，自动执行该方法。方法的具体实现过程如上面 BodyAction 类所示。

g. 打开 struts. xml 文件，并选择 source 视图。

```
struts.xml
<?xml version="1.0" encoding="UTF-8"?>
<!DOCTYPE struts PUBLIC
"-//Apache Software Foundation//DTD Struts Configuration 2.1//EN"
"http://struts.apache.org/dtds/struts-2.1.dtd">
<struts>
<package name="neusoft" extends="struts-default">
<action name="body" class="com.BodyAction">
        <result name="thin">/thin.jsp</result>
        <result name="little_thin">/little_thin.jsp</result>
        <result name="normal">/normal.jsp</result>
        <result name="little_fat">/little_fat.jsp</result>
        <result name="fat">/fat.jsp</result>
        <result name="error">/index.jsp</result>
    </action>
  </package>
</struts>
```

<struts>节点中，<package>子节点可理解为应用中的模块。其两个属性中，name 为<package>子节点名字，可任意起，不能重复；extends 的属性值可为struts-default，表示继承 struts 的默认值。在配置文件中，<package>子节点可有 1 个或多个。

<action>节点对应客户请求的相关配置，为<package>的子节点。name 属性对应请求的名字，如请求的名字为 body. action，则 name 的属性值须为 body；class 属性对应 Action 类的位置。<action>节点可以有多个。

<result>节点是响应视图的映射节点，为<action>节点的子节点。属性 name 的值对应 Action 类中 execute( )方法中返回的字符串。如在上面的配置文件中，如果 execute( )中返回"thin"字符串，则调用 thin. jsp 页面响应客户端。<result>节点可以有多个。

h. 把应用部署到服务器上，并启动服务器。

在浏览器地址栏输入"http://localhost:8080/struts2_app/index. jsp"，可以访问到首页，如图 2-11 所示。

输入身高与体重，可以得到各种体型的响应页面。

体型：偏瘦，响应页面如图 2-12 所示。

体型：苗条，响应页面如图 2-13 所示。

体型：正常，响应页面如图 2-14 所示。

体型：轻度肥胖，响应页面如图 2-15 所示。

http://localhost:8080/struts2_app/index.jsp
身 高:
厘米
体 重:
公斤
提 交

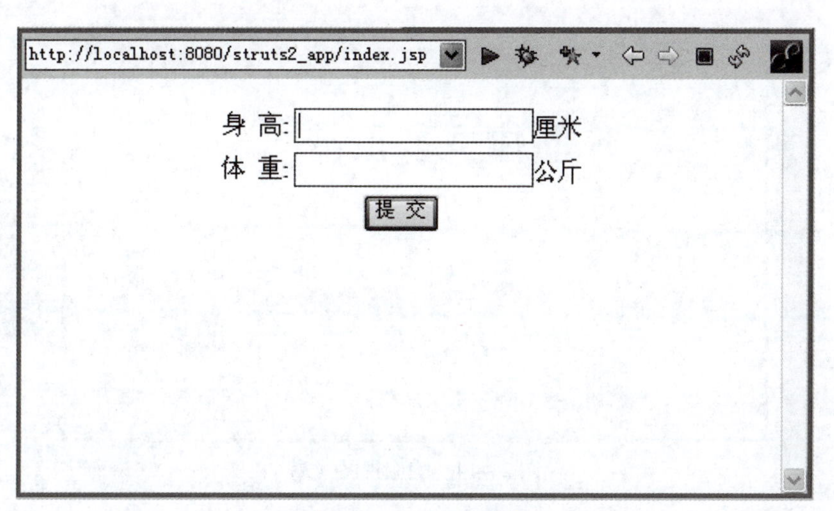

图 2－11 交互视图

http://localhost:8080/struts2_app/body.actio
你的体型：偏瘦 ！

图 2－12 响应视图（1）

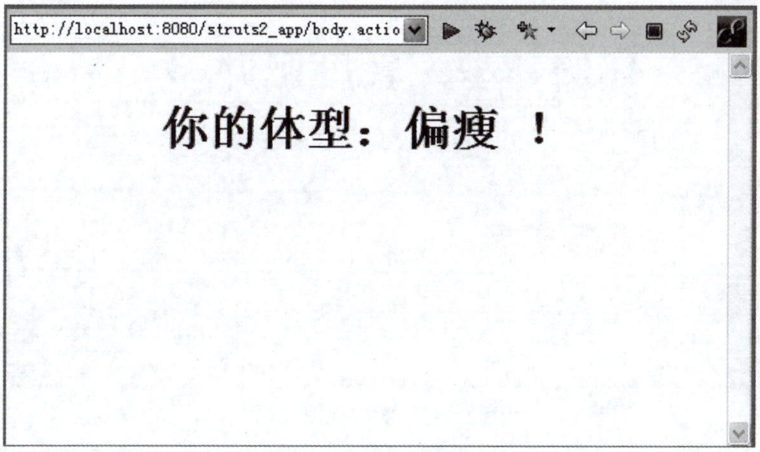

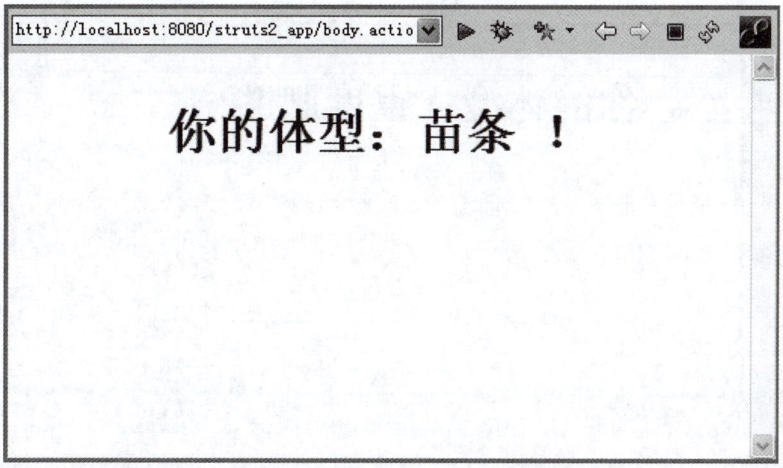

http://localhost:8080/struts2_app/body.actio
你的体型：苗条 ！

图 2－13 响应视图（2）

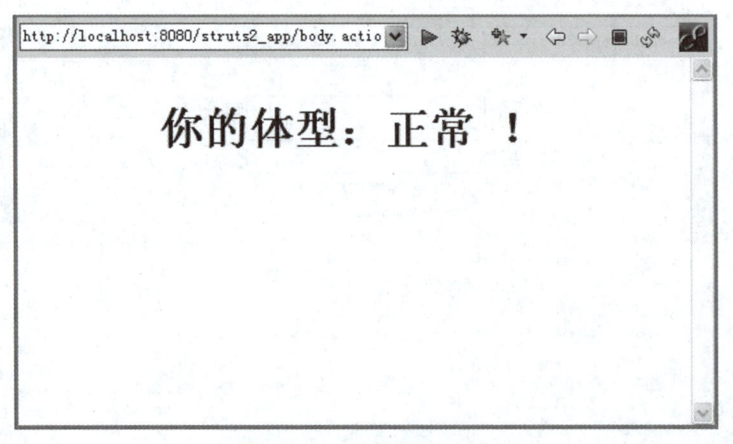

图 2－14　响应视图（3）

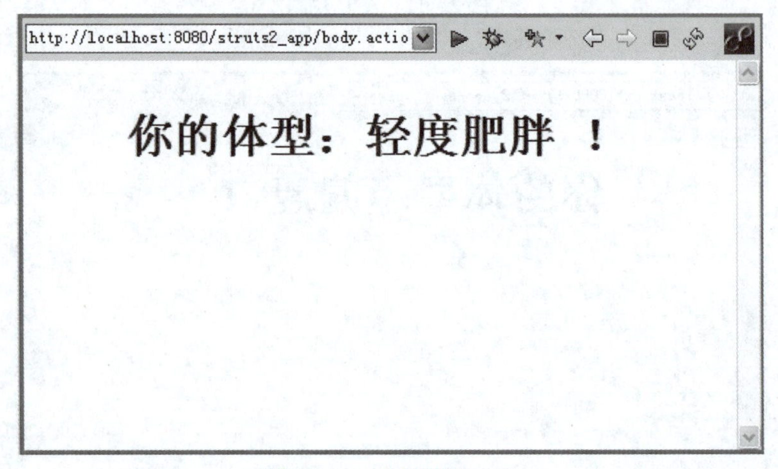

图 2－15　响应视图（4）

体型：重度肥胖，响应页面如图 2－16 所示。

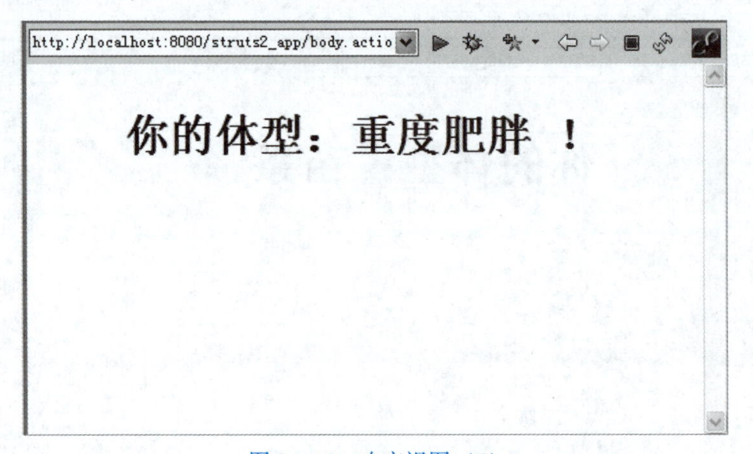

图 2－16　响应视图（5）

2.3 Action 类访问控制

Action 作为 Struts2 框架的核心类，实现对用户请求的处理，Action 类也被称为业务逻辑控制器。一个 Action 类代表一次请求或调用，每个请求的动作都对应于一个相应的 Action 类，一个 Action 类是一个独立的工作单元。

在传统的 Action 类结构中，只有一个 execute( ) 方法能够执行业务操作，这样就不利于 Action 类的业务开发。当某个场景下 Action 类需要实现若干个业务控制流程时，就必须开发若干个独立的 Action 业务控制类，这就很容易造成代码的臃肿，导致开发效率低下的问题。

如在一个用户管理模块中要实现对用户增加、删除、更新功能，就必须开发如下三个 Action 业务控制类。

- AddUserAction：增加用户业务控制器类。
- UpdateUserAction：更新用户业务控制器类。
- DeleteUserAction：删除用户业务控制器类。

以上三个业务功能需求都是非常类似的，那么能否把三个业务控制器类合并到一个业务控制器类（如 UserAction 控制器类）中呢？这样就能减少开发的编码量，同时让应用程序代码更加简洁，有利于日后的运维管理与代码升级。

2.3.1 设定 method 属性

通过设定 method 属性对 Action 进行访问控制是一种非常普通的请求流程控制方式，在 Struts2 框架配置文件的 <Action> 节点中，设定 method 属性值，表示流程到达 Action 业务控制器后，请求将不再执行本类中的 exexute( )，而是直接执行 method 属性值指定的控制方法。

◇ method 属性设置语法：

- 语法格式：method = "方法名称"
- 格式如：method = "myPay"

√ 请求将执行 Action 类中的 myPay( ) 方法。

在如图 2 – 17 所示的 Struts2 的配置文件中可以看到，每一个 <Action> 节点中都分别设定了 method 属性值，如“addUser”“updateUser”“delteUser”。请求流程到达 Action 类后，将不再执行类中的 execute( ) 方法，而是执行每个 <Action> 节点上 method 属性值所对应的业务方法。

在 Action 业务控制类中也必须有 method 属性值所对应的业务控制方法，才能正确地响应配置的请求。在如图 2 – 18 所示的 UserAction 业务控制器类中，可以看到类中分别定义了 addUser( )、updateUser( )、delteUser( ) 三个方法，以响应业务请求，最终实现把 AddUser – Action、UpdateUserAction、DeleteUserAction 三个控制器类合并到 UserAction 控制器类的目标，进一步简化了编码实现过程。

2.3.2 动态方法调用

通过在 <action> 节点中设置 method 属性可达到合并多个相似的业务功能类的目的，但 Struts2 的配置文件中还有多个 <action> 节点，配置信息过于冗余，那么是否可以将多个 <action> 节点合并到同一个 <action> 节点中，化繁为简呢？

```
<?xml version="1.0" encoding="UTF-8" ?>
<!DOCTYPE struts PUBLIC "-//Apache Software Foundation//DTD Struts Configuration 2.
<struts>
    <package name="myhello" extends="struts-default">
        <action name="addUser" class="com.user.UserAction" method="addUser">
            <result name="ok">/success.jsp</result>
            <result name="no">/fail.jsp</result>
        </action>
        <action name="updateUser" class="com.user.UserAction" method="updateUser">
            <result name="ok">/success.jsp</result>
            <result name="no">/fail.jsp</result>
        </action>
        <action name="deleteUser" class="com.user.UserAction" method="deleteUser">
            <result name="ok">/success.jsp</result>
            <result name="no">/fail.jsp</result>
        </action>
    </package>
</struts>
```

图 2 – 17　Struts2 配置文件中 method 属性配置

```
public class UserAction {
  private String username;
  private String password;
  public String getUsername() {return username;}
  public void setUsername(String username) {this.username = username;}
  public String getPassword() {return password;}
  public void setPassword(String password) {this.password = password;}

  public String addUser() {
    if ((this.getUsername() != null) && (!this.getUsername().equals(""))
        && (this.getPassword() != null)
        && (!this.getPassword().equals(""))) {
      return "ok";
    } else {
      return "no";
    }
  }
  public String updateUser() {
    if ((this.getUsername() != null) && (!this.getUsername().equals(""))
        && (this.getPassword() != null)
        && (!this.getPassword().equals(""))) {
      return "ok";
    } else {
      return "no";
    }
  }
  public String deleteUser() {
    if ((this.getUsername() != null) &&
        (!this.getUsername().equals(""))) {
      return "ok";
    } else {
      return "no";
    }
  }
```

图 2 – 18　UserAction 业务控制器类结构

动态方法调用（DMI）是一种在视图页面提交请求时，就指定要执行 Action 控制类中的哪个业务方法，可以实现将上面多个 <action> 节点合并到同一个 <action> 节点的目标。

动态方法调用不需要在各 <action> 节点配置 method 属性，只需在 JSP 视图发请求类时指明要调用 Action 类中的方法名。

◇ 动态方法调用语法：

- 语法格式：Action 节点名 ＋ "!" ＋ 调用的方法名 ＋ URL 映射类型。
- 格式如："user! addUser. action"。

√ user 为所请求的 <action> 节点的 name 属性值。

√ addUser 为 Action 类中被请求的方法名。

√ user! addUser. action。

√ ! 为分隔符号。

√ . action 为 Struts2 请求的 URL 映射类型。

在如图 2－19 所示的 JSP 视图代码中，可以看到 Form 表单所发的请求为“user! addUser. action”，表示将请求图 2－20 的 Struts 配置中名称为“user”的 <action> 节点，请求到达 UserAction 类后，将调用名称为“addUser”的控制方法。同样，UserAction 类必须定义有 add User( ) 方法，UserAction 类的代码结构参考图 2－18。

```
<center>
  <form action="user!addUser.action" method="post">
    <h2>增加用户操作：</h2>
    <table border="0">
      <tr>
        <td>用 户:</td>
        <td><input type = "text" name = "username" /></td>
      </tr>
      <tr>
        <td>密 码:</td>
        <td><input type = "password" name = "password" /></td>
      </tr>
      <tr>
        <td colspan="2" align="center">
        <input type = "submit" name = "submit" value = "提  交" />
        </td>
      </tr>
    </table>
  </form>
</center>
```

图 2－19　动态调用——JSP 视图 Form 表单请求结构

通过使用动态调用方法，可以实现将业务类似的多个 <action> 节点合并到同一个 <action> 节点的目的，如图 2－20 所示。

2.3.3　通配符设置

通配符是使用特定符号对 Struts2 配置文件中的 <action> 节点进行请求名称匹配的一种方式。通配符需要与 method 属性搭配使用，灵活性高，适用范围广，可以使 Struts2 配置文件以一种最简洁的方式呈现在开发者页面。

◇ 通配符使用语法：

- 通配符：“*”，表示任意个字符。

```
<?xml version="1.0" encoding="UTF-8" ?>
<!DOCTYPE struts PUBLIC "-//Apache Software Foundation//D
<struts>
    <package name="myhello" extends="struts-default">
        <action name="user" class="com.user.UserAction">
            <result name="ok">/success.jsp</result>
            <result name="no">/fail.jsp</result>
        </action>
    </package>
</struts>
```

图 2－20　动态调用——<action>节点配置

- 搭配 method 属性使用。

√ method 中通过“{}”及下标取值。

√ 下标为 1 表示取得第 1 个通配符的字符值。

√ 下标为 0 表示取得所请求的整个 Action 名称。

- 格式如：<action name = " * User" class = "com. user. UserAction" method = "{1}" >

√“ * User”表示：只要请求的 Action 名称以“User”结尾，都将匹配。

√“{1}”表示：请求到达 UserAction 类后，将执行通配符所代表的方法。

在如图 2－21 所示的通配符配置中，可以看到<action>节点的名称以通配符的形式配置为“ * User”，mehtod 属性值设定为“{1}”，当请求以“addUser. action”的形式发出时，将能匹配该<action>节点，此时通配符“ * ”所代表的字符值是“add”，故请求到达 UserAction 类后，将调用名称为“add”的操作方法。

```
<?xml version="1.0" encoding="UTF-8" ?>
<!DOCTYPE struts PUBLIC "-//Apache Software Foundation//DTD Struts Con
<struts>
    <package name="myhello" extends="struts-default">
        <action name="*User" class="com.user.UserAction" method="{1}">
            <result name="ok">/success.jsp</result>
            <result name="no">/fail.jsp</result>
        </action>
    </package>
</struts>
```

图 2－21　通配符——<action>节点配置

若 mehtod 属性值设定为“{0}”，表示取得整个完整的<action>节点名称，当请求以“addUser. action”的形式发出后，“{0}”将取得本次请求完整的 Action 名称“addUser”，故请求到达 UserAction 类后，将调用名称为“addUser”的操作方法。

思政讲堂

美国打压我国高科技企业华为，“断供芯片”事件

芯片又称微电路、微芯片、集成电路，是指内含集成电路的硅片。芯片体积微小，制造极其复杂，指甲盖大小的芯片上集成了数百亿的晶体管。作为智能电器的核心部件，芯片一直充当着“大脑”的角色，从电脑、手机，到汽车、无人机，再到人工智能、脑机接口等，芯片可谓无所不在。

2019 年 5 月 16 日，美国商务部以国家安全为由，公然将我国高科技企业华为及其 70 家附属公司列入管制“实体名单”，禁止美国企业向华为出售相关技术和产品。2020 年 5 月 15 日，美国商务部再次发布公告，严格限制华为使用美国技术和软件在美国境外设计和制造半导体。2020 年 8 月 17 日，美国政府又一次发布新禁令，任何使用美国软件或美国制造设备为华为生产产品的行为都是被禁止的，都需要获得许可证。

美国政府对我国高科技企业华为的持续打压，切断了华为寻求与非美企供应商合作的道路，进一步封锁了华为获得芯片的可能性，把华为逼入了“无芯可用”的困境。美国利用技术垄断优势，企图将华为置于绝境的禁运措施，远远超出了贸易争端的范畴，是一种霸凌、破坏世界经济贸易规则的行为，受到全世界众多主持正义的组织与国家的谴责。美国对华为的持续打压，同样挑战了国际供应链和产业链的底线。世界经济组织的众多分析人士指出，美国此轮制裁不仅是对华为企业的野蛮制裁，更会严重扰乱全球芯片市场及相关行业，给世界经济带来灾难。

为了应对美国对华为的技术打压和封锁，华为启动了一项名为“南泥湾”的项目。该项目意在制造终端产品的过程中，规避应用美国技术，以加速实现供应链的“去美国化”。华为之所以用“南泥湾”命名这个项目，背后的深意在于“希望在困境期间，实现生产自给自足”。

目前，华为“去美国化”已经取得了一定进展。据介绍，去年美国宣布制裁以后，华为发布的首款旗舰手机器件国产率不到 30%，而今年发布的 P40 旗舰机，元器件国产率已超过 86%。

“曾经，我们在很多方面，希望能够用更省事的办法解决问题，所谓‘造不如买，买不如租’。实践证明，核心技术是买不来的。中国芯片技术和产业的‘短板’最终还是需要中国人踏实创新来解决。”中国工程院院士、中国科学院计算技术研究所研究员倪光南表示，从这个意义上来说，华为事件是全民的“警醒剂”，有积极的一面。在倪光南看来，目前中国的“短板”主要是芯片、操作系统、工业软件以及大型基础软件方面。如果能够整合国内资源，利用好人才和市场优势，突破这些“短板”并不会需要很长时间。不过，倪光南也指出：“发展集成电路产业，要有长期的思想准备和投入，不能指望短短几年就获得回报，真正把集成电路产业发展起来，恐怕还要一二十年的时间，我们要有决心，也要有定力，要把行业短板补齐，踏踏实实坚持做下去。”

◇ 思政浅析：

（1）建设现代化产业体系

中国共产党二十大报告中指出，我们坚持把发展经济的着力点放在实体经济上，推进新型工业化，加快建设制造强国、质量强国、航天强国、交通强国、网络强国、数字中国。巩固优势产业领先地位，在关系安全发展的领域加快补齐短板，提升战略性资源供应保障能力。推动战略性新兴产业融合集群发展，构建新一代信息技术、人工智能、生物技术、新能源、新材料、高端装备、绿色环保等一批新的增长引擎

（2）独立自主，振兴半导体产业

元器件、零部件、原材料依赖进口，关键核心技术受制于人，在科技创新领域容易被卡脖子，从而突显出加快发展自有核心技术的重要性，实现我国半导体产业的独立自主。作为青年一代，应该以主人翁的姿态参与到国家现代化建设的大潮中，贡献自己的一份力量，强国有我。

（3）正视差距，奋起直追

中国与美国的芯片生产的确有一定差距，但并非所有领域。在国防安全领域里，中国使用的几乎都是国产芯片，相对而言，中国芯片的弱势在于商业领域的应用。目前，得益于中国的广阔市场和应用领域，中国商业芯片行业正展现出很强劲的发展动能和潜力。同时，在外部环境倒逼和内部技术提升的共同作用下，国产芯片加速改造、提升，已经从“不可用”向“基本可用”，再到“好用”转变。

（4）“华为精神”引领行业发展

中国芯片产业正在进行一场没有硝烟的战争，我们不要怀疑中国高科技企业战胜困难的决心，而且也不要低估了中国科学家的能力和韧劲。目前对于华为来说，这毫无疑问是痛苦而艰难的时刻，但这或许也将成为华为乃至整个中国芯片产业涅槃的开端。

本章练习

一、选择题

1. 关于 Struts 框架的说法，错误的是（　　）。

A. Struts 框架有两个版本：Struts1. x 和 Struts2. x

B. Struts 是一个非开放源码的重量级框架

C. Struts 是 Apache 基金会下的一个子项目

D. Struts 框架是基于 MVC 模式实现的

2. Struts2 的中央处理器是由组件（　　）来担当的。

A. Servlet　　B. FilterDispatcher　　C. Action　　D. Interceptor

3. Struts2 在控制器类中一般需要添加相应属性的（　　）方法。

A. setter 与 as　　B. getter 与 as

C. getter 与 setter　　D. is 与 setter

4. Struts2 配置文件的名字是（　　）。

A. web. xml　　B. struts. xml

C. struts – config. xml　　D. webwork. xml

5. Struts2 主控制器需要在（　　）配置文件中进行配置。

A. web. xml　　B. struts. xml

C. struts – config. xml　　D. webwork. xml

6. Struts 框架中，在一个 Action 的配置信息中，name 属性指的是（　　）。

A. 当前 Action 实例的名字

B. 当前 Action 所在的类的名字

C. 该 Action 中调用的 FormBean 的实例的名字

D. 该 Action 中调用的 FormBean 的类的所在包名

7. Struts2 动态调用的格式为（　　）。

A. ActionName?methodName. action　　B. ActionName!methodName. action

C. ActionName*methodName. action　　D. ActionName@mathodName. action

8. Struts2 框架自定义拦截器类的方式有（　　）。

A. 实现 Interceptor 接口

B. 实现 AbstractInterceptor 接口

C. 继承 Interceptor 类

D. 不需要继承或实现任何其他类或接口

9. 在 struts. xml 文件中，使用（　　）元素定义拦截器。

A. <interceptor - ref>　　B. <interceptor>

C. <intercep>　　D. <default - interceptor - ref>

10. Struts2 主控制器是由（　　）实现的。

A. 过滤器　　B. 拦截器　　C. 类型转换器　　D. 配置文件

11. Struts2 框架是由（　　）框架发展而来的。

A. SpringMVC 与 JSF　　B. Echo 与 EasyJWeb

C. MyFaces 与 JSF　　D. Struts1 与 WebWork

12. Struts 框架国际化资源文件的后缀名为（　　）。

A. txt　　B. doc　　C. property　　D. properties

二、问答题

1. 什么是 Struts 的框架？
2. 为什么要用 Struts 框架？
3. 描述 Struts 的基本工作流程。
4. Struts 与 MVC 有什么关系？

第 3 章

Spring 框架应用

本章目标

知识目标

① 认识、了解 Spring 相关术语。
② 认识、了解 AOP 模型。
③ 认识、了解 Spring 核心组件。
④ 掌握 IoC 模型。
⑤ 理解 Spring 框架的 Bean 加载模式。
⑥ 认识、了解反射技术及实现原理。

能力目标

① 能够搭建 Spring 技术框架。
② 能够正确添加 Spring 核心包。
③ 能够正确填写 Spring 配置文件。
④ 能够正确配置 IoC。
⑤ 能够正确使用注解注入。
⑥ 能够使用 SpringMVC 进行编程开发。

素质目标

① 具有良好的问题分析与解决能力。
② 具有技术框架的应用与开发设计能力。
③ 提升本领域专业外语的阅读水平。
④ 具有一定的自我管理能力。
⑤ 养成分析、归纳、总结的思维习惯。

Spring 入门简介

3.1 Spring 框架概述

Spring 在英文里有春天、弹簧、跳跃和泉水的意思，这种框架使 Java EE 应用实现一个跳跃，给编程界带来了“春天”，因而得此名。

Spring 是一个开源框架，是为了解决企业应用程序开发复杂性而创建的。框架的主要优势之一就是其分层架构，分层架构允许使用者选择使用哪一个组件，同时为 J2EE 应用程序开发提供集成的框架。Spring 使用基本的 JavaBean 来完成以前只可能由 EJB 完成的事情。然而，Spring 的用途不局限于服务器端的开发。从简单性、可测试性和低耦合的角度而言，任何 Java 应用都可以从 Spring 中受益。

3.1.1 Spring 框架的作用

Spring 作为开源的中间件，独立于各种应用服务器，甚至无须应用服务器的支持，也能提供应用服务器的功能，如声明式事务、事务处理等。Spring 致力于 Java EE 应用的各层的解决方案，而不是仅仅专注于某一层的方案。可以说 Spring 是企业应用开发的“一站式”选择，并贯穿控制层、业务层及持久层。然而，Spring 的出现并不是取代那些已有的框架，而是与它们无缝地整合。

3.1.2 相关术语

Spring 的核心是个轻量级（Lightweight）的容器（Container），它是实现 IoC（Inversion of Control）的容器，是非入侵性（No instrusive）的框架，并提供 AOP（Aspect - oriented programming）的实现方式，提供对持久层（Persistence）、事务（Transaction）的支持，提供 MVC Web 框架的实现，并对一些常用的企业服务 API（Application Interface）提供一致的模型封装，是一个全方位的应用程序框架。除此之外，对于现存的各种框架（Struts、JSF、Hibernate 等），Spring 也提供了与它们相整合的方案。

初学者对以上概念可能不是很清楚，下面对这些术语做基本介绍，让大家对这些术语与概念有基本的认识。

（1）轻量级（Lightweight）

轻量级是相对于一些重量级的容器（如 EJB 容器）来说的，Spring 的核心包在文件容量上只有不到 1 MB 的大小，而使用 Spring 核心包所需要的资源负担也很小，甚至可以在小型设备中使用 Spring 核心包。

（2）非入侵性（No instrusive）

非侵入性是指应用程序可以自由选择和组装 Spring 框架的功能模块，不强制要求应用程序必须继承 Spring 框架的 API 类库，与框架没有过多的依赖，以降低应用程序在框架移植时的复杂度，进一步增加应用程序组件的可重用性。

（3）容器（Container）

Spring 提供容器功能，容器可以管理对象的生命周期、对象与对象之间的依赖关系。可以使用一个配置文件（通常是 XML），在上面定义好对象的名称、对象如何产生、哪个对象产生之后必须设定成某个对象的属性等。在窗口启动后，所有的对象都可以直接取用，不用编写程序代码来产生对象。即容器是一个 Java 所编写的程序，原先必须自行编写程序以管理对象关系，现在容器都会自动帮你做好。

（4）IoC（Inversion of Control）

Spring 最重要的核心概念是 Inversion of Control，常译为“控制反转”。此概念也有另外一个名称，即 Dependency Injection，常译为“依赖注入”。使用 Spring，不必在程序代码中维护对象的依赖关系，只需要在配置文件中加以设定，Spring 核心容器会自动根据配置将依赖注入指定的对象。

（5）AOP（Aspect - oriented programming）

AOP（Aspect - oriented programming），译为“面向横切面的编程”。Spring 被人重视的非常重要的一方面是支持 AOP 的实现，AOP 框架只是 Spring 支持的一个子框架。举例说明：

假设有个日志模块需求，无须修改任何一行程序代码，就可以将这个需求加入原先的应用程序中；也可以在不修改任何程序的情况下，将这个日志模块去除。

（6）持久层（Persistence）

Spring 提供了对持久层的整合，例如对 JDBC 的使用加以封装与简化，提供事务管理功能，对 O/R Mapping 工具（例如 Hibernate）进行整合。此外，Spring 也提供了相应的解决方案。

3.2 IoC 模型

IoC 与 AOP

IoC（Inversion of Control，控制反转），直观地讲，就是容器控制程序之间的关系，而非传统的代码实现中，由程序代码直接操控对象间的关系。这也就是所谓控制反转的概念所在。控制权由应用代码中转到了外部容器，控制权的转移即所谓反转。

3.2.1 为什么要使用 IoC 模型

可从两方面对 IoC 进行理解。在 IoC 模型中，掌握控制权的是容器，由容器控制对象。在传统模型中，对象以及之间的关系通过编码在程序中实现控制。从这方面来看，对象的控制权已经发生了变化。

另外，在 IoC 模型中，应用程序组件中需要的实例要依赖容器以 Bean 的形式注入。在传统模型中，应用程序组件中需要的实例需要用 new 的方式去创建对象。从这方面来看，实例的产生方式已经发生根本的变化。

IoC 模型中为什么要发生以上两方面的变化呢？这是因为传统模型中，类与类之间直接调用耦合性强，应用程序之间依赖性高，传统模型是一种入侵式的编程模型。在 IoC 模型中，则是避免类与类之间的直接调用，最大限度地降低耦合度，提升应用程序之间的独立性。

可以通过分析以下传统模型下的编程方式来加深对这方面的理解。

```
abstract class A {
    public abstract void hello();
}
class B extends A {
    public void hello() {
        System.out.println("Hello Spring");
        }
}
class C {
    A a = new B();
    public void hi() {
        a.hello();
    }
}
```

class A 是一个抽象类，class B 继承了 class A，并实现了其中的抽象方法。在 class C 中，通过 A a = new B( ) 方式创建对象。在 hi( ) 方法中，用实例 a 去调用父类中的 hello( ) 方法。大家都知道这是程序中的一种多态，hi( ) 方法运行时会输出“Hello Spring”。当在程序的维护、移植或重用过程中，class B 发生了改变，变为 class X 时，则 class C 也会受到牵连，其中的代码也需要做相应的改动。因为 class B 入侵了 class C，也可以理解为 class C 直接调用了 class B。

以上是传统模型的编程中程序间耦合性高的一个例子。在 IoC 模型中，用配置文件(xml) 描述类与类之间关系，所有类均在容器中登记，容器管理对象，在程序需要某个对象的时候自动注入所需实例，是一种非入侵式编程方式。

再分析以下 IoC 模型下的编程方式来加深认识、理解。

```
abstract class A {
    public abstract void hello();
}
class B extends A {
    public void hello() {
        System.out.println("Hello Spring");
    }
}

class D {
    A a;
    public void hi() {
        a.hello();
    }
    public void setA(A a) {
        this.a = a;
    }
}
```

class A 与 class B 还是跟上面的一样，在 class D 中，声明了一个 A 类型的属性对象 a，并且有一个 setA(A a) 的方法，通过此方法来给上面定义的对象“a”注入实例。在程序运行中需要此实例时，例如运行到 hi( ) 方法中的 a. hello( ) 语句时，由容器自动调用 setA 方法注入“a”实例。程序运行完毕，同样可输出“Hello Spring”。即使由于维护、移植、重用的需要，把 class B 修改为 class Y，class D 也不需要做任何修改。因为 class B 没有入侵 class D，即 class D 没有直接调用 class B。

这就 IoC 模型下最简单的编程例子，降低了类与类之间的耦合度，提高了程序间的独立性。

3.2.2 IoC 运行时加载及相关组件

IoC 容器负责程序中对象及关系的控制管理，使用过程中，需要先把对象定义在容器中，容器的配置文件一般是 XML 文件，需要时再从其中取出对象。在运行时，在加载机制下，IoC 的常用组件为 BeanFactory、JavaBean 及 XML 配置文件，下面对这几种核心元素做简单的介绍。

（1）BeanFactory

位于 org. springframework. beans. factory 包，非常轻量，是 Spring 的核心部分，用于访问 IoC 容器及管理 JavaBean。

通过 BeanFactory 组件可以获取 JavaBean 的实例，采用运行时加载的方式，在组件调用 getBean( )方法前，JavaBean 实例中先调用 setXXX( )。

（2）JavaBean

此组件需满足以下几个要求。

① 属性的权限一般是 private。

② 每个属性有标准的 set 与 get 方法，属性的第一个字母须大写：

set + xxx 为方法名：setXxx( )；

get + xxx 为方法名：getXxx( )。

③ setXxx( )为属性赋值。

④ getXxx( )为获取属性值。

Spring 核心组件

JavaBean 样例结构如图 3 – 1 所示。

```
public class Student{
    private String name;
    private String school;

    public void setName(String name) {
        this.name = name;
    }
    public void setSchool(String school) {
        this.school = school;
    }
    public String getName() {
        return name;
    }
    public String getSchool() {
        return school;
    }
}
```

图 3 – 1 JavaBean 样例结构

（3）XML 配置文件

XML 配置文件负责定义程序中用到的实例，所有的对象都定义在此文件中，需要时再从容器中取出，容器还根据此配置文件管理对象间的关系，如图 3 – 2 所示。

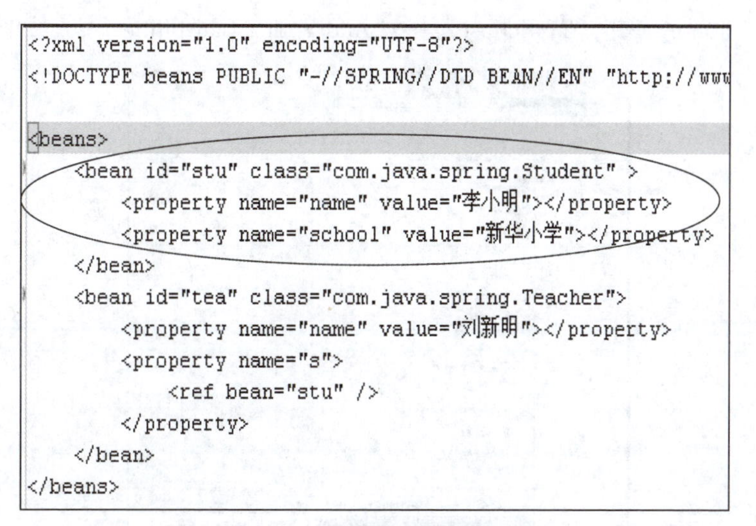

```xml
<?xml version="1.0" encoding="UTF-8"?>
<!DOCTYPE beans PUBLIC "-//SPRING//DTD BEAN//EN" "http://www

<beans>
    <bean id="stu" class="com.java.spring.Student" >
        <property name="name" value="李小明"></property>
        <property name="school" value="新华小学"></property>
    </bean>
    <bean id="tea" class="com.java.spring.Teacher">
        <property name="name" value="刘新明"></property>
        <property name="s">
            <ref bean="stu" />
        </property>
    </bean>
</beans>
```

图3-2　XML配置文件样例结构

文件中，每个<bean>节点代表一个对象实例；节点中的id属性代表该实例的唯一标识，不能重复；class属性代表此JavaBean的具体类型，即类文件的位置；子节点<property>代表类中的一个属性，其中的name属性须与类中的全局属性名一致，value属性表示此属性的具体值。

(4) 获取JavaBean实例过程

通过以下三步实现：

① 读取配置文件：

```
Resource rc = new ClassPathResource("applicationContext.xml")
```

applicationContext.xml为配置文件的名字。

② 实例化BeanFactory：

```
BeanFactory beanFactory =new XmlBeanFactory(rc)
```

③ 获取JavaBean实例（调用getBean）：

```
Student s  = (Student) beanFactory.getBean("stu")
```

getBean()方法中，需传入所要获取的<bean>节点对应的id值。

3.2.3　运行时加载案例开发

案例要求：用运行时加载的机制开发此案例。

① 定义一个JavaBean：类名为Student；有姓名（name）、学号（number）、专业（major）、学校（school）四个属性。

② 在Spring配置文件中为其注入属性值。

③ 通过BeanFactory来获取Student实例。

④ 在控制台输出注入的属性值。

操作过程：

打开MyEclipse集成工具，新建一个Web项目，取名为“spring1_app”。

添加 Spring 框架，单击“MyEclipse”→“Add Spring Capabilities…”，如图 3-3 所示。

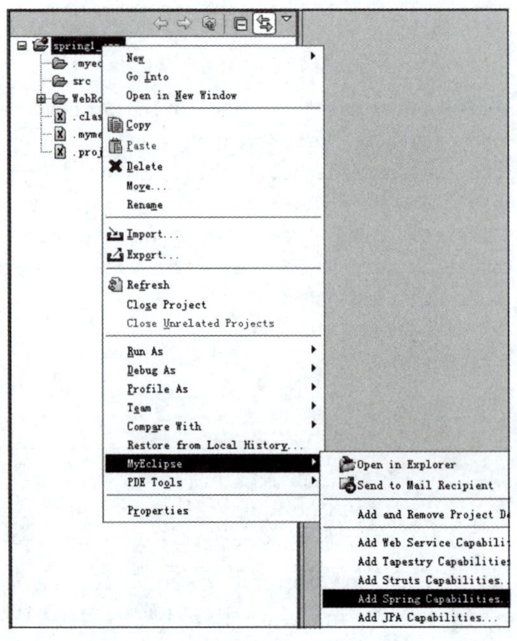

图 3-3　构建 Spring 工程（1）

只选择图中圈住的部分，其他选项不用选择，即只添加 Spring 的核心包，其他选项默认即可，如图 3-4 所示。

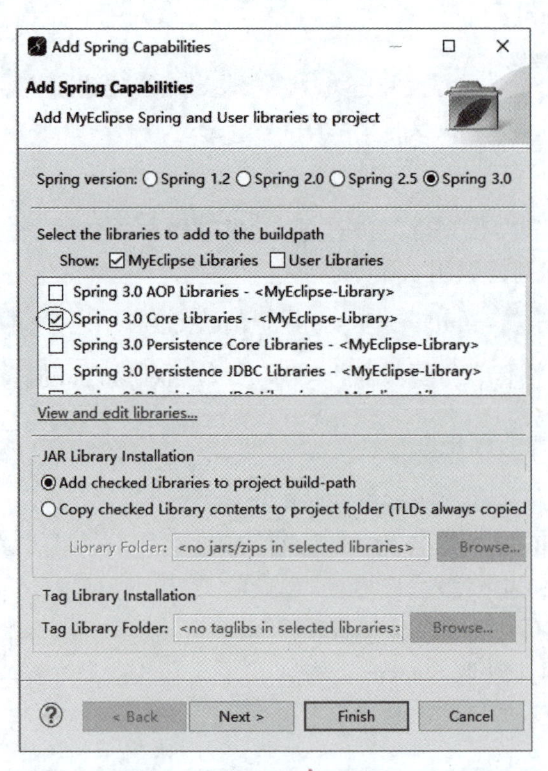

图 3-4　构建 Spring 工程（2）

选项默认即可，单击“Finish”按钮，如图 3－5 所示。

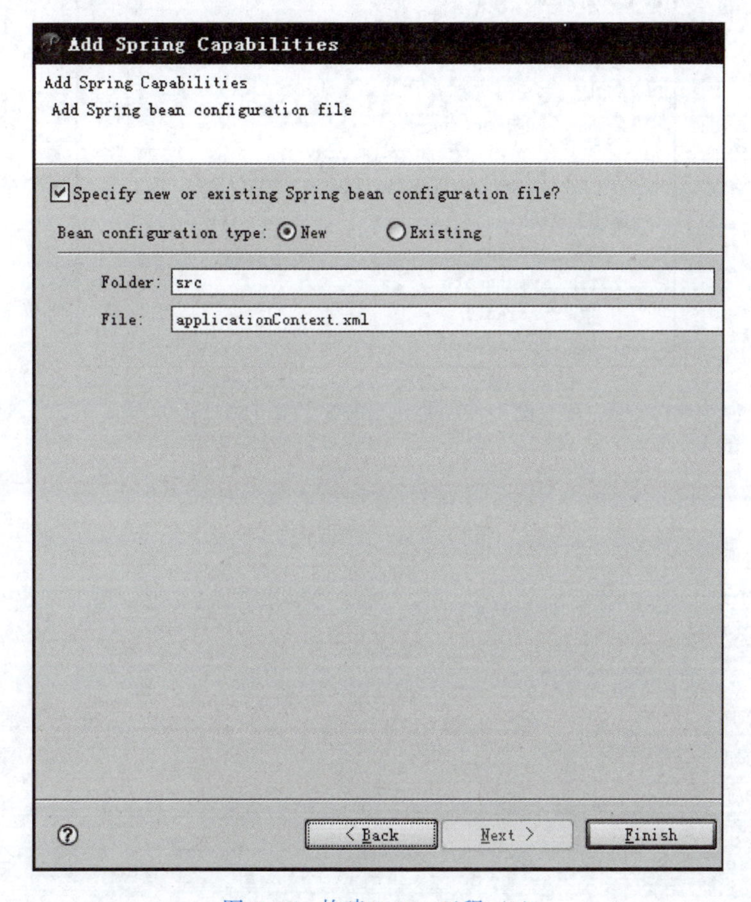

图 3－5　构建 Spring 工程（3）

框架添加成功后，在 src 目录下有一个配置文件 applicationContext. xml，如图 3－6 所示。

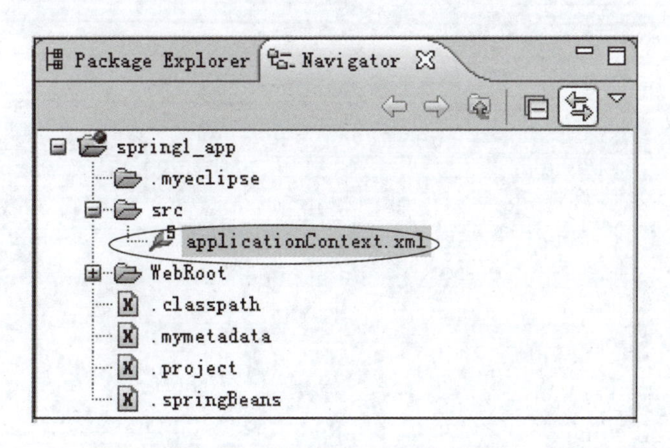

图 3－6　构建 Spring 工程（4）

在项目中新建一个包 com. spring，在包中添加一个 JavaBean 类，按题目要求，名字为“Student”，如图 3－7 所示。

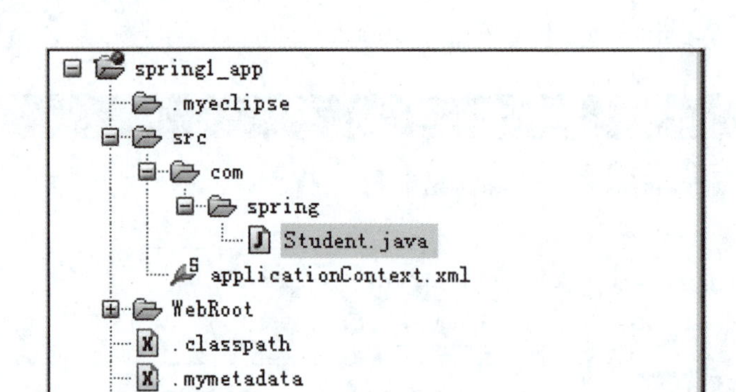

图3－7　构建 Spring 工程（5）

内容如下：

```
Student.java
package com.spring;
public class Student {
    private String name;
    private String number;
    private String major;
    private String school;
    public String getName() {
      return name;
    }
    public void setName(String name) {
      this.name = name;
    }
    public String getNumber() {
      return number;
    }
    public void setNumber(String number) {
      this.number = number;
    }
    public String getMajor() {
      return major;
    }
    public void setMajor(String major) {
      this.major = major;
    }
```

```
    public String getSchool() {
      return school;
    }
    public void setSchool(String school) {
      this.school = school;
    }
}
```

打开 applicationContext. xml 文件，在 <beans> 节点里面增加一个 <bean> 子节点，内容如下：

```
applicationContext.xml
<?xml version="1.0" encoding="UTF-8"?>
<beans  xmlns="http://www.springframework.org/schema/beans"
    xmlns:xsi="http://www.w3.org/2001/XMLSchema-instance"
    xsi:schemaLocation="http://www.springframework.org/schema
/beans http://www.springframework.org/schema/beans/
spring-beans-2.0.xsd">

<bean id="student123" class="com.spring.Student">
     <property name="name" value="田大伟"></property>
     <property name="number" value="0921025698732"></property>
     <property name="major" value="计算机科学与技术"></property>
     <property name="school" value="中山大学"></property>
</bean>
</beans>
```

新建一个 MySpring1 类，在类中按运行加载机制从容器中获取对象实例。

```
MySpring1.java
package com.spring;
import org.springframework.beans.factory.BeanFactory;
import org.springframework.beans.factory.xml.xmlBeanFactory;
import org.springframework.core.io.ClassPathResource;
import org.springframework.core.io.Resource;

public class MySpring1 {
  public static void main(String[] args){
    //读取配置文件
    Resource rc =
        new ClassPathResource("applicationContext.xml");
```

```
        //实例化 BeanFactory
        BeanFactory beanFactory =  new XmlBeanFactory(rc);
        //获取 JavaBean 实例
        Student stu = (Student)beanFactory.getBean("student123");
        System.out.println("name = " +stu.getName());
        System.out.println("number = " +stu.getNumber());
        System.out.println("major = " +stu.getMajor());
        System.out.println("school = " +stu.getSchool());
    }
}
```

程序运行后，在控制台输出的值为 applicationContext. xml 文件中所配置注入的值，如图 3－8 所示。

```
<terminated> MySpring1 [Java Application] C
log4j:WARN Please initiali
name=田大伟
number=0921025698732
major=计算机科学与技术
school=中山大学
```

图 3－8　控制台输出

3.2.4　IoC 容器启动加载及相关组件

XML 配置文件中的 <bean> 节点实例，除了可以在运行时才加载进来外，还可以在 Web 服务器启动时就加载进来。此种加载机制与运行时加载机制相比，响应的速度更快，因为 <bean> 实例早已创建好，只等程序需要时马上注入，但却加重了服务器的负担；运行时加载机制虽然响应的速度稍慢，因其在程序需要注入时才创建 <bean> 实例，减轻了服务器的负载。两种机制各有千秋，在构建系统时根据实际情况选择。

Web 容器启动时，立即加载 <bean> 实例的对象初始化机制所涉及的主要组件元素 applicationContext组件及 web. xml 配置文件（图 3－9）。下面对这两种元素做介绍：

```
<?xml version="1.0" encoding="UTF-8"?>
<web-app version="2.4" xmlns="http://java.sun.com/xml/ns/j2ee"
    xmlns:xsi="http://www.w3.org/2001/XMLSchema-instance"
    xsi:schemaLocation="http://java.sun.com/xml/ns/j2ee
    http://java.sun.com/xml/ns/j2ee/web-app_2_4.xsd">
    <context-param>
        <param-name>contextConfigLocation</param-name>
        <param-value>
            /WEB-INF/classes/applicationContext.xml
        </param-value>
    </context-param>
    <listener>
        <listener-class>
            org.springframework.web.context.ContextLoaderListener
        </listener-class>
    </listener>
</web-app>
```

容器启动加载 Bean 实例

图 3－9　web. xml 配置信息

（1）applicationContext

① 位于 org. springframework. web. context. ContextloaderServlet 包，并继承了 BeanFactory 组件。

② 获取 JavaBean 实例的方式：

a. 容器启动时，调用所有 JavaBean 的 setXXX( )，加载全部 <bean> 实例。

b. 需要获取 <bean> 实例时，调用对应的 JavaBeangetXXX( )方法即可。

(2) web. xml 文件

主要指明 Spring 框架的两点内容：

① 指明 Spring 配置文件 applicationContext. xml 位置。

② 指明初始化容器的相关类，以下两类任意指定一个即可：ContextLoaderServlet、ContextLoaderListener。

3.2.5 容器启动时加载 <bean> 案例开发

案例要求：用服务器启动时就加载 <bean> 的机制开发此案例。

① 定义一个 JavaBean：类名为 Bus；有品牌（brand）、座位（sit）、价格（price）三个属性。

② 在 Spring 配置文件中为其注入属性值。

③ Web 容器启动时，Spring IoC 即注入 JavaBean 实例。

④ 在页面输出注入的属性值。

操作过程：

打开 MyEclipse 集成工具，新建一个 Web 项目，取名为“spring2_app”。

按前一个案例的步骤把 Spring 框架添加到项目中。

在添加组件界面只选择“Spring 3. 0 Core Libraries”与“Spring 3. 0 Web Libraries”两项，其他的不要选择，如图 3－10 所示。

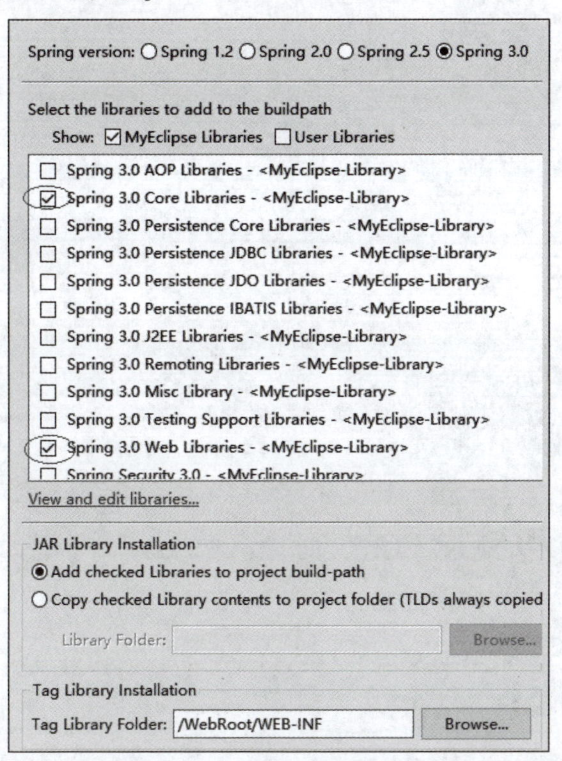

图 3－10　构建 Spring 工程（1）

在项目中新建一个 com. spring 包，并在此包中添加一个 JavaBean，名为 Bus，如图 3 – 11 所示。

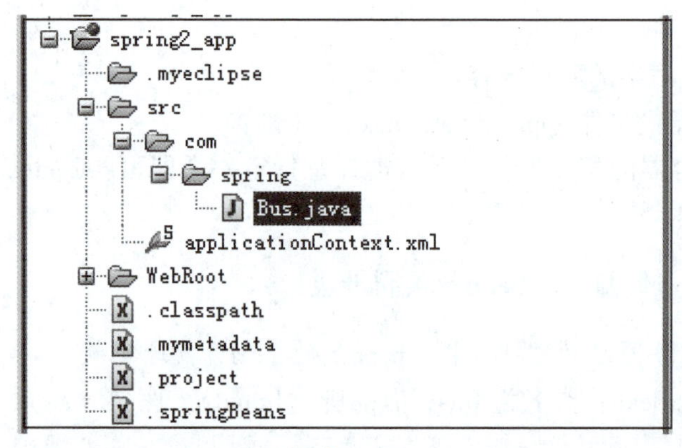

图 3 – 11　构建 Spring 工程（2）

按题目要求，往 Bus 类中添加三个属性，并生成 set 与 get 方法，内容如下：

```
Bus.java
package com.spring;
    public class Bus {
    private String brand;
    private String sit;
    private String price;
    public String getBrand() {
      return brand;
    }
    public void setBrand(String brand) {
      this.brand = brand;
    }
    public String getSit() {
      return sit;
    }
    public void setSit(String sit) {
      this.sit = sit;
    }
    public String getPrice() {
      return price;
    }
    public void setPrice(String price) {
      this.price = price;
    }
}
```

打开 applicationContext. xml 文件，在 <beans> 节点里面增加一个 <bean> 子节点，内容如下：

```
applicationContext.xml
<?xml version = "1.0" encoding = "UTF-8"? >
<beans  xmlns = "http://www.springframework.org/schema/beans"
   xmlns:xsi = "http://www.w3.org/2001/XMLSchema-instance"
   xsi:schemaLocation = "http://www.springframework.org/schema
   /beans http://www.springframework.org/schema/beans/
   spring-beans-2.0.xsd" >
  <bean id = "student123" class = "com.spring.Bus" >
    <property name = "brand" value = "金龙" > </property >
    <property name = "sit" value = "45 座" > </property >
    <property name = "price" value = "50 万 ¥" > </property >
</bean >
<bean id = "myservlet" class = "com.spring.MyServlet" >
    <property name = "bus"  > <ref bean = "bus"/> </property >
</bean >
</beans >
```

在项目中添加一个 Servlet，如图 3-12 所示。

命名为“MyServlet”，如图 3-13 所示。

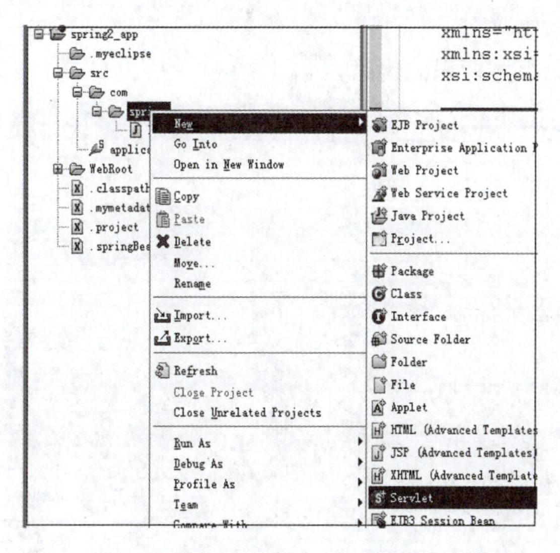

图 3-12　构建 Spring 工程（3）

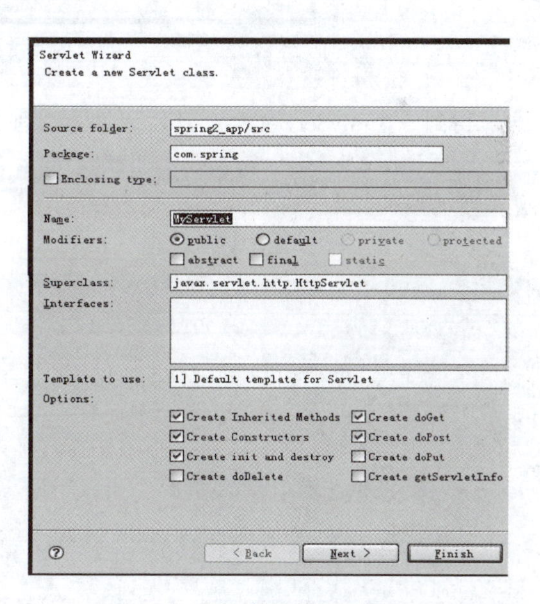

图 3-13　构建 Spring 工程（4）

映射类型为“*.s”，如图 3-14 所示。

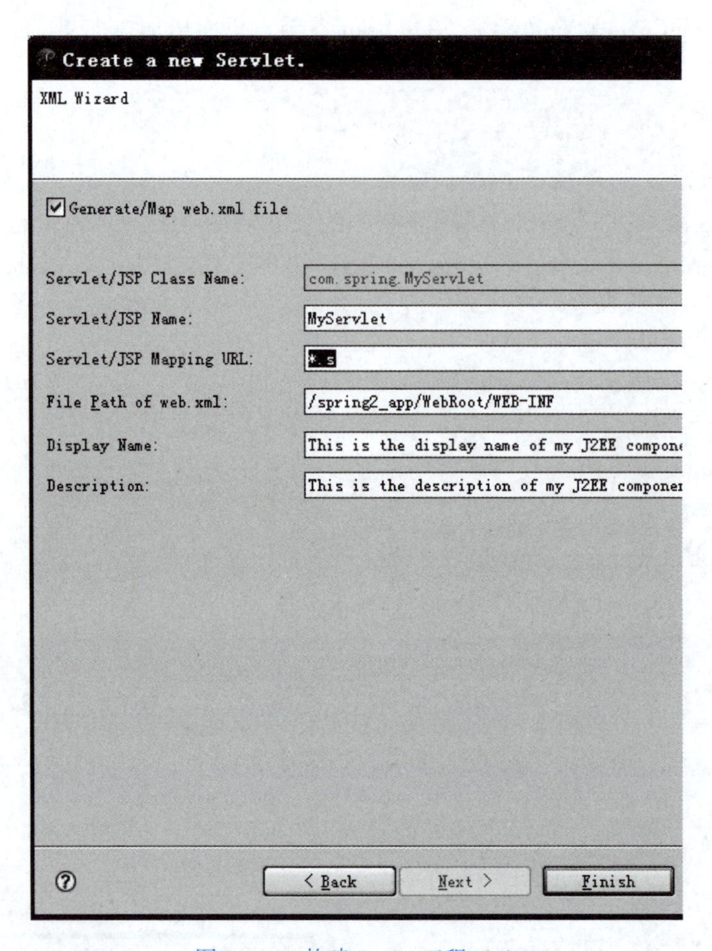

图 3－14　构建 Spring 工程（5）

得到一个 MyServlet 类，其代码如下（注意黑体标识的代码）：

```
MyServlet.java
package com.spring;
import java.io.IOException;
import java.io.PrintWriter;
import javax.servlet.ServletException;
import javax.servlet.http.HttpServlet;
import javax.servlet.http.HttpServletRequest;
import javax.servlet.http.HttpServletResponse;
public class MyServlet extends HttpServlet {
    private static Bus bus;
      public void doPost(HttpServletRequest request,
HttpServletResponse response)
```

```
        throws ServletException, IOException {
      String businfo = "品牌=" + bus.getBrand() + "<br>" +
      "座位=" + bus.getSit() + "<br>" + "价钱=" + bus.getPrice();
      response.setContentType("text/html;charset=GBK");
      PrintWriter out = response.getWriter();
      out.println("<!DOCTYPE HTML PUBLIC \"" +
          "-//W3C//DTD HTML 4.01 Transitional//EN\">");
      out.println("<HTML>");
      out.println("<HEAD><TITLE>Bus Servlet</TITLE></HEAD>");
      out.println("<BODY><center><h1>");
      out.print(businfo);
      out.println("</h1></center></BODY>");
      out.println("</HTML>");
      out.flush();
      out.close();
}
      public Bus getBus() {
        return bus;
      }
      public void setBus(Bus bus) {
        //服务器启动时Spring容器调用setBus()方法会输出*号
        System.out.println("********************");
        this.bus = bus;
      }
}
```

打开web.xml文件，配置内容如下（注意黑体标识的代码）：

web.xml：

```
<?xml version="1.0" encoding="UTF-8"?>
<web-app version="2.4"
     xmlns="http://java.sun.com/xml/ns/j2ee"
     xmlns:xsi="http://www.w3.org/2001/XMLSchema-instance"
     xsi:schemaLocation="http://java.sun.com/xml/ns/j2ee
     http://java.sun.com/xml/ns/j2ee/web-app_2_4.xsd">
  <servlet>
     <servlet-name>MyServlet</servlet-name>
     <servlet-class>com.spring.MyServlet</servlet-class>
  </servlet>
  <servlet-mapping>
     <servlet-name>MyServlet</servlet-name>
     <url-pattern>*.s</url-pattern>
  </servlet-mapping>
  <welcome-file-list>
```

```
      <welcome-file>index.jsp</welcome-file>
   </welcome-file-list>
    <context-param>
      <param-name>contextConfigLocation</param-name>
      <param-value>
           /WEB-INF/classes/applicationContext.xml
      </param-value>
    </context-param>
   <listener>
      <listener-class>
           org.springframework.web.context.ContextLoaderListener
      </listener-class>
   </listener>
</web-app>
```

<context-param>表示容器启动时要加载上下文环境的资源

<param-name>的值必须为“contextConfigLocation”

<listener-class>指定容器启动的初始化监听类

往项目中添加一个 indes.jsp 文件，内容如下：

```
indes.jsp
<%@ page language="java"
import="java.util.*" pageEncoding="GBK"%>
<!DOCTYPE HTML PUBLIC "-//W3C//DTD HTML 4.01 Transitional//EN">
<html>
  <body>
  <center>
  <h1>提交请求获取 Spring 注入信息:</h1><p><p><p><p>
    <form action="login.s" method="post">
      <table border="0">
        <tr>
          <td colspan="2" align="center">
          <input type="submit" name="submit" value="确   定" />
          </td>
        </tr>
      </table>
    </form>
  </center>
  </body>
</html>
```

把项目部署在服务器，并启动服务器，在控制台可以看到 MyServlet 中 setBus 方法中的语句 System. out. println（"******************"）的输出结果，说明此方法被调用，容器已经加载相关的 bean 实例，如图 3－15 所示。

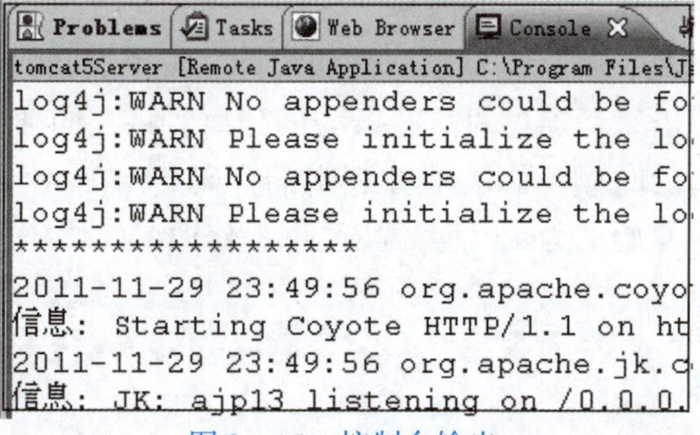

图 3－15 控制台输出

在浏览器地址栏中输入“http://localhost:8080/spring2_app/index. jsp”，可以访问到以上页面，单击“确定”按钮，可到响应页面，如图 3－16 所示。

响应页面输出的属性值在 applicationContext. xml 文件的 <bean> 节点中配置好即可，如图 3－17 所示。

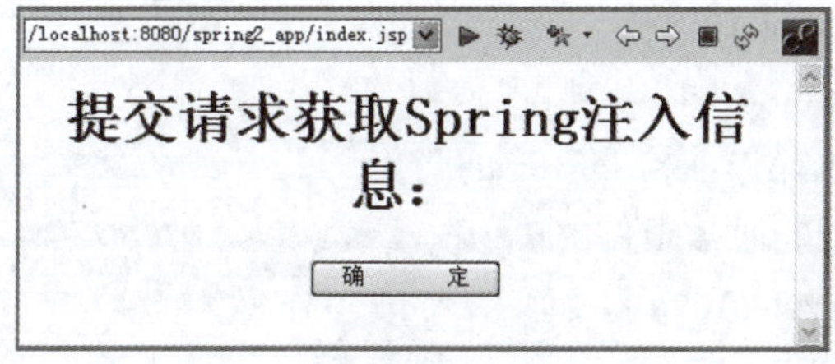

图 3－16 提交视图

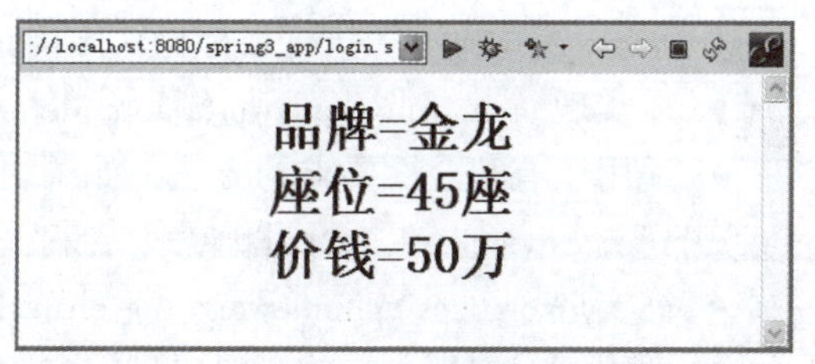

图 3－17 响应视图

3.3 AOP 模型

AOP 为 Aspect Oriented Programming 的缩写，意为面向切面编程（也叫面向方面），是一种可以通过预编译方式和运行期间动态代理实现在不修改源代码的情况下给程序动态统一添加功能的技术。AOP 实际是设计模式的延续，设计模式追求的是调用者和被调用者之间的解耦，AOP 可以说也是这种目标的一种实现，如图 3－18 所示。

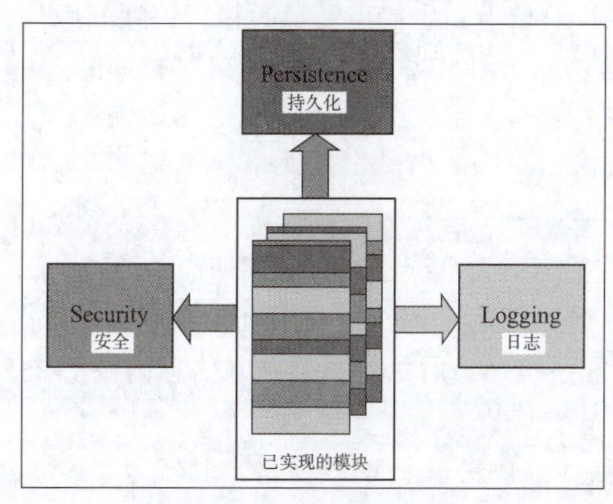

图 3－18 AOP 模型

面向切面编程是目前软件开发中的一个热点，也是 Spring 框架中的一个重要内容。利用 AOP 可以对业务逻辑的各个部分进行隔离，从而使得业务逻辑各部分之间的耦合度降低，提高程序的可重用性，同时提高了开发的效率。

AOP 主要的功能意图是：将日志记录、性能统计、安全控制、事务处理、异常处理等代码从业务逻辑代码中划分出来，通过对这些行为的分离，将它们独立到非指导业务逻辑的方法中，进而改变这些行为的时候不影响业务逻辑的代码。AOP 允许开发者动态修改 OOP 定义的静态模型，即不修改原始的 OO 模型，甚至也不修改 OO 代码本身即可完成对横切面的问题的解决。

3.3.1 AOP 五大装备

装备（advice），也可以叫作“通知”，指切面在程序运行到某个连接点所触发的动作。在这个动作中，可以定义自己的处理逻辑。装备需要将切入点和连接点联系起来才会被触发。目前 AOP 定义了五种装备：前置装备（Before Advice）、后置装备（After Advice）、环绕装备（Around Advice）、异常装备（Throwing Advice）、引入装备（Introduction Advice）。这五大装备对应的接口都继承了 org. aopalliance. aop. Advice 总接口。

① Before Advice：在执行目标操作之前执行的通知组件。

- 需实现 org. springframework. aop. MethodBeforeAdvice 接口；
- 适用于有安全性要求的方法，如调用目标操作前检查客户的身份。

② After Advice：在执行目标操作结束后执行的通知组件。

- 需实现 org. springframework. aop. AfterReturningAdvice 接口；
- 适用于有清理、释放资源要求的方法。

③ Around Advice：在方法调用前后执行的通知组件。

- 需实现 org. aopalliance. intercept. MethodInterceptor 接口；
- 适用于需要做资源初始化及释放资源的应用；
- 功能强大，灵活性好。

④ Throwing Advice：目标操作在执行过程中抛出异常时执行该通知组件。

- 需实现 org. springframework. aop. ThrowsAdvice 接口；
- 可用 Java 捕获异常机制，而不用此装备。

⑤ Introduction Advice：对象上发生接口转换时执行该通知组件。

- 能够为类新增方法，是五种装备中最复杂、最难掌握的。

3.3.2 AOP 案例开发

案例要求：用 AOP 实现

① 模拟中银在线交易系统，为系统添加相应横切面关注点。

② 用 Before Advice 实现系统启动前执行一个登录安全检查动作。

③ 用 After Advice 实现系统退出后执行一个登录信息销毁动作。

操作过程：

打开 MyEclipse 集成工具，新建一个 Web 项目，取名为“spring_aop”。

按之前案例的步骤，把 Spring 框架添加到项目中。

在添加组件界面，只选择“Spring 3.0 AOP Libraries”与“Spring 3.0 Core Libraries”两项，其他的不要选择，如图 3 – 19 所示。

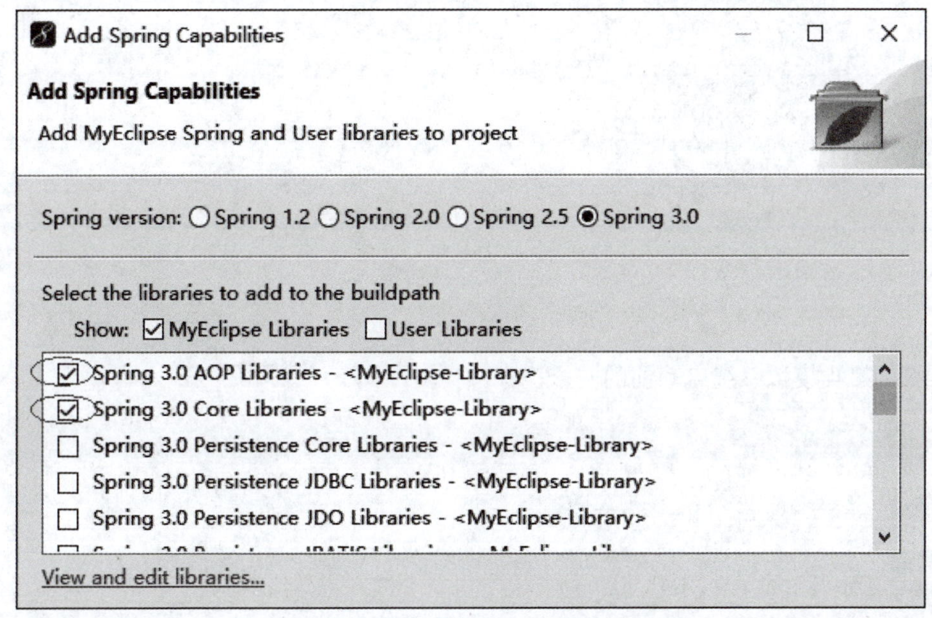

图 3 – 19　构建 AOP 工程（1）

在项目中新建一个 com.aop 包，在包中新建 BankOfChina 类、SafeCheck 类、SafeClose 类、AopClient 类，如图 3 – 20 所示。

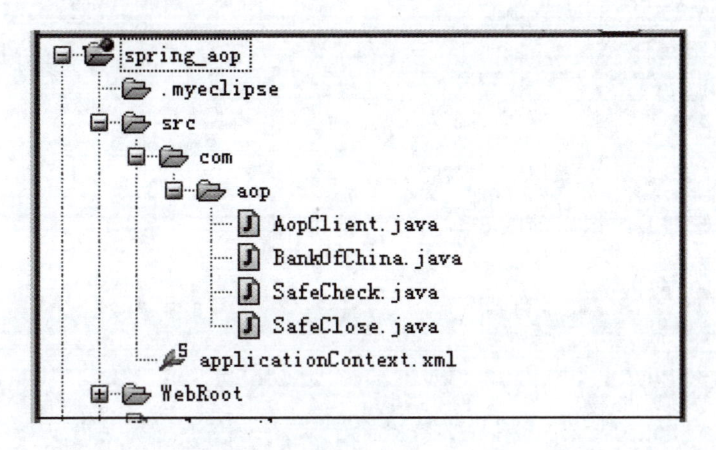

图 3 – 20　构建 AOP 工程（2）

BankOfChina 类模拟中银在线交易系统，类文件如下：

```
BankOfChina
package com.aop;
//模拟中国银行在线交易系统
public class BankOfChina {
  public void systemRun(){
```

```
    try {
      System.out.println("BankOfChina 系统正在运行...");
      Thread.sleep(3000);
      System.out.println("BankOfChina 系统退出运行...");
      Thread.sleep(3000);
    } catch (Exception e) {
      e.printStackTrace();
    }
  }
}
```

SafeCheck 类模拟系统启动前的安全检查，类文件如下：

```
SafeCheck.java
package com.aop;
import java.lang.reflect.Method;
import org.springframework.aop.MethodBeforeAdvice;
//模拟系统运行前的安全检查机制
public class SafeCheck implements MethodBeforeAdvice{
  public void before(Method arg0,Object[] arg1,Object arg2)
                    throws Throwable {
    System.out.println
       ("正在进行启动 BankOfChina 系统前的安全检查...");
    Thread.sleep(3000);
  }
}
```

SafeClose 类模拟系统退出前的安全检查，类文件如下：

```
SafeClose.java
package com.aop;
import java.lang.reflect.Method;
import org.springframework.aop.AfterReturningAdvice;
//模拟系统安全退出机制
public class SafeClose implements AfterReturningAdvice{
  public void afterReturning(Object arg0, Method arg1,
      Object[] arg2, Object arg3) throws Throwable {
    System.out.println
    ("正在执行 BankOfChina 系统的安全退出策略...");
  }
}
```

AopClient 类是整个 AOP 案例的测试类，类文件如下：

```
AopClient.java
package com.aop;
import org.aopalliance.aop.Advice;
import org.springframework.aop.framework.ProxyFactory;
public class AopClient {
public static void main(String[] args){
    //创建 beforeAdvice 对象
    Advice beforeAdvice = new SafeCheck();
    //创建 afterAdvice 对象
    Advice afterAdvice = new SafeClose();
    //创建一个代理对象 proxy,并指定被代理对象 BankOfChina
    ProxyFactory proxy = new ProxyFactory(new BankOfChina());
    //在代理对象中添加 beforeAdvice 装备
    proxy.addAdvice(beforeAdvice);
    //在代理对象中添加 afterAdvice 装备
    proxy.addAdvice(afterAdvice);
    //通过代理对象的 getProxy()方法得到被代理对象 BankOfChina 实例
    BankOfChina bank = (BankOfChina)proxy.getProxy();
    //运行 BankOfChina 系统
    bank.systemRun();
  }
}
```

运行 AopClient 类，可以在控制台上看到如上的内容。第一条输出语句为 Before 装备 SafeCheck 类中的语句，第二、第三条语句为 BankOfChina 类（中银在线系统）中的语句，第四条语句为 After 装备 SafeClose 类中的语句，如图 3－21 所示。

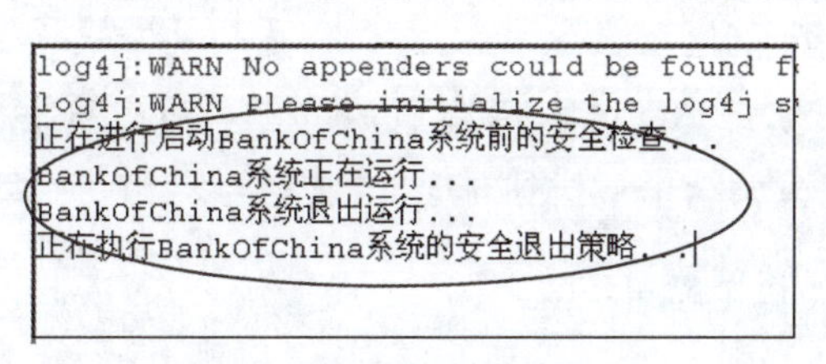

```
log4j:WARN No appenders could be found f
log4j:WARN Please initialize the log4j s
正在进行启动BankOfChina系统前的安全检查...
BankOfChina系统正在运行...
BankOfChina系统退出运行...
正在执行BankOfChina系统的安全退出策略...
```

图 3－21 控制台输出

所有组件的调用都符合各个装备出现先后顺序，案例成功运行。

3.4 SpringMVC 编程与应用

在 Web 应用程序设计中，MVC 模式已经被广泛使用。SpringMVC 是一个基于 Java 的实现了 MVC 设计模式的请求驱动类型的轻量级 Web 框架，以 DispatcherServlet 为核心，负责协调和组织不同组件，以完成请求处理并返回响应的工作流程，实现了 MVC 模式。SpringMVC

通过把 Model、View、Controller 分离，将 Web 层进行职责解耦，把复杂的 Web 应用分成逻辑清晰的几部分，简化开发，减少出错，方便组内开发人员之间的配合。

3.4.1 SpringMVC 核心组件

SpringMVC 的核心模块主要包括六大组件，分别是中央处理器、映射处理器、请求适配器、业务处理器、视图解析器、视图响应类型。由以上六大部件共同完成从前端到后端的业务请求，以及对客户端请求的响应。

（1）中央处理器（DispatcherServlet）

中央处理器是一个 Servlet 组件，统一接收前端的 HTTP 请求，然后转发其他组件，是整个流程控制的中心，负责调用其他组件处理用户的请求。中央处理器的存在能减少其他各组件之间的耦合度，提升框架的内聚性。

（2）映射处理器（HandlerMapping）

映射处理器负责从 URL 解释出下一级业务控制器，是一个请求解释器。在某些 MVC 框架中，该职责由 XML 文件负责配置，而 SpringMVC 则直接由封装的组件完成，更加简洁、高效。

（3）请求适配器（HandlerAdapter）

请求适配器负责把请求转发给对应的目标对象，是一个请求的中转站，其通过适配器的模式扩展了请求目标的范围。

（4）业务处理器（Controller）

业务处理器是一个次级控制器，负责与业务模块进行交互，类似于 Struts 框架的 Action 类组件，业务处理器需要由程序独立开发。任何 Java 类经过向映射处理器（HandlerMapping）注册后，均可以成为业务处理器。

（5）视图解析器（View Resolver）

视图解析器负责将业务请求的处理结果生成 View 视图响应对象，View Resolver 首先根据逻辑视图名解析成物理视图名即具体的页面地址，再生成 View 视图对象，最后对 View 进行渲染，将处理结果通过页面展示给用户。

（6）视图响应类型（View）

View 是一个接口，其实现类支持不同的 View 类型，可以是 JSP、FreeMarker、PDF 等各种类型。其根据视图对象渲染结果，找到对应的视图类型去响应客户端。

3.4.2 SpringMVC 流程控制

SpringMVC 的流程控制过程并不复杂，其在遵循 MVC 模式的前提下，前后端内部组件进行了积极的分工与协作，如图 3-22 所示。具体控制过程可分为如下 6 步。

① 前端请求首先到达 DispatcherServlet 组件，其负责请求在各组件间的传递与委托。

② DispatcherServlet 组件把请求的 URL 传递到 HandlerMapping，让其解释出 URL 请求对应的 Controller。

③ DispatcherServlet 组件把请求委派给 HandlerAdapter 组件，由请求适配器把请求提交到目标 Controller。

④ 请求到达 Controller 后，由其进行业务逻辑处理，处理完毕会返回一个 ModelAndView

对象，请求再次回到 DispatcherServlet 组件。

⑤ DispatcherServlet 组件把 ModelAndView 对象传递到 ViewResolver 组件，并解释出一个视图对象后再次返回到 DispatcherServlet 组件。

⑥ 视图对象 View 负责调用相应的视图类型，经渲染后返回给客户端，完成整个请求过程。

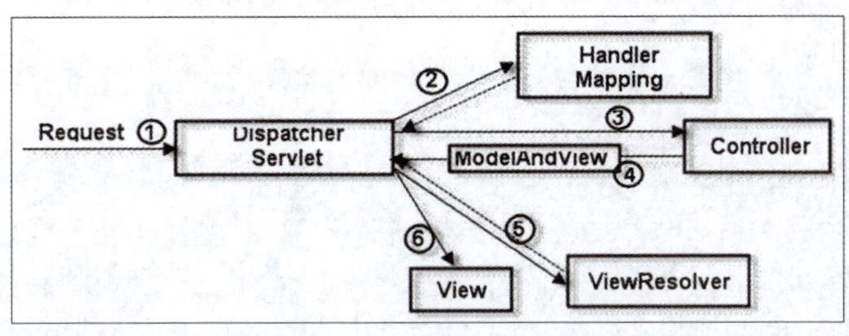

图 3－22　SpringMVC 流程控制

3.4.3　SpringMVC 视图解释器配置

SpringMVC 的视图响应过程相比其他框架会更加复杂，在 Web 应用程序中，需专门配置相关视图解释器才能正确响应客户端。SpringMVC 中不同类型的响应视图配置不相同，其所依赖的解释器类也不一样，因而解释器是不能通用的。

SpringMVC 中的所有的视图资源均位于“/WEB－INF”路径下，所以视图资源不能以传统的 URL 方式直接请求，一定要经过视图解释器的转跳才能正确找到目标视图资源。以下讲解应用最广泛的 JSP 视图解释配置方法。

- JSP 视图解释配置语法：

√ JSP 视图解析类：InternalResourceViewResolver。

√ prefix：前缀属性，声明资源文件位置。

√ suffix：后缀属性，声明资源文件类型。

√ order：可选项属性，代表匹配顺序，单个视图解析器可不配。

在如图 3－23 所示的 JSP 视图解释配置代码中，通过“class”属性指明了视图解释器类为 InternalResourceViewResolver 组件，通过“prefix”属性声明了 JSP 视图资源的位置路径为“/WEB－INF/views”，通过“suffix”属性声明了所处理的视图类型为 JSP。

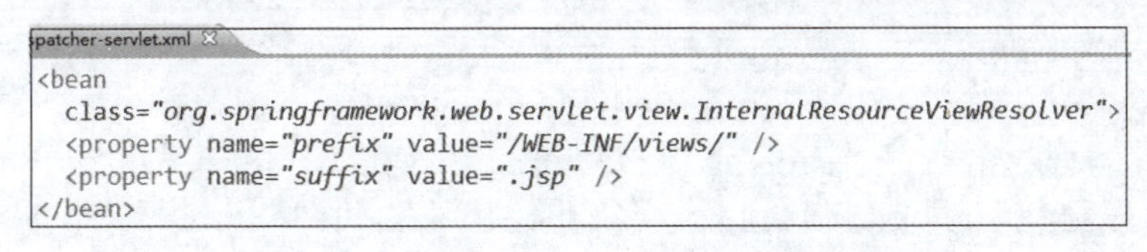

```
<bean
  class="org.springframework.web.servlet.view.InternalResourceViewResolver">
  <property name="prefix" value="/WEB-INF/views/" />
  <property name="suffix" value=".jsp" />
</bean>
```

图 3－23　SpringMVC－JSP 视图解释器配置

3.4.4　Model 与 ModelAndView

SpringMVC 的前后端传递数据可以通过两种类型实现，分别是 Model 与 ModelAndView，通过此两种类型可以在一定程度上实现前端视图组件与后端 Java 业务类解耦。

Model 类型是一个接口，其实现类为 ExtendedModelMap。可以通过 Key/Value 的方式向 Model 类型中添加数据，Model 类型不会进行业务寻址，因而需在业务方法中指明所需的响应视图资源。在前端视图页面上可通过 Key 取得对应的数据值，Model 类型的作用范围为同一个请求级别。

在 Model 类型编程中，通过 Key/Value 格式向 Model 实例中添加了两条数据，最后业务方法中指明视图资源为“show”。

Model 类型编程：

```
@Controller
public class ModelWeb {
    @RequestMapping( "/myweb")
    public String getOrder(Model model) {
        //填充数据:Key/Value 格式
        model.addAttribute("OrderId", "320001236");
        model.addAttribute("OrderTime", "2021-05-06 13:23:01");
        //返回响应视图 show.jsp
        return "show";
    }
}
```

ModelAndView 是一个绑定了响应视图的类型，在创建该实例时，必须声明视图对象，后端请求完成后，可以自动进行响应视图寻址，其在前端同样通过 Key 取得后端所传递的数据值。

在 ModelAndView 类型编程中，ModelAndView 对象在创建时即绑定了视图资源“show”，通过 Key/Value 格式向 ModelAndView 实例中添加了三条数据，在业务方法结束时，并不需要再指定响应视图，因其能自动寻址。

ModelAndVie 类型编程：

```
@Controller
public class HelloController {
    @RequestMapping("/myuser")
    public ModelAndView getUser() {
        //视图名 show.jsp
        String viewName = "show";
        ModelAndView modelAndView = new ModelAndView(viewName);
        modelAndView.addObject("userId", "U2000123");
        modelAndView.addObject("userName", "张小明");
        modelAndView.addObject("registerDate", new Date());
        return modelAndView;
    }
}
```

3.4.5 SpringMVC 案例开发

案例描述：

用 SpringMVC 开发一个用户的登录模块，模块后端接收用户账号及密码后进行简单比对，如果账号与密码字符相同，认为验证通过，否则认为验证失败。

①登录成功转跳到 success. jsp 页面。

②登录失败转跳到 fail. jsp 页面。

编码开发实现过程：

本案例的编码开发过程包括 SpringMVC 框架的搭建、业务控制器类开发、前端视图开发等环节。

（1）搭建 Web 工程

在 MyEclipse 开发工具中搭建 Web 项目工程，并命名为“springmvc_web”，在工程中创建模块包“com. mvc. web”。

（2）添加 SpringMVC 组件

右键单击“springmvc_web”工程，选择“MyEclipse/Add Spring Capabilities”菜单项，打开 Spring 组件添加窗体。

在此窗体中“Spring Version”项选择“Spring 3. 0”，在组件添加选项框中，选中“Spring 3. 0 AOP Libraries”“Spring 3. 0 Core Libraries”“Spring 3. 0 Persistence Core Libraries”“Spring 3. 0 J2EE Libraries”“Spring 3. 0 Web Libraries”五项，如图 3－24 所示。最后单击“Finish”按钮，完成 SpringMVC 组件添加过程。

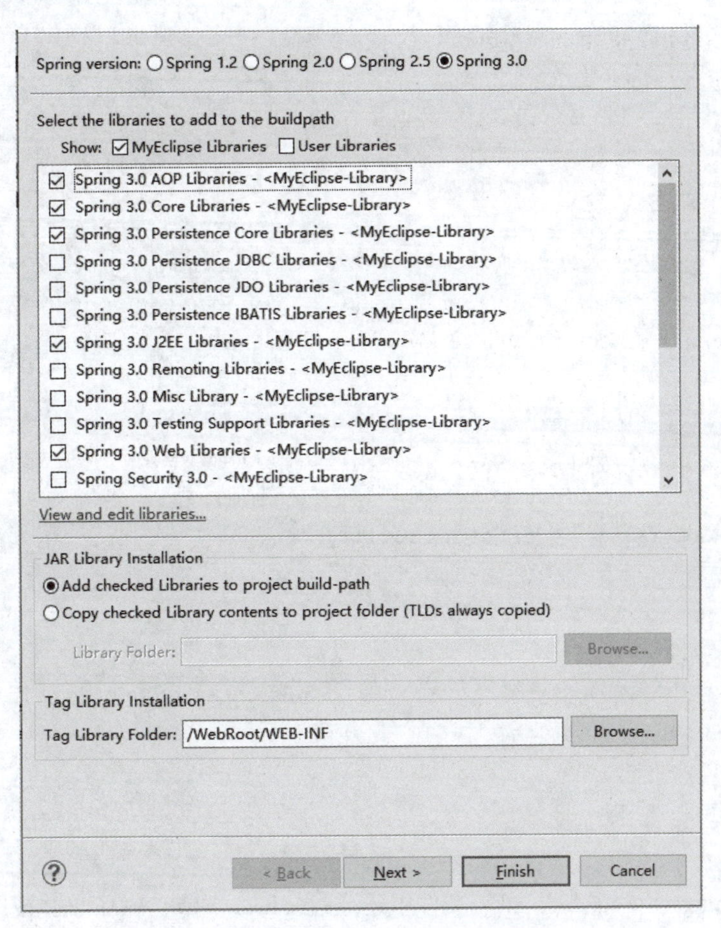

图 3－24　添加 SpringMVC 组件

（3）SpringMVC 配置文件开发

在“springmvc_web”工程的源码 src 根目录下删除第（2）步操作所产生的“applicationContext. xml”文件。SpringMVC 使用开发人员自己定义的配置文件，不使用 MyEclipse 工具生成的 Spring 框架配置文件。

在“springmvc_web”工程的“/WEB - INF”路径下添加“springmvc - servlet. xml”文件，该文件作为 SpringMVC 框架的配置文件。在该文件的头部需要做 SpringMVC 的相关声明，同时还要声明 Spring 注解的有效范围，以及配置相关的视图解释器。

SpringMVC 框架需要依赖 Spring 注解，所以需要在 Web 工程中启用 Spring 注解编程。在“springmvc - servlet. xml”文件配置中，通过 <context> 标签声明了 Spring 注解的有效范围是“com. mvc. web”模块包下的所有 Java 类均适用注解编程。

springmvc - servlet. xml：

```
<?xml version="1.0" encoding="UTF-8"?>
<beans xmlns="http://www.springframework.org/schema/beans"
       xmlns:aop="http://www.springframework.org/schema/aop"
       xmlns:context="http://www.springframework.org/schema/context"
       xmlns:mvc="http://www.springframework.org/schema/mvc"
       xmlns:tx="http://www.springframework.org/schema/tx"
       xmlns:xsi="http://www.w3.org/2001/XMLSchema-instance"
       xsi:schemaLocation="http://www.springframework.org/schema/aop
        http://www.springframework.org/schema/aop/spring-aop-3.0.xsd
        http://www.springframework.org/schema/beans
        http://www.springframework.org/schema/beans/spring-beans-3.0.xsd
        http://www.springframework.org/schema/context
        http://www.springframework.org/schema/context/spring-context-
        3.0.xsd
        http://www.springframework.org/schema/mvc
        http://www.springframework.org/schema/mvc/spring-mvc-3.0.xsd
        http://www.springframework.org/schema/tx
        http://www.springframework.org/schema/tx/spring-tx-3.0.xsd">
    <mvc:annotation-driven />
    <context:component-scan base-package="com.mvc.web" />
    <bean class=
    "org.springframework.web.servlet.view.InternalResourceViewResolver">
        <property name="prefix" value="/WEB-INF/views/" />
        <property name="suffix" value=".jsp" />
    </bean>
</beans>
```

同时，“springmvc - servlet. xml”文件中还通过 <bean> 节点做了 JSP 视图解释配置，声明了视图资源的存放位置为“/WEB - INF/views/”，即所有 JSP 资源都存放在此路径下。

（4）web. xml 文件配置

web. xml 为整个项目工程的映射文件，需要在此文件中声明对 SpringMVC 请求的拦截，中央处理器 DispatcherServlet 的位置，以及 SpringMVC 框架配置文件的路径位置。

在 web. xml 文件中，通过 < url - pattern > 节点声明了 SpringMVC 的 URI 请求类型是“/”，即表示所有 URL 请求都会被 SpringMVC 的中央处理器拦截。

通过 < servlet - class > 节点声明了 SpringMVC 的中央处理器组件为“org. springframework. web. servlet. DispatcherServlet”。通过 < param - value > 节点声明了 SpringMVC 框架配置文件的路径位置是“/WEB - INF/springmvc - servlet. xml”。

web. xml：

```
<? xml version = "1.0" encoding = "UTF - 8"? >
<web - app xmlns = "http://java.sun.com/xml/ns/javaee"
        xmlns:xsi = "http://www.w3.org/2001/XMLSchema - instance"
        xsi:schemaLocation = "http://java.sun.com/xml/ns/javaee
        http://java.sun.com/xml/ns/javaee/web - app_2_5.xsd"
        version = "2.5" >
    <! - - Spring MVC 中央处理器声明 - - >
    <servlet >
        <servlet - name >dispatcher </servlet - name >
        <servlet - class >
            org.springframework.web.servlet.DispatcherServlet
        </servlet - class >
        <init - param >
            <param - name >contextConfigLocation </param - name >
            <! - - Spring MVC 配置文件路径声明 - - >
            <param - value >
                /WEB - INF/springmvc - servlet.xml
            </param - value >
        </init - param >
        <load - on - startup >1 </load - on - startup >
    </servlet >
    <! - - Spring MVC 请求类型声明 - - >
    <servlet - mapping >
        <servlet - name >dispatcher </servlet - name >
        <! - - "/"表示将被拦截所有 URL 请求 - - >
        <url - pattern >/ </url - pattern >
    </servlet - mapping >
</web - app >
```

（5）登录视图开发

在“springmvc_web”工程的“/WEB - INF”路径下创建“views”目录，用于存放 JSP 视图资源。在“/WEB - INF/views/”路径下，创建“login. jsp”资源文件作为用户的登录视图，编码实现“login. jsp”文件。

login. jsp：

```
<%@ page language="java" contentType="text/html; charset=UTF-8"
pageEncoding="UTF-8"%>
<%@ taglib prefix="c" uri="http://java.sun.com/jsp/jstl/core"%>
<!DOCTYPE html PUBLIC "-//W3C//DTD HTML 4.01 Transitional//EN"
"http://www.w3.org/TR/html4/loose.dtd">
<html>
   <body>
   <center>
     <form action="login.do" method="post">
        <h3>欢迎登录</h3>
        <table border="0">
           <tr>
              <td>帐  号:</td>
              <td><input type = "text" name = "username" /></td>
           </tr>
           <tr>
              <td>密  码:</td>
              <td><input type = "password" name = "password" /></td>
           </tr>
           <tr>
              <td colspan="2" align="center">
              <input type = "submit" name = "submit" value = "登    录" />
              </td>
           </tr>
        </table>
     </form>
    </center>
   </body>
</html>
```

（6）业务控制器类开发

任何 Java 类都可以成为 SpringMVC 框架的业务控制器类，只要在 Java 类体的上方标注“@ Controller”，请求分发器就会将该 Java 类列入业务控制器范畴，进而扫描该类中业务方法对应的 URI 映射类型。

同样，业务控制器类中的业务方法体的上方需要标注“@ RequestMapping”注解，注解中传入业务方法所映射的 URI，如：@ RequestMapping("/myweb")，表示当 URL 请求中包含“/myweb”时，请求就会被此业务方法拦截到。

在“com. mvc. web”模块包中创建登录控制器类文件，编码实现“LoginController. java”文件。在类文件中，定义了两个业务方法，分别是“indexPage”“loginService”。

LoginController. java：

```
package com.mvc.web;
import javax.servlet.http.HttpServletRequest;
import org.springframework.stereotype.Controller;
import org.springframework.ui.Model;
import org.springframework.web.bind.annotation.RequestMapping;

@Controller
public class LoginController {
      @RequestMapping("/index")
      public String indexPage() {
          /*
           * 视图解释器根据返回字符串(login) + jsp'
           * 拼成login.jsp',找相应视图响应客户端
           */
          return "login";
      }
      @RequestMapping("/login")
      public String loginService(HttpServletRequest request,
              Model model) {
          String view = "fail";
          try {
              request.setCharacterEncoding("UTF-8");
              String username = request.getParameter("username");
              String password = request.getParameter("password");
              //用户帐号存入Model,前端视图可通过Key取出对应数据值
              model.addAttribute("username",username);
              if (username != null
                      && !username.equals("")
                      && password != null
                      && !password.equals("")
                 ) {
                 if (username.equals(password)) {
                      view = "success";
                 }
              }
          } catch (Exception e) {
                 e.printStackTrace();
          }
          return view;
      }
}
```

“indexPage”方法为登录首页视图的引导方法，因所有视图资源均在“/WEB - INF/views/”路径下，所以不能通过传统的方式直接在 URL 中请求资源文件，必须要经过 SpringMVC 中央处理器的分发及业务方法的转跳才能最终到达响应视图。当 URL 请求中包含“/index”字符时，即可触发此方法，最后方法中返回“login”字符为视图映射，经过视图解释器的解释后会拼接成“login. jsp”，最后到达用户登录视图页面。

“loginService”方法为登录逻辑的验证方法，方法中定义了 HttpServletRequest 及 Model 两种类型参数，SpringMVC 容器会自动填充对应参数的实例到方法中。方法中把用户账号名称存入了 Model 实例，前端视图可通过 Key 取出对应数据值。

（7）响应视图开发

在“/WEB - INF/views/”路径下添加用户登录成功与失败的响应视图。在该视图中通过 JSTL 标签及 Model 传递到前端视图的数据，向用户提示相关信息。相关视图编码见“success. jsp”“fail. jsp”文件。至此，编码开发工作已结束，完整的 Web 工程结构如图 3 - 25 所示。

success. jsp：

```
<%@ page language="java" contentType="text/html; charset=UTF-8"
pageEncoding="UTF-8"%>
<%@ taglib prefix="c" uri="http://java.sun.com/jsp/jstl/core"%>
<!DOCTYPE html PUBLIC "-//W3C//DTD HTML 4.01 Transitional//EN"
"http://www.w3.org/TR/html4/loose.dtd">
<html>
  <body>
  <center>
      <h3>
          恭喜,帐户"<c:out value="${username}"></c:out>"登录成功!
    </h3>
   </center>
  </body>
</html>
```

fail. jsp：

```
<%@ page language="java" contentType="text/html; charset=UTF-8"
pageEncoding="UTF-8"%>
<%@ taglib prefix="c" uri="http://java.sun.com/jsp/jstl/core"%>
<!DOCTYPE html PUBLIC "-//W3C//DTD HTML 4.01 Transitional//EN"
"http://www.w3.org/TR/html4/loose.dtd">
<html>
  <body>
  <center>
      <h3>
          抱歉,帐户"<c:out value="${username}"></c:out>"登录失败!
      </h3>
   </center>
  </body>
</html>
```

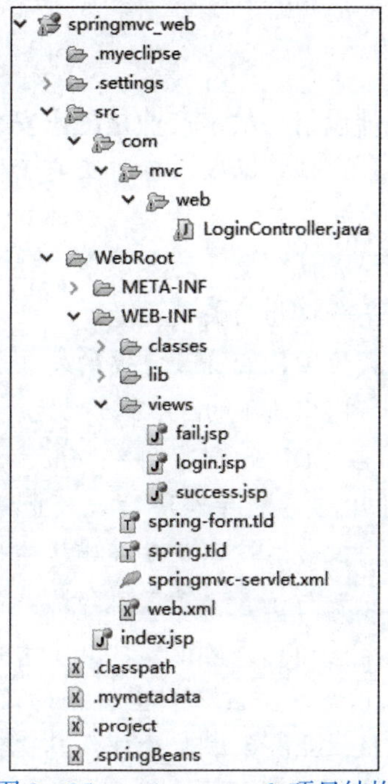

图 3 – 25　springmvc_web 项目结构

（8）集成测试

把开发好的"springmvc_web"工程部署到 Tomcat 中间件上，并启动服务器。打开浏览器，在 URL 地址栏输入"http://localhost:8080/springmvc_web/index"，可以到达项目的登录首页，如图 3 – 26 所示。

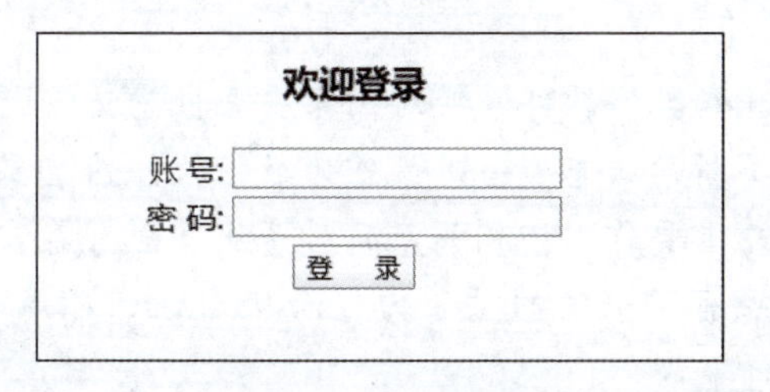

图 3 – 26　登录首页

在登录视图页面用如下两组账户登录分别得到如图 3 – 27 和图 3 – 28 所示的登录响应视图。

- 账户 1：账号"Admin"、密码"Admin"。
- 账户 2：账号"Super"、密码"123456"。

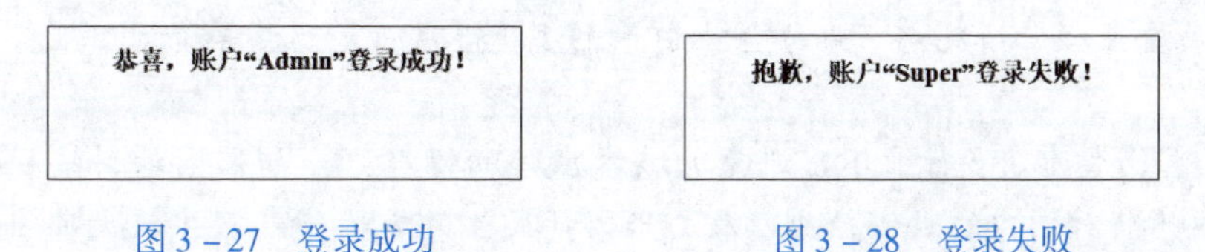

图 3 – 27　登录成功　　图 3 – 28　登录失败

信息技术软硬件设备与数字产业是国家安全的重要支撑

人类历史发展经历了农业革命、工业革命，目前正处于信息革命时代。当今世界，新一轮科技革命和产业变革风起云涌，互联网、大数据、云计算、人工智能、区块链等信息化与数字化技术加速创新，日益融入经济社会发展的各领域。数字技术正成为全球资源要素，成为重塑全球经济结构、改变全球竞争格局的关键力量。

中国数字经济蓬勃发展，已成为国民经济最重要的发展驱动力之一。我国数字经济产业规模由2008年的4.8万亿元增长到2020年的39.2万亿元，数字经济产业规模占GDP比重不断提升。2020年数字经济产业占GDP比重达到38.6%，而2022年1月发布的《“十四五”数字经济发展规划》明确到2025年数字经济核心产业规模占GDP比重要达到10%。我们认为，数字经济产业的发展与国民经济及国家安全领域密切相关。

数字技术支撑着众多行业的发展与运营，是国民经济产业安全的重要保障。数字技术正与制造业、服务业、农业等产业深度融合，通过云计算、大数据、物联网、移动互联、人工智能等新技术的助力，传统行业正迎来全方位、全链条的改造。对各类企业而言，基础IT软硬件以及各类生产控制系统、核心业务系统和管理信息化系统已经成为各行业运营的必要支撑，相关系统的安全和稳定已成为产业安全的重要保障。

虽然中国在基础硬件的组装生产领域位于全球较为领先的地位，在各类应用系统方面也有着较高国产化率，但是，在芯片、操作系统、数据库等最核心、最关键的领域，英特尔、微软、甲骨文等国外厂商依然占据垄断地位，从而给国家安全带来一定的影响和隐患。在以数字技术为代表的科技安全成为国家安全重要组成部分的背景下，国家一直通过财政、投融资、研发、知识产权、市场应用等角度着手，为国产IT产业发展提供良好的环境和政策支持。

虽然信息技术基础设施和数字软件产业对国家安全性意义重大，但是国内大部分相关领域目前依然处于国外厂商垄断的状态。另外，作为数字软件的重要分支，工业软件对工业设计、生产过程的管理发挥着重要作用，相关产品对产业安全有着重大的影响。目前来看，国内在工业控制系统领域已经有了一定的竞争力，而从CAD、EDA等设计环节软件看，依然处于较落后的状况。

自2018年中美贸易摩擦爆发以来，中国众多科技实体遭遇了美国的各项制裁。以覆盖面最广的实体清单为例，截至2021年12月，美国商务部工业和安全局以各种理由将611家中国公司、机构和个人列入实体清单中。

中国被列入实体清单的主要涉及三类主体：第一类是与信息技术、核电、国防军工有关的高校和研究机构；第二类是与国防军工及航天科技有关的机构及产业公司；第三类是与通信、半导体、人工智能等相关的技术产业实体。军工和科技行业是被制裁的主要领域，而从过去两年相关企业经营情况看，部分企业由于无法获得核心元器件等资源，业务受到了不同程度的影响。

在IT技术已成为众多行业不可避免的技术底座的情况下，如果国外科技巨头也对中国进行“断供”，将对国内的数字产业以及关乎国计民生的重要行业产生较大冲击，影响国家的经济与产业安全。

◇ 思政浅析：

(1) 健全国家安全体系

中国共产党二十大报告中指出，国家安全是民族复兴的根基，社会稳定是国家强盛的前提。我们必须坚定不移贯彻总体国家安全观，把维护国家安全贯穿党和国家工作各方面全过程，确保国家安全和社会稳定。与此同时，坚持党中央对国家安全工作的集中统一领导，完善高效权威的国家安全领导体制，进一步强化国家安全工作协调机制。

(2) 居安思危，国家安全事关你我

在和平年代也不忘国家安全建设，居安思危才能应对各种风险，作为青年一代大学生，要自觉树立国防安全意识，在学习和生活中留意身边的人和事，发现危害国家安全行为时，积极向有关部门报告，积极响应国家号，入伍从军，保家卫国。

(3) 撸起袖子加油干，振兴数字经济产业

数字技术是社会发展重要推动力，也是国家安全建设的重要内容。近年来，国家已经从政策及资金等方面给予相关扶持，在党中央的带领下，在全国人民的共同努力下，相信不久将来我国的数字产业会得到蓬勃的发展。

(4) 独立自强，研发自主品牌

出于对先进制造和信息安全问题的考虑，核心技术国产化，研发具有自主品牌的正版软件的紧迫性也愈发突出。系统软件自主品牌化是实施创新驱动发展战略、加快创新型国家建设的必然要求。我国政府向来高度重视软件版权保护，在推进自主品牌软件的研发的同时，也加大了对正版本软件知识产权保护力度。

本章练习

一、选择题

1. 下面不是 Spring AOP 中的通知类型的是（　　）。[选一项]

A. 前置通知　　B. 后置通知　　C. 代理通知　　D. 异常通知

2. 下面关于在 Spring 中配置 bean 的 id 属性的说法，正确的是（　　）。[选两项]

A. id 属性值可以重复

B. id 属性值不可以重复

C. id 属性不是必需的，可有可无，id 属性值也可以重复

D. id 属性不是必需的，没有 id 属性时，可以按类型注入

3. AOP 将软件系统分为（　　）两个部分。[选两项]

A. 切面　　B. 业务处理

C. 核心关注点　　D. 横切关注点

4. 事务的特性分别是（　　）。[选四项]

A. 原子性　　B. 一致性

C. 健壮性　　D. 持续性　　E. 隔离性

5. 事务一旦提交，对数据所做的任何改变都要记录到永久存储器中，这说明的是事务的（　　）。[选一项]

A. 原子性　　B. 一致性

C. 健壮性　　D. 持续性　　E. 隔离性

6. 下面关于 Spring 的说法，正确的是（　　）。[选一项]

A. Spring 是一个重量级的框架

B. Spring 是一个轻量级的框架

C. Spring3. 0 框架也只是一个 IoC 和 AOP 容器，不能实现类似 Struts 的 MVC 功能

D. Spring 是一个入侵式的框架

7. 下面关于 IoC 的理解，正确的是（　　）。[选两项]

A. 控制反转　　B. 对象被动地接受依赖类

C. 对象主动地去找依赖类　　D. 是面向实现的编程

8. Spring 负责创建 bean 的实例并管理其生命周期，bean 运行于 Spring 的（　　），无须知晓它的存在即可使用 Spring 的部分特性。[选一项]

A. 框架　　B. 服务器

C. 客户端　　D. 容器

9. 下列关于 Spring 特性中 IoC 描述错误的是（　　）。[选一项]

A. IoC 就是指对象之间的关系由程序代码直接操控

B. 所谓控制反转，是指控制权由应用代码转到外部容器，即控制权的转移

C. IoC 将控制创建的职责搬进了框架中，并把它从应用代码脱离开来

D. 当使用 Spring 的 IoC 容器时，只需指出组件需要的对象，在运行时，Spring 的 IoC 容器会根据 XML 配置给组件提供对应的实例。

二、问答题

1. 简述 Spring 的工作机制。

2. 简述对 IOC 的理解。

3. Spring 中依赖注入与传统编程之间的差别是什么？

4. Spring 的通知类型有哪些？

第 4 章

Hibernate 框架应用

本章目标

知识目标

① 了解 Hibernate 相关组件。
② 认识 Hibernate 底层实现。
③ 理解实体关系的映射原理。
④掌握 Hibernate 持久化过程及相关步骤。
⑤ 理解持久化过程中对象状态三种状态变化。

能力目标

① 能够正确添加 Hibernate 组件。
② 能够正确配置好 Hibernate 框架的 ORM 参数。
③ 能够正确使用 Hibernate 框架实体映射关系。
④ 能够数据表中反向生成实体关系资源。
⑤ 能够使用 Hibernate 框架进行编程开发。

素质目标

① 具有良好的对应用程序的配置管理能力。
② 具有良好的对应用系统排错能力。
③ 培养对业务模型分析与设计能力。
④ 具有与人为善的品格以及良好的沟通表达能力。
⑤ 养成精益求精、追求极致的职业品质。

Hibernate 入门简介

4.1 Hibernate 概述

Hibernate 原意为冬眠、长时间的睡觉。让应用系统的数据长时间在电脑硬盘上休眠，需要时再唤醒，就是 Hibernate 框架的形象描述，也因此而得名。

Hibernate 是一个开放源代码的对象关系映射框架，它对 JDBC 进行了非常轻量级的对象封装，使得 Java 程序员可以随心所欲地使用对象编程思维来操纵数据库。Hibernate 可以应用在任何使用 JDBC 的场合，既可以在 Java 的客户端程序使用，也可以在 Servlet/JSP 的 Web 应用中使用。

4.1.1 认识 Hibernate

Hibernate 是一种 Java 语言下的对象关系映射解决方案。它是面向对象的领域模型到传统的关系型数据库的映射，提供了一个使用方便的框架。Hibernate 也是目前 Java 开发中最为流行的数据库持久层框架。

它的设计目标是将软件开发人员从大量相同的数据持久层相关编程工作中解放出来。无论是从设计草案还是从一个遗留数据库开始，开发人员都可以采用 Hibernate。Hibernate 不仅负责从 Java 类到数据库表的映射，还包括从 Java 数据类型到 SQL 数据类型的映射，还提供了面向对象的数据查询检索机制，从而极大地缩短了持久化层的开发时间。

4.1.2 对象/关系映射

ORM 技术原理

对象/关系映射（Object/Relation Mapping，ORM）提供了概念性的、易于理解的模型化数据的方法。ORM 方法论基于三个核心原则：简单，以最基本的形式建模数据；传达性，数据库结构被任何人都能理解的语言文档化；精确性，基于数据模型创建正确、标准化了的结构。

ORM 把应用程序世界表示为具有角色的一组对象。ORM 有时也称为基于事实的建模，因为它把相关数据描述为基本事实。ORM 提供的不只是描述不同对象间关系的一种简单、直接的方式，还提供了灵活性。使用 ORM 创建的模型比使用其他方法创建的模型更有能力适应系统的变化。ORM 模型的简单性简化了数据库查询过程。使用 ORM 查询工具，用户可以访问期望数据，而不必理解数据库的底层结构。

ORM 是随着面向对象的软件开发方法发展而产生的。面向对象的开发方法是当今企业级应用开发环境中的主流开发方法，关系数据库是企业级应用环境中永久存放数据的主流数据存储系统。对象和关系数据是业务实体的两种表现形式，业务实体在内存中表现为对象，在数据库中表现为关系数据。内存中的对象之间存在关联和继承关系，而在数据库中，关系数据无法直接表达多对多的关联和继承关系。因此，对象 - 关系映射（ORM）系统一般以中间件的形式存在，主要实现程序对象到关系数据库数据的映射。

面向对象是在软件工程基本原则（如耦合、聚合、封装）的基础上发展起来的，而关系数据库则是从数学理论发展而来的，两套理论存在显著的区别。为了解决这个不匹配的现象，对象关系映射技术应运而生。在 O/R 中，字母 O 起源于“对象”（Object），而 R 则来自“关系”（Relational）。几乎所有的程序中都存在对象和关系数据库。在业务逻辑层和用户界面层中，我们是面向对象的。当对象信息发生变化的时候，需要把对象的信息保存在关系数据库中。

4.1.3 ORM 技术规则

Hibernate 框架就是 ORM 技术的一种实现方式，同时也是一种映射工具，把 Java 对象映射到关系数据库中。

在 ORM 技术中，有如下的业务规则：

- 把一个 Java 类映射成一张表；
- 把类中的属性映射成表中对应的字段；
- 把一个 Java 对象映射成表中的一条记录。

例如，在图 4 - 1 所示的 User 类中，有 username、password、mail、phone 四个属性，每个属性都有对应的 getXX 与 setXX 的方法。

```
public class User {
    private String username;
    private String passwrod;
    private String mail;
    private String phone;

    public String getMail() {
    public void setMail(String mail) {
    public String getPasswrod() {
    public void setPasswrod(String passwrod) {
    public String getPhone() {
    public void setPhone(String phone) {
    public String getUsername() {
    public void setUsername(String username) {
}
```

图 4-1　实体类结构样例

在数据库中则有一个 User 表与上面的 User 类对应，在表中有 username、password、mail、phone 四个字段，与类中的四个属性分别对应，表中的每一条记录则对应类中一个对象，如图 4-2 所示。

username	password	mail	phone
admin	admin	zhuanghe@163.com	86682525
user	user	zhuanghe@163.com	86682525
wen	wenlihui	zhuanghe@163.com	86682525
wenlihui	wenlihui	zhuanghe@163.com	86682525

图 4-2　数据库中的 User 表

4.2　Hibernate 组件及其应用

Hibernate 是什么？从不同的角度有不同的解释：

- 它是连接 Java 应用程序和关系数据库的中间件。
- 它对 JDBC API 进行了封装，负责 Java 对象的持久化。
- 在分层的软件架构中位于持久层，封装了所有数据访问细节，独立于业务逻辑层。
- 它是一种 ORM 映射工具，能够为对象域模型与关系数据库的实体建立映射关系。

Hibernate 是 Java 应用和关系数据库之间的“桥梁”，它负责 Java 对象和关系数据之间的映射。Hibernate 内部封装了通过 JDBC 访问数据库的操作，向上层应用提供了面向对象的数据访问 API。

4.2.1　为什么使用 Hibernate

首先，在 Java 应用程序中，如果直接使用 JDBC 操作数据库，不但步骤烦琐，也是硬编码方式，这样做耦合度极高，是非常死板的做法，对以后应用程序的维护、移植、重用等方面来说都是非常不利的，如图 4-3 所示。

其次，面向对象的 Java 编程语言与面向关系数据库不同步，Hibernate 完全采用面向对象的方式来操纵数据库，能够简化开发。其包装了数据处理，将表映射为对象，易于理解，使程序员不必关心数据库控制。对象之间的依赖关系、继承关系都可以映射到数据库中，是传统的 JDBC 无法实现的。

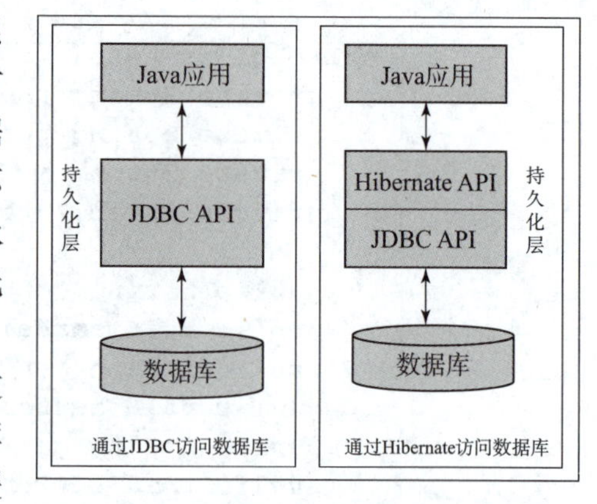

图 4－3　两种数据库访问方式比较

最后，JDBC 查询优化困难，在大并发查询过程中对数据库造成过大的压力，并且访问数据库次数过于频繁。Hibernate 采用一级缓存、二级缓存，可以对数据库进行高性能优化，提高访问速度，缓解数据库压力。

基于以上原因，在企业级的应用中，使用 Hibernate 框架而不直接使用 JDBC 来作为应用系统的持久化层。

4.2.2　Hibernate 框架组件

在基于 MVC 设计模式的 Java Web 应用中，Hibernate 可以作为应用系统的持久化层，负责与关系数据库交互。它通过配置文件（hibernate. properties 或 hibernate. cfg. xml）和映射文件（***. hbm. xml）把 Java 对象或 PO（Persistent Object，持久化对象）映射到数据库中的数据表的记录，然后通过操作，持久化对象对数据表中的数据进行增、删、改、查等操作。

除持久化类外，Hibernate 的核心组件包括以下几部分：

（1）Configuration 类

- 负责配置并启动 Hibernate，在启动时即从配置文件读取相应信息。
- 创建 SessionFactory 对象，用 buildSessionFactory( )创建。

（2）SessionFactory 接口

- 负责初始化 Hibernate。
- 重量级组件，不能随意创建或销毁。
- 代表一个数据源（数据库）。
- 可以被多个应用程序共享（实现线程安全）。
- 负责创建 Session 实例，用 openSession( )创建。

Hibernate 核心组件

（3）Session 接口

- 负责对象的持久化，完成与数据库的交互操作。
- 轻量级组件，代表一个数据库连接。
- 非线程安全，不允许多个应用同时使用。
- 不同于 JSP 语言中的 session。
- 实现对数据库的增、删、改、查，即 save( )、delete( )、update( )、load( )。

（4）Query 接口

- 用来对 PO 进行查询操作。

- 从 Session 的 createQuery( ) 方法生成。

（5）Transaction 接口

- 负责数据库事务管理、声明事务的边界（事务的起点和终点）。
- 主要方法有 commit( ) 和 rollback( ) 。
- 从 Session 的 beginTrancation( ) 方法生成。

映射文件与配置文件

（6）映射文件 ＊. hbm. xml（图 4－4）

```
<hibernate-mapping>
    <class name="com.hibernate.User" table="user" catalog="hr">
        <id name="username" type="java.lang.String">
            <column name="username" length="45" />
        </id>
        <property name="password" type="java.lang.String">
            <column name="password" length="45" not-null="true" />
        </property>
        <property name="mail" type="java.lang.String">
            <column name="mail" length="45" not-null="true" />
        </property>
        <property name="phone" type="java.lang.String">
            <column name="phone" length="45" not-null="true" />
        </property>
    </class>
</hibernate-mapping>
```

图 4－4　映射文件 User. hbm. xml 结构样例

- class 属性表示所要映射的 Java 类。
- table 属性为映射成的表名。
- 属性 catalog 为所对应的逻辑数据库名。
- id 属性为所映射表的主键。
- name 属性为 Java 类中的属性名。
- type 属性为 Java 类中属性的类型。
- column 属性为所映射表中对应的字段名。
- length 属性表示字段的长度。
- not－null 属性表示该字段是否可以为空。

（7）配置文件 hibernate. properties（图 4－5）或 hibernate. cfg. xml（图 4－6）

```
hibernate.dialect = org.hibernate.dialect.MySQLDialect
hibernate.connection.driver_class = com.mysql.jdbc.Driver
hibernate.connection.url = jdbc:mysql://localhost:3306/hr
hibernate.connection.username = root
hibernate.connection.password = root
hibernate.show_sql = true
```

图 4－5　配置文件 hibernate. properties 结构样例

```
<?xml version='1.0' encoding='UTF-8'?>
<!DOCTYPE hibernate-configuration PUBLIC
        "-//Hibernate/Hibernate Configuration DTD 3.0//EN"
        "http://hibernate.sourceforge.net/hibernate-configuration-3.0.dtd">
<!-- Generated by MyEclipse Hibernate Tools.                   -->
<hibernate-configuration>
 <session-factory>
  <property name="connection.username">root</property>
  <property name="connection.url">jdbc:mysql://localhost:3306/test</property>
  <property name="dialect">org.hibernate.dialect.MySQLDialect</property>
  <property name="myeclipse.connection.profile">mysql_test</property>
  <property name="connection.password">root</property>
  <property name="connection.driver_class">com.mysql.jdbc.Driver</property>
 </session-factory>
</hibernate-configuration>
```

图 4－6　配置文件 hibernate. cfg. xml 结构样例

- dialect 表示关系数据库是什么产品，如 MySQL、Oracle、DB2 等。
- driver_ class 表示数据库的驱动类。
- url 为数据库的访问路径。
- username 为访问数据库的用户名。
- password 为访问数据库的密码。
- show_ sql 表示在后台是否要输出数据库操作的 SQL 语句。

映射文件与配置文件很类似，初学者比较容易混淆，在使用 Hibernate 框架时需注意这两种文件的区别。下面对这两者的异同进行说明：

① 映射文件的后缀名必须是“. hbm. xml”，前缀是对应的 JavaBean 类名。

② 映射文件需放在 JavaBean（类文件）的同一目录下。

③ 配置文件有两种形式：

- Java 属性文件：hibernate. properties
- XML 格式文件：hibernate. cfg. xml

④ 配置文件均放置在 src 目录下。

4.2.3　持久化过程

与其他 ORM 工具一样，在 Hibernate 中，一个 Java 对象从计算机内存中变成硬盘上关系数据库实体中的记录分为三个步骤，对应三个状态。

① 临时状态（transient）：当一个 Java 对象刚刚用 new 语句创建，在内存中孤立存在，不处在 Session 缓存当中，不与数据库中的数据有任何关联关系时，那么这个 Java 对象就称为临时对象（Transient Object），所处的状态就是临时状态。

② 持久化状态（persistent）：当一个 Java 对象已经被持久化，并加入 Session 缓存中时，这个对象就变成持久化对象（Persistent Object），所处的状态也变成持久化状态。

③ 游离状态（detached）：已经被持久化，但已经不再处于 Session 缓存当中，就变成游

离状态（Detached Object）。处于游离状态的 Java 对象被称为游离对象，其可以被应用程序的任何层自由使用，例如可以与表示层打交道的数据传输对象 DTO。

在 Java 应用中使用 Hibernate 框架，应用包含以下步骤：

① 创建 Hibernate 的配置文件。

② 创建持久化类。

③ 创建对象 - 关系映射文件。

④ 通过 Hibernate API 编写访问数据库的代码。

Hibernate 应用的运行过程如下：

① 应用程序先调用 Configration 类，该类读取 Hibernate 的配置文件及映射文件中的信息。

② 利用第①步的信息生成一个 SessionFactpry 对象。

③ 从 SessionFactory 对象生成一个 Session 对象。

④ 用 Session 对象生成 Transaction 对象。

⑤ 通过 Session 对象的 get()、load()、save()、update()、delete() 和 saveOrUpdate() 等方法对 PO 进行加载、保存、更新、删除等操作。

⑥ 在特殊的查询需求情况下，可通过 Session 对象生成一个 Query 对象，然后利用 Query 对象直接调用 JDBC API 执行查询操作。

⑦Transaction 对象将提交这些操作结果到数据库中。

4.2.4　案例开发

案例要求：

① 定义一个 JavaBean（User 类），含如下属性：

姓名（username）；

密码（password）；

邮箱（mail）；

电话（phone）。

② 用 Hibernate 实现 ORM 操作：

创建 User 类的对象若干；

把对象映射到数据库相应表中。

操作过程：

打开 MyEclipse 集成工具，新建一个 Web 项目，取名为“hibernate_app1”。

添加 Hibernate 框架，单击“MyEclipse”→“Add Hibernate Capabilities…”，如图 4 – 7 所示。

在“Hibernate Specification”选项选择“Hibernate 3.3”，然后选择加入“Hibernate3.3 Annotations & Entity Manager”与“hibernate 3.3 Core Libraries”组件，如图 4 – 8 所示。

各项参数默认即可，如图 4 – 9 所示。

不选择“Specify database connection details”，如图 4 – 10 所示。

不选择“Create SessionFactory class”，单击“Finish”按钮，如图 4 – 11 所示。

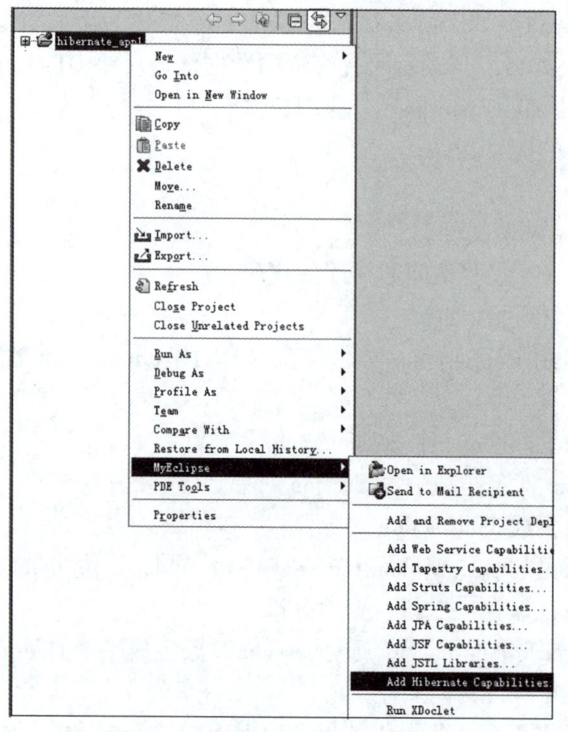

图 4-7　构建 Hibernate 工程（1）

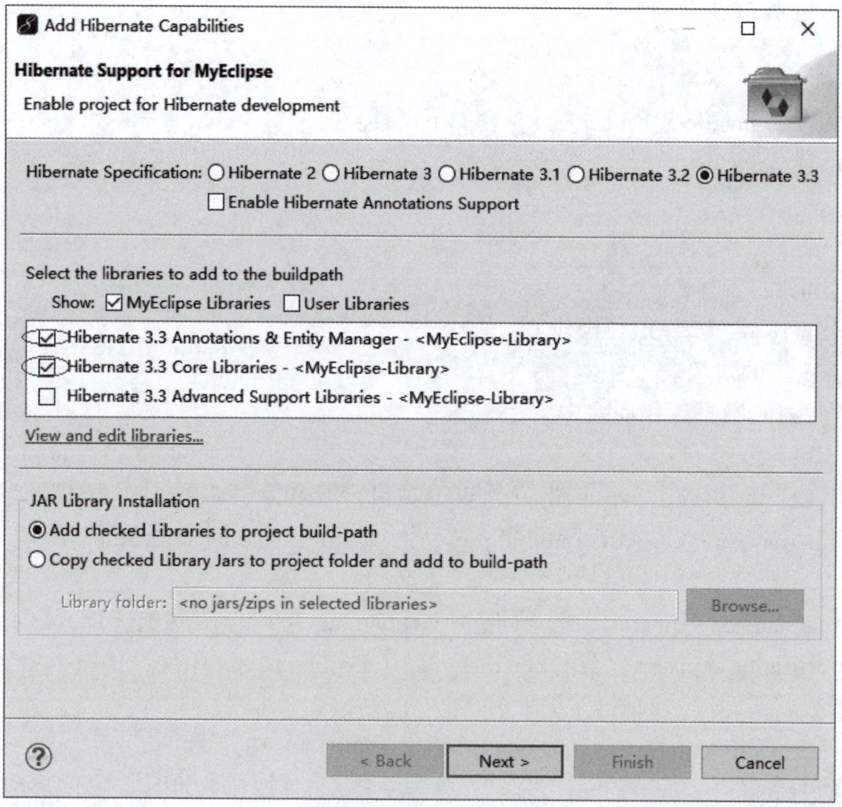

图 4-8　构建 Hibernate 工程（2）

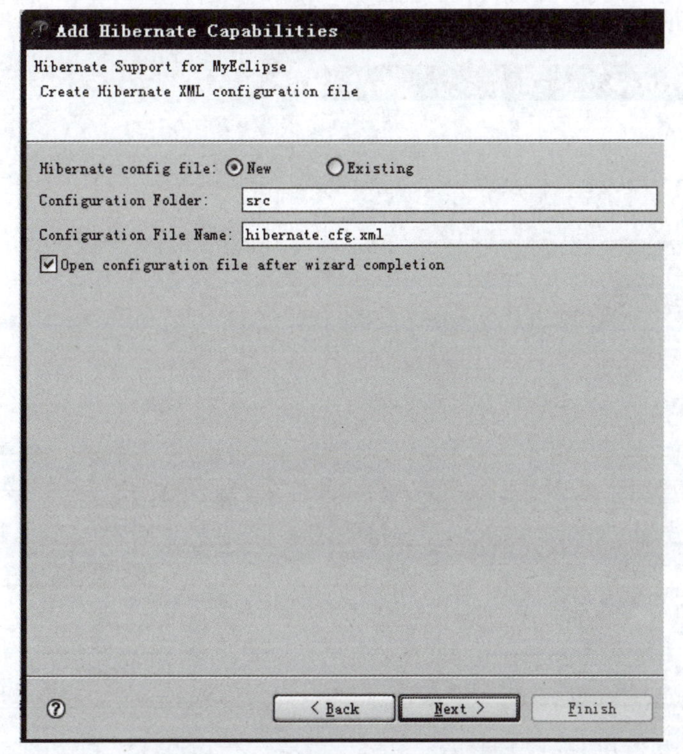

图 4－9　构建 Hibernate 工程（3）

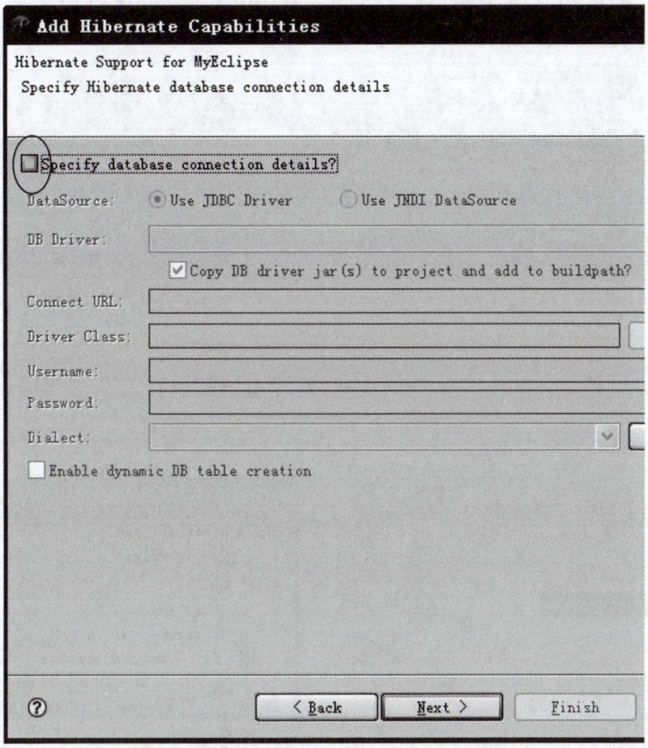

Add Hibernate Capabilities
Hibernate Support for MyEclipse
Specify Hibernate database connection details
Specify database connection details?
DataSource: Use JDBC Driver Use JNDI DataSource
DB Driver:
Copy DB driver jar(s) to project and add to buildpath?
Connect URL:
Driver Class:
Username:
Password:
Dialect:
Enable dynamic DB table creation
< Back
Next >
Finish

图 4－10　构建 Hibernate 工程（4）

把 src 目录下的 hibernate. cfg. xml 文件删除，如图 4－12 所示。

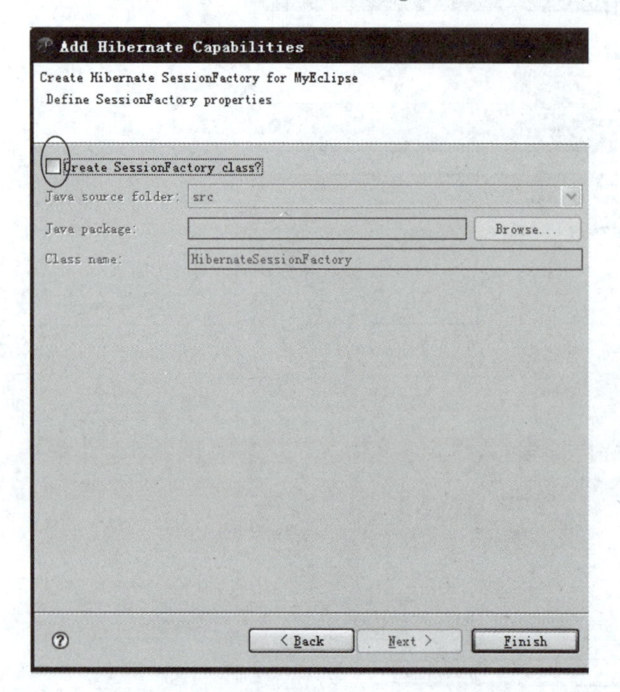

图 4－11　构建 Hibernate 工程（5）

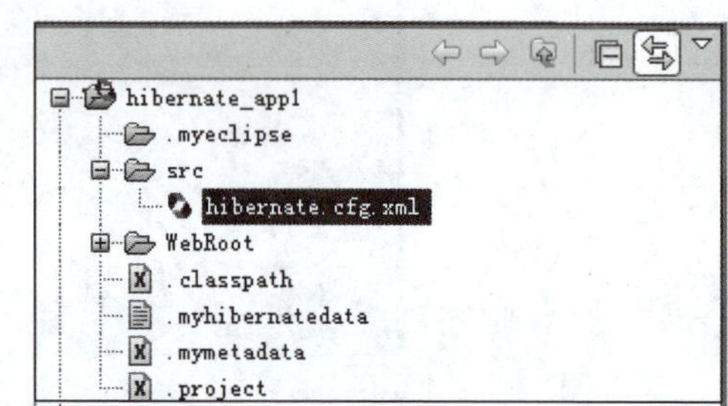

图 4－12　构建 Hibernate 工程（6）

在 src 目录下，新建一个空白文件，命名为 “hibernate. properties”，并打开此文件，如图4－13 所示。在此文件中添加如下内容：

```
hibernate.dialect = org.hibernate.dialect.MySQLDialect
hibernate.connection.driver_class = com.mysql.jdbc.Driver
hibernate.connection.url = jdbc:mysql://localhost:3306/test
hibernate.connection.username = root
hibernate.connection.password = root
hibernate.show_sql = false
```

在项目中创建一个包 com. j2ee. hibernate，并在包中创建一个 User 类，如图 4－14 所示。

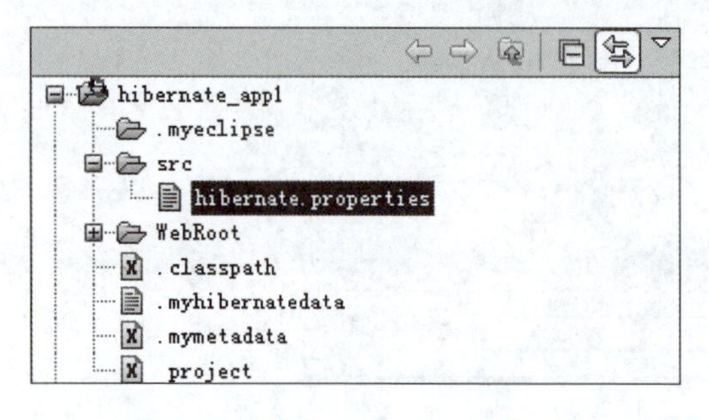

图 4－13　构建 Hibernate 工程（7）

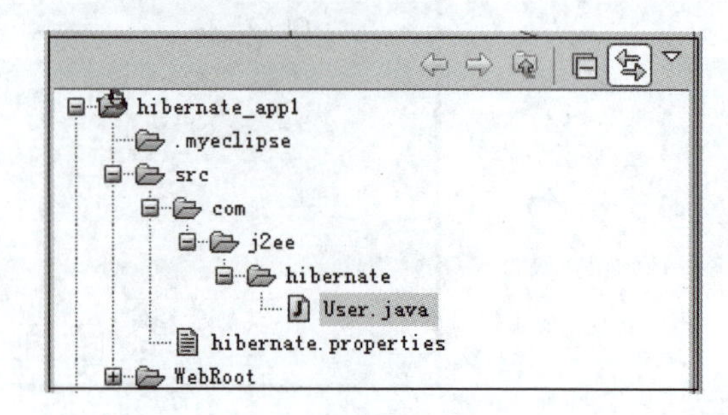

图 4－14　构建 Hibernate 工程（8）

打开 User 类文件，内容如下：

```
User.java
package com.j2ee.hibernate;
public class User {
    private String username;
    private String password;
    private String mail;
    private String phone;
    public String getUsername() {
      return username;
    }
    public void setUsername(String username) {
      this.username = username;
    }
    public String getPassword() {
      return password;
    }
    public void setPassword(String password) {
      this.password = password;
    }
    public String getMail() {
      return mail;
    }
    public void setMail(String mail) {
      this.mail = mail;
    }
    public String getPhone() {
      return phone;
    }
    public void setPhone(String phone) {
      this.phone = phone;
    }
}
```

打开 MySQL 数据库客户端，如图 4－15 所示。

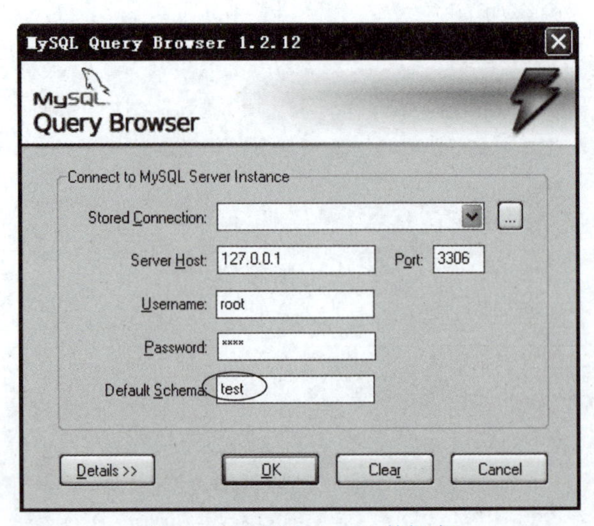

图 4－15　登录 MySQL 数据库

在 test 数据库中创建 User 表，脚本如下：

```
CREATE DATABASE IF NOT EXISTS test;
USE test;
DROP TABLE IF EXISTS user;
CREATE TABLE user (
  username varchar(45) primary key,
  password varchar(45) NOT NULL,
  mail varchar(45) NOT NULL,
  phone varchar(45) NOT NULL
);
```

在 com. j2ee. hibernate 包中添加一个空白文件，命名为“User. hbm. xml”。打开 User. hbm. xml 配置文件，如图 4－16 所示。

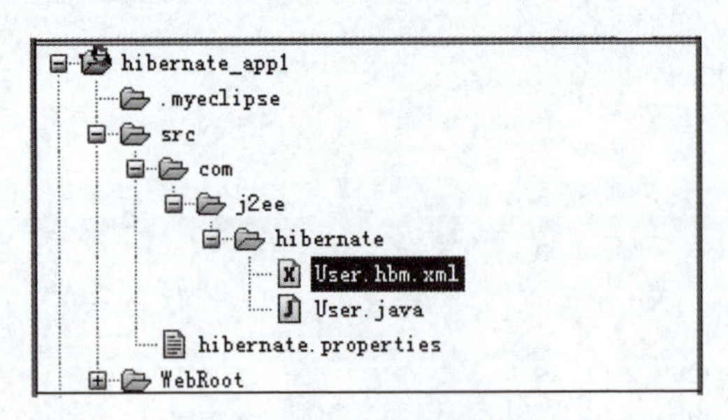

图 4－16　添加映射文件

为其添加如下内容：

```
User.hbm.xml
<?xml version="1.0" encoding="utf-8"? >
<! DOCTYPE hibernate-mapping PUBLIC
```

```
" - //Hibernate/Hibernate Mapping DTD 3.0 //EN"
"http://hibernate.sourceforge.net/hibernate-mapping-3.0.dtd" >
<hibernate-mapping>
    <class name = "com.j2ee.hibernate.User"
                          table = "user" catalog = "test" >
        <idname = "username" type = "java.lang.String" >
            <column name = "username" length = "45" />
        </id>
        <property name = "password" type = "java.lang.String" >
            <column name = "password" length = "45" not-null = "true" />
        </property>
        <property name = "mail" type = "java.lang.String" >
            <column name = "mail" length = "45" not-null = "true" />
        </property>
        <property name = "phone" type = "java.lang.String" >
            <column name = "phone" length = "45" not-null = "true" />
      </property>
    </class>
</hibernate-mapping>
```

在项目的 lib 目录下添加数据库的驱动包 mysql – connector – java – 5. 1. 6 – bin. jar 文件，如图 4 – 17 所示。

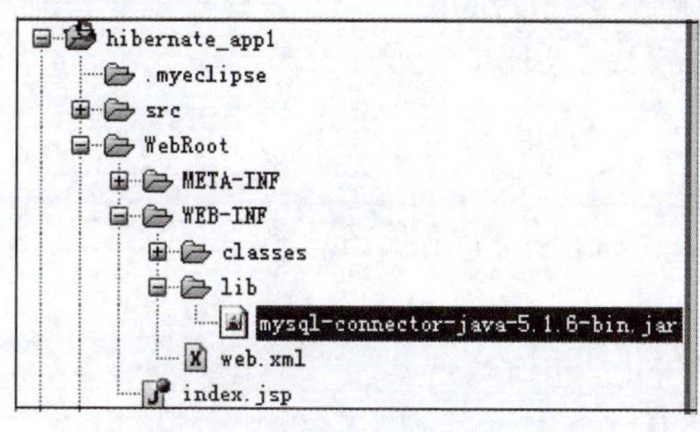

图 4 – 17　添加数据库驱动包

在 com. j2ee. hibernate 包中添加一个 UserClient 类，如图 4 – 18 所示。

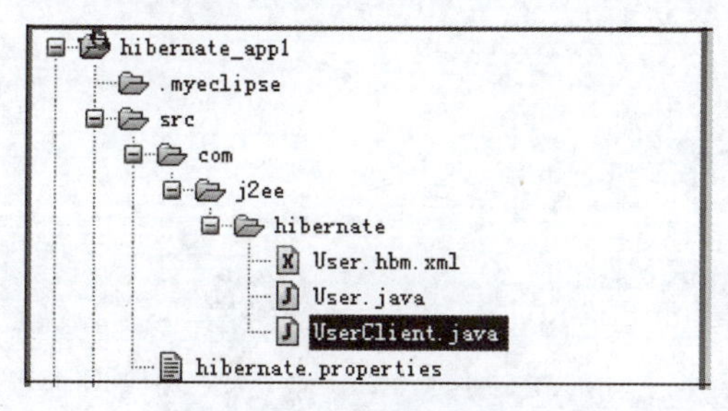

图 4 – 18　创建测试类

打开此文件，在其中添加相应内容。

```
UserClient.java
package com.j2ee.hibernate;
import org.hibernate.Session;
import org.hibernate.SessionFactory;
import org.hibernate.Transaction;
import org.hibernate.cfg.Configuration;

public class UserClient {
    //配置 hibernate,启动时从配置文件读取相应信息
    Configuration con = new Configuration();
    //创建 SessionFactory,代表一个数据源
    //User.class 是要关联的 JavaBean
    SessionFactory sf = con.
  addClass(User.class).buildSessionFactory();

  public void addUser(){
    //创建一个 Java 对象,并给各属性赋予相应值
    User user = new User();
    user.setUsername("李小东");
    user.setPassword("lixiaodong");
    user.setMail("lixiaodong@ 163.com");
    user.setPhone("89834507");

    //创建 Session
    Session session = sf.openSession();
    //开启事务
    Transaction ctx = session.beginTransaction();
    //把 user 对象保存到表中
    session.save(user);
    //提交事务
    ctx.commit();
    //关闭 Session
    session.close();
    System.out.print("插入记录成功,请查看 User 表数据。");
    }

    public void queryUser(){
```

```
        Session session = sf.openSession();
        Transaction ctx = session.beginTransaction();
        //从 User 表中查询相关记录
        //User.class 是要关联的 JavaBean,"李小东"为表的主键
        User u =(User)session.load(User.class, "李小东");
        System.out.println("从 User 表查询到的数据如下:");
        System.out.print(u.getUsername() + "  ");
        System.out.print(u.getPassword() + "  ");
        System.out.print(u.getMail() +"  ");
        System.out.println(u.getPhone() +"  ");
        ctx.commit();
        session.close();
    }

    public void updateUser(){
        Session session = sf.openSession();
        Transaction ctx = session.beginTransaction();
        User u =(User)session.load(User.class, "李小东");
        u.setPassword("12345678");
        u.setMail("12345678@ qq.com");
        u.setPhone("13710598723");
        //更新 User 表中相应记录
        session.update(u);
        ctx.commit();
        session.close();
        System.out.print("修改记录成功,请查看 User 表数据。");
        //调用上面的 queryUser()方法查询记录
      queryUser();
    }

  public void deleteUser(){
        Session session = sf.openSession();
        Transaction ctx = session.beginTransaction();
        User u =(User)session.load(User.class, "李小东");
        //从 User 表中删除记录
        session.delete(u);
        ctx.commit();
        session.close();
```

```
        System.out.println("删除记录成功,请查看 User 表数据。");

    }

    public static void main(String[] args){
        UserClient client = new UserClient();
        client.addUser();
        client.queryUser();
        client.updateUser();
        client.deleteUser();
    }
}
```

运行该类，可以在控制台看到相应的输出，如图 4－19 所示。

```
<terminated> UserClient [Java Application] C:\Program Files\Java\jre6\bin\javaw.exe
log4j:WARN No appenders could be found for logger
log4j:WARN Please initialize the log4j system prop
插入记录成功，请查看User表数据。 从User表查询到的数据如下：
李小东  lixiaodong  lixiaodong@163.com  89834507
修改记录成功，请查看User表数据。 从User表查询到的数据如下：
李小东  12345678  12345678@qq.com  13710598723
删除记录成功，请查看User表数据。
```

图 4－19　控制台输出

Hibernate 逆向工程开发

4.3　ORM 工具的高级运用

在 ORM 工具中，一个 JavaBean 类可以与关系数据库中的数据表相映射，一个 Java 对象可以与表中的一条记录相映射，JavaBean 类中的属性与数据表的字段相映射。如果说从 JavaBean 类到数据表的映射为正向，那么从数据表到 JavaBean 类的映射则为反向。通过 ORM 工具，也可以实现从数据表到 PO 的反向操作。

ORM 映射工具可以从数据表反向生成三种文件：

- Java 类文件。
- 类的映射文件。
- 配置文件。

可生成操作中需要的方法与实例：

- SessionFactory 实例。
- 增、删、改、查等方法。

下面以一个案例为例讲解如何运用 Hibernate 的 ORM 工具反向从数据表中生成相关的 JavaBean 类文件、映射文件、配置文件及其他操作数据表的方法，并实现对数据表的增、删、改、查。

① 先在 test 逻辑数据库中定义一个（Score）成绩表。

数据表有三个字段：姓名（studentname）、科目（course）、成绩（score）。

建表的脚本如下：

```
CREATE DATABASE IF NOT EXISTS
test;
USE test;
DROP TABLE IF EXISTS score;
CREATE TABLE score (
  studentname varchar(45)
primary key,
  course varchar(45) NOT NULL,
  score int(3) NOT NULL
);
```

② 在 MyEclipse 工具中建立一个从工具到数据库的连接。

打开集成开发工具，选择“Window”→“Show View”→“Other…”，如图 4－20 所示。

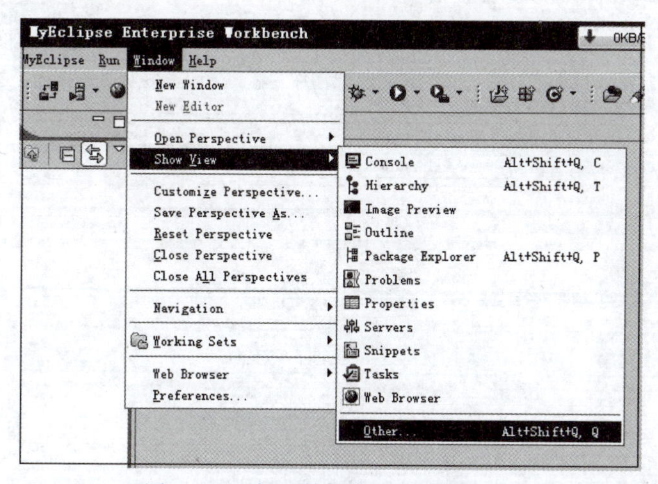

图 4－20　打开数据库连接视图（1）

在弹出的窗体中选择“DB Browser”，单击“OK”按钮，如图 4－21 所示。

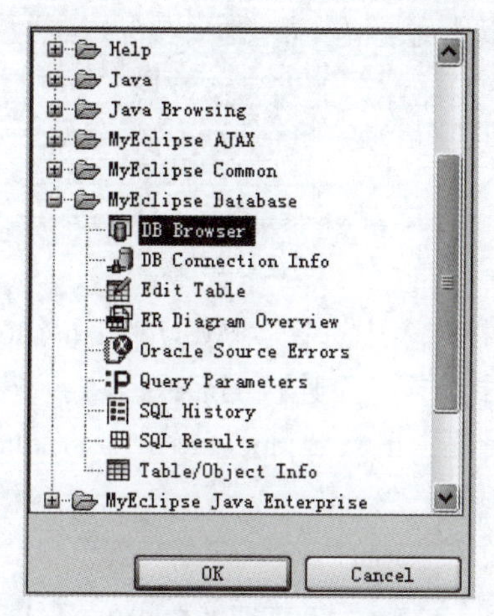

图 4－21　打开数据库连接视图（2）

在“DB Browser”视图的空白处右击，选择“New”，如图4－22所示，弹出如图4－23所示窗口。

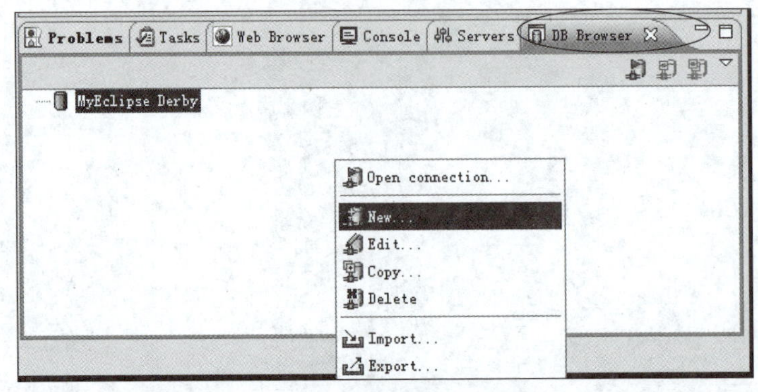

图4－22　创建数据库连接（1）

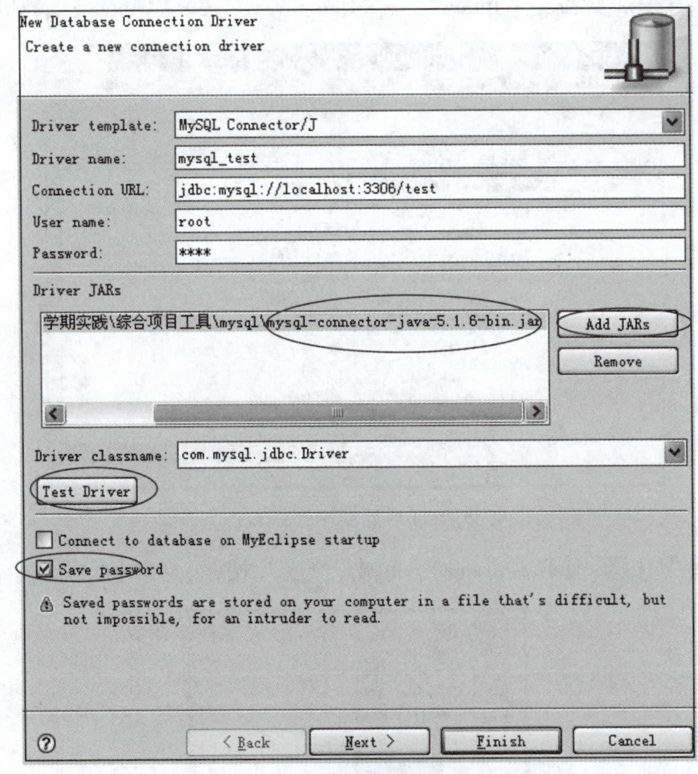

图4－23　创建数据库连接（2）

在“Driver template”的下拉列表中选择“MySQL Connector/J ”。

在“Driver name”编辑框中填入一个连接的名字。

在“Connection URL”编辑框中填入“jdbc:mysql://localhost:3306/test”。

在“User name”编辑框中填入“root”。

在“Password”编辑框中填入“root”。

单击“Add JARs”按钮，把mysql－connector－java－5.1.6－bin.jar加载进来。

勾选“Save password”复选框。

单击“Finish”按钮，出现图 4－24 所示的提示信息，则表示成功连上数据库。

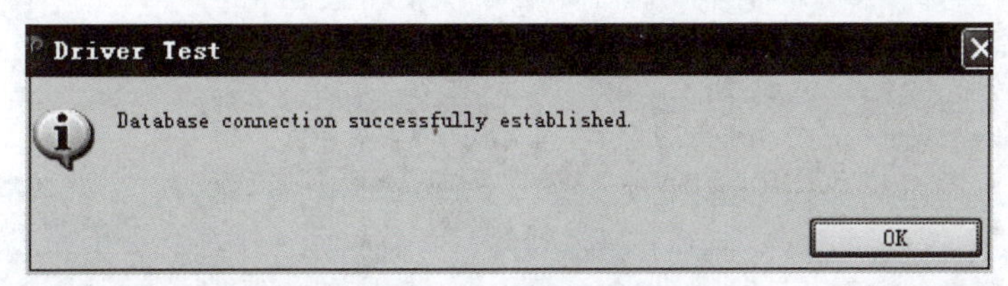

图 4－24　测试数据库连接

单击“OK”按钮，连接建立完成。

在新建立的连接上右击，选择“Open connection”，如图 4－25 所示。

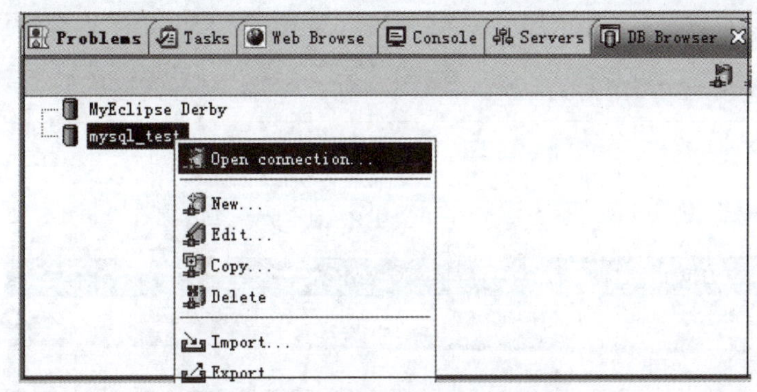

图 4－25　打开数据库连接（1）

打开连接后，可以看到数据库中的相关表，如新建立的 score 表，如图 4－26 所示。

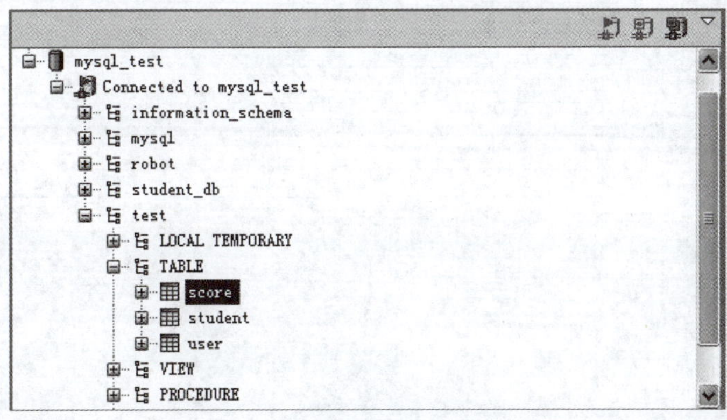

图 4－26　打开数据库连接（2）

③ 用 Hibernate 实现 ORM 反向操作生成。

打开 MyEclipse 集成工具，新建一个 Web 项目，取名为“hibernate_app2”。

按上一个案例步骤添加 Hibernate 框架。

在添加组件界面中，“Hibernate Specification”选择 Hibernate 3.3，然后选择加入“Hibernate3.3 Annotations & Entity Manager”“hibernate 3.3 Core Libraries”“hibernate 3.3 Advancee Support Libraries”三项的组件，如图 4－27 所示。

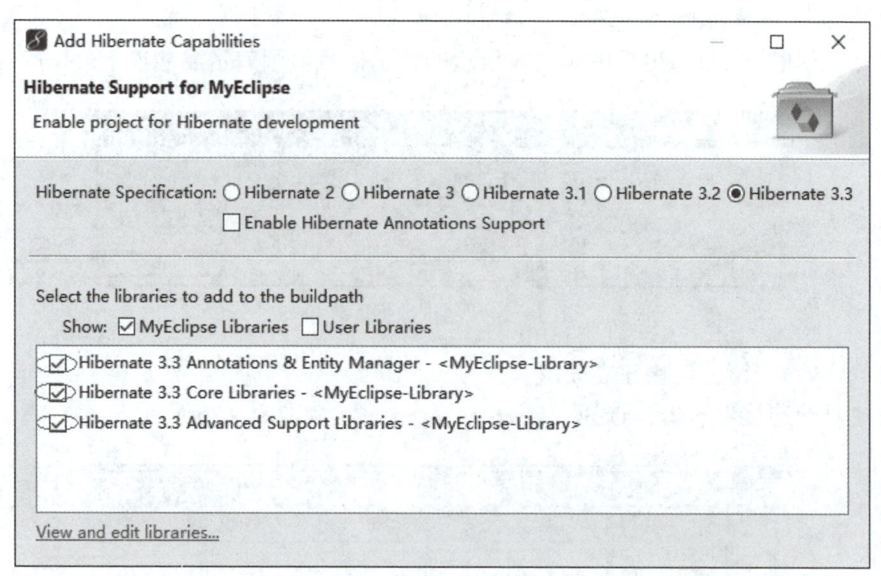

图 4－27　添加 Hibernate 组件包

从“DB Driver”项下拉列表中选择“mysql_test”，其他的默认即可，如图 4－28 所示。

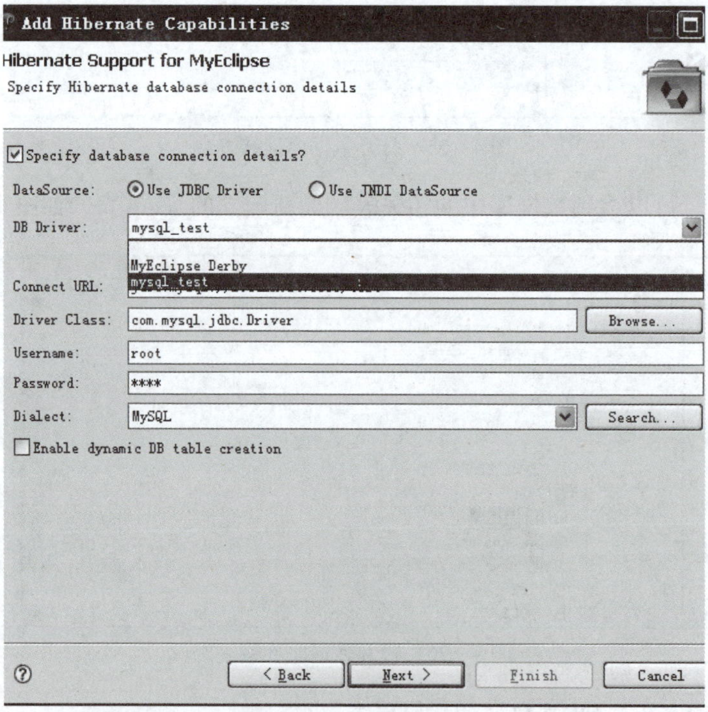

图 4－28　选择连接配置

取消勾选“Create SessionFactory class”，其含义为是否要生成 SessionFactory 类，在这个案例中是不需要的，所以不选，在实际应用中可根据实际需要进行选择，如图 4－29 所示。

单击“Finish”按钮，把 Hibernate 相关包与组件添加到项目中，完成后项目的 src 目录下多了一个 hibernate. cfg. xml 配置文件，如图 4－30 所示。

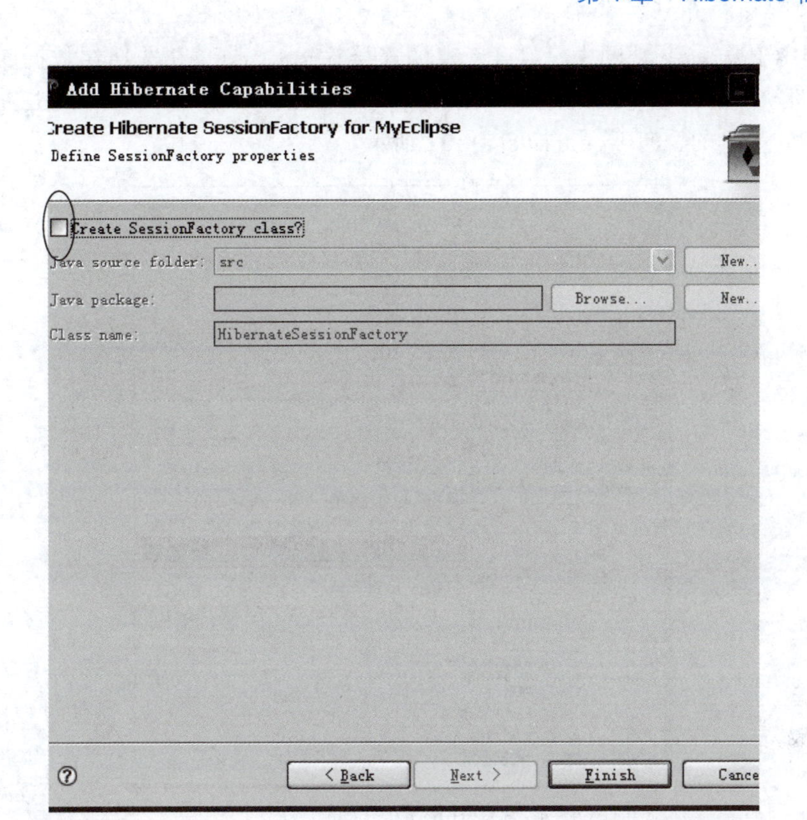

图 4－29　数据源配置

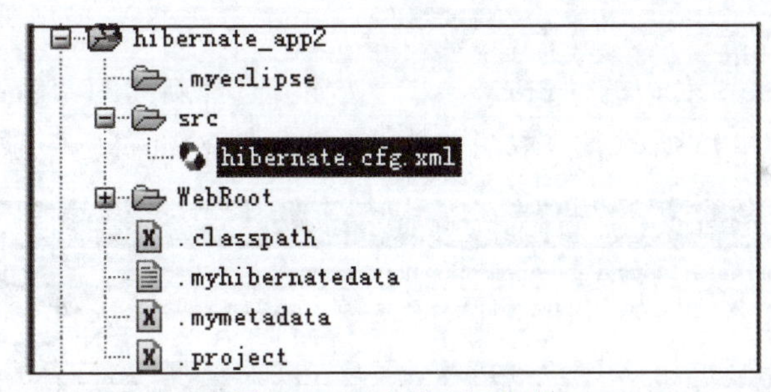

图 4－30　生成配置文件

在项目中新建一个包 com. hibernate，为反向工程做准备，如图 4－31 所示。

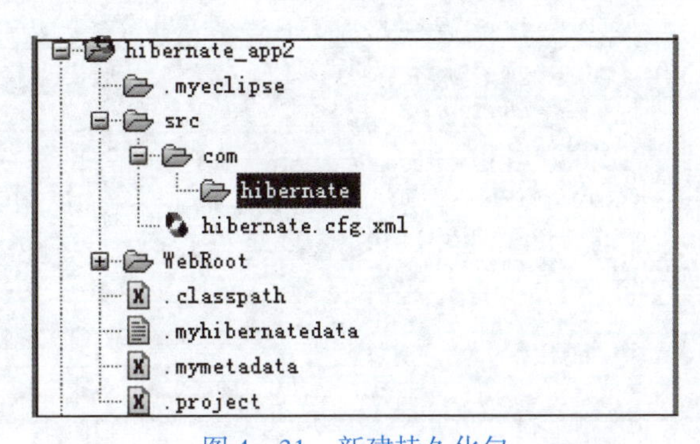

图 4－31　新建持久化包

回到“DB Browser”视图中，打开新建的连接 mysql_test，并选择在数据库 test 中新建的表“score”，右击，在弹出的菜单中选择“Hibernate Reverse Engineering”，即要开始 Hibernate ORM 工具的反向工程，如图 4－32 所示。

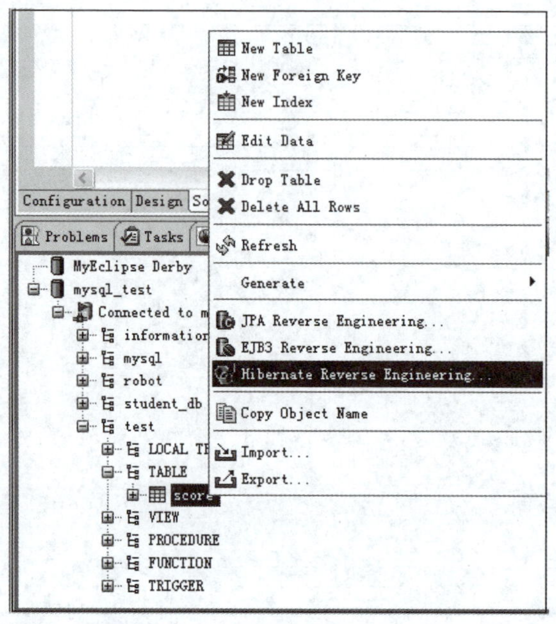

图 4－32　Hibernate 反向工程（1）

单击“Java src folder”右边的“Broswse…”按钮，选择 hibernate_app2 项目下的 src 文件夹，声明源码的根目录。

单击“Java package”右边的“Broswse…”按钮，选择新建的“com. hibernate”包。

其他配置项如图 4－33 所示，只取消勾选“Create abstract class”项，其他的都选中。

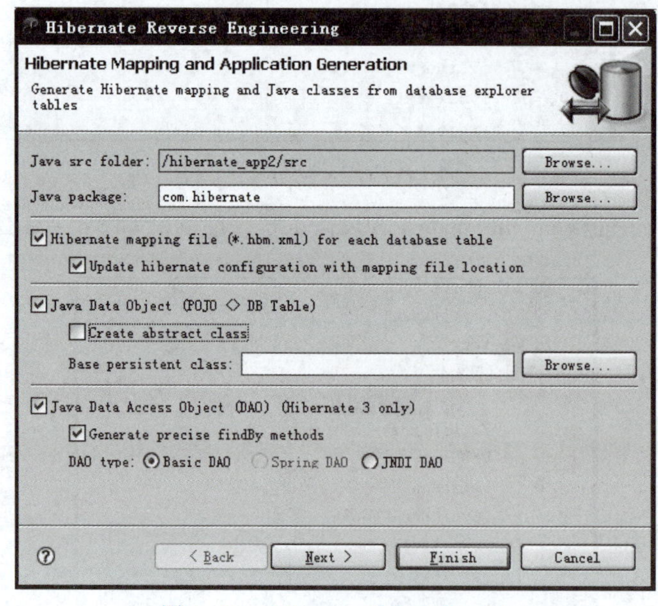

图 4－33　Hibernate 反向工程（2）

在“ID Generator”项的下拉列表中选择“assigned”，表示映射文件中，主键 id 的增长方式是手动设定，如图 4-34 所示。

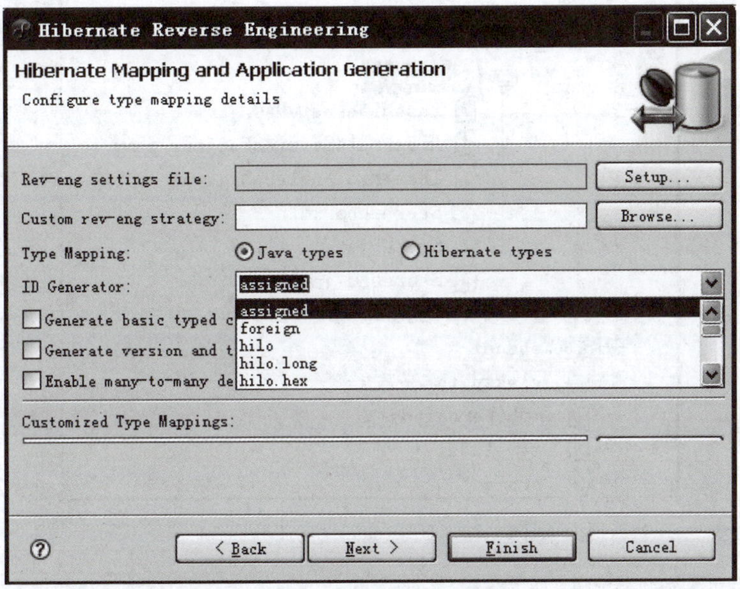

图 4-34　Hibernate 反向工程（3）

单击“Next”按钮，如图 4-35 所示。

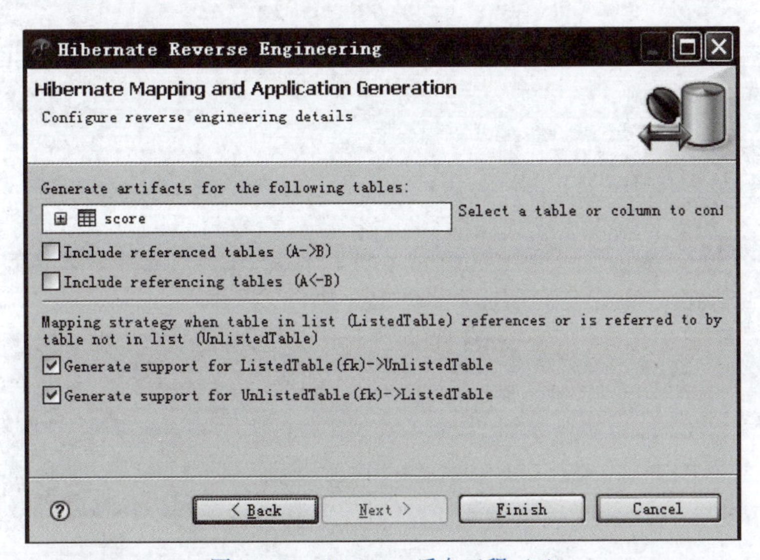

图 4-35　Hibernate 反向工程（4）

单击“Finish”按钮，反向工程完成，如图 4-36 所示。

在 com. hibernate 包中自动生成了许多相关文件，其中：

Score. hbm. xml 为自动生成的配置文件；

Score. java 为自动生成的 JavaBean 文件；

ScoreDAO. java 为自动生成的操作数据表 Score 的方法。

同时，hibernate. cfg. xml 配置文件自动生成了许多配置信息。

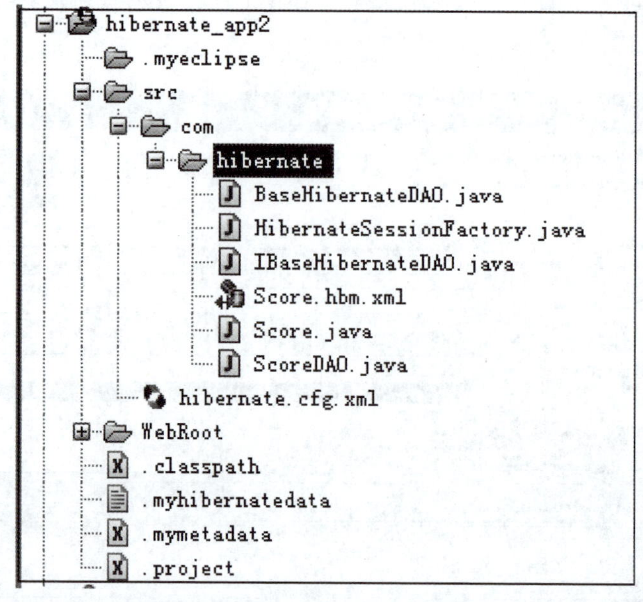

图 4－36　Hibernate 反向工程（5）

```
Score.java
package com.hibernate;
public class Score implements java.io.Serializable {
    private String studentname;
    private String course;
    private Integer score;
    public Score() {
    }
    public Score(String studentname, String course, Integer score) {
      this.studentname = studentname;
      this.course = course;
      this.score = score;
    }
    public String getStudentname() {
      return this.studentname;
    }
    public void setStudentname(String studentname) {
      this.studentname = studentname;
    }
    public String getCourse() {
      return this.course;
    }
```

```
    public void setCourse(String course) {
      this.course = course;
    }
    public Integer getScore() {
      return this.score;
    }
    public void setScore(Integer score) {
      this.score = score;
    }
}
```

ScoreDAO 类把其中要测试的四个方法增、删、改、查做一下修改。生成的 DAO 文件中，直接调用 getSession()方法获得 Session 实例后，如果没有开启事务 beginTransaction()，马上执行相关的增、删、改操作，将无法实现这几种操作。修改后的四种方法如文件中的内容所示。

```
public class ScoreDAO extends BaseHibernateDAO {
    private static final Log log =
              LogFactory.getLog(ScoreDAO.class);
    //增加一个用户
    public void save(Score transientInstance) {
        log.debug("saving Score instance");
        try {
            Session session = getSession();
            Transaction ctx = session.beginTransaction();
            session.save(transientInstance);
            ctx.commit();
            session.close();
            log.debug("save successful");
        } catch (RuntimeException re) {
            log.error("save failed", re);
            throw re;
        }
    }
    //删除一个用户
    public void delete(Score persistentInstance) {
        log.debug("deleting Score instance");
        try {
            Session session = getSession();
```

```
            Transaction ctx = session.beginTransaction();
            session.delete(persistentInstance);
            ctx.commit();
            session.close();
            log.debug("delete successful");
        } catch (RuntimeException re) {
            log.error("delete failed", re);
            throw re;
        }
    }
    //查找一个用户
    public Score findById(java.lang.String id) {
        log.debug("getting Score instance with id: " + id);
        try {
            Session session = getSession();
            Transaction ctx = session.beginTransaction();
            Score instance = (Score) session
                    .get("com.hibernate.Score", id);
            ctx.commit();
            session.close();
            return instance;
        } catch (RuntimeException re) {
            log.error("get failed", re);
            throw re;
        }
    }
    //修改一个用户
    public Score merge(Score detachedInstance) {
        log.debug("merging Score instance");
        try {
            Session session = getSession();
            Transaction ctx = session.beginTransaction();
            Score result = (Score) session.merge(detachedInstance);
            ctx.commit();
            session.close();
            log.debug("merge successful");
            return result;
```

```
        } catch (RuntimeException re) {
            log.error("merge failed", re);
            throw re;
        }
    }
}
```

```
score.hbm.xml
<? xml version = "1.0" encoding = "utf - 8"? >
<! DOCTYPE hibernate - mapping PUBLIC
" - //Hibernate/Hibernate Mapping DTD 3.0 //EN"
"http://hibernate.sourceforge.net/hibernate - mapping - 3.0.dtd" >
<hibernate - mapping >
    <class name = "com.hibernate.Score" table = "score"
    catalog = "test" >
        <id name = "studentname" type = "java.lang.String" >
            <column name = "studentname" length = "45" / >
            <generator class = "assigned" / >
        </id >
        <property name = "course" type = "java.lang.String" >
            <column name = "course" length = "45" not - null = "true" / >
        </property >
        <property name = "score" type = "java.lang.Integer" >
            <column name = "score" not - null = "true" / >
        </property >
    </class >
</hibernate - mapping >
```

```
hibernate.cfg.xml
<? xml version = 1.0 'encoding = UTF - 8? >
<! DOCTYPE hibernate - configuration PUBLIC
" - //Hibernate/Hibernate Configuration DTD 3.0 //EN"
"http://hibernate.sourceforge.net/
hibernate - configuration - 3.0.dtd" >
<hibernate - configuration >
    <session - factory >
        <property name = "connection.username" >root </property >
        <property name = "connection.url" >
            jdbc:mysql://localhost:3306/test
```

```
        </property>
        <property name="dialect">
            org.hibernate.dialect.MySQLDialect
        </property>
        <property name="myeclipse.connection.profile">
            mysql_test
        </property>
        <property name="connection.password">root</property>
        <property name="connection.driver_class">
            com.mysql.jdbc.Driver
        </property>
        <mapping resource="com/hibernate/Score.hbm.xml" />
    </session-factory>
</hibernate-configuration>
```

在项目中新建一个 com.test 包，在包中新建一个 Client 类，在类中测试 ScoreDAO 中的四种方法。

```
Client.java
package com.test;
import com.hibernate.Score;
import com.hibernate.ScoreDAO;
public class Client {
    public static void main(String[] args){
      //创建一个 Score 类对象
      Score score = new Score();
      score.setStudentname("张大明");
      score.setCourse("软件工程");
      score.setScore(new Integer(85));

      ScoreDAO dao = new ScoreDAO();
      //把 Score 对象保存到数据表,对应 Score 表中一条记录
      dao.save(score);
      System.out.print("插入记录成功----------");
      //从数据表中查找到 ID 为"张大明"的对应记录
      Score s1 = dao.findById("张大明");
      System.out.println("从表中查询到的记录如下:");
      System.out.print(" 名字:"+s1.getStudentname());
      System.out.print(" 课程:"+s1.getCourse());
```

```
        System.out.println(" 成绩:" +s1.getScore());

        //修改记录
        s1.setCourse("Java EE 编程技术");
        s1.setScore(new Integer(95));
        dao.merge(s1);
        System.out.print(" \n 修改记录成功 - - - - - - - - - -");

        //重新从数据表中查找到 ID 为"张大明"的对应记录
        Score s2 = dao.findById("张大明");
        System.out.println("从表中查询到的记录如下:");
        System.out.print(" 名字:" +s2.getStudentname());
        System.out.print(" 课程:" +s2.getCourse());
        System.out.println(" 成绩:" +s2.getScore());

        //从表中删除记录
        dao.delete(s2);
        System.out.println(" \n 删除记录成功 - - - - - - - - - -");
    }
}
```

运行Client类，可得到如图4-37所示输出结果，ORM反向生成ScoreDAO文件中的增、删、改、查方法被成功使用。

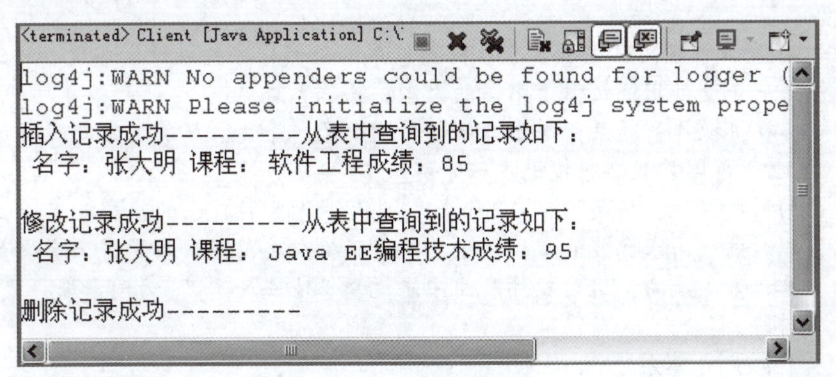

图4-37　控制台输出

思政讲堂

为国奉献，我之所愿

有这样一位女科学家，她主持开发出我国第一台百万次集成电路计算机多道运行操作系统和我国第一个全部用高级语言书写的大型操作系统，创建了北京大学软件与微电子学院，她就是中国科学院院士杨芙清。

1932年，杨芙清出生于江苏水乡无锡。怀着对华罗庚先生的崇敬之情，1951年，想成为数学家的杨芙清以无锡市第一女子中学全校第一名的成绩毕业，并考入清华大学数学系，后因院校调整转入北京大学数学力学系。

为解决石油勘探的计算问题，1969 年 12 月，国务院正式向北京大学下达了研制每秒 100 万次的大型集成电路计算机（150 机）的任务。如能成功，不仅是中国计算机科学的重大突破，也是我国石油勘探数字化的第一次革命，国防工业、气象等部门及众多科研工作都将因此而获益。

37 岁的杨芙清被分配参加指令系统设计，并负责编写指令系统文本和主持操作系统的设计。编写指令文本是一项十分精细、烦琐的工作。杨芙清在反复修改中，设计出一版、二版、三版，直至最后定稿，她不知熬过了多少不眠之夜。写出了指令系统文本后，她又率领操作系统组的年轻人经过一年多的艰苦奋战，终于设计出 150 机所需的整套多道运行操作系统软件。

由于 150 机的软硬件同步研制，软件完成时，硬件尚未完成。为了调试 150 机软件，杨芙清和软件研制组创造性地编写了一套仿真程序。在大庆油田现有的 108 机上模拟 150 机进行调试。杨芙清和同事们日夜奋战，仅用 23 天就成功完成了“百万次”多道运行操作系统的调试。调试期间，杨芙清即使慢性支气管炎发作，也没有停止工作。

操作系统的研制成功大大促进了硬件调试的进展，1973 年 7 月的一天，“东方红”乐曲声从昌平 200 号的机房中传入大家的耳中，这首乐曲的播放向世界宣告着中国第一台百万次集成电路计算机——150 机研制成功。百万次大型计算机的研制对我国石油、地质、气象等多个部门的工作开展提供了有力的帮助，并由此引发了我国石油勘探数字化的第一次革命。

150 机研制成功后，杨芙清又迎来了另一个挑战——240 机操作系统研制。1973 年，中国根据全球电子计算机的发展形势，提出了研制中国系列机计划。杨芙清参与了 200 系列机软件的总体设计，负责系列机操作系统文本编写和 240 机操作系统设计与实现。

命途多舛的 240 机操作系统承载着杨芙清无数个日夜的辛勤付出，项目中途曾经一度被迫下马。深刻认识到自主创新重要性的杨芙清，坚持操作系统技术不能掌握在外国人手中，必须自主研发。

1984 年，杨芙清带领团队完成了 240 机操作系统全部程序的设计、实现和调试工作。我国从此拥有了第一个全部用高级语言书写的大型机操作系统。

1985 年，240 机操作系统荣获电子工业部科技成果一等奖，杨芙清参与设计的系统程序设计语言 XCY 也获得国家教委科技进步一等奖。

回顾自己的科研经历，杨芙清说：“如果基础软件是我们自己的，那就可以知道有哪些问题，自己可以封住。国家已经非常重视了，成立了安全委员会。我觉得只有当基础软件是我们自己的，真正做成产品，这时软件产业才能说真正地立足了。”为国奉献，我之所愿。

◇ 思政浅析：

（1）完善科技创新体系

中国共产党二十大报告中指出，坚持创新在我国现代化建设全局中的核心地位，完善党中央对科技工作统一领导的体制，健全新型举国体制，强化国家战略科技力量，统筹推进国际科技创新中心、区域科技创新中心建设，加强科技基础能力建设，强化科技战略咨询，提升国家创新体系整体效能。培育创新文化，弘扬科学家精神，涵养优良学风，营造创新氛围。

（2）艰苦奋斗精神不能忘

艰苦奋斗是我们一贯的优良传统，也是我们克服困难，取得最终胜利的传家宝。老一辈科学家杨芙清院士在一穷二白的起点上，带领团队通过不懈努力，研究出 150、240 机操作系统，为国家的信息技术发展做出了重要贡献。虽然今天我国经济建设取得巨大成就，但作为年轻一代，还要牢牢把握艰苦奋斗的传家宝。

（3）为国奉献，我之所愿

要以国家需要为己任，努力去做，去做好，就是抓住了机遇。面对国家下达的科研攻关任务，杨芙清院士从未想过退缩，努力克服各种困难，不计个人得失，几十年如一日辛勤付出，把自己的青春都奉献给了国家科研工作事业，取得瞩目成绩。作为青少年一代也应该以国家所需为己任，以老一辈为楷模，奉献自我。

（4）创新争先永远在路上

杨芙清院士带领团队以创新争先，敢为人先的气魄，所研发的 240 机操作系统是中国第一个全部用高级语言编写的操作系统，在软件结构、方法和软件技术的发展方面，属国内首创，学术价值与应用价值极为重大。创新是时代进步的动力，争先是个人前行的激励，是榜样示范的结果，作为当代青年，每一个人都能成为创新的因子，每一个人都能成为榜样的苗子。

本章练习

一、选择题

1. Hibernate 对 JDBC 访问数据库的代码进行了封装，从而大大简化了数据访问层的代码，它是针对三层架构中（　　）的解决方案。

A. 控制层　　B. 业务逻辑层　　C. 持久化层　　D. 数据库系统

2. Hibernate 增加数据时，可以调用 Session 的（　　）方法。

A. save()　　B. update()

C. delete()　　D. get()

3. 使用 Hibernate 技术实现数据库持久化时，（　　）内容不在 Hibernate 配置文件中。

A. 数据库连接信息　　B. 数据库类型

C. show_sql 参数　　D. 数据库表和实体的映射信息

4. 下面的程序执行后没有报错，但数据总保存不到数据库，最可能的原因是（　　）。

```
public static void main(String[] args) {
SessionFactory sf =
new Configuration().configure().buildSessionFactory();
Session session = sf.openSession();
Medal medal = new Medal();
medal.setOwner("Shen Baozhi");
medal.setSport("Table Tennis - Women's Singles");
medal.setType("Gold Medal");
session.save(medal);
session.close();
}
```

A. 配置文件配置有误　　B. 没有在配置文件中包含对映射文件的声明

C. 映射文件配置有误　　D. 没有开启事务

5. 下面 HQL 语句的含义是（　　）。

```
select stu from TblStudent stu where stu.score >( select avg(score)
from TblStudent )
```

A. 查询所有学生的平均分　　B. 查询得分大于平均分的学生的成绩
C. 查询得分最高的学生　　D. 查询得分大于平均分的学生

6. 关于 HQL 与 SQL，以下说法正确的有（　　）。
A. HQL 与 SQL 没什么差别
B. HQL 面向对象，而 SQL 操纵关系数据库
C. 在 HQL 与 SQL 中，都包含 select、insert、update、delete 语句
D. HQL 仅用于查询和删除数据，不支持 insert、update 语句

7. 下面关于 Hibernate 中 Transaction 的使用的说法，正确的是（　　）。
A. Transaction 是可有可无的
B. Transaction 在做查询的时候是可选的
C. Transaction 在做删除的时候是可选的
D. Transaction 在做修改的时候是可选的

8. 从 SessionFactory 中得到 Session 的方法是（　　）。
A. getSession　　B. openSession
C. currentSession　　D. createSession

9. Hibernate 对象从临时状态到持久状态转换的方式有（　　）。
A. 调用 session 的 save 方法　　B. 调用 session 的 close 方法
C. 调用 session 的 clear 方法　　D. 调用 session 的 evict 方法

10. 下面关于 Hibernate 对象的状态的说法，正确的是（　　）。
A. Hibernat 的对象只有 1 种状态　　B. Hibernat 的对象有 2 种状态
C. Hibernat 的对象有 3 种状态　　D. Hibernat 的对象有 4 种状态

11. 以下关于 SessionFactory 的说法，正确的有（　　）。
A. 对于每个数据库事务，应该创建一个 SessionFactory 对象
B. 一个 SessionFactory 对象对应多个数据库存储源
C. SessionFactory 是重量级的对象，不应该随意创建。如果系统中只有一个数据库存储源，只需要创建一个
D. SessionFactory 的 load( ) 方法用于加载持久化对象

12. 在三层结构中，数据访问层承担的责任是（　　）。
A. 定义实体类　　B. 数据的增、删、改、查操作
C. 业务逻辑的描述　　D. 页面展示和控制转发

13. POJO 是（　　）。
A. Plain Old Java Object　　B. Programming Object Java Object
C. Page Old Java Object　　D. Plain Object Java Old

二、问答题

1. Session 的 find( ) 方法及 Query 接口有什么区别？

2. 简述 Session 的特点及 Session 的缓存的作用。
3. 在 Hibernate 应用中，Java 对象的状态有哪些?
4. 在 Hibernate 中多个事务并发运行时的并发问题有哪些?

第 5 章

MyBatis 框架应用

本章目标

知识目标

① 认识、了解 MyBatis 功能与作用。
② 熟悉 MyBatis 的控制组件。
③ 理解 MyBatis 流程、生命周期。
④ 熟悉实体映射文件的 SQL 操作节点配置。
⑤ 掌握 MyBatis 框架的开发语法。

能力目标

① 能够搭建 MyBatis 持久化框架。
② 能够配置实体映射文件 Mapper. xml。
③ 能够通过 SQLSession 进行关系数据表操作。
④ 能够使用 MyBatis 框架实现对应用程序的持久化开发。

素质目标

① 具有良好的技能知识拓展能力。
② 具有良好的刻苦钻研求知精神。
③ 具有专业的程序分析与设计、编码能力。
④ 养成细心、耐心撰写软件文档的良好习惯。
⑤ 养成敬业爱岗、无私奉献的职业精神。

5.1 MyBatis 框架概述

MyBatis 是一款优秀的持久层框架，它支持定制化 SQL、存储过程、高级映射等。MyBatis 可以使用简单的 XML 或注解来配置和映射原生信息，将接口和 Java 的 POJO 映射成数据库中的记录。

5.1.1 认识 MyBatis 框架

MyBatis 起源于 Apache 基金会的一个开源项目 IBatis，2010 年这个项目由 Apache Software Foundation 迁移到了 Google Code，并且改名为 MyBatis，通常也认为 MyBatis 是 IBatis 的升级版。

MyBatis 作为一个 ORM 持久化框架，其功能原理与 Hibernate 框架非常类似。MyBatis 属于一个半自动化类型的持久化框架，其编码效率不如 Hibernate 框架高，但其可实现比 Hibernate框架更细粒度的数据库底层操作，在一些需要对关系数据表进行精细化控制程度高

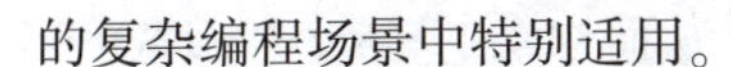

的复杂编程场景中特别适用。

MyBatis 框架具有如下几个特点：

（1）简单易学

MyBatis 框架本身就很小且简单，没有任何第三方依赖，最简单安装只要相关 Jar 文件以及配置好相关 SQL 映射文件。MyBatis 框架同时易于学习和使用，只需要通过 API 文档及源代码，就可以完全掌握它的设计思路和实现方法。

（2）编程灵活

MyBatis 框架不会对应用程序或者数据库的现有设计施加任何影响，SQL 语句写在 XML 文件中，方便编程管理和优化，通过 SQL 语句可以满足操作数据库的所有需求。

（3）SQL 语句与应用程序代码相分离

使用 MyBatis 框架编码时，通过 DAO 层将业务逻辑和数据访问逻辑分离，使系统的设计更清晰，更易维护，更易进行单元测试，实现 SQL 语句和编程代码的分离，提高了应用程序的可维护性。

（4）提供各类型标签

MyBatis 框架提供映射标签，支持 Java 对象与数据库的 ORM 字段关系映射；提供对象关系映射标签，支持 Java 对象关系组建维护；提供 XML 标签，支持动态 SQL 语句编写。

5.1.2　MyBatis 核心组件

MyBatis 框架核心组件大体来说可分为四大类，分别是 MyBatis 的构造器（SqlSessionFactoryBuilder）、会话工厂（SqlSessionFactory）、连接会话（SqlSession）、映射封装器（SQL Mapper）。

（1）MyBatis 构造器

SqlSessionFactoryBuilder 负责用来创建 SqlSessionFactory 实例，通过读取 MyBatis 框架配置文件及数据实体映射文件信息，以分步构建的模式来生成 SQL 连接的会话工厂。

（2）会话工厂

SqlSessionFactory 是 MyBatis 框架中的关键对象，用于创建 SqlSession 的实例，代表一个数据库映射关系经过编译后的内存镜像。同时，SqlSessionFactory 实现了线程安全，可以被多个进程共享，其为重量级组件，一旦被创建，不能随意销毁。

（3）连接会话

SqlSession 是 MyBatis 框架中的最核心对象，代表了从应用程序到关系数据库的连接实例。SqlSession 中包含了多个关系数据操作方法，如对 SQL 语句的增、删、改、查操作，以及 SQL 语句执行过程中的提交、回滚事务、获取映射器实例等方面。

（4）映射封装器

SQL Mapper 是 SQL 语句映射器，由一个 Java 接口和 XML 文件（或注解）构成，通过调用 Java 接口中的方法来执行与其捆绑的 SQL 语句，并返回操作结果，在查询检索操作中可直接把返回数据封装成实体对象。

5.1.3　MyBatis 流程控制

MyBatis 框架在实际项目运行中，首先以 I/O 输入流的形式读取配置文件及实体映射文件信息，并传入 SqlSessionFactoryBuilder 接口中的 build( ) 函数，从而构建出 SqlSessionFactory 对象，接着所构建出的会话工厂通过接口中的 openSession( ) 函数进一步构造出 SqlSession 对象，会话连接可以直接向关系数据库发送 SQL 语句，并要求执行相关操作，会话连接也可以把要执行的 SQL 传递到 SQL Mapper，从而对 SQL 进行映射封装，最终发送到关系数据库执行相关操作，并根据映射器封装类型返回相关的数据实体，如图 5-1 所示。

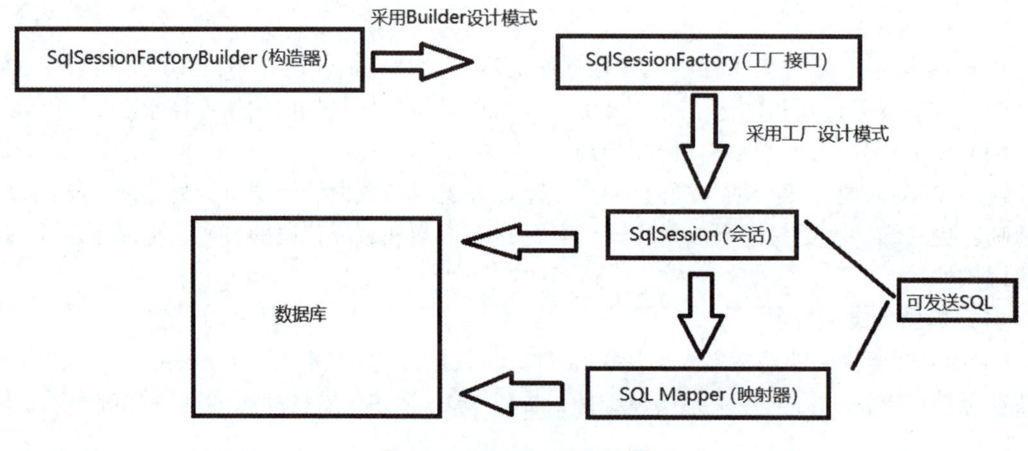

图 5-1　MyBatis 流程控制

5.2　MyBatis 框架编程配置

MyBatis 框架是一种配置式开发，其主要通过实体映射文件进行 SQL 细粒度编码，可实现灵活传递实参。动态组装 SQL 语句还可以自动构建返回的数据实体类型，满足复杂 SQL 编程场景。

5.2.1　配置文件编程

MyBatis 框架配置文件名称为 mybatis-config.xml，位于项目工程源码 SRC 根目录下，即工程编译后的字节码路径下，其主要实现对关系数据库连接参数的配置以及对数据实体映射文件位置的声明。

MyBatis 框架配置文件的根节点为 <configuration> 节点，节点中包含 <environments>、<environment>、<mappers> 等重要节点。

（1） <environments> 节点

关系数据库连接实例的配置节点，该节点下可以配置多个关系数据库连接实例，该节点下的 default 属性代表生效的关系数据库连接实例。

（2） <environment> 节点

关系数据库连接实例的具体参数配置，如事务类型、数据源种类、数据库连接的 URL、数据库账户、账户密码等具体信息。

（3） <mappers> 节点

关系数据实体映射文件位置声明节点，该节点下可以包含多个 <mapper> 子节点，每个

<mapper>节点声明一个关系数据实体映射文件位置。

在如图 5-2 所示的 MyBatis 配置文件中，通过<environment>节点声明一个名称为"conn_dev"的关系数据库连接实例的参数配置，通过<mappers>节点指明了 CarMapper. xml 以及 AirplaneMapper. xml 数据实体映射文件的所在位置。

```
*mybatis-config.xml
1  <?xml version="1.0" encoding="UTF-8" ?>
2  <!DOCTYPE configuration PUBLIC "-//mybatis.org//DTD Config 3.0//EN"
3  <configuration>
4      <environments default="conn_dev">
5          <environment id="conn_dev">
6              <transactionManager type="JDBC"/>
7              <dataSource type="POOLED">
8                  <property name="driver"
9                      value="com.mysql.jdbc.Driver"/>
10                 <property name="url"
11                     value="jdbc:mysql://localhost:3306/demo_db"/>
12                 <property name="username" value="root"/>
13                 <property name="password" value="root"/>
14             </dataSource>
15         </environment>
16     </environments>
17     <mappers>
18         <mapper resource="com/myba/mapper/CarMapper.xml"/>
19         <mapper resource="com/myba/mapper/AirplaneMapper.xml"/>
20     </mappers>
21 </configuration>
```

图 5-2　MyBatis 配置文件（mybatis-config. xml）

5.2.2　实体映射文件编程

数据实体映射文件是 MyBatis 框架中的核心文件，所有对关系表的 SQL 操作语句均在映射文件中编写。数据实体映射文件同样为 XML 类型文件，其名称一律以数据实体名称加上"Mapper. xml"结尾，如"PersonMapper. xml"表示 Person 数据实体的映射文件。除此之外，映射文件中还包含命名空间、动态参数、返回类型等声明。

（1）命名空间

命名空间是每个数据实体映射文件身份标识，其主要是为了防止不同的实体映射文件中有同名的 SQL 操作点，其在映射文件的<mapper>根节点中以 namespace 属性的形式来声明。

（2）SQL 操作节点

数据实体映射文件中可声明四种类型的 SQL 操作，操作类型与节点对应关系如下。在每种操作类型的节点中需要声明一个 id 属性，作为本命名空间内的 SQL 操作身体标识，每个节点的 id 值必须唯一，不能重复。

- 查询操作：<select>节点
- 插入操作：<insert>节点
- 更新操作：<update>节点
- 删除操作：<delete>节点

（3）节点属性

在增、删、改、查四种类型的操作节点中，还包含有重要的 SQL 操作属性，如 parameterType 与 resultType 属性，相关属性含义如下。

- parameterType：表示输入参数的类型。
- resultType：表示输出结果的类型。

（4）动态参数接收

在 SQL 操作节点中，对动态参数的接收以占位符及拼接字符的形式实现，两种稍有不同，具体如下。

- 占位符：

√“# {}”表示一个占位符。

√“# {id}”表示接收名称为 id 的参数值。

√ 如：select * from t_customer where id = #{id}

- 拼接字符：

√“$ {}”表示拼接 SQL 字符串，即原样输出接收的字符串值。

√“$ {value}”表示要把接收的参数值与前后字符串拼接。

√ 如：select * from t_customer where username like '% $ {value} %'

（5）转义符

一些 SQL 操作符号已经在数据实体映射文件中有特定语法含义，因而使用这些特殊符号时，不能直接使用，必须以转义符的形式来表达，否则会引入语法错误。转义符规则见表 5 - 1。

表 5 - 1　特殊符号转义规则

原符号	<	<=	>	>=	&	'	"
转义符	<	< =	>	> =	&	'	"

在图 5 - 3 所示的数据实体映射文件中，声明了本映射文件的命名空间为“com. myba. mapper. CustomerMapper”，声明了三个写操作 SQL 节点，分别是：“insertCustomer”，为插入操作节点；“updateCustomer”，为更新操作节点；“deleteCustomer”，为删除操作节点。

```
*CustomerMapper.xml
1  <?xml version="1.0" encoding="UTF-8" ?>
2  <!DOCTYPE mapper PUBLIC "-//mybatis.org//DTD Mapper 3.0//EN" "http://my
3  <mapper namespace="com.myba.mapper.CustomerMapper">
4      <!-- id为insert语句的唯一标识， parameterType表示输入参数的类型 -->
5      <insert id="insertCustomer" parameterType="com.myba.po.Customer">
6          insert into t_customer(username,job,phone) values(#{username},
7          #{job},#{phone})
8      </insert>
9
10     <!-- id为update语句的唯一标识， parameterType表示输入参数的类型 -->
11     <update id="updateCustomer" parameterType="com.myba.po.Customer">
12         update t_customer set username=#{username},job=#{job},
13         phone=#{phone} where id=#{id}
14     </update>
15
16     <!-- id为delete语句的唯一标识， parameterType表示输入参数的类型 -->
17     <delete id="deleteCustomer" parameterType="Integer">
18         delete from t_customer where id=#{id}
19     </delete>
20 </mapper>
```

图 5 - 3　数据实体映射文件（写操作）

在图 5－4 所示的数据实体映射文件中，声明了两个读操作 SQL 节点，分别是“findCustomerById”查询操作节点与“findCustomerByName”查询操作节点，在操作节点中均动态接收 SQL 参数。

```
*CustomerMapper.xml
1  <?xml version="1.0" encoding="UTF-8" ?>
2  <!DOCTYPE mapper PUBLIC "-//mybatis.org//DTD Mapper 3.0//EN" "http
3  <mapper namespace="com.myba.mapper.CustomerMapper">
4      <!-- 单条记录返回检索 -->
5      <!-- id为select语句的唯一标识， parameterType表示输入参数的类型，
6      resultType表示输出结果的类型 -->
7      <select id="findCustomerById" parameterType="Integer"
8      resultType="com.myba.po.Customer">
9          <!-- "#{}"表示一个占位符，
10         "#{id}"则表示该占位符将接收名称为id的参数值 -->
11         select * from t_customer where id = #{id}
12     </select>
13
14     <!-- 多条记录返回检索 -->
15     <select id="findCustomerByName" parameterType="String"
16     resultType="com.myba.po.Customer">
17         <!-- "%${}%"表示拼接SQL的字符串，即原样输出接收的字符串值，
18         "%${value}%"表示要拼接的是简单类型参数 -->
19         select * from t_customer where username like '%${value}%'
20     </select>
21 </mapper>
```

图 5－4　数据实体映射文件（读操作）

5.2.3　SqlSession 组件编程

SqlSession 是 MyBatis 框架中最核心的组件，其底层封装了 JDBC 的数据连接实现，SqlSession 没有实现线程安全，每个进程应独立取得相应的 SQL 会话实例。SqlSession 组件中包含了 SQL 操作的全部 API 编程函数，具体如下。

- selectOne（String str，Object obj）

√ 检索返回单条数据。

√ 参数 1 需传入映入文件的全名空间及节点 id。

√ 参数 2 需传入 SQL 动态参数。

- selectList（String str，Object obj）

√ 检索返回多条数据。

√ 参数 1 需传入映入文件的全名空间及节点 id。

√ 参数 2 需传入 SQL 动态参数。

- insert（String str，Object obj）

√ 插入操作，可返回新记录 id。

√ 参数 1 需传入映入文件的全名空间及节点 id。

√ 参数 2 需传入 SQL 动态参数。

- update（String str，Object obj）

√ 更新操作，可返回更新操作影响的行数。

√ 参数 1 需传入映入文件的全名空间及节点 id。

√ 参数2需传入SQL动态参数。

- delete（String str，Object obj）

√ 删除操作，可返回删除操作影响的行数。

√ 参数1需传入映入文件的全名空间及节点id。

√ 参数2需传入SQL动态参数。

- commit()

√ 提交SQL操作事务。

- rollback()

√ 回滚SQL操作事务。

5.2.4 案例开发

案例描述：

有商品库存关系数据表（commodity_storage），包含下列字段：

商品ID（commodity_id）Varchar（45）Primary Key；

商品名称（commodity_name）Varchar（45）；

入库日期（enter_date）Date；

库存数量（commodity_amount）int（10）；

供应商（commodity_supplier）Varchar（45）。

（1）用MyBatis实现对商品库存表的增、改、删、查操作

① 增加一种新商品库存。

商品ID“C010”，商品名“篮球”，入库时间“2020-09-20”，库存数“100”，供应商“双皮星”。

② 修改商品库存数。

“天利”供应商的所有商品库存数修改为500。

③ 删除商品库存。

删除商品名为“口罩”的商品库存。

④ 检索库存商品。

检索出商品ID为“C006”的库存商品信息，检索出库存数量在300以下的商品信息。

编码开发实现过程：

本案例的编码开发过程包括关系数据库表环境的创建、MyBatis持久化框架的搭建、POJO实体类的开发、关系数据实体映射文件的编码等环节。

（2）关系数据库表环境的创建与实施

根据案例需求进行关系实体建模，并得到关系数据库表环境的实施脚本文件“commodity_storage.sql”。在SQL工具中直接运行此脚本文件，即可创建商品库存表，得到如图5-5所示的商品库存关系表。

（3）MyBatis框架资源包准备

MyBatis持久化框架不能在MyEclipse工具中直接添加，需先准备好相关的插件包。可自行在MyBatis官方平台或其他资源平台下载MyBatis框架压缩包，目前比较主流的版本是mybatis-3.4.2.zip。

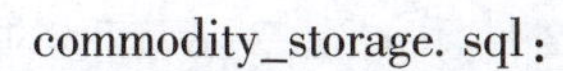
commodity_storage. sql：

```
CREATE DATABASE IF NOT EXISTS my_db;
USE my_db;

DROP TABLE IF EXISTS commodity_storage;
CREATE TABLE commodity_storage (
  commodity_id varchar(45) NOT NULL,
  commodity_name varchar(45) NOT NULL,
  enter_date date NOT NULL,
  commodity_amount int(10) unsigned NOT NULL,
  commodity_supplier varchar(45) NOT NULL,
  PRIMARY KEY (commodity_id)
) ENGINE = InnoDB DEFAULT CHARSET = utf8;

INSERT INTO commodity_storage (commodity_id,commodity_name,
enter_date,commodity_amount,commodity_supplier)
VALUES
  ('C001','帽子','2020-06-08',150,'新丰慧'),
  ('C002','运动裤','2020-05-06',230,'新丰慧'),
  ('C003','衬衣','2020-04-15',80,'天利'),
  ('C004','口罩','2020-07-20',1500,'万源'),
  ('C006','遮阳镜','2020-05-23',800,'利风'),
  ('C007','运动鞋','2020-08-10',460,'利风'),
  ('C008','风衣','2020-07-13',180,'天利'),
  ('C009','救生圈','2020-09-10',390,'奥体');
```

commodity_id	commodity_name	enter_date	commodity_amount	commodity_supplier
C001	帽子	2020-06-08	150	新丰慧
C002	运动裤	2020-05-06	230	新丰慧
C003	衬衣	2020-04-15	80	天利
C004	口罩	2020-07-20	1500	万源
C006	遮阳镜	2020-05-23	800	利风
C007	运动鞋	2020-08-10	460	利风
C008	风衣	2020-07-13	180	天利
C009	救生圈	2020-09-10	390	奥体

图 5－5　商品库存关系表

下载完成后解压资源包，得到如图 5－6 所示的资源目录，其中 mybatis－3. 4. 2. jar 为 MyBatis 持久化框架的核心依赖 Jar 文件，mybatis－3. 4. 2. pdf 为 MyBatis 框架的开发文档，初学者可以从里面获得开发帮助信息，lib 目录为 Web 开发中的通用依赖 Jar 文件，在项目工程的构建过程中，建议加上此部分。

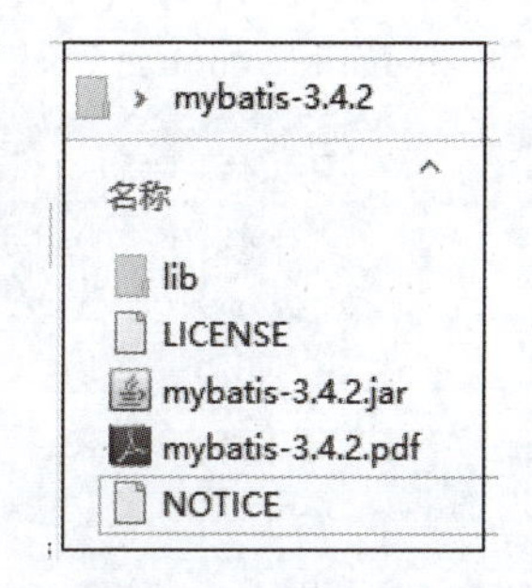

图 5－6　MyBatis 资源目录

（4）搭建 MyBatis 持久化框架

在 MyEclipse 工具中创建 Web 工程，并命名为“mybatis_demo”，在工程中创建“com. demo. po”“com. demo. mapper”“com. demo. dao”模块包。

把 mybatis－3.4.2.jar 文件及资源包中 lib 目录下的全部 jar 文件添加到 Web 工程的 lib 路径下，同时在 lib 目录下添加 MySQL 关系数据库驱动文件 mysql－connector－java－5.1.22.jar。在 src 源码根目录下创建 MyBatis 框架配置文件 mybatis－config.xml，在 mapper 目录下创建数据实体映射文件 CommodityStorageMapper.xml，如图 5－7 所示。

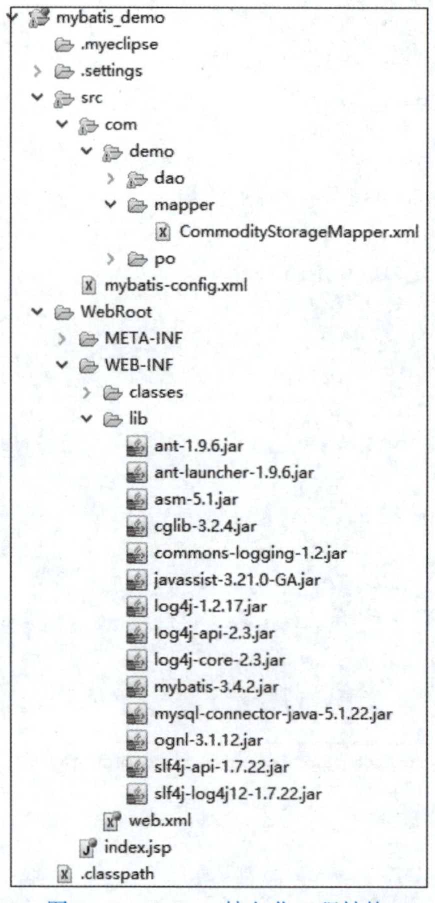

图 5－7　MyBatis 持久化工程结构

（5）MyBatis 配置文件实现

MyBatis 框架配置文件的主要作用是声明到 MySQL 关系数据库的连接参数，以及声明数据实体映射文件 CommodityStorageMapper.xml 的位置，相关编码如 mybatis－config.xml 文件。

mybatis－config.xml：

```
<?xml version="1.0" encoding="UTF-8"?>
<!DOCTYPE configuration PUBLIC "-//mybatis.org//DTD Config 3.0//EN"
"http://mybatis.org/dtd/mybatis-3-config.dtd">
<configuration>
    <environments default="my_dev">
        <environment id="my_dev">
            <transactionManager type="JDBC"/>
```

```
            <dataSource type = "POOLED" >
                <property name = "driver"
                    value = "com.mysql.jdbc.Driver" / >
                <property name = "url"
                    value = "jdbc:mysql:// localhost:3306 / my_db" / >
                <property name = "username" value = "root" / >
                <property name = "password" value = "root" / >
            < / dataSource >
        < / environment >
    < / environments >
    < mappers >
        < mapper resource =
            "com / demo / mapper / CommodityStorageMapper.xml" / >
    < / mappers >
< / configuration >
```

（6）关系数据实体类文件实现

关系数据实体类文件主要起到与关系数据表 commodity _ storage 进行对象关系映射（ORM）的作用。在本工程的“com. demo. po”模块包下添加实体类文件，并依据关系数据表的字段定义好对应的关联映射属性，相关编码如 CommodityStorage. java 文件。

CommodityStorage. java：

```
package com.demo.po;
import java.util.Date;
public class CommodityStorage {
    //映射关系表的 commodity_id 字段
    private String commodityId;
    //映射关系表的 commodity_name 字段
    private String commodityName;
    //映射关系表的 enter_date 字段
    private Date enterDate;
    //映射关系表的 commodity_amount 字段
    private Integer commodityAmount;
    //映射关系表的 commodity_supplier 字段
    private String commoditySupplier;
    public String getCommodityId() {
        return commodityId;
    }
    public void setCommodityId(String commodityId) {
        this.commodityId  =  commodityId;
    }
```

```
    public String getCommodityName() {
        return commodityName;
    }
    public void setCommodityName(String commodityName) {
        this.commodityName = commodityName;
    }
    public Date getEnterDate() {
        return enterDate;
    }
    public void setEnterDate(Date enterDate) {
        this.enterDate = enterDate;
    }
    public Integer getCommodityAmount() {
        return commodityAmount;
    }
    public void setCommodityAmount(Integer commodityAmount) {
        this.commodityAmount = commodityAmount;
    }
    public String getCommoditySupplier() {
        return commoditySupplier;
    }
    public void setCommoditySupplier(String commoditySupplier) {
        this.commoditySupplier = commoditySupplier;
    }
}
```

（7）关系数据实体映射文件实现

关系数据实体映射文件负责SQL操作语句编码，在本文件中要通过<insert>、<delete>、<update>、<select>四种类型的节点来声明增、删、改、查的SQL操作。

特别注意的是，在开发<select>节点的查询操作时，如果关系表中的字段名称跟关系数据实体的属性名称不相同，则需通过别名的方式来匹配至完全一样，才能正确封装数据集为数据实体对象，并返回对应实例。

本案例中，因commodity_storage关系表中的字段名称跟CommodityStorage实体的属性名称不一致，因此需要通过别名的方式来进行匹配。若其他表字段名称与实体的属性名称一致，则不需要另外使用别名来匹配，相关编码如CommodityStorageMapper. xml文件。

CommodityStorageMapper. xml：

```
<?xml version="1.0" encoding="UTF-8"?>
<!DOCTYPE mapper PUBLIC "-//mybatis.org//DTD Mapper 3.0//EN"
"http://mybatis.org/dtd/mybatis-3-mapper.dtd">
<mapper namespace="com.demo.mapper.CommodityStorageMapper">
```

```
<! -- 插入商品库存操作 -->
<insert id = "insertCommodity"
parameterType = "com.demo.po.CommodityStorage" >
      insert into commodity_storage(commodity_id,
      commodity_name,enter_date,commodity_amount,
      commodity_supplier)
      values(#{commodityId},#{commodityName},
      #{enterDate},#{commodityAmount},
      #{commoditySupplier})
</insert >

<! -- 更新商品库存操作 -->
<update id = "updateCommodity"
parameterType = "com.demo.po.CommodityStorage" >
      update commodity_storage
      set commodity_amount = #{commodityAmount}
      where commodity_supplier = #{commoditySupplier}
</update >

<! -- 删除商品库存操作 -->
<delete id = "deleteCommodity" parameterType = "String" >
      delete from commodity_storage
      where commodity_name = #{commodityName}
</delete >

<! -- 检索单条商品库存操作 -->
<select id = "findCommodityById" parameterType = "String"
resultType = "com.demo.po.CommodityStorage" >
      <! -- commodity_storage 关系表中的字段名称跟 CommodityStorage
      实体的属性名称不一致时,需通过别名的方式来匹配 -->
      select commodity_id as commodityId,
      commodity_name as commodityName,
      enter_date as enterDate,
      commodity_amount as commodityAmount,
      commodity_supplier as commoditySupplier
      from commodity_storage
      where commodity_id  = #{commodityId}
</select >

<! -- 检索多条商品存操作 -->
<select id = "findCommodityByAmount" parameterType = "Integer"
resultType = "com.demo.po.CommodityStorage" >
      <! -- "&lt;"为"<"符号的转义符 -->
      select commodity_id as commodityId,
      commodity_name as commodityName,
      enter_date as enterDate,
```

```
                commodity_amount as commodityAmount,
                commodity_supplier as commoditySupplier
                from commodity_storage
                where commodity_amount &lt; #{commodityAmount}
        </select>
</mapper>
```

（8）DAO 模块编码实现

DAO 模块负责实现 Java 应用程序到关系数据表的持久化操作，在本工程的“com. demo. dao”模块包下添加 MyDemoDAO 类文件，并依据案例的要求分别开发出。以下五个方法来满足相关需求：

insertCustomer（CommodityStorage cs）：插入商品库存；

updateCustomer（CommodityStorage cs）：更新商品库存；

deleteCustomer（String id）：删除商品库存；

findCommodityById（String commodityId）：检索单条商品库存；

findCommodityByAmount（Integer amount）：检索多条商品库存。

同时，在 MyDemoDAO 类文件的 main 方法中调用以上各业务方法，进而测试、验证各方法的正确性，最终得到如图 5－8 所示的输出结果。也可以在关系数据表中核实相关的数据，以进一步验证应用程序的正确性。持久化类编码如 MyDemoDAO. java 文件。

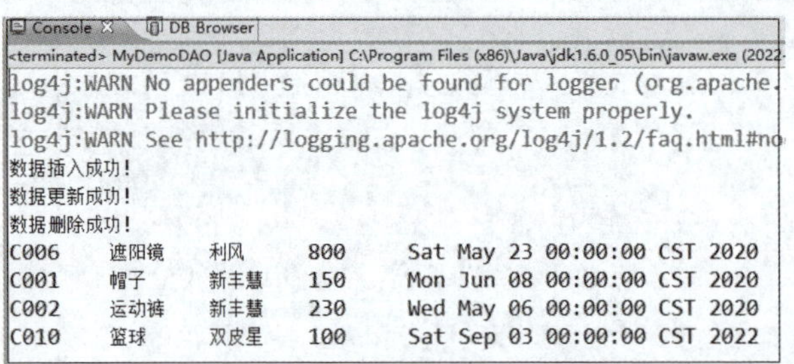

图 5－8　持久化模块运行输出

MyDemoDAO. java：

```
package com.demo.dao;
import java.io.InputStream;
import java.util.Date;
import java.util.List;
import org.apache.ibatis.io.Resources;
import org.apache.ibatis.session.SqlSession;
import org.apache.ibatis.session.SqlSessionFactory;
import org.apache.ibatis.session.SqlSessionFactoryBuilder;
import com.demo.po.CommodityStorage;
public class MyDemoDAO {
    private SqlSession sqlSession;

    public MyDemoDAO() {
        //SqlSession 实例初始化
        try {
```

```
            InputStream ips = Resources
                .getResourceAsStream("mybatis-config.xml");
            SqlSessionFactory sqlSessionFactory =
                new SqlSessionFactoryBuilder().build(ips);
            sqlSession = sqlSessionFactory.openSession();
        } catch (Exception e) {
            e.printStackTrace();
        }
    }
    public void insertCustomer(CommodityStorage cs) {
        /*
         * insert()方法,用于插入一条记录
         * 第1个参数为映射文件(CommodityStorageMapper.xml)
         * 中的namespace加上<insert>节点的id
         * 第2个参数为语句中的POJO类实例
         */
        int rows = sqlSession.insert(
              "com.demo.mapper." +
              "CommodityStorageMapper." +
              "insertCommodity", cs);
        if (rows > 0) {
            System.out.println("数据插入成功!");
        } else {
            System.out.println("数据插入失败!");
        }
        sqlSession.commit();
        sqlSession.close();
    }
    public void updateCustomer(CommodityStorage cs) {
        /*
         * update()方法,用于更新记录
         * 第1个参数为映射文件(CommodityStorageMapper.xml)
         * 中的namespace加上<update>节点的id
         * 第2个参数为语句中的POJO类实例
         */
        int rows = sqlSession.update(
              "com.demo.mapper." +
              "CommodityStorageMapper." +
              "updateCommodity", cs);
        if (rows > 0) {
            System.out.println("数据更新成功!");
        } else {
            System.out.println("数据更新失败!");
        }
        sqlSession.commit();
        sqlSession.close();
    }
    public void deleteCustomer(String id) {
        /*
         * delete()方法,用于删除记录
         * 第1个参数为映射文件(CommodityStorageMapper.xml)
```

```
         * 中的 namespace 加上<delete>节点的 id
         * 第 2 个参数为语句中的 id 参数值
         */
        int rows = sqlSession.delete(
                "com.demo.mapper." +
                "CommodityStorageMapper." +
                "deleteCommodity", id);
        if (rows > 0) {
            System.out.println("数据删除成功!");
        } else {
            System.out.println("数据删除失败!");
        }
        sqlSession.commit();
        sqlSession.close();
    }
    //单条记录检索
    public void findCommodityById(String commodityId) {
        /*
         * selectOne()方法,用于检索只返回一条记录
         * 第 1 个参数为映射文件(CommodityStorageMapper.xml)
         * 中的 namespace 加上<select>节点的 id
         * 第 2 个参数为语句中的 id 参数值
         */
        CommodityStorage cs = sqlSession.selectOne(
                "com.demo.mapper." +
                "CommodityStorageMapper." +
                "findCommodityById",
                commodityId);
        System.out.println(cs.getCommodityId()
                + "\t" + cs.getCommodityName()
                + "\t" + cs.getCommoditySupplier()
                + "\t" + cs.getCommodityAmount()
                + "\t" + cs.getEnterDate());
        sqlSession.close();
    }
    //多条记录检索
    public void findCommodityByAmount(Integer amount) {
        /*
         * selectList()方法,用于检索只返回多条记录
         * 第 1 个参数为映射文件(CommodityStorageMapper.xml)
         * 中的 namespace 加上<select>节点的 id
         * 第 2 个参数为语句中的 commodityAmount 参数值
         */
        List<CommodityStorage> list = sqlSession.selectList(
                "com.demo.mapper." +
                "CommodityStorageMapper." +
                "findCommodityByAmount",
                amount);
        for (int i = 0; i < list.size(); i++) {
            CommodityStorage cs = list.get(i);
            System.out.println(cs.getCommodityId()
```

```
                + "\t" + cs.getCommodityName()
                + "\t" + cs.getCommoditySupplier()
                + "\t" + cs.getCommodityAmount()
                + "\t" + cs.getEnterDate());
        }
        sqlSession.close();
    }
    public static void main(String[] args) {
        MyDemoDAO dao = null;
        CommodityStorage cs = null;
        //插入商品库存数据
        dao = new MyDemoDAO();
        cs = new CommodityStorage();
        cs.setCommodityId("C010");
        cs.setCommodityName("篮球");
        cs.setCommoditySupplier("双皮星");
        cs.setCommodityAmount(100);
        Date now = new Date();
        cs.setEnterDate(now);
        dao.insertCustomer(cs);
        //更新商品库存数据
        dao = new MyDemoDAO();
        cs = new CommodityStorage();
        cs = new CommodityStorage();
        cs.setCommoditySupplier("天利");
        cs.setCommodityAmount(500);
        dao.updateCustomer(cs);
        //删除商品库存数据
        dao = new MyDemoDAO();
        dao.deleteCustomer("口罩");
        //按 ID 检索商品库存数据
        dao = new MyDemoDAO();
        dao.findCommodityById("C006");
        //按数量检索商品库存数据
        dao = new MyDemoDAO();
        dao.findCommodityByAmount(300);
    }
}
```

思政讲堂

中国巨型机崛起中的“玻璃房事件”

20 世纪 80 年代，西方国家正对中国进行高技术封锁，其中就包括超级计算机。美国虽然卖给了我国超级计算机，但依然严加监视，以防核心技术泄密。

买来的超级计算机被放在一间玻璃房内，房间钥匙由美方人员保管，中国科学家经过授权才能进入玻璃房，并且得在美方监视下上机操作。超级计算机运算的内容，必须经过美方允许。操作完成后，美方会马上封锁玻璃房。监控日志还要定期上交给美国政府审查，虽然自己花了钱，却是还要看别人脸色才能使用。由于使用这台超级计算机还要受到美方的监控，所以很多机密内容都不能借助这台机器来计算。

这就是中国巨型机发展起步阶段的“玻璃房事件”。“玻璃房事件”让中国科学家强烈感受到“可以买到设备，却买不来技术”，我国科学工作者暗下决心，一定要研制出中国的超级计算机。

为了彻底拆除“玻璃房子”，研发出完全拥有自主知识产权的国产高性能计算机，我国的科学家们走上了一条异常艰苦的突围之路。

1993 年，中国高性能计算机曙光一号并行机终于研制成功。曙光一号的战略效应立竿见影，它诞生的第三天，美国便宣布解除 10 亿次计算机对中国的禁运。可以说，曙光一号成功打破了国外 IT 巨头对我国信息技术的垄断，推动信息产业再次走上了自主发展的道路。

1995 年，在只有十余名研究员与 500 万元经费的情况下，曙光 1000 大规模并行计算机成功研发。曙光 1000 达到了 20 世纪 90 年代前期的国际先进水平，荣获了 1996 年中国科学院科技进步特等奖和 1997 年国家科学技术进步一等奖。

1998 年，曙光 2000 问世，总体水平达到了 90 年代同期国际先进水平；2001 年，曙光 3000 诞生；2004 年，曙光公司研发出 4000A，成为国内首台每秒运算超过 10 万亿次的超级计算机，并代表中国首次进入全球超级计算机 TOP 500 排行榜，位列第十位。

2008 年，曙光 5000 降生，其系统峰值运算速度达到每秒 230 万亿次浮点运算，让中国成为继美国之后第二个能制造和应用超百万亿次商用高性能计算机的国家。2009 年，第一台国产千万亿次超级计算机天河 1 号在湖南长沙亮相。2010 年，国防科技大学对天河 1 号进行了升级，使其成为当时世界上最快的超级计算机。

2010 年，曙光 6000 问世，以实测每秒达 1 271 万亿次的峰值速度，在 2010 年的第 35 届全球超级计算机 TOP500 中名列第二。2012 年，神威·蓝光超级计算机投入使用。

2013 年，国防科技大学成功研制出天河 2 号，高达 55 PFlops 的性能使其傲视群雄。2016 年，神威·太湖之光问世，成为全球首个性能超过 100 PFlops 的超算，并在超算芯片、操作系统、互联等关键技术上全部实现国产化。

从此中国计算机超级运算领域彻底走出了“玻璃房事件”的阴影，打破了国外的技术封锁，步入世界领先水平。

◇ 思政浅析：

（1）建设科技强国

中国共产党二十大报告中指出，到二〇三五年，我国发展的总体目标是：经济实力、科技实力、综合国力大幅跃升，人均国内生产总值迈上新的大台阶，达到中等发达国家水平；实现高水平科技自立自强，进入创新型国家前列；建成教育强国、科技强国、人才强国、文化强国、体育强国、健康中国，国家文化软实力显著增强；国家安全体系和能力全面加强，基本实现国防和军队现代化。

（2）中国速度，世界惊叹

感受国家在超级运算方面的发展速度，世界罕见。中国已步入科技强国，实现经济、社会各方面腾飞。作为青年一代，要积极融入民族复兴的伟大潮流中，助力“中国梦”，以我是中国人而自豪。

（3）化挫折为动力，奋起直追

“玻璃房事件”见证了美国人对中国的高技术封锁，中国科学家下决心研制出自己的超级计算机，并以此为动力奋起直追，赶超美国。作为当代青少年，在生活工作中要勇于面对挫折，善于从挫折中学习分析，挫折是通向成功的必经之路。

（4）可以买到设备，却买不来技术

买来的东西不可靠，核心技术受制之人，关键时刻卡脖子。走独立自主的发展道路，实现国防与尖端技术掌握在自己手里，是国家强大、民族振兴的必经之路。走独立自主的发展道路，不仅要实现“富”，更要做到“强”。

本章练习

一、选择题

1. 以下关于 MyBatis 的说法，错误的是（　　）。

A. MyBatis 是开源框架　　B. MyBatis 前身是 IBatis 框架

C. MyBatis 是一个 ORM 持久化框架　　D. MyBatis 不支持对象关系映射

2. 关于 MyBatis 与 Hibernate 框架的比较，说法正确的是（　　）。

A. MyBatis 属于半自动化类型映射框架

B. Hibernate 属于全自动化类型映射框架

C. MyBatis 对数据库底层可以实现细粒度操作

D. Hibernate 对数据库底层只能实现粗粒度操作

3. 关于 MyBatis 框架的 SqlSessionFactory 组件描述，正确的是（　　）。

A. 是一个持久化连接实例的生成工厂

B. SqlSessionFactoryBuilder 类中通过 build( ) 方法可生成此组件实例

C. 主要作用是生成 SqlSession 连接实例

D. 通过组件中的 getSession( ) 方法来生成 SqlSession 实例

4. 关于 MyBatis 框架的 SqlSession 组件描述，错误的是（　　）。

A. SqlSession 组件是 MyBatis 框架 ORM 操作中的数据库连接对象

B. SqlSession 组件等同于 JDBC 的 Connection 组件

C. SqlSession 组件中的 selectOne( ) 方法可以检索若干条返回记录的数据查询

D. SqlSession 组件没有实现线程安全，不能同时被多个进程共享

5. 以下关于 MyBatis 框架实体映射文件 Mapper. xml 中标签节点的属性及语法描述，正确的是（　　）。

A. parameterType 表示输入参数的类型

B. resultType 表示输出结果的类型

C. % ${}% 表示拼接 SQL 字符串，即原样输出接收的字符串值

D. #{}表示一个占位符

6. MyBatis 框架的 SqlSession 组件（接口）中包含（　　）方法。

A. selectList　　B. save　　C. update　　D. remove

7. 在使用 MyBatis 框架进行持久化操作时，如果关系数据表的字段名称与数据实体类的

属性名称不一样，处理方法是（　　）。

A. 不会产生任何影响，可直接使用

B. 增、删、改、查操作都无法进行

C. 在查询检索时，需要通过别名的方式进行匹配

D. 写操作无法进行，读操作可以执行

8. 关于 MyBatis 框架的说法，正确的是（　　）。

A. MyBatis 框架的配置文件名称为 mybatis - config. xml

B. MyBatis 框架的配置文件中可以声明 SQL 的操作语句

C. MyBatis 框架的实体映射文件 Mapper. xml 中可以开发 SQL 的操作语句

D. MyBatis 框架的实体映射文件 Mapper. xml 中通过 namespace 属性声明命名空间

9. 以下是 MyBatis 框架配置文件的标签节点的是（　　）。

A. <if>　　B. <configuration>

C. <environment>　　D. <foreach>

10. 以下是 MyBatis 框架实体映射文件 Mapper. xml 中的标签节点的是（　　）。

A. <select>　　B. <insert>

C. <update>　　D. <delete>

二、问答题

1. 为什么要用 MyBatis 框架？
2. MyBatis 框架的核心组件有哪些？
3. 描述 MyBatis 的基本工作流程。
4. MyBatis 与 Hibernate 两种持久化框架有什么异同？

第 6 章

版本管理工具应用

本章目标

知识目标

① 了解版本管理工具的用场。

② 认识版本管理工具的种类。

③ 理解版本管理工具的原理。

④ 掌握 CVS 版本管理工具的操作命令。

⑤ 认识 TortoiseSVN 管理工具。

⑥ 掌握 SVN 代码结点上的结构分支。

能力目标

① 能够正确安装 CVS、SVN 版本管理工具。

② 能够配置 SVN 版本管理工具中的代码库节点。

③ 能够正确管理 SVN 版本管理系统上的用户权限。

④ 能够在编程开发中正确使用管理工具。

⑤ 能够在 MyEclipse 中集成 SVN。

素质目标

① 具有良好的自主学习能力与刻苦钻研的求知精神。

② 热爱团队集体，具有大局观、全局观。

③ 遵循软件工程系统运维原则。

④ 具有良好的表达能力及与人沟通的能力。

⑤ 养成敬岗爱业，有责任、有担当的良好职业素养。

6.1 版本管理工具概述

软件版本管理也称为软件配置管理，是指软件开发过程中对各种程序代码、配置文件、说明文档等文件资源变更的管理。版本管理控制的重要作用是团队间的并行开发，软件开发过程往往是多人协同作业，版本控制可以有效地解决代码版本的同步，以及不同开发者之间的开发通信问题，提高协同开发的效率。在版本控制系统管理下，文件和资源可以超越时空，版本管理工具可以记录每一次文件、目录资源的修改情况，因此可以将数据恢复到以前的版本，并可以查看数据的更改细节，所以版本控制系统是一套时间可追溯的资源配置平台。

6.1.1 认识版本管理工具

在团队开发过程中，如果两个开发人员都想要修改同一个文件，这两个人就必须先商量确定修改的顺序。如果整个开发团队是 3 ~ 5 个人，这种团队协作方式可能还能维持运行，但如果开发团队是几十，甚至上百人，这样的沟通和重复性工作的成本就会非常高，严重影响项目开发进度和效率。在这种情况下，就必须使用版本管理工具来支撑整个团队的开发工作。

简单地说，版本管理工具是一种记录代码更改历史，可以无限回溯，用于代码管理，多个程序员开发协作的工具。在软件开发过程中，会不断发现新需求，不断发现 bug，如果不做控制，你的软件将永远不会发布，今天一个版本，明天又是一个版本。

版本控制是软件配置管理的基础，它管理并保护开发者的软件资源。常见的功能有：

① 更新到任意一个版本（不用担心代码的修改错误和丢失等）。

② 日志记录（说明修改目的）。

③ 分支，标签（用于协作开发和便于阶段性产品发布）。

④ 合并，比较（用于多人、多分支之间的代码合并、比对等）。

CVS 入门简介

6.1.2　常用的版本管理工具

（1）Visual Source Safe（VSS）

VSS 是美国微软公司的产品，目前常用的版本为 6.0 版。VSS 是配置管理的一种很好的入门级的工具。

易学易用是 VSS 的强项，VSS 采用标准的 Windows 操作界面，只要对微软的产品熟悉，就能很快上手。VSS 的安装和配置非常简单，对于该产品，不需要外部的培训（可以为企业省去一笔不菲的费用），只要参考微软完备的随机文档，就可以很快地用到实际的工程当中。

VSS 的配置管理的功能比较基本，其提供文件的版本跟踪功能，对于 build 和基线的管理、VSS 的打标签的功能可以提供支持。VSS 提供 share（共享）、branch（分支）和合并（merge）的功能，对团队的开发进行支持。VSS 不提供对流程的管理功能，例如对变更的流程进行控制。用 VSS 进行版本控制，如果只需要读取某一资源文档，可以直接使用 get 命令将文件取出。

VSS 不能提供对异地团队开发的支持。此外，VSS 只能在 Windows 平台上运行，不能运行在其他操作系统上。由软件提供商提供 VSS 插件，可以同时解决 VSS 跨平台和远程连接两个问题，例如 SourceAnywhere for VSS、SourceOffSite 等。

VSS 的安全性不高，对于 VSS 的用户，可以在文件夹上设置不可读、可读、可读/写、可完全控制四级权限。但由于 VSS 的文件夹是要完全共享给用户后，用户才能进入，所以用户对 VSS 的文件夹都可以删除。这一点也是 VSS 比较大的缺点。

VSS 没有采用对许可证进行收费的方式，只要安装了 VSS，对用户的数目是没有限制的。因此使用 VSS 的费用是较低的，但微软已经不再对 VSS 提供技术支持。

（2）Concurrent Version System（CVS）

CVS 是开放源代码的配置管理工具，也是目前市场上主流的版本管理工具，其源代码和安装文件都可以免费下载。

CVS 是源于 UNIX 的版本控制工具，对 UNIX 的系统有所了解才能更容易学习 CVS 的安装和使用。CVS 的服务器管理需要进行各种命令行操作。目前，CVS 的客户端有 winCVS 的图形化界面，服务器端有 CVSNT 的版本，易用性正在提高。

CVS 除具备 VSS 的功能外，它的客户机/服务器存取方法使得开发者可以从任何因特网

的接入点存取最新的代码；它的无限制的版本管理检出（checkout）的模式避免了通常的因为排它检出模式而引起的人工冲突；它的客户端工具可以在绝大多数的平台上使用。同样，CVS 也不提供对变更流程的自动管理功能。

一般来说，CVS 的权限设置单一，通常只能通过 CVSROOT/passwd、CVSROOT/readers、CVSROOT/writers 文件，同时还要设置 CVS REPOS 的物理目录权限，无法完成复杂的权限控制；但是，CVS 通过 CVS ROOT 目录下的脚本，提供了相应功能扩充的接口，不但可以完成精细的权限控制，还能完成更加个性化的功能。

CVS 是开放源码软件，无须付费购买。同样，因为 CVS 是开发源码软件，没有生产厂家为其提供技术的支持。如发现问题，通常只能靠自己查找网上的资料进行解决。

（3）ClearCase

ClearCase 是 Rational 公司的产品，也是超大型的项目团队开发过程中使用较多的配置管理工具。ClearCase 的安装和维护相对复杂，相关管理人员需要接受专门的培训。ClearCase 提供命令行和图形界面的操作方式，但从 ClearCase 的图形界面不能实现命令行的所有功能。

ClearCase 提供 VSS、CVS 所支持的全部功能，但不提供变更管理的功能。Rational 另外提供了 ClearQuest 工具，提供对变更管理的功能。ClearCase 对 Windows 和 UNIX 平台都提供支持。ClearCase 通过多点复制支持多个服务器和多个点的可扩展性，并擅长设置复杂的开发过程。权限设置方面，ClearCase 没有专用的安全性管理机制，依赖于操作系统。

要选用 ClearCase，需要考虑的费用除了购买 license 的费用外，还有必不可少的技术服务费用。如果没有 Rational 公司的专门的技术服务，则很难发挥出 ClearCase 的威力。现在网上虽有 ClearCase 的破解软件，但尝试应用的公司大多以失败告终。另外，对于 Web 访问的支持、对于变更管理的支持功能，都要另行购买相应的软件。Rational 公司已被 IBM 公司收购，所以有可靠的售后服务保证。

（4）Subversion（SVN）

Subversion 是一个自由、开源的版本控制系统，是近年来崛起的版本管理软件系统。目前，在开源软件配置管理领域占有非常大的市场比例。Subversion 是一个通用系统，可以管理任何类型的文件集，相对于的 RCS、CVS，其采用了分支管理系统。Subversion 的版本库可以通过网络访问，从而使用户可以在不同的电脑上进行操作。从某种程度上来说，允许用户在各自的空间里修改和管理同一组数据可以促进团队协作。因为修改不再是单线进行，开发进度会更加迅速。此外，由于所有的工作都已版本化，也就不必担心由于错误的更改而影响软件质量，如果出现不正确的更改，只要撤销那一次更改操作即可。

Subversion 标准的目录结构中有三个分支：trunk 是主分支，用于日常开发；branches 是发布分支，存储 release 版本；tags 是标记分支，属性状态为只读，存储阶段性的基线版本。

Subversion 在分析市场上很多主流版本管理工具的基础上，加入不少新的元素，使其能更加符合市场的主流、需求。其新特性主要体现在如下几个方面。

- 目录的版本化

√ 将目录名以版本号的形式体现。

- 基于版本的复制、删除和重命名

√ 无论复制、删除还是重命名，都会打上版本号。

- 元数据操作版本化

√ 允许任何元数据附加在文件或目录中。

√ 提供对修订版附加任何键/值属性的方法。

- 混合追踪

√ 1.5 版本开始加入了混合追踪功能。

- 文件锁定

√ 支持文件锁定，当多用户同时编辑同一资源文件时，将发出警告。

- Apache 网络服务支持，基于 WebDAV/DeltaV 协议

√ 基于 HTTP 的 WebDAV/DeltaV 协议进行网络通信。

√ Apache 网络服务器提供网络存储站点服务。

- 可执行标签

√ 当一个文件是可执行的时候，Subversion 会提示。

- 独立进程模式

√ Subversion 可以运行在独立模式下。

- 只读的存储镜像

√ 提供主服务器资源同步到子存储服务器。

以上四种版本管理工具各有千秋，各有使用的场合。VSS 的使用简便易学，但 VSS 的功能和安全性较弱。CVS 的安全性和版本管理功能较强，可以实现异地开发的支持，但 CVS 安装和使用多采用命令行方式，学习曲线高，同时不提供对变更管理的功能，对于小型团队，可以采用 CVS 进行管理。ClearCase 功能完善，安全性好，可以支持复杂的管理，但学习曲线和学习成本高，需要集成 ClearQuest 才能完成完整的配置管理功能。对超大型的团队开发和建立组织级的配置管理体系，可考虑采用 ClearCase 作为配置管理工具。SVN 集当前各版本管理工具的新特性的功能优势明显。

6.2 CVS 的配置与使用

CVS 是一个典型的服务器/客户端软件，有 UNIX 版本的 CVS、Linux 版本的 CVS 和 Windows 版本的 CVS。CVS 支持远程管理，项目组进行开发时，一般都采用 CVS。其安装、配置较复杂，但使用比较简单，只需对配置管理做简单学习即可。CVS 安全性高，服务器有自己专用的数据库，文件存储并不采用“共享目录”方式，所以不受限于局域网。CVS 可以跨平台，支持并发版本控制，并且免费。CVS 不支持文件改名，只针对文件控制版本而没有针对目录的管理。

CVS 功能相对简单，适用于中小型团队，在数据量不大的情况下，性能可以接受，已成为目前软件开发市场比较主流的版本管理工具。下面就以 Windows 版本的安装、配置及与 MyEclipse 集成应用为例讲述如何操作 CVS 版本控制软件。

6.2.1 安装 CVS 服务器端

准备好 Windows 版的安装文件 cvsnt-2.5.03.2382.msi，双击开始安装。

单击“Next”按钮，如图 6-1 所示。

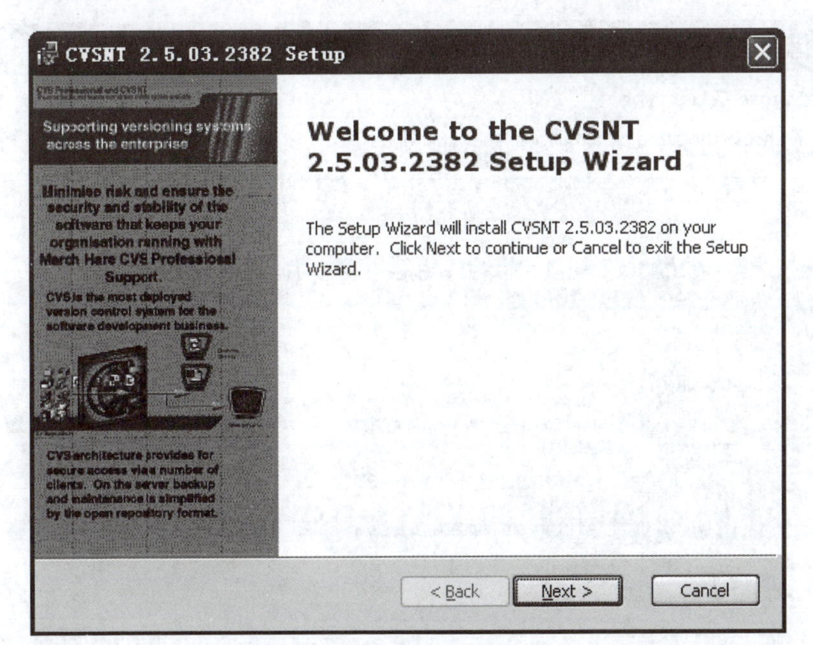

CVS 开发环境搭建

图 6－1　CVS 服务器安装（1）

选择“I accept the terms in the License Agreement”项，并单击“Next”按钮，如图 6－2 所示。

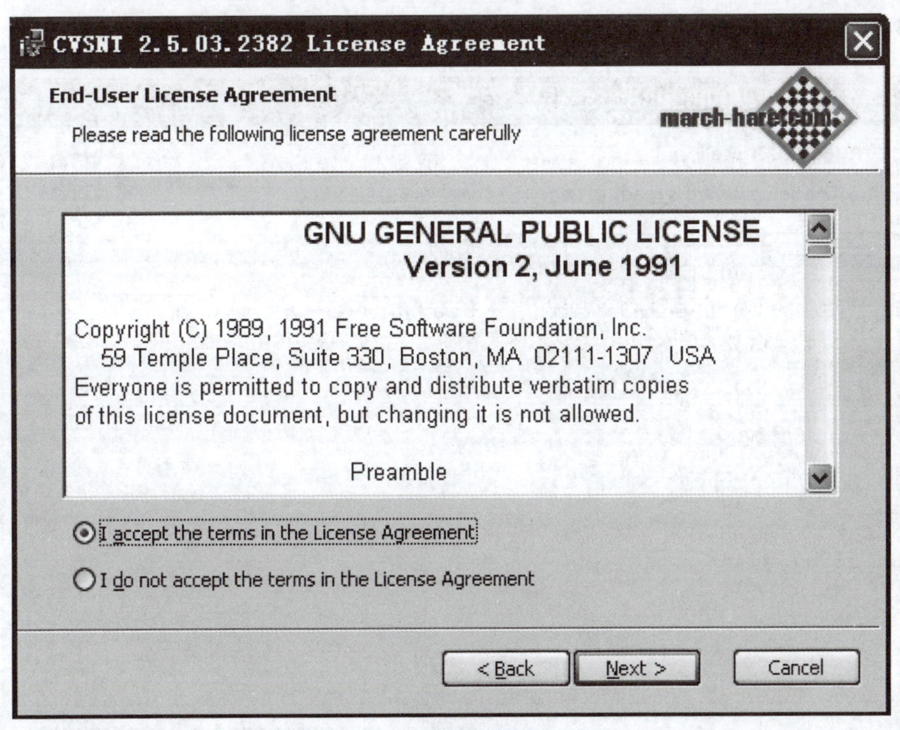

图 6－2　CVS 服务器安装（2）

选择“Complete”完全安装，如图 6－3 所示。

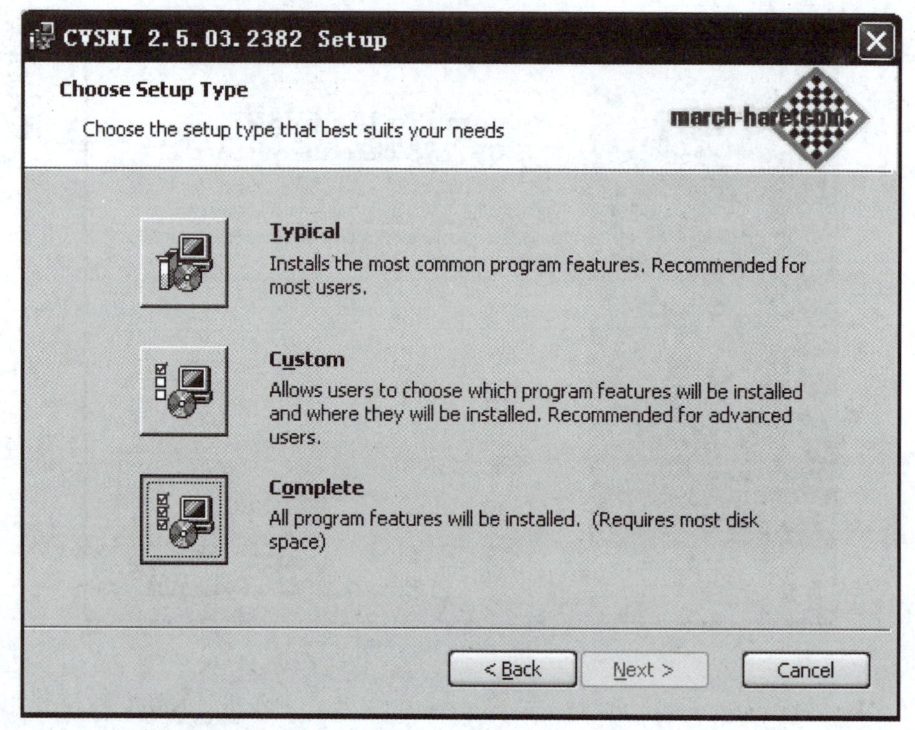

图 6 – 3　CVS 服务器安装（3）

单击“Install”按钮，如图 6 – 4 所示。

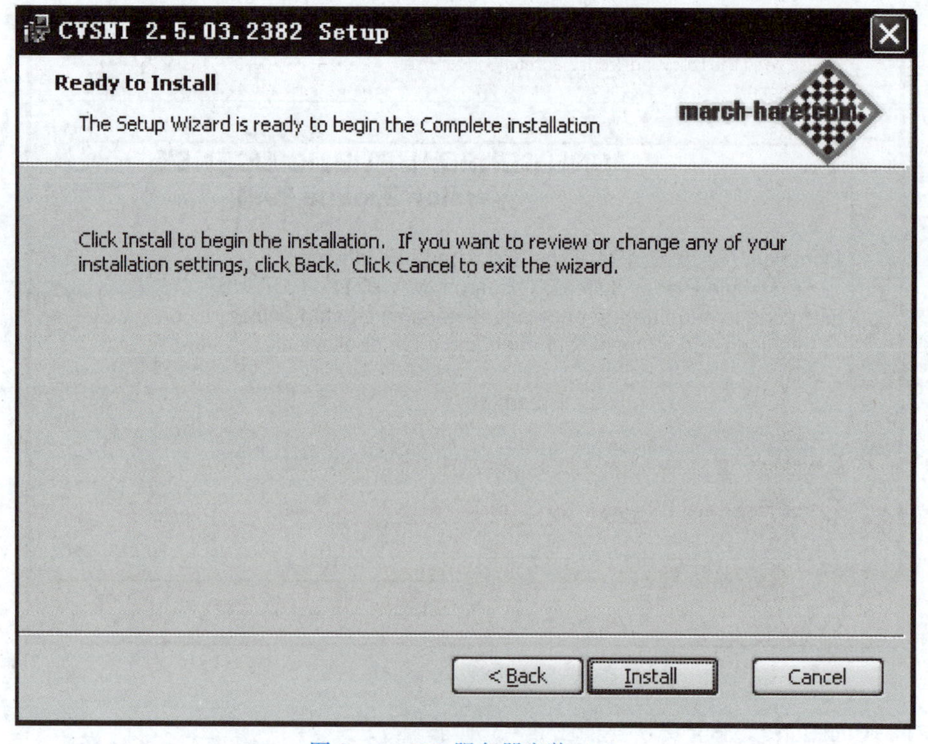

图 6 – 4　CVS 服务器安装（4）

单击“Finish”按钮，如图6－5所示。

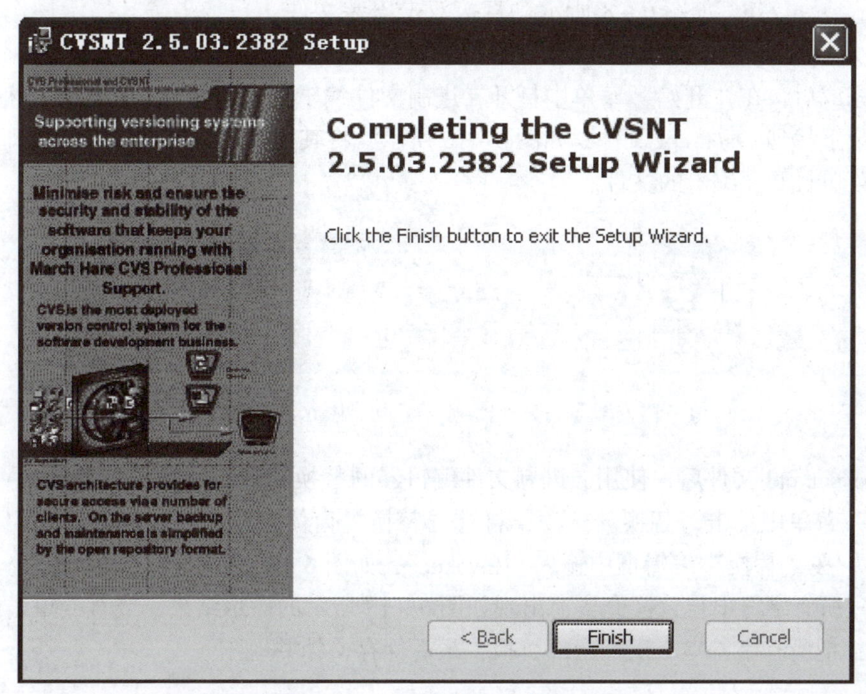

图6－5　CVS服务器安装（5）

单击“Yes”按钮，重启操作系统。如果单击“No”按钮，则稍后自己重启操作系统，如图6－6所示。

如果是Window 10操作系统，会发现安装完成后，在“开始”菜单中无法打开CVS服务器配置项“CVSNT Control Panel”，如图6－7所示，这种情况下还要修改cvsnt. cpl配置文件。

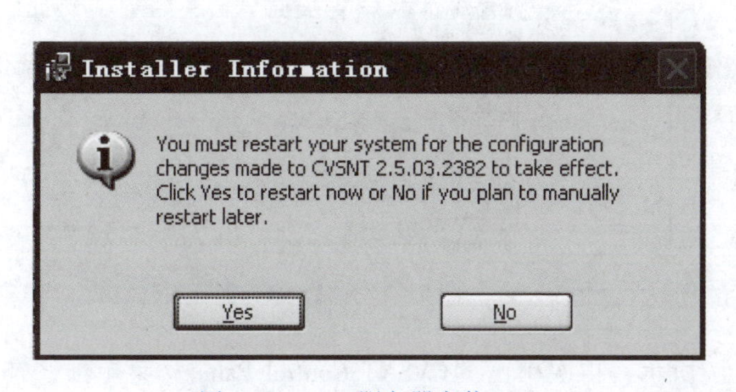

图6－6　CVS服务器安装（6）

图6－7　CVS服务器安装（7）

cvsnt. cpl 文件是二进制文件，不能直接用文本工具修改，要先安装二进制文件编辑器 hex－editor－neo. exe。如图 6－8 所示，直接双击安装文件，一步步按其提示操作即可安装完成。

安装完成后，在“开始”菜单中打开二进制文件编辑器，如图 6－9 所示。然后在 CVS 的安装目录下找到 cvsnt. cpl 文件，如图 6－10 所示，将其拖入二进制文件编辑器即可打开或通过文件菜单打开要编辑的文件。

图 6－8　CVS 服务器安装（8）

图 6－9　CVS 服务器安装（9）

打开 cvsnt. cpl 文件后，使用二进制文件编辑器的替换功能更改配置，如图 6－11 所示。在“编辑”菜单中单击“替换”选项，打开“替换”窗体，在“查找内容”编辑框中输入“Invoked”，在“替换”编辑框中输入“Invoker”，如图 6－12 所示。然后单击两次“替换”按钮，直到所有字符串被替换完毕，出现如图 6－13 所示的提示结果，或直接单击“全部替换”按钮，把所有字符串一次性全部替换，最后保存文档并退出。

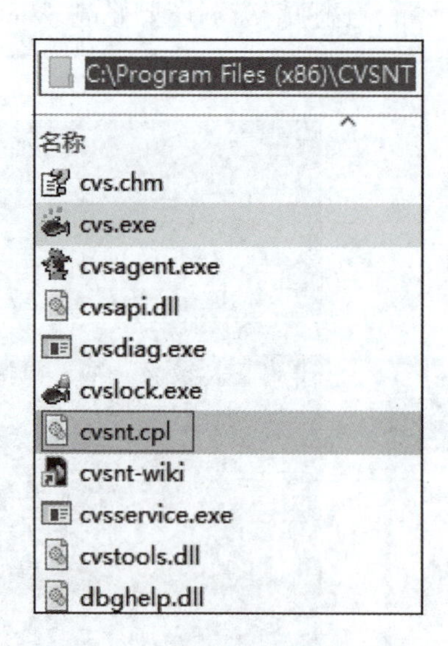

图 6－10　CVS 服务器安装（10）

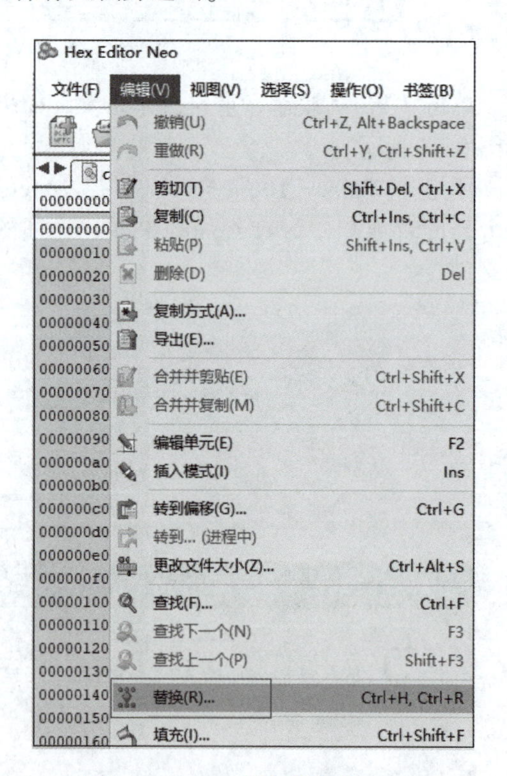

图 6－11　CVS 服务器安装（11）

回到“开始”菜单，如图 6－7 所示，再次单击“CVSNT Control Panel”菜单项，查看能否正确响应，如果出现图 6－14 所示的“CVSNT”窗体，则说明安装成功。

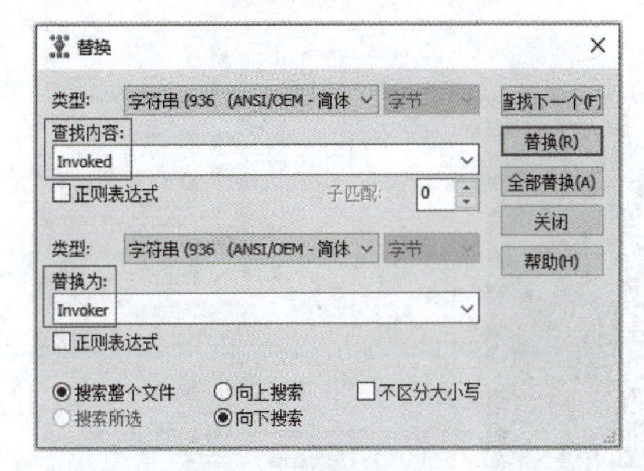

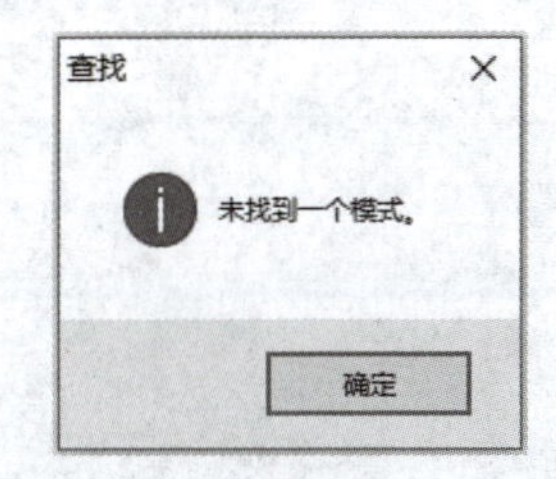

图 6－12　CVS 服务器安装（12）

图 6－13　CVS 服务器安装（13）

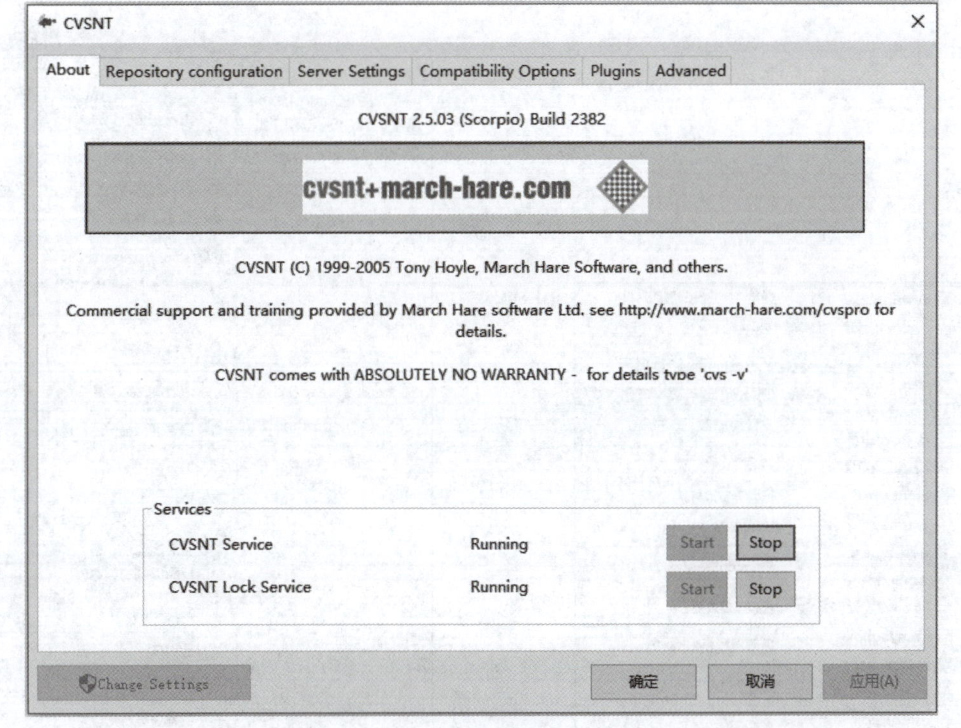

图 6－14　CVS 服务器安装（14）

如果上一步操作没有正常响应，则以管理员身份运行，右击菜单，按如图 6－15 所示操作。打开菜单文件位置，找到对应文件，选中文件并右击，选择“以管理员身份运行”，如图 6－16 所示，测试能否正常响应。如果出现图 6－14 所示的“CVSNT”窗体，则安装成功。

如果前面两步操作都没有正常响应，则配置还未完成，先删除“开始”菜单中的“CVSNT Control Panel”菜单项，在图 6－16 所示的位置直接删除即可。然后回到 CVS 的安装目录，选中 cvsnt. cpl 文件，右击，选择“创建快捷方式”选项，如图 6－17 所示。

把快捷方式命名为“CVSNT Control Panel”，并将其复制到图 6－16 所示的菜单目录位置，选中快捷方式并右击，选择“属性”菜单项，如图 6－18 所示，弹出“属性”窗体。

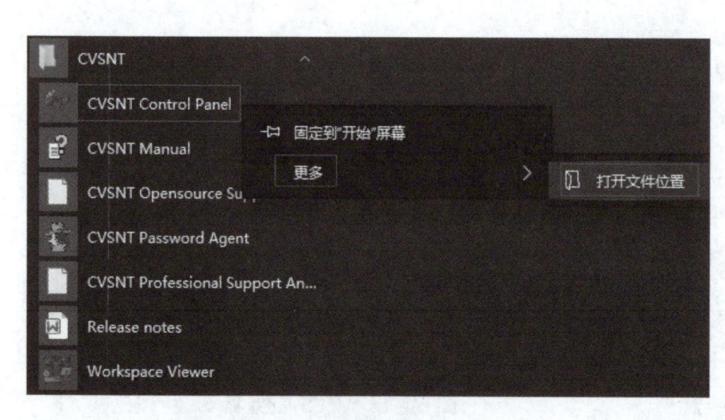

图 6 - 15　CVS 服务器安装（15）

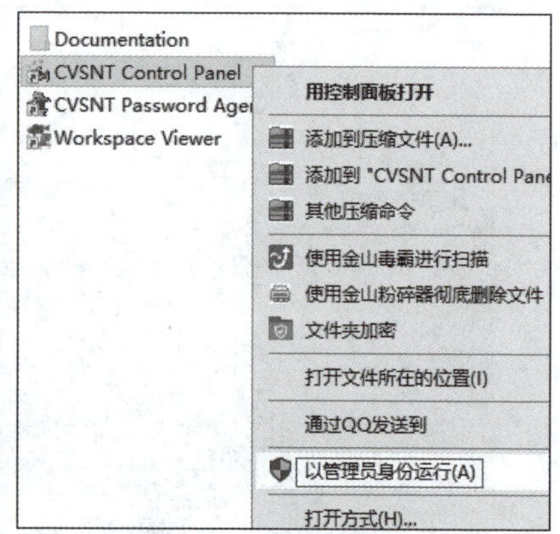

图 6 - 16　CVS 服务器安装（16）

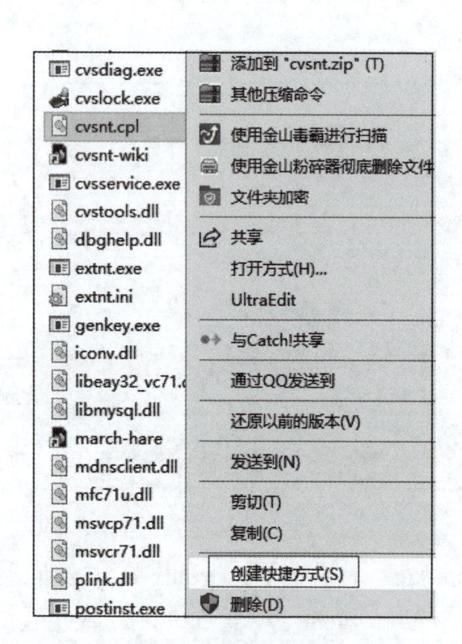

图 6 - 17　CVS 服务器安装（17）

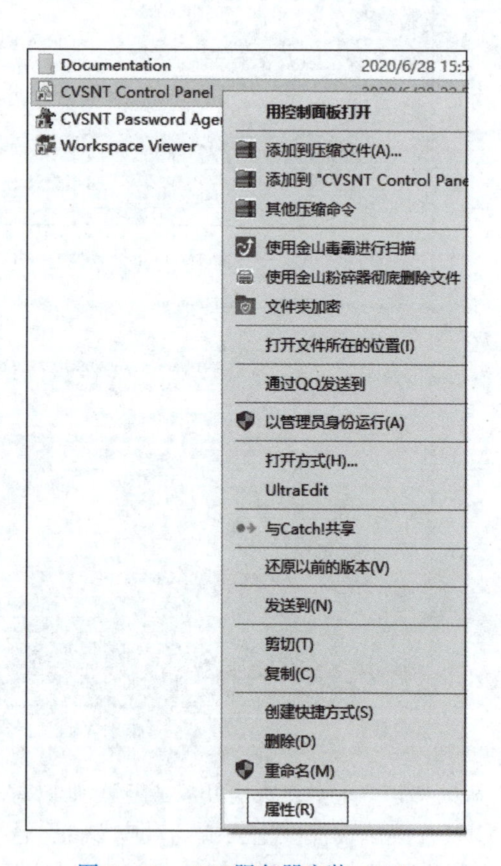

图 6 - 18　CVS 服务器安装（18）

在“属性”窗体中单击“更改图标”按钮，如图 6 - 19 所示，弹出“更改图标”窗体，如图 6 - 20 所示。单击“浏览”按钮，在文件选择窗体中选择 CVS 安装目录下的 cvs. exe 文件，如图 6 - 21 所示。最后单击“打开”按钮，并在所返回的界面中依次单击“确定”按钮，把快捷方式的图标修改过来。

图 6-19　CVS 服务器安装（19）

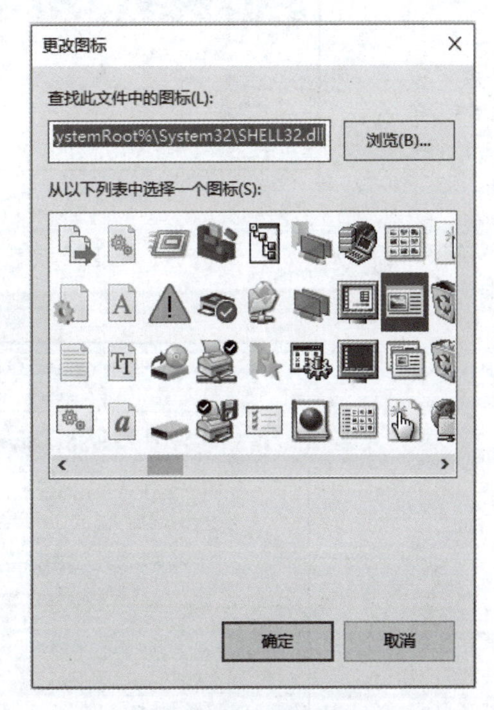

图 6-20　CVS 服务器安装（20）

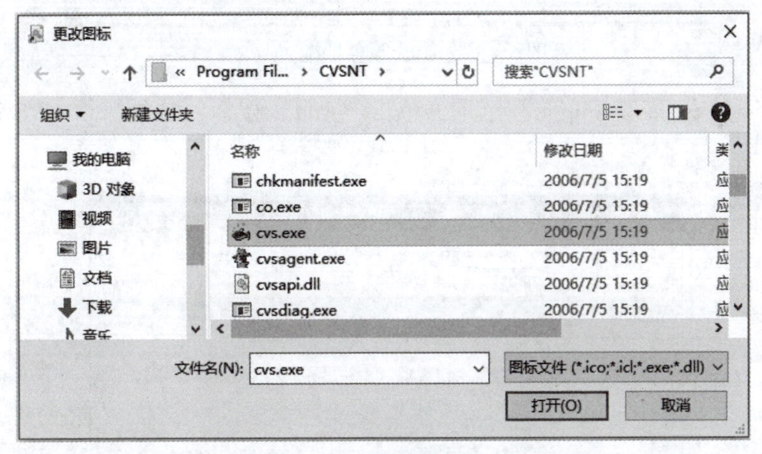

图 6-21　CVS 服务器安装（21）

最后重新回到“开始”菜单的 CVS 菜单下，可以找到新加入的快捷方式菜单项“CVSNT Control Panel”，单击该菜单项或以管理员身份运行此快捷方式，出现如图 6-14 所示的“CVSNT”窗体，则安装成功，可正常操作 CVS 服务器。

6.2.2　配置 CVS 管理工具

在桌面“开始”菜单中打开 CVS 服务器配置项“CVSNT Control Panel”，如图 6-22 所示。

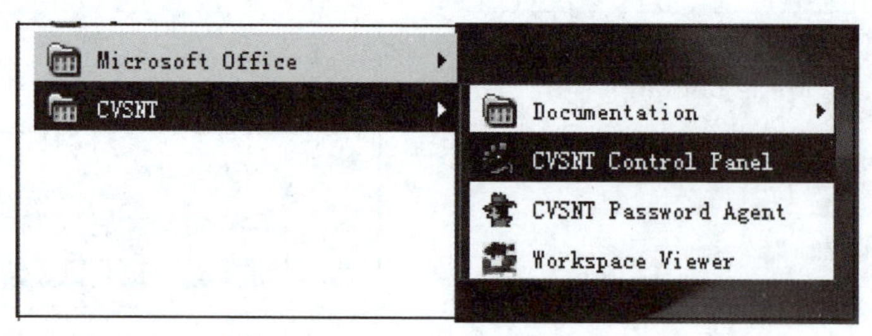

图 6－22　CVS 服务器配置（1）

确保“CVSNT”与“CVSNT Lock”状态为“Running”，否则，可用“Start”按钮启动，如图 6－23 所示。

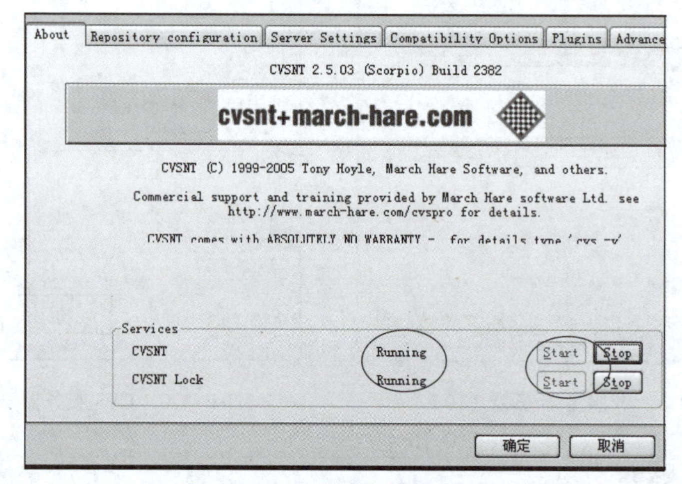

图 6－23　CVS 服务器配置（2）

选择“Repository configuration”选项，单击“Add”按钮，添加一个 CVS 存储目录，如图 6－24 所示。

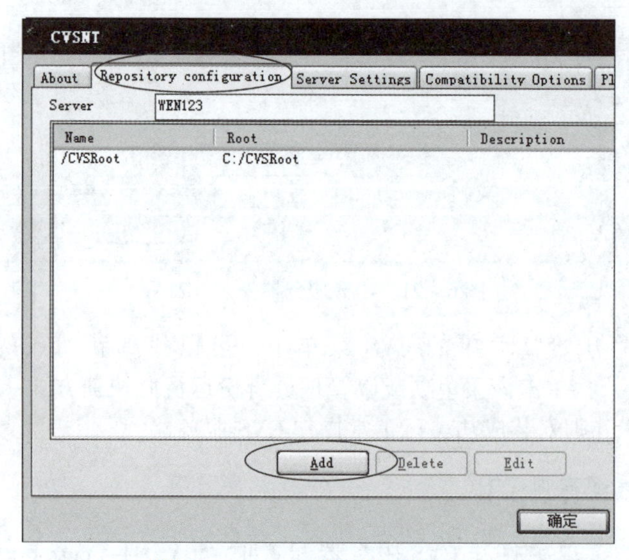

图 6－24　CVS 服务器配置（3）

在 D 盘的根目录新建一个文件夹 MyCVS，单击图 6－25 中圆圈圈住的按钮，选择新建的目录 MyCVS，即把 MyCVS 目录作为 CVS 服务器的存储目录，单击“OK”按钮。

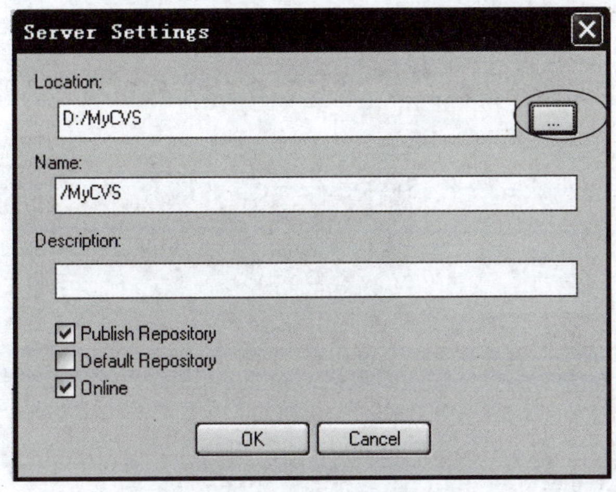

图 6－25　CVS 服务器配置（4）

单击“是（Y）”按钮，把 MyCVS 文件夹变为 CVS 存储目录，如图 6－26 所示。

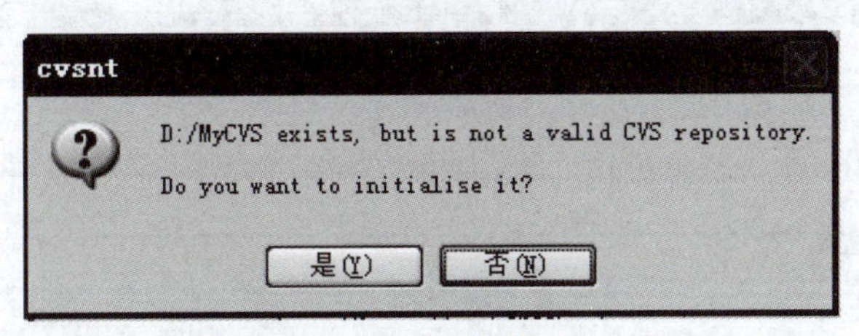

图 6－26　CVS 服务器配置（5）

其他四个选项卡“Server Settings”“Compatibility Options”“Plugins”“Advanced”的设置不变，如图 6－27 所示。

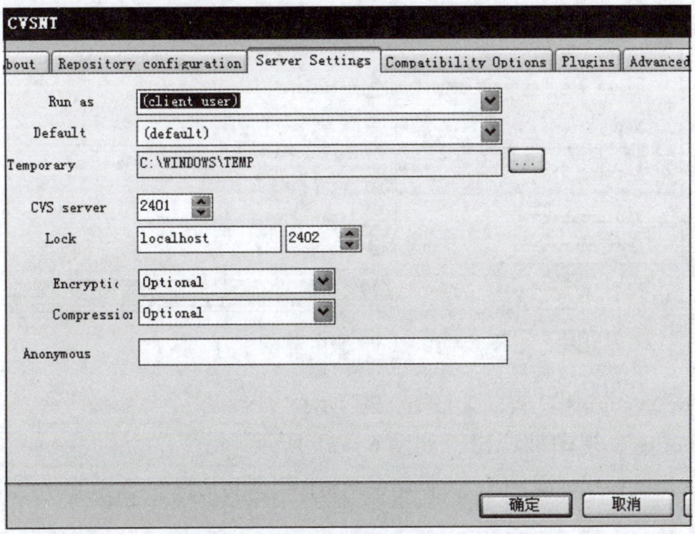

图 6－27　CVS 服务器配置（6）

创建一个 Window 账户，账户：MyCVS，密码：MyCVS，专为访问 CVS 服务器使用，如图 6-28 所示。确保开机时，需输入账户与密码才能进入操作系统，每个账户有相应的密码。

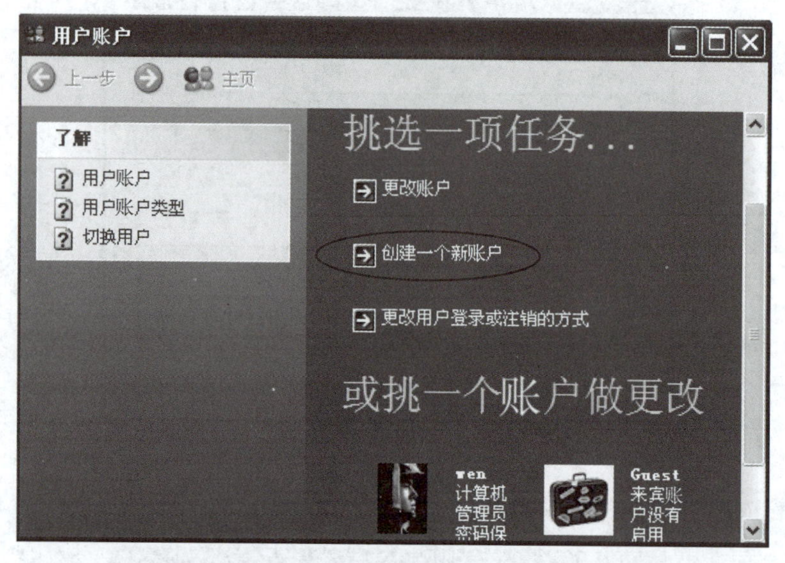

图 6-28　CVS 服务器配置（7）

打开 MyEclipse，单击 "Window" → "Show View" → "Other"，如图 6-29 所示。

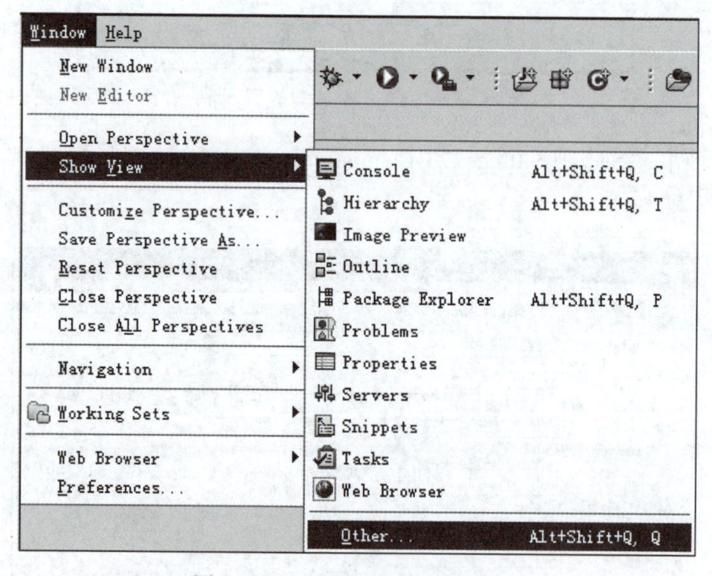

图 6-29　CVS 服务器配置（8）

选择 "CVS Repositories" 项，如图 6-30 所示。

"CVS Repositories" 视图被调出，如图 6-31 所示。

在 "CVS Repositories" 视图中，新建一个连接，以访问 CVS 服务器，如图 6-32 和图 6-33 所示。

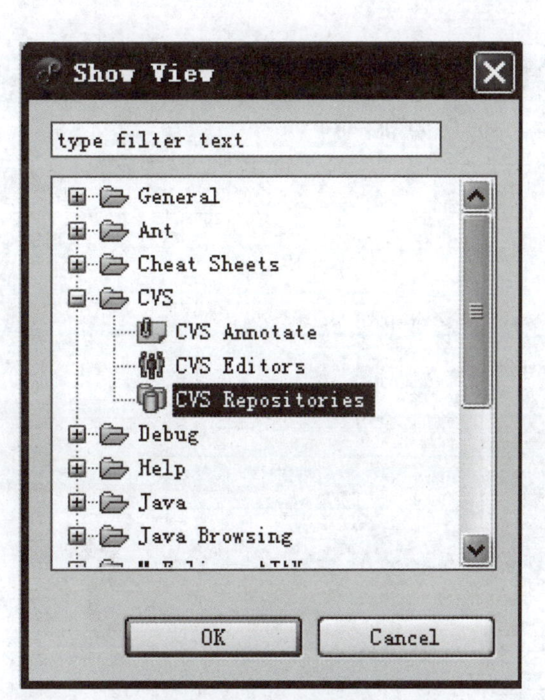

图 6－30　CVS 服务器配置（9）

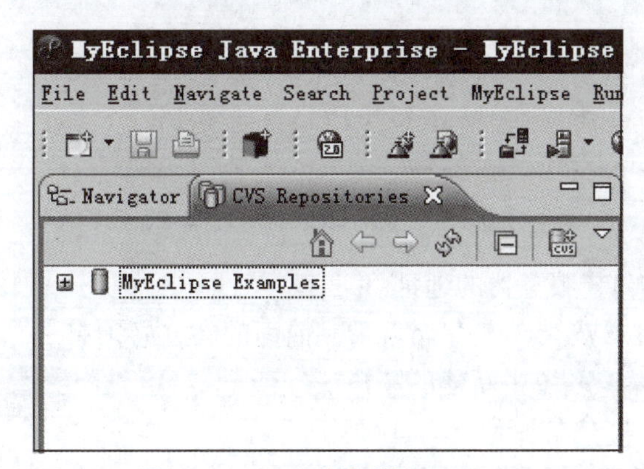

图 6－31　CVS 服务器配置（10）

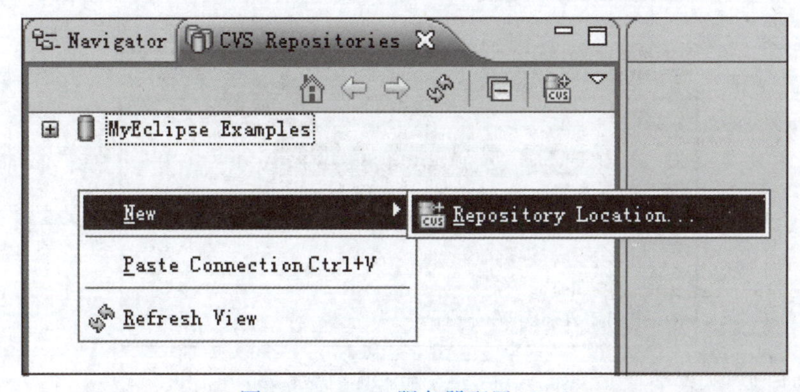

图 6－32　CVS 服务器配置（11）

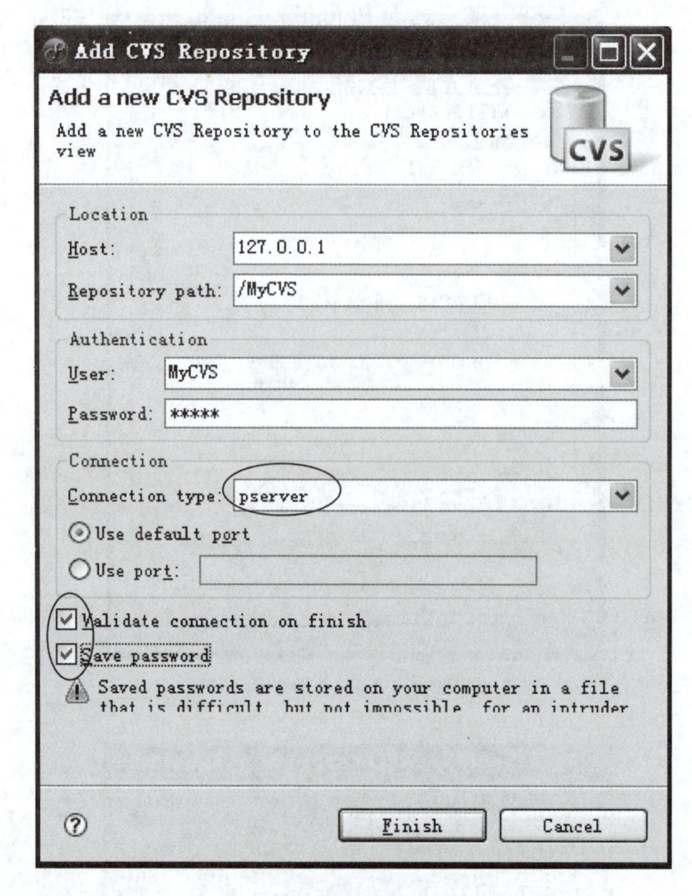

图 6－33　CVS 服务器配置（12）

Host：127.0.0.1，CVS 服务器的地址。

Repository path：/MyCVS，CVS 存储目录，前面的斜杠必须有。

User：MyCVS，在操作系统中新建的账户。

Password：MyCVS，账户的密码。

其他选项如图 6－33 所示，单击“Finish”按钮。

在“CVS Repositories”视图中增加了一个新建的连接，如图 6－34 所示。

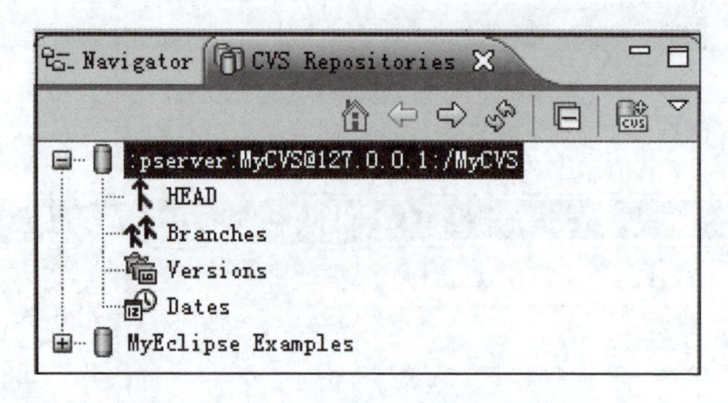

图 6－34　CVS 服务器配置（13）

CVS 版本管理工具安装及配置完成即可进行工程项目的版本管理控制工作，CVS 强大的版本控制功能主要依靠平台中完善的命令集实现，配置管理人员通过不同的命令实现对平台的操纵管理。常用的相关命令如下。

- update(更新)：

√ cvs update，没有指定文件，全目录更新。

√ cvs update path/to/file，更新某一个文件。

√ cvs update -dP，删除空目录，创建新目录。

√ cvs -f -n update -dP，返回有哪些文件需要更新。

- commit(提交)：

√ cvs commit -m"comments" filename，提交文件。

- add，添加新的文件或目录：

√ cvs add newdir，添加新的目录。

√ cvs add newfile，添加新文件。

√ cvs add -kb newfile，添加二进制文件。

- diff(比对)：

√ cvs diff file_name，比对当前文件不同版本的区别。

- checkout(检出)：

√ cvscheckout mymodule，检出文件。

- import(导入项目)：

√ cvs import project_name release_tag，将项目导入仓库。

- status(查看状态)：

√ cvs status file_name，查看文件状态。

- remove(删除文件)：

√ cvs remove -f file_name，将某个文件物理删除。

- cvs log(查看修改历史)：

√ cvs log file_name，查看日志文件。

6.2.3　案例应用

案例要求：

① 在应用项目中有一个负责数据库操作的 DAO 类，本 DAO 类中有五个方法的方法体中没有编码实现过程，五个方法分别要实现初始化数据库连接，以及对某个表增、删、改、查的功能。

② 现欲对这个项目使用版本管理工具进行团队开发，由组长上传该项目到 CVS 服务器，再由多名程序员从 CVS 上下载项目代码实现 DAO 类的相关方法。

操作过程：

在 MyEclipse 工具中新建一个项目 dao_app，在该项目中新建一个包 com. dao，在包中新建一个 DAO 类。

新建应用 dao_app，并创建 com. dao 包，增加 DAO. java 文件，如图 6-35 所示。

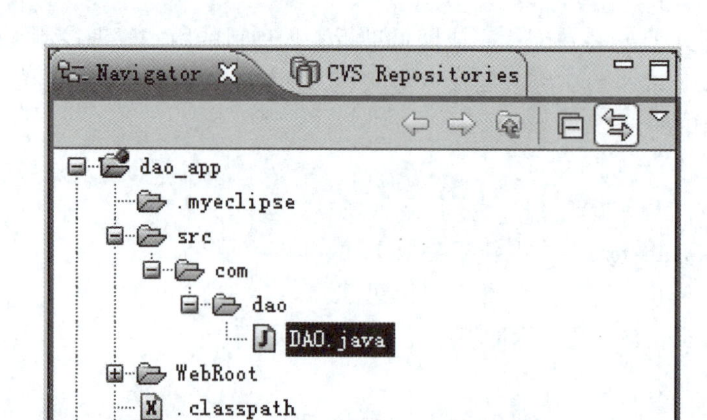

CVS 工具的使用_1

图 6-35　CVS 实验操作（1）

```
DAO.java
package com.dao;
import java.sql.Connection;
public class DAO {
    //连接 conn 供其他方法直接使用
    private static Connection conn;
    //负责 conn 连接的初始化赋值工作
    public void initConnection(){
    }
    //增加一本书
    public void addBook(){
    }
    //查询一本书
    public void queryBook(){
    }
    //修改一本书
    public void updateBook(){
    }
    //删除一本书
    public void deleteBook(){
    }
}
```

上传整个 dao_app 项目到 CVS 服务器，如图 6-36 所示。

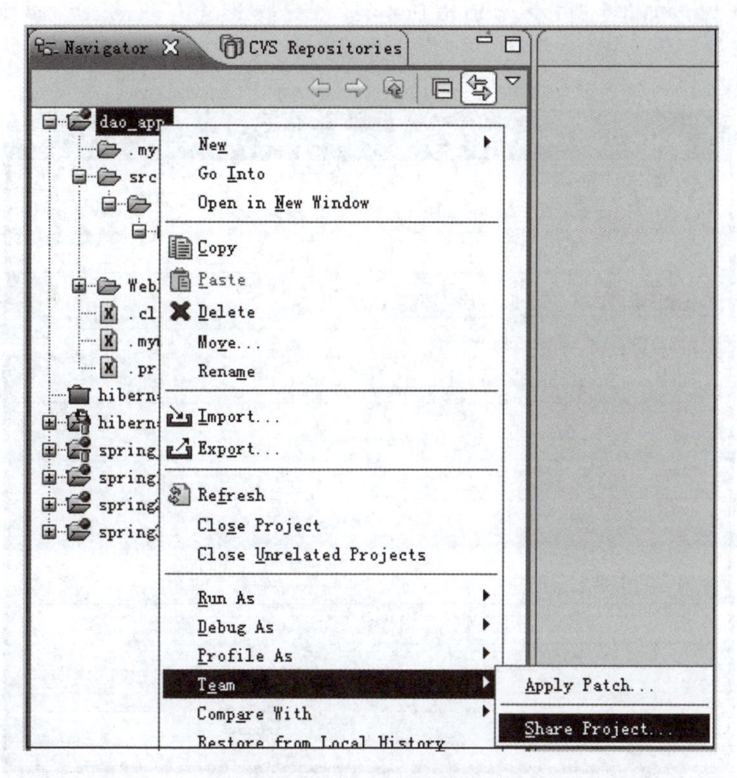

图 6－36　CVS 实验操作（2）

选择新配置好的 CVS 连接，如图 6－37 所示，单击“Next”按钮。

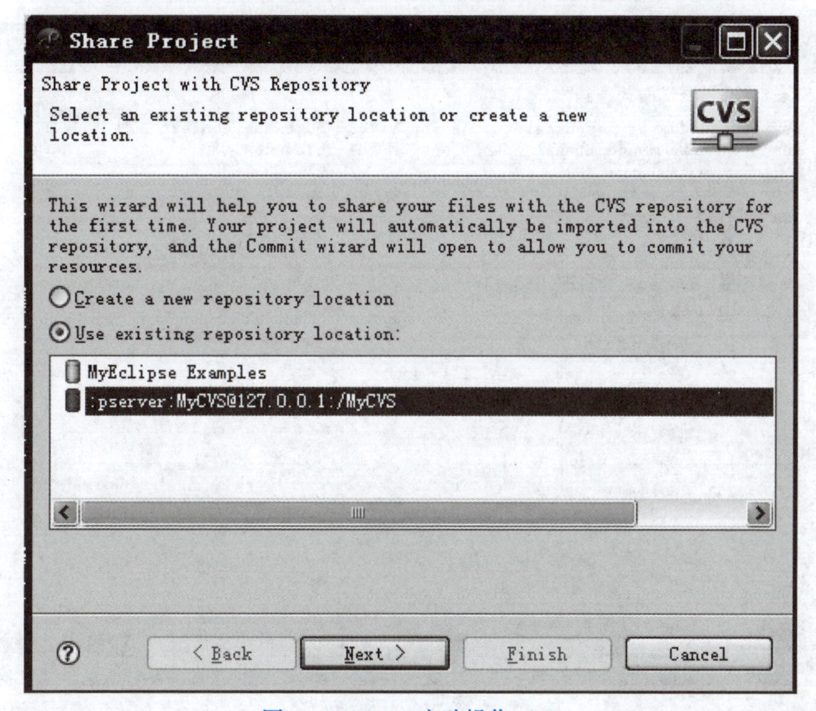

CVS 工具的使用_2

图 6－37　CVS 实验操作（3）

使用默认选择，即把项目名作为模块分支的名称，单击“Next”按钮，如图 6－38 所示。

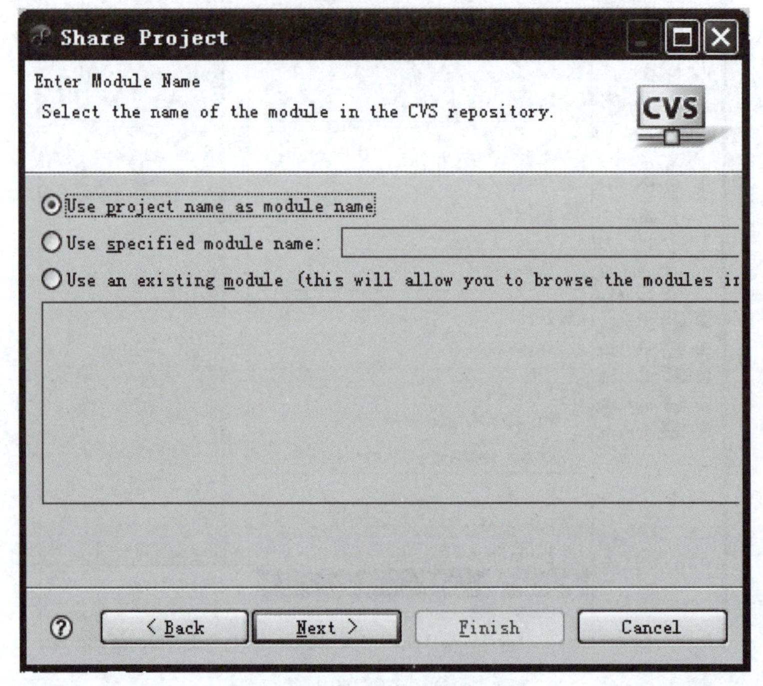

图 6－38　CVS 实验操作（4）

单击“Finish”按钮，如图 6－39 所示。

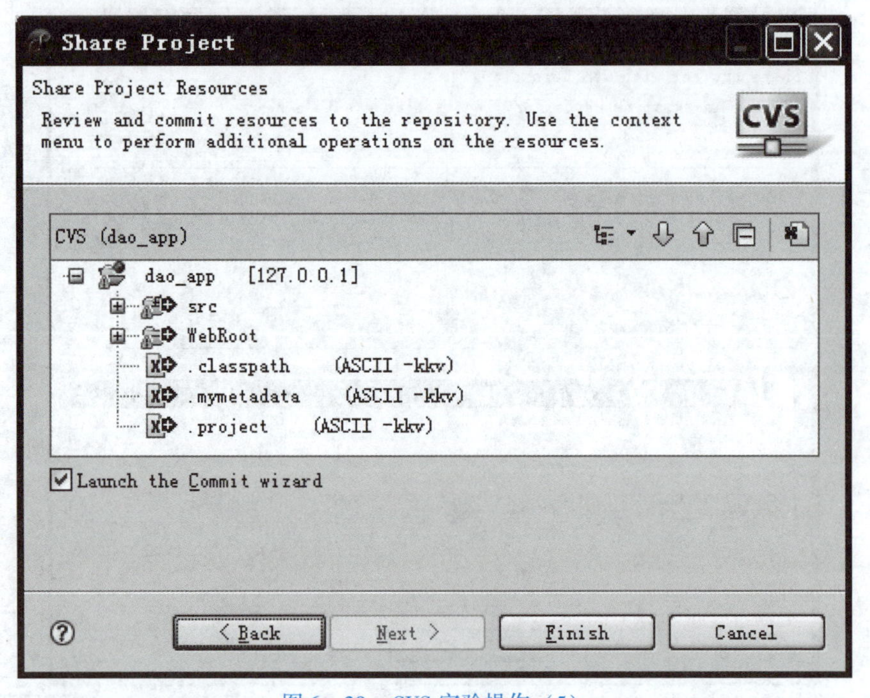

图 6－39　CVS 实验操作（5）

在文本框中输入版本变更的原因，单击"Finish"按钮，如图 6－40 所示。

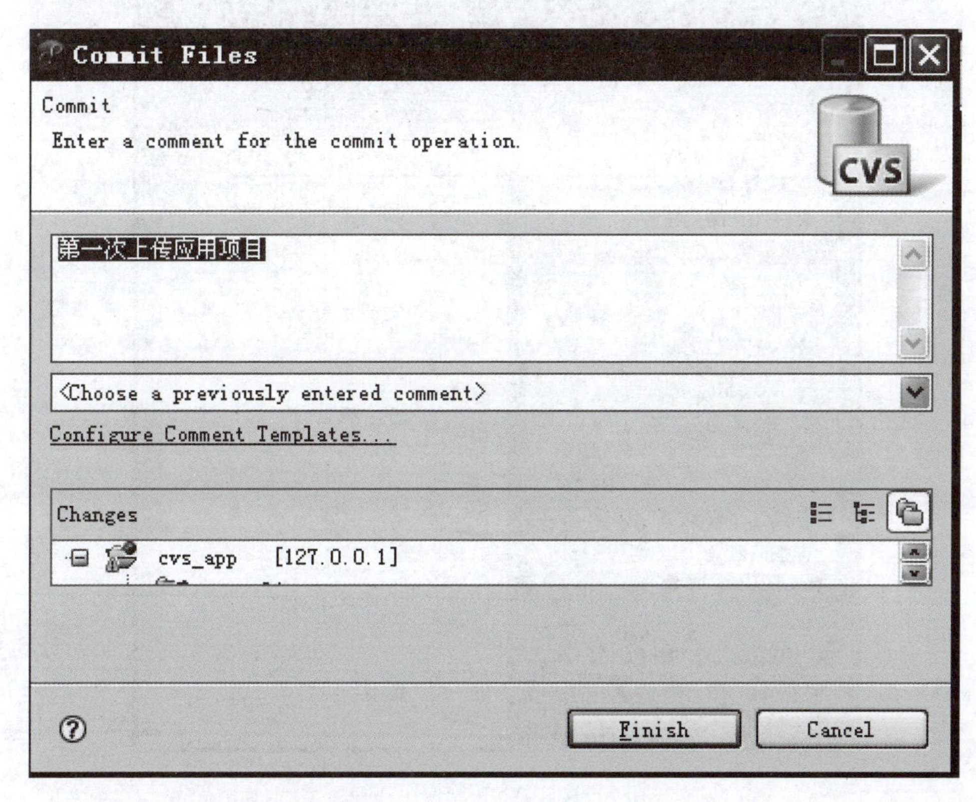

图 6－40　CVS 实验操作（6）

整个项目已完整地添加到 CVS 服务器，项目处于 CVS 的受控状态，如图 6－41 所示。

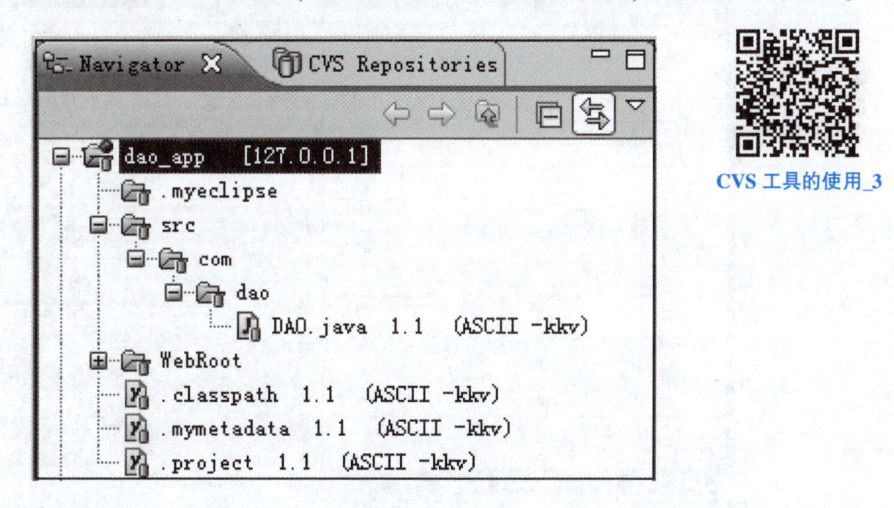

图 6－41　CVS 实验操作（7）

CVS 工具的使用_3

整个 dao_ app 项目已存储在 CVS 服务器的存储目录 D:\MyCVS 路径下，如图 6－42 所示。

变换 MyEclipse 工具的工作空间，模拟另一个程序员的工作开发环境，并在新的工作空间重新配置一个 CVS 连接，如图 6－43 所示。

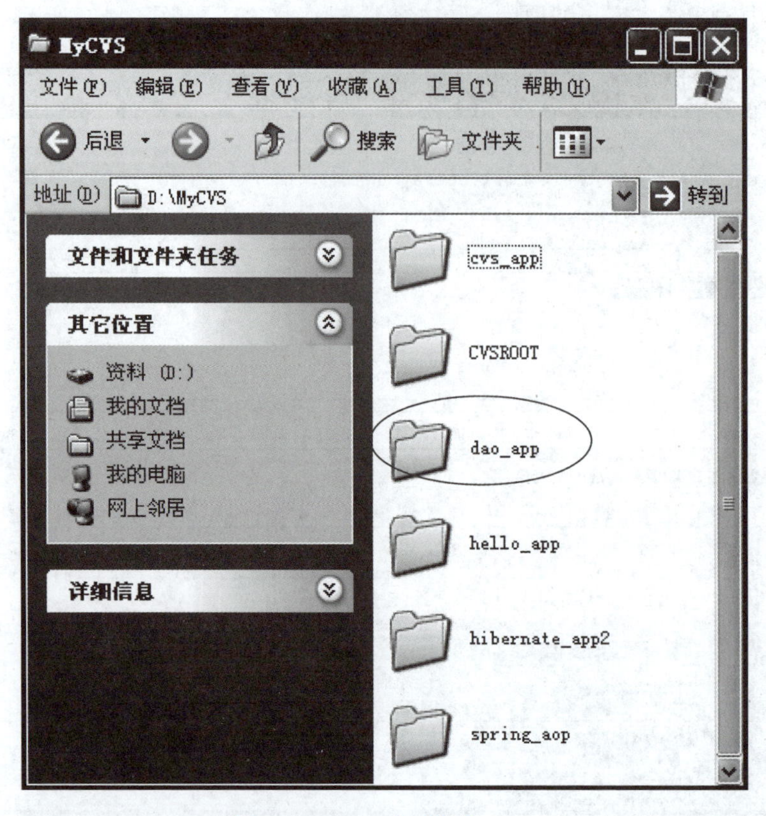

图 6－42　CVS 实验操作（8）

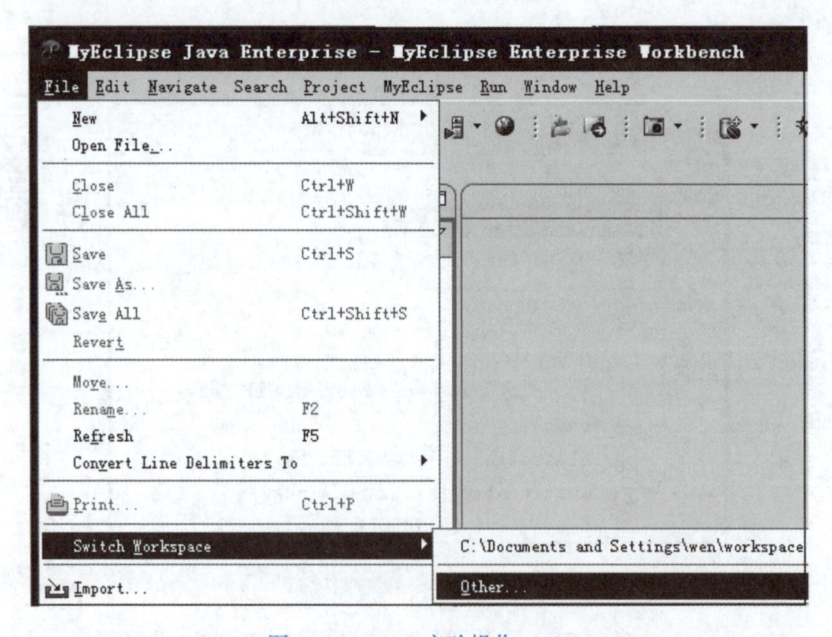

图 6－43　CVS 实验操作（9）

在“CVS Repositories”视图中，选择上传到 CVS 服务器的项目 dao_app，右击，选择“Check Out”命令，表示要从 CVS 服务器上检出文件，如图 6－44 所示。

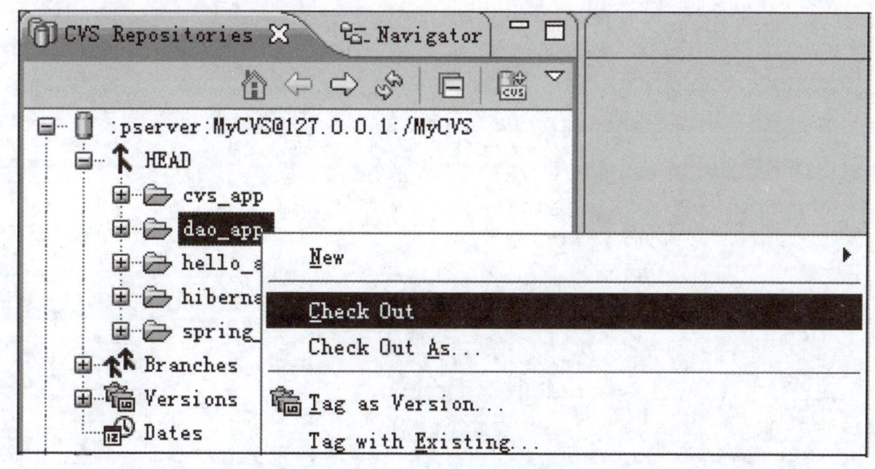

图6－44　CVS 实验操作（10）

在“Navigator”或“Package”视图中，可以看到 dao_ app 项目已经被完整下载到新的工作空间，如图6－45所示。

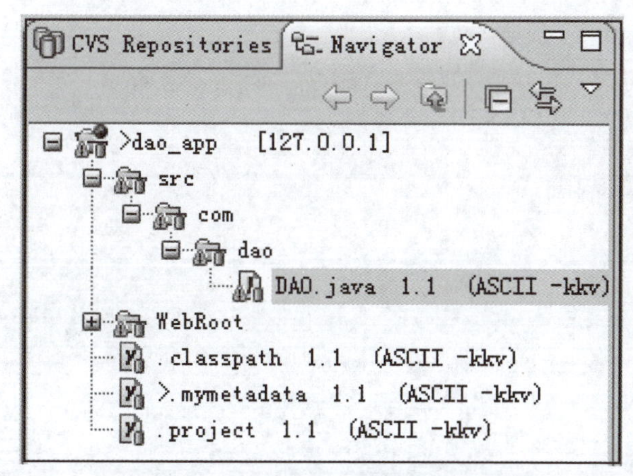

图6－45　CVS 实验操作（11）

CVS 工具的使用_4

假如此程序员的任务是完成其中的 addBook( ) 方法，打开 DAO. java 文件，并在其中添加相应的内容。

```
DAO.java
package com.dao;
import java.sql.*;
public classDAO {
      //连接 conn 供其他方法直接使用
      private static Connection conn;
      //负责 conn 连接的初始化赋值工作
      public void initConnection(){
      }
```

```
    //增加一本书
    public void addBook(){
      PreparedStatement pre = null;
      int num = 0;
      String sql = "insert into bookInfo values(?,?,?,?)";
      try {
      pre = conn.prepareStatement(sql);
      pre.setString(1,"《钢铁是怎样炼成的》");
      pre.setString(2, "尼古拉·奥斯特洛夫斯基");
      pre.setString(3, "讲述少年保尔如何成为一个革命战士的故事");
      pre.setInt(4,100);
      pre.executeUpdate();
      } catch(Exception e) {
        e.printStackTrace();
      }
      finally{
        try{
          if(pre ! = null){
            pre.close();
          }
        }
        catch(Exception e){
            e.printStackTrace();
        }
    }
  }
  //查询一本书
  public void queryBook(){
  }
  //修改一本书
  public void updateBook(){
  }
  //删除一本书
  public void deleteBook(){
  }
}
```

单击“Team”→“Commit”，把修改好的文件 DAO. java 提交到 CVS 服务器，如图 6－46 所示。

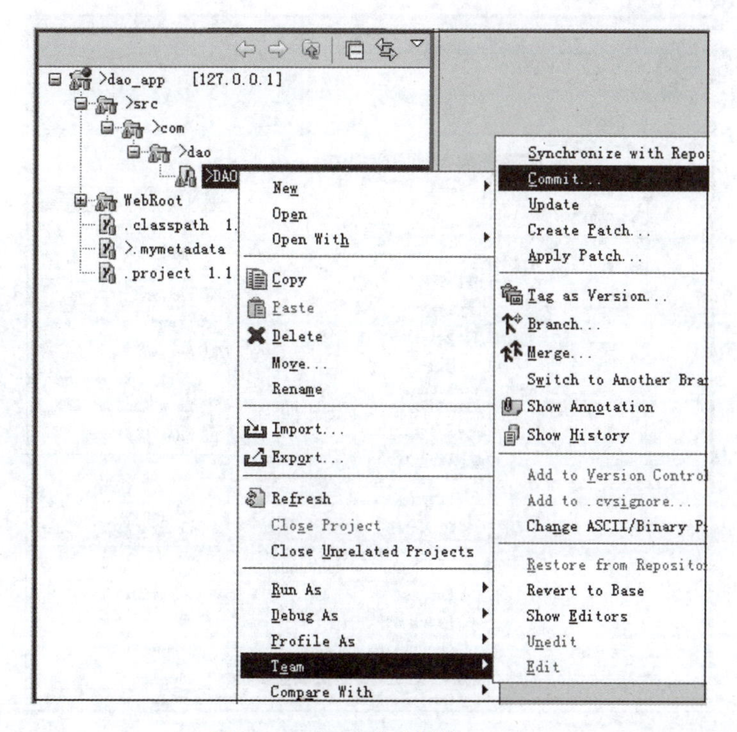

图 6－46　CVS 实验操作（12）

在输入框中输入版本变更的原因，单击“Finish”按钮，如图 6－47 所示。

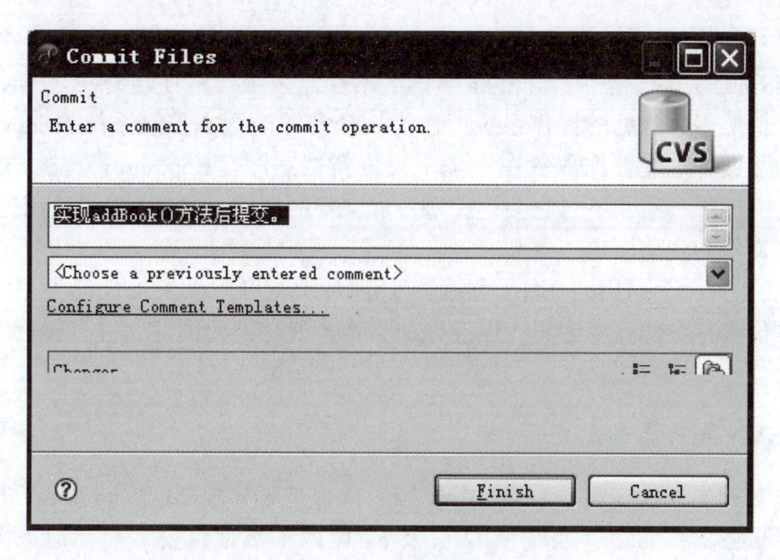

图 6－47　CVS 实验操作（13）

如果其他程序员要做另外的变更，例如实现另外三个方法 queryBook()、updateBook()、deleteBook()，则需要从 CVS 服务器上先得到最新版本，才能做变更修改。单击“Team”→“Update”，可得到最新版本的 DAO.java 文件，如图 6－48 所示。

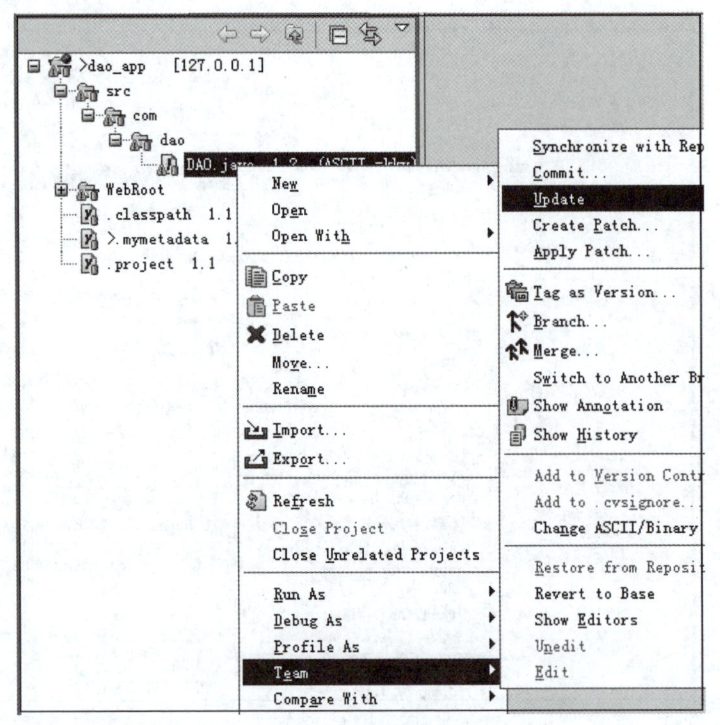

图 6－48　CVS 实验操作（14）

6.3　SVN 版本管理应用

SVN 全名 Subversion，是一个非常成熟的版本控制系统。SVN 与 CVS 一样，是一个跨平台的软件，支持大多数常见的操作系统。作为一个开源的版本控制系统，Subversion 管理着随时间改变的数据，这些数据放置在一个中央资料档案库（Repository）中。这个档案库很像一个普通的文件服务器，不过它会记住每一次文件的变动。这样可以把档案恢复到旧的版本，或是浏览文件的变动历史。

Subversion 作为一个通用的文件资源版本管理系统，可用来管理任何类型的文件，其中包括了以文本形式存在的程序源码，以及以非文本形式存在的图片文件、音频文件、视频文件等。

6.3.1　SVN 服务器端安装

SVN 版本管理工具的安装分为两部分：第一部分是服务器端的安装，第二部分是客户端的安装。SVN 服务器端的安装软件有 32 位及 64 位两种类型，安装前要检查操作系统的位数，选择与操作系统相匹配的安装软件。本安装过程以 64 位的 Windows 10 为例，讲解相关的安装操作过程与配置。

（1）开始安装

准备好 SVN 服务器端安装文件“VisualSVN－Server－5.0.3－x64.msi”，在 SVN 的官网可直接下载。

双击安装文件，出现图 6－49 所示的安装窗体，开始安装过程。在图 6－50 中选中

“I accept the terms in the License Agreement”项，并单击“下一步”按钮。在图 6－51 中保留默认选项即可，表示安装 SNV 服务器以及相关的管理工具。

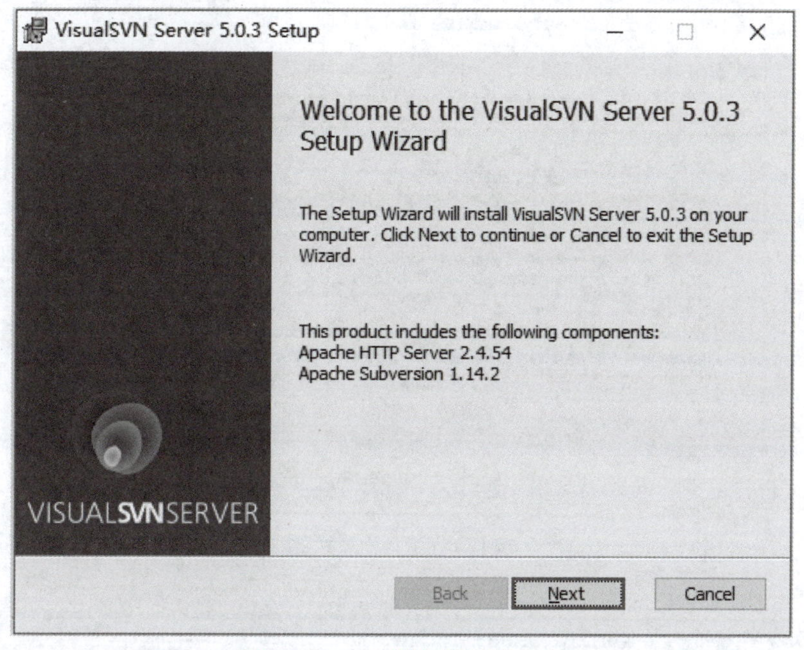

图 6－49　SVN 服务器安装（1）

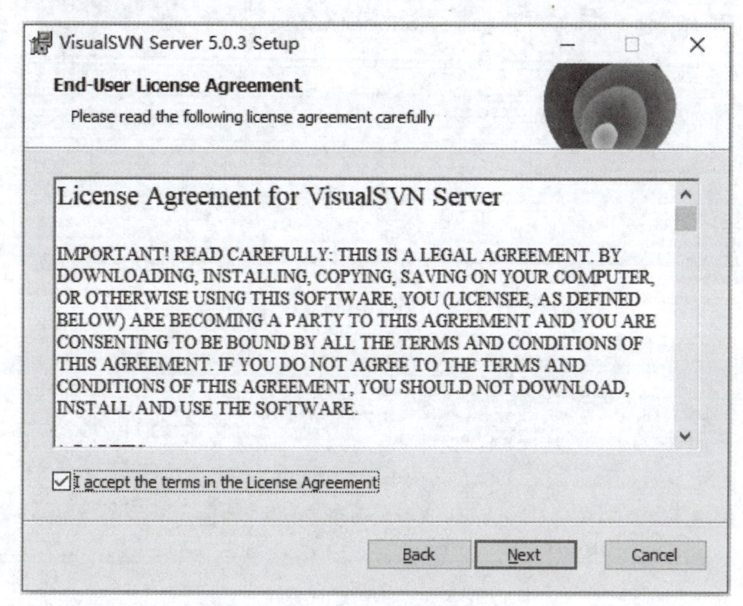

图 6－50　SVN 服务器安装（2）

（2）设定 SVN 服务器相关路径参数

在图 6－52 中，“Location”项是 SVN 服务器的安装路径，“Repositories”项是 SVN 服务器代码仓库路径“Backups”项是 SVN 服务器备份仓库路径，安装时可以根据实际情况选择。

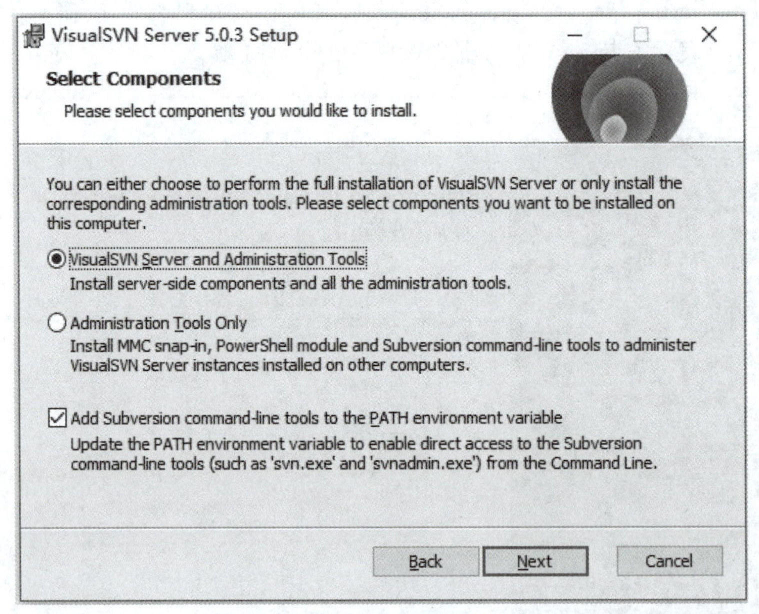

图 6－51　SVN 服务器安装（3）

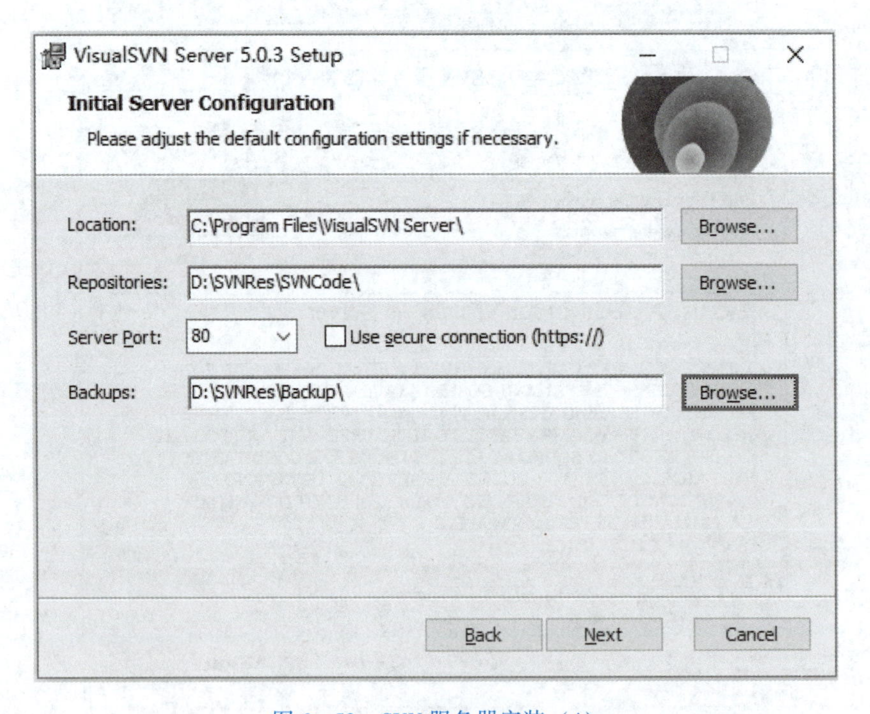

图 6－52　SVN 服务器安装（4）

特别需要注意的是“Server Port”项，其设定关于远程连接的端口及通过协议。本选项默认的端口是“443”，默认的连接协议是“Https”，在此需修改成连接端口为 80，使用“Http”传输协议，需要把“Use secure connection（https://）”选项前面的“√”去掉。

在图 6－53 中按默认配置，单击“下一步”按钮即可。图 6－54 是设定 SVN 账号的授权方式，按默认选择即可，表示手动添加用户账号，在图 6－55 中直接单击“Install”按钮，

在图6-56中直接单击“Finish”按钮，完成安装过程，跳出如图6-57所示的SVN服务器管理面板。管理面板关闭后，也可以通过“开始”菜单的“VisualSVN Server Manager”项打开，如图6-58所示，至此，安装结束。

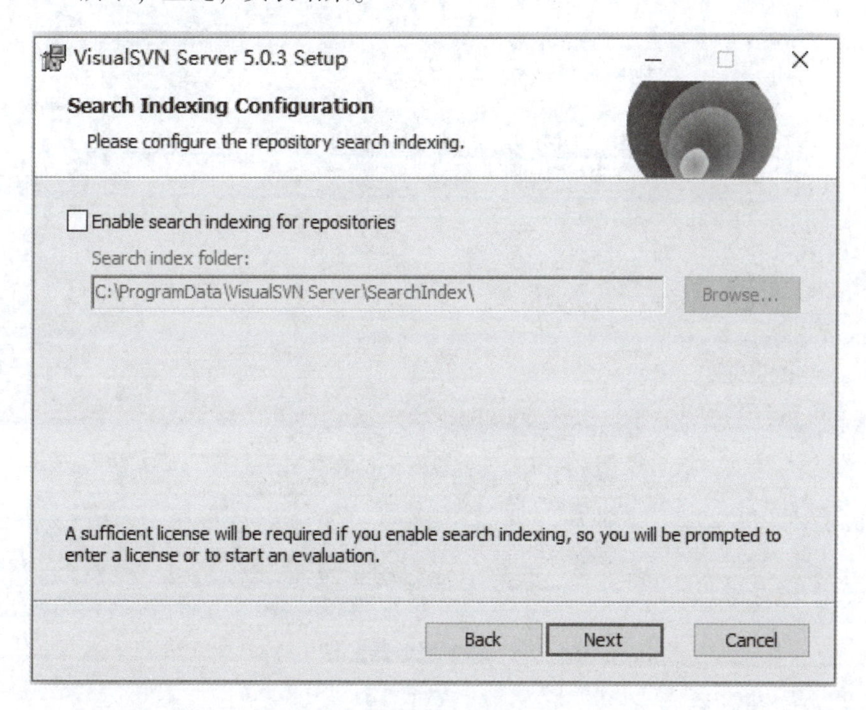

图6-53　SVN服务器安装（5）

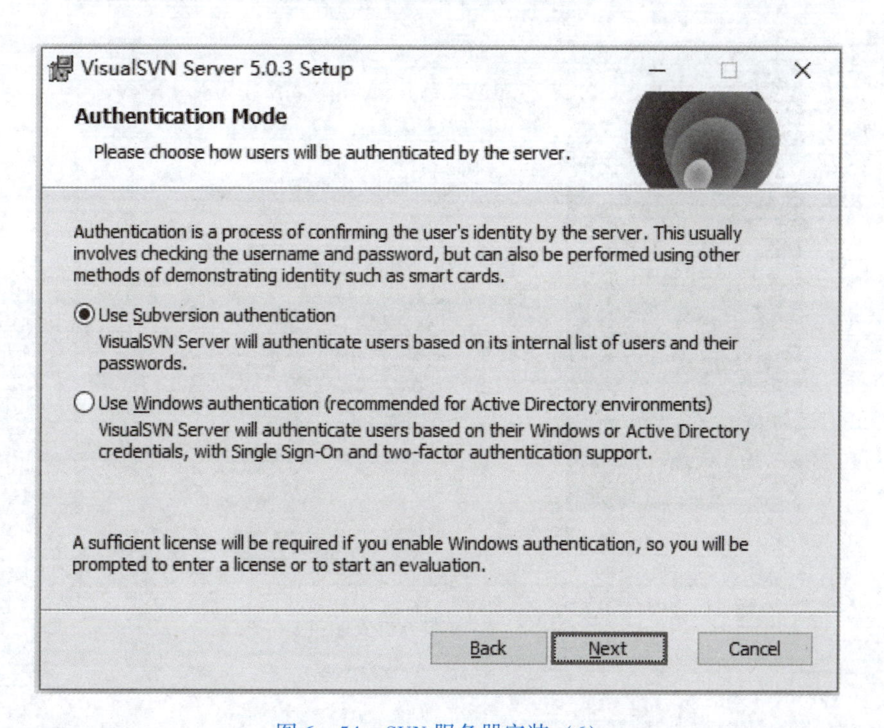

图6-54　SVN服务器安装（6）

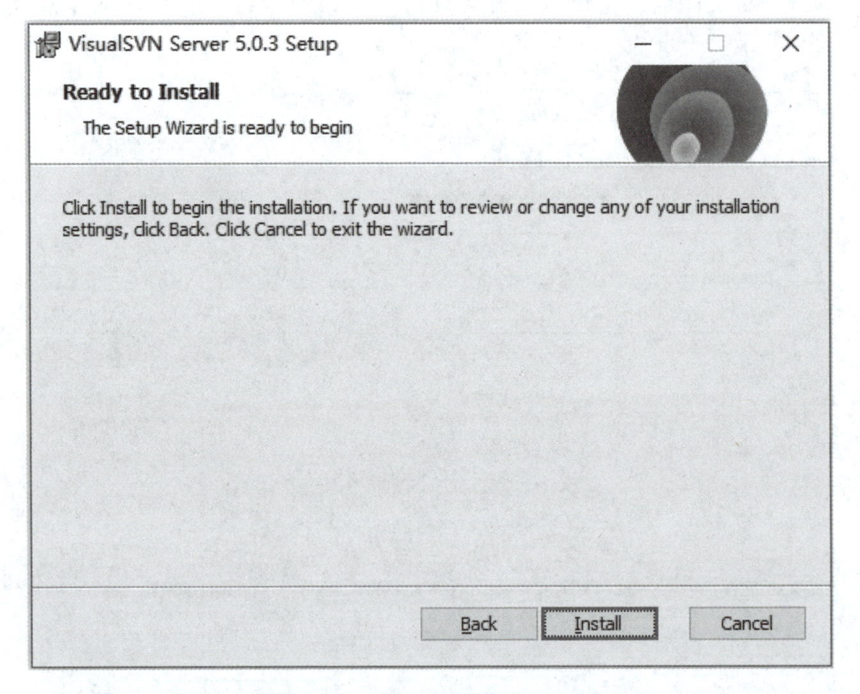

图 6－55　SVN 服务器安装（7）

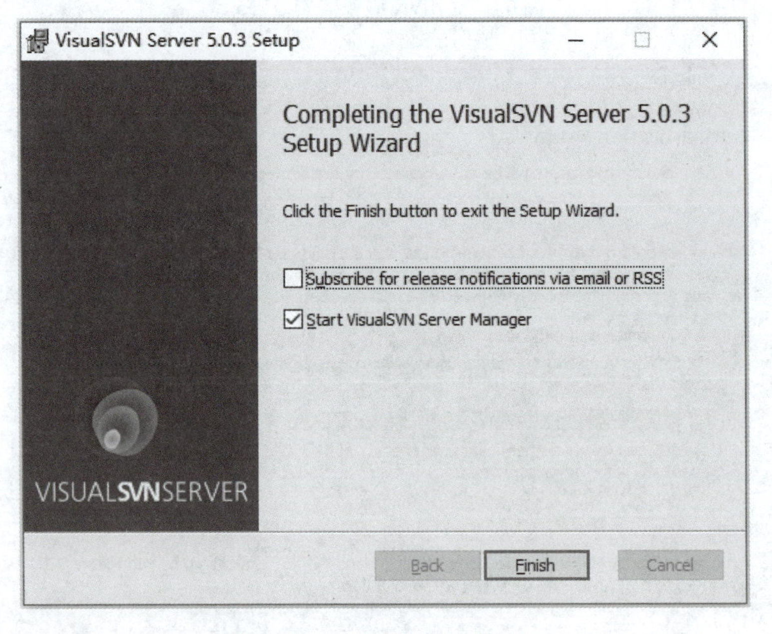

图 6－56　SVN 服务器安装（8）

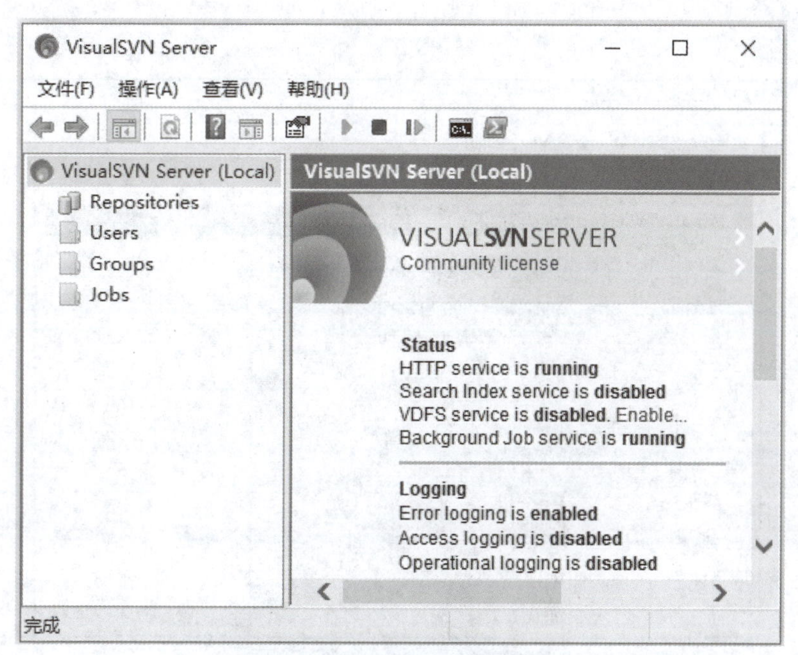

图 6－57　SVN 服务器安装（9）

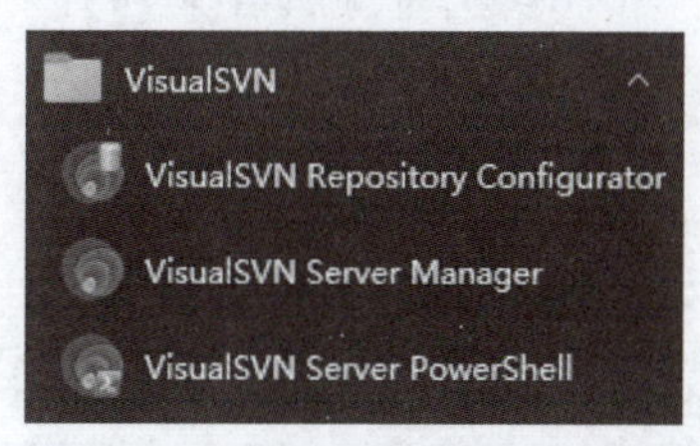

图 6－58　SVN 服务器安装（10）

6.3.2　SVN 服务器配置

SVN 服务器的配置，主要涉及代码库管理与用户管理两部分。代码库管理包括逻辑代码库的创建、结构规划、权限管理等方面，在 SVN 服务器上可以创建多个代码库节点。用户管理包括用户的创建、分组、授权，可以根据实现需要创建多个不同角色、权限的用户。

（1）代码库管理

在 SVN 服务器上创建一个代码库节点 “myRes”，在如图 6－59 所示的 SVN 服务器管理面板上右击 “Respositories”，在弹出的菜单中选择 “Create New Repository” 项。在图 6－60 中，“Regular FSFS repository” 项表示创建一个常规代码库，“Distributed VDFS repository” 项表示创建一个分布式代码库，按默认选择即可。

在图 6－61 中，第一项表示创建空代码库，第二项表示创建包含 “trunk” “branches” “tag” 三个分支的代码库。在图 6－62 中，是代码库的默认权限控制，第一项表示不允许任何用户访问，第二项表示每个用户均可访问，第三项表示个性化定制。图 6－63 为代码库节点的名称，在图 6－64 中直接单击 “Create” 按钮，在图 6－65 中直接单击 “Finish” 按钮，完成代码库的创建过程。

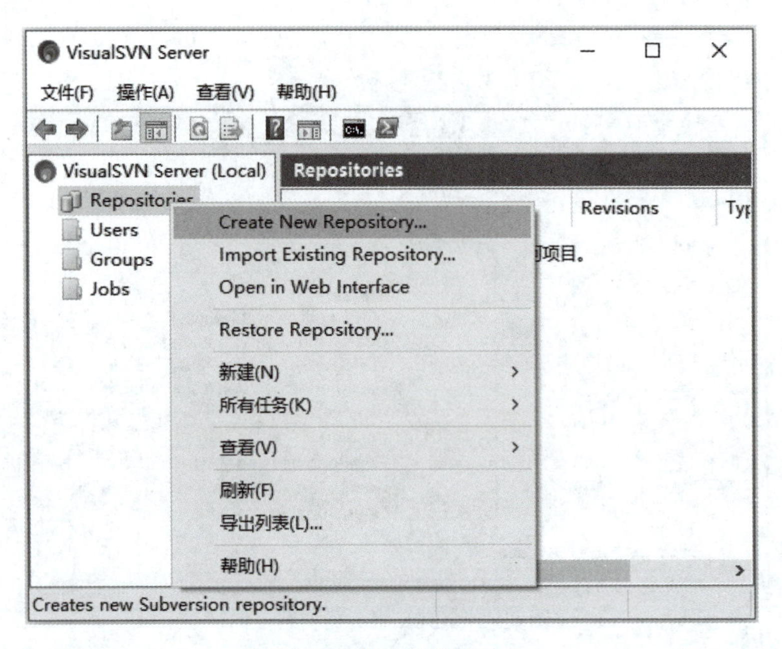

图 6－59　代码库管理（1）

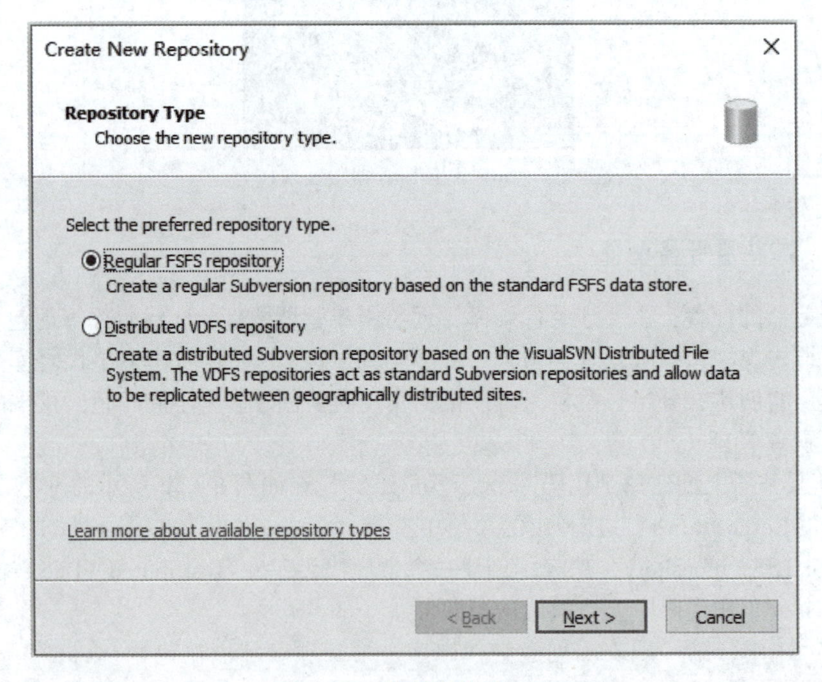

图 6－60　代码库管理（2）

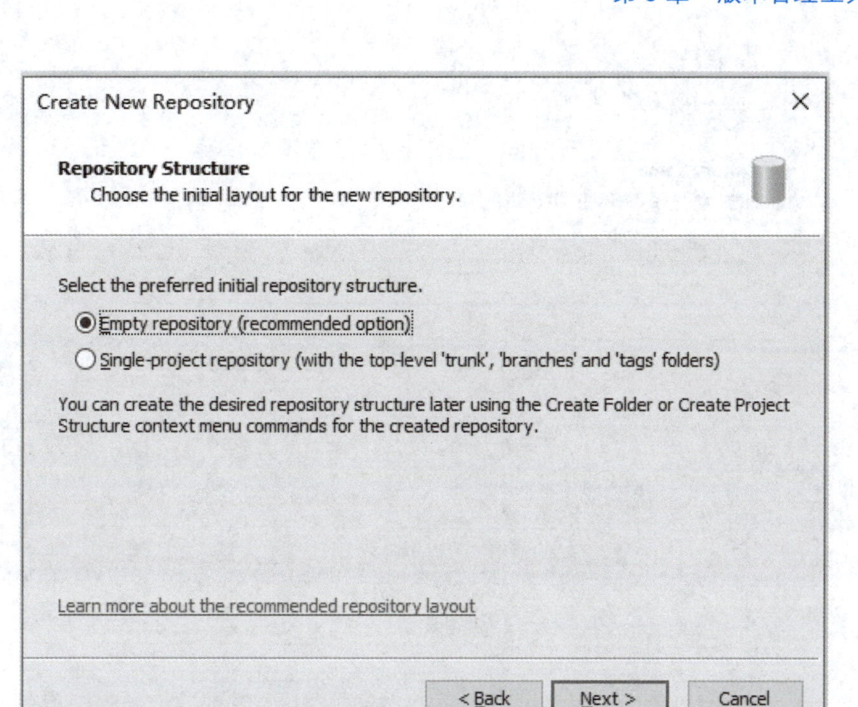

图 6－61　代码库管理（3）

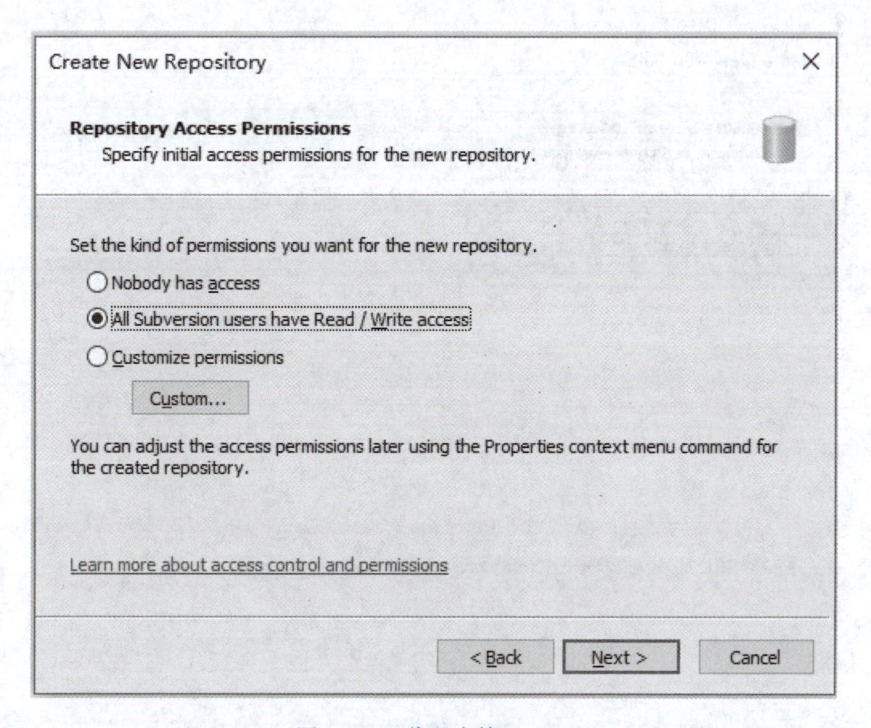

图 6－62　代码库管理（4）

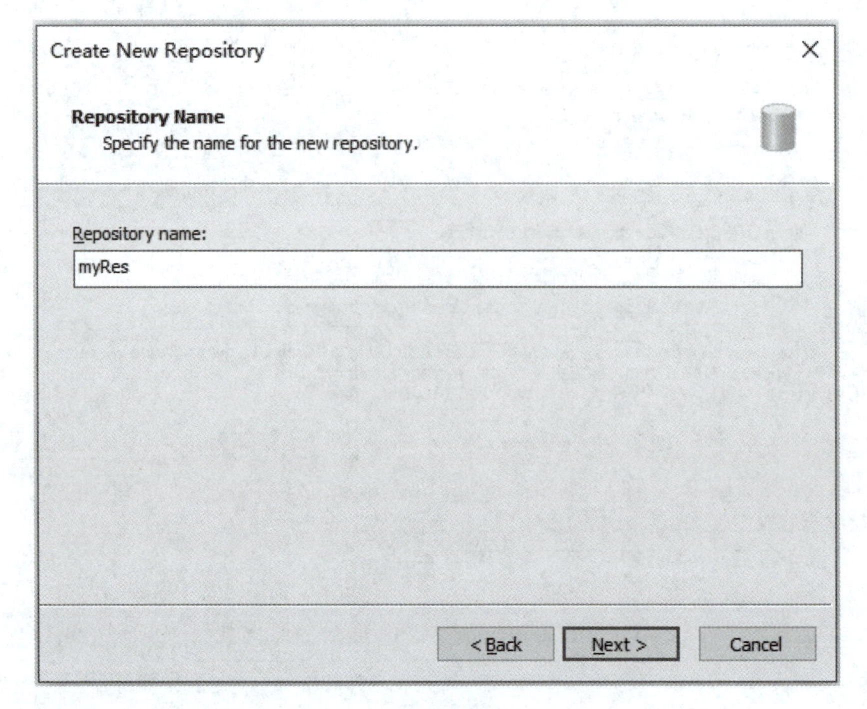

图 6－63　代码库管理（5）

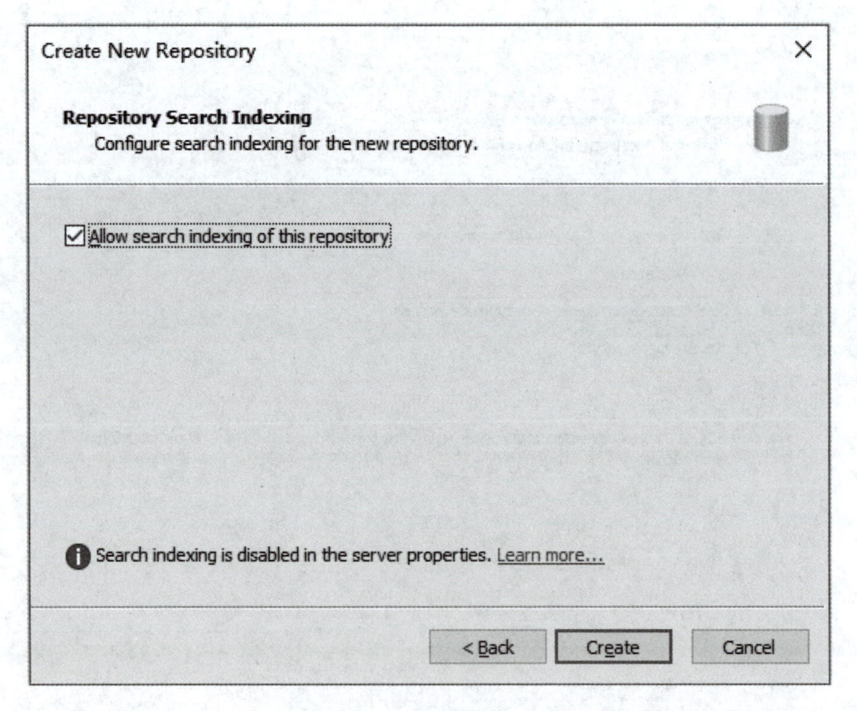

图 6－64　代码库管理（6）

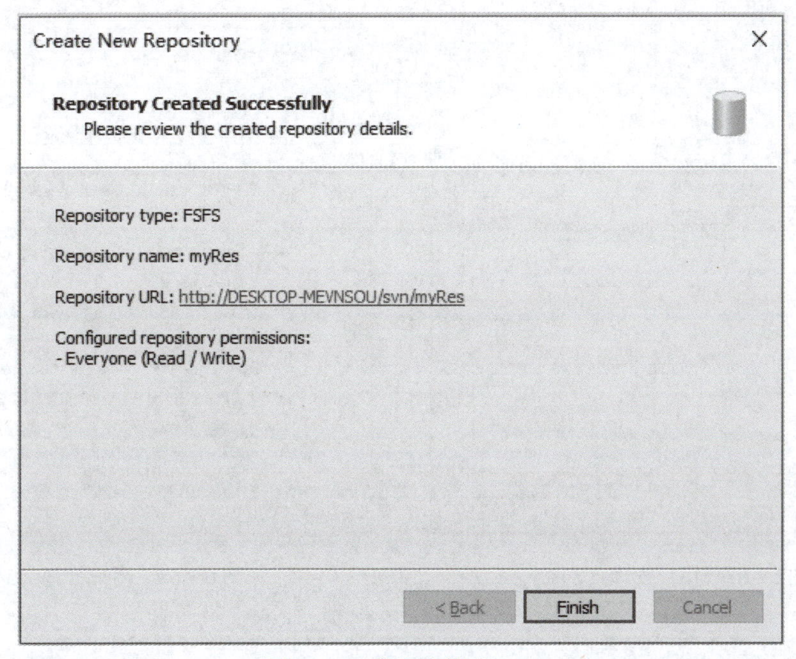

图 6－65　代码库管理（7）

（2）用户库管理

在 SVN 服务器上创建一个用户，在如图 6－66 所示的 SVN 服务器管理面板上右击"Users"，在弹出的菜单中选择"Create User"项。在图 6－67 中，输入用户名、密码、确认密码，最后单击"OK"按钮。如果设置的密码过于简单，则会跳出图 6－68 所示的提示窗体，第一项表示仍要使用这个密码创建用户，第二项表示设置另一个密码，选择第一项即可。用户创建完成后，得到如图 6－69 所示的用户群组。

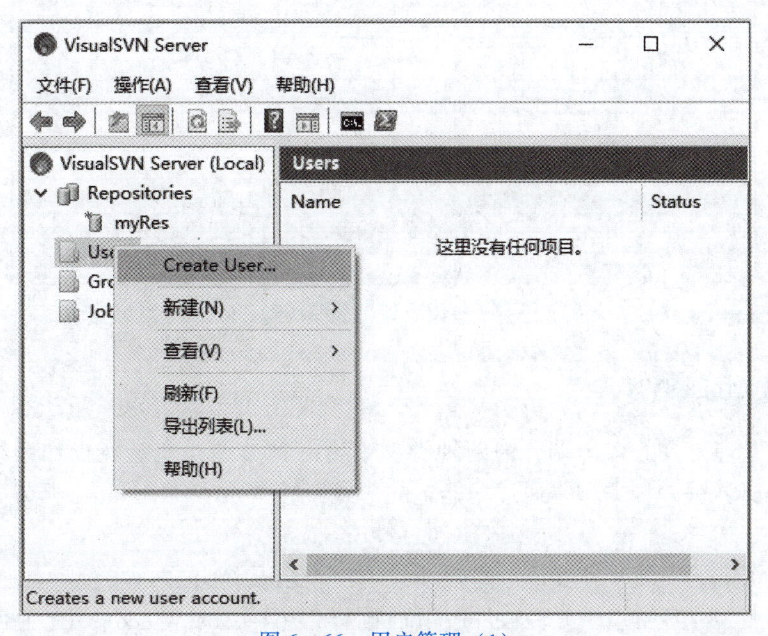

图 6－66　用户管理（1）

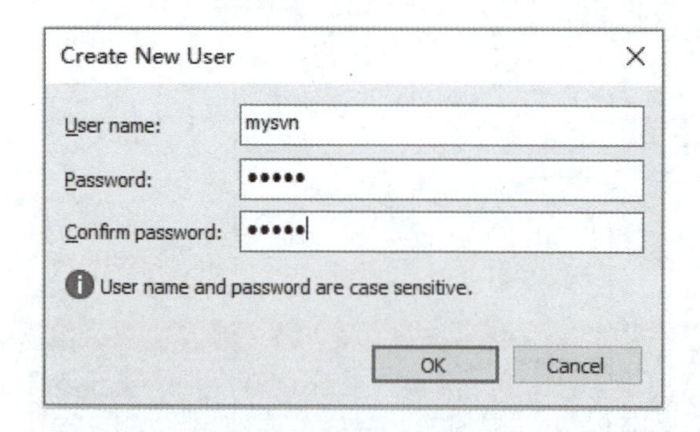

图6-67　用户管理（2）

图6-68　用户管理（3）

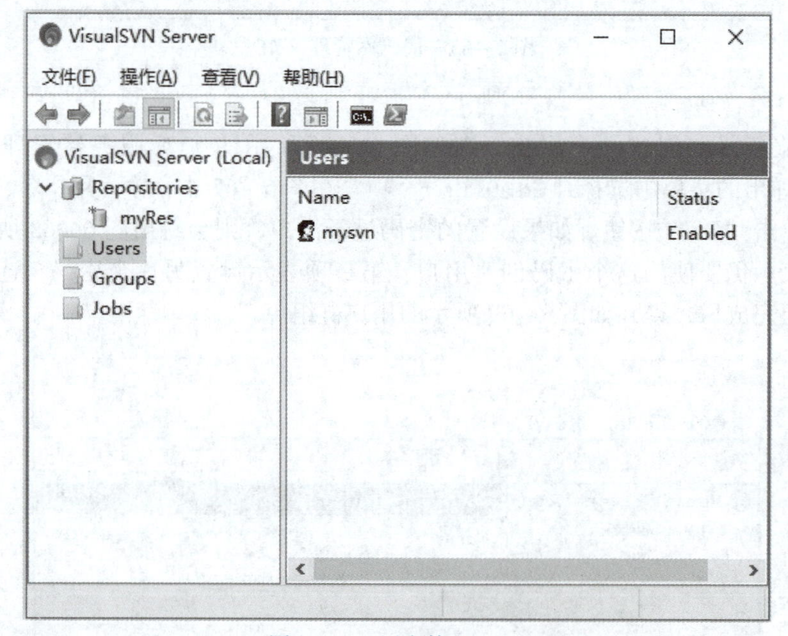

图6-69　用户管理（4）

6.3.3　TortoiseSVN 安装

SVN 版本管理工具的客户端分为两种类型：第一种类型是安装在操作系统中的客户端 TortoiseSVN 工具，另一种类型是通过功能包的形式直接集成在 MyEclipse 开发工具上的应用插件。

SVN 客户器端的安装软件 TortoiseSVN 同样有32位及64位两种类型，在安装时，要选择与操作系统位数相匹配的安装软件。下面同样以64位的 Windows 10 为例，讲解相关 TortoiseSVN的安装操作过程。

准备好 TortoiseSVN 工具安装文件“TortoiseSVN－1.14.3.29387－x64－svn－1.14.2.msi”，双击安装文件，出现如图 6－70 所示的窗体，开始安装过程。

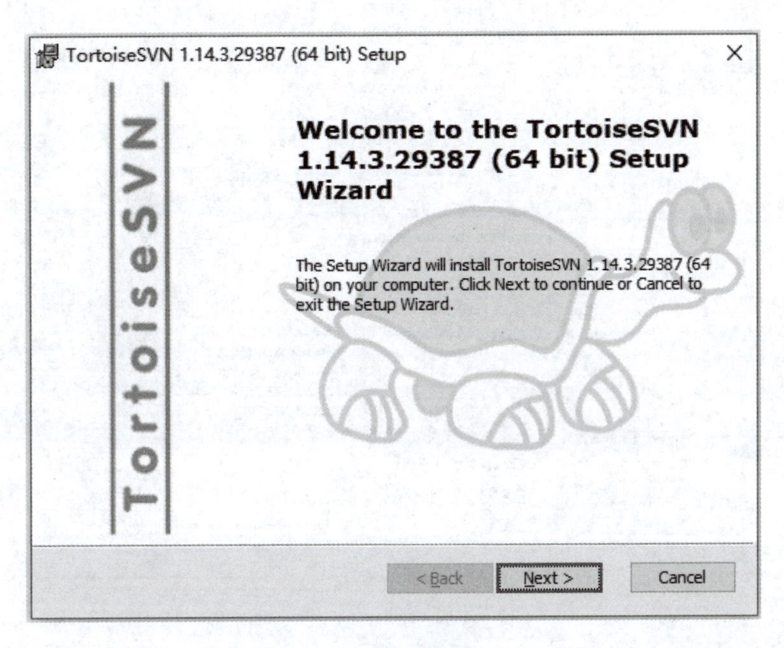

图 6－70　客户端安装（1）

在图 6－71 中直接单击“Next”按钮，在弹出的图 6－72 所示的对话框中，选择安装组件，默认选项即可。在图 6－73 中直接单击“Install”按钮，在图 6－74 中直接单击“Finish”按钮，如果操作系统中安装了一些安全类应用程序，如杀毒软件，会提示右键菜单被修改，如图 6－75 所示，这时应该选择允许修改。

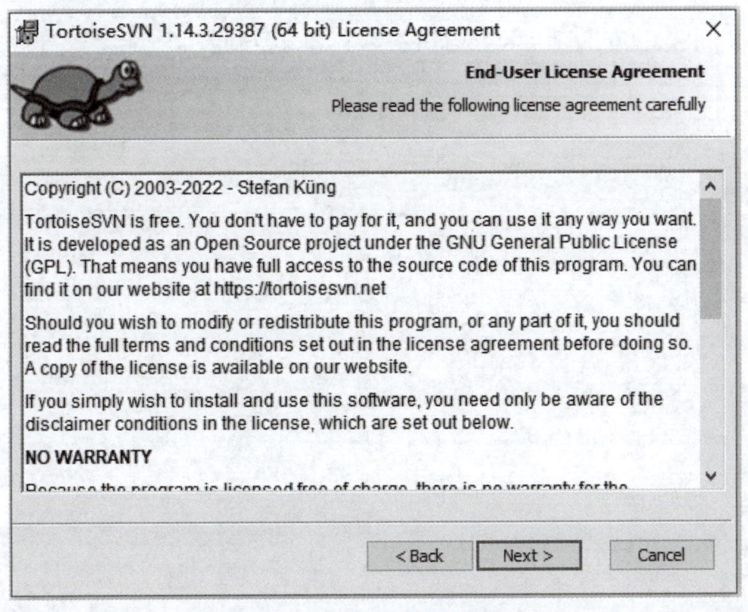

图 6－71　客户端安装（2）

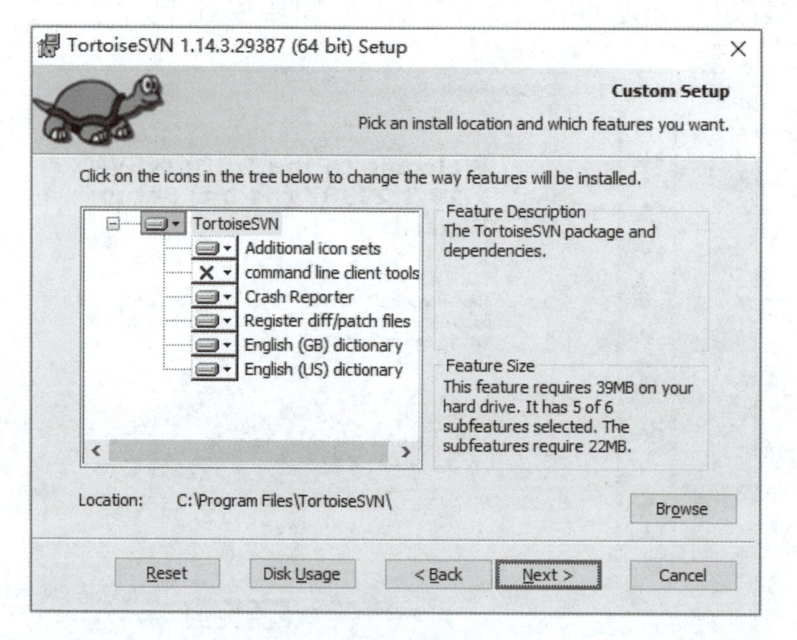

图 6－72　客户端安装（3）

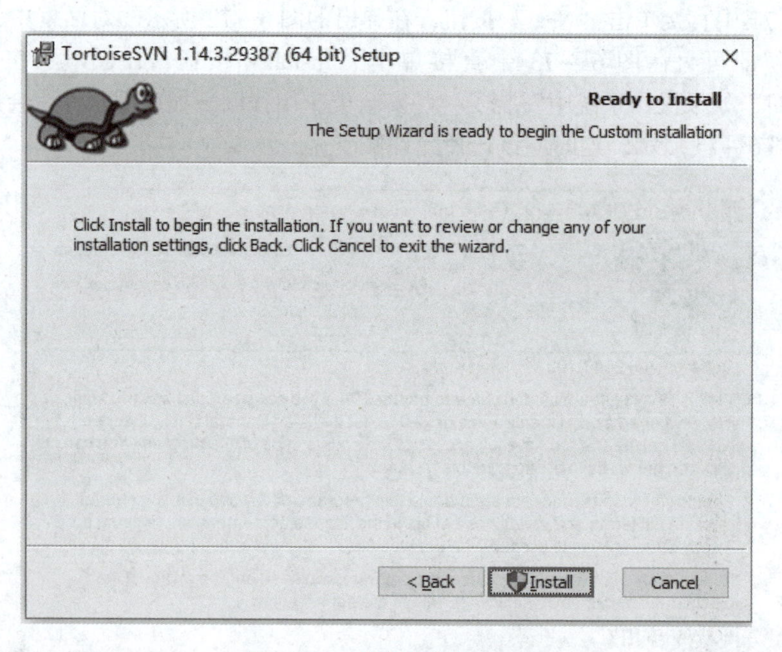

图 6－73　客户端安装（4）

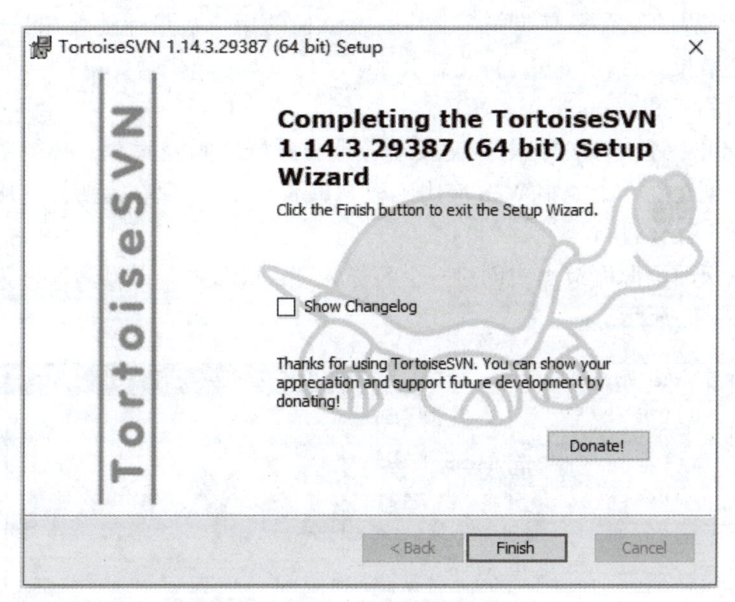

图 6－74　客户端安装（5）

客户端安装成功后，单击鼠标右键会看到弹出菜单中包含了“SVN Checkout”“TortoiseSVN”两项，如图 6－76 所示。

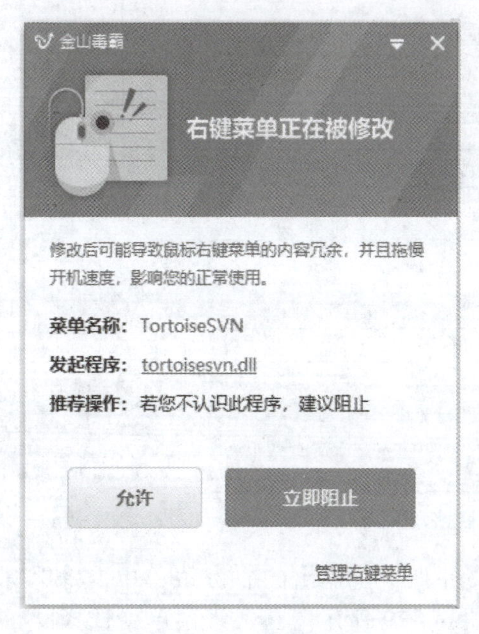

图 6－75　客户端安装（6）

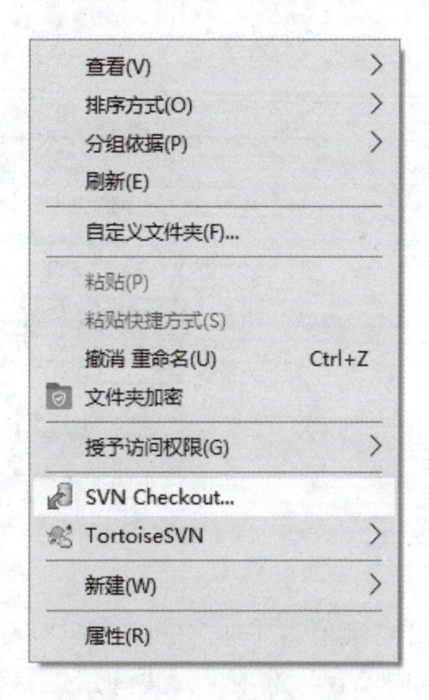

图 6－76　客户端安装（7）

6.3.4　TortoiseSVN 应用

TortoiseSVN 作为 Subversion 版本控制系统的一个开源客户端，可以实现在 Windows 操作系统下对 SVN 版本服务器文件资源的远程操作与控制管理。同时，TortoiseSVN 无缝地整合了 Windows 的资源管理器，所有的 Subversion 操作命令均存在于资源管理器的右键菜单中。

作为 Java EE 开源界的优秀客户端程序，TortoiseSVN 的用户数量伴随着 Subversion 的广泛使用，一直在快速增长。

（1）导入项目工程（import）

创建好的应用工程，首次导入 SVN 版本管理服务器代码仓库时，必须使用 TortoiseSVN 工具。如本地已创建好一个完整 Web 应用工程“demoWeb”，现在需要导入服务器端进行版本控制，则按如下操作进行。

①在管理面板的资源库节点中创建一个名称为“demoWeb”的项目文件夹，操作过程如图 6－77 和图 6－78 所示。

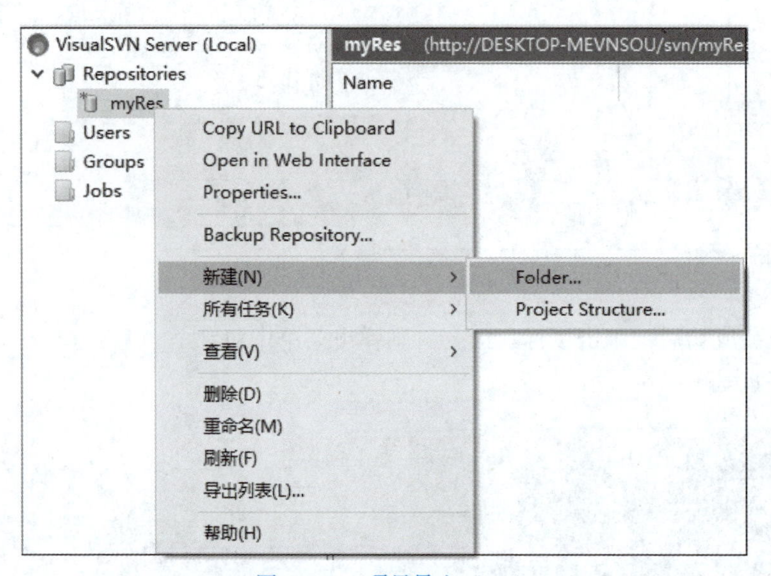

图 6－77　项目导入（1）

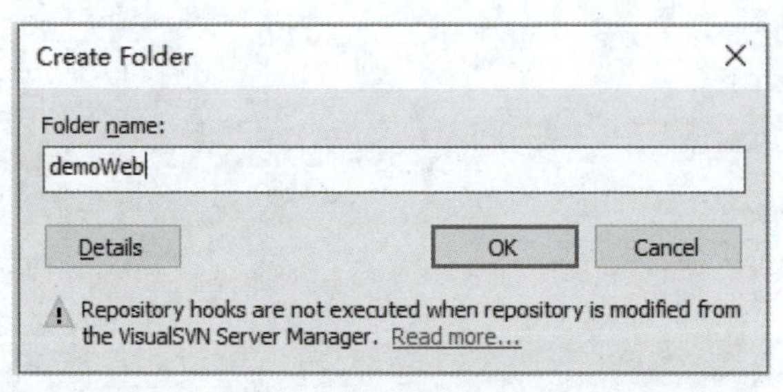

图 6－78　项目导入（2）

②右键单击本地项目工程“demoWeb”文件夹，在弹出的右键菜单中，将鼠标移到“TortoiseSVN”选项上，再弹出二级菜单，如图 6－79 所示。在二级菜单中选择“Import”子项，接着弹出导入窗体，如图 6－80 所示，在“Import message”栏输入版本操作信息，可自由输入，不影响后继其他操作。

在“URL of repository”栏输入 SVN 服务器上“demoWeb”项目文件夹的 URL 路径，如图 6－80 所示。在 SVN 管理面板中可获取“demoWeb”项目 URL，操作如图 6－81 所示，把复制出来的 URL 路径中“/svn”字符前的路径修改为“http://127.0.0.1”，则可得到图 6－80 中正确的 URL 路径。

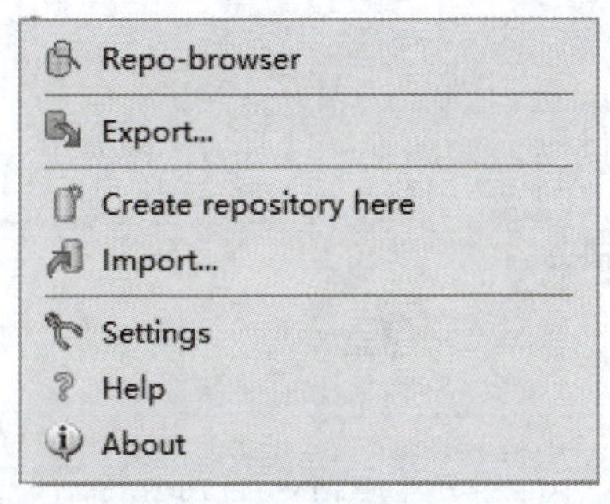

图 6－79　项目导入（3）

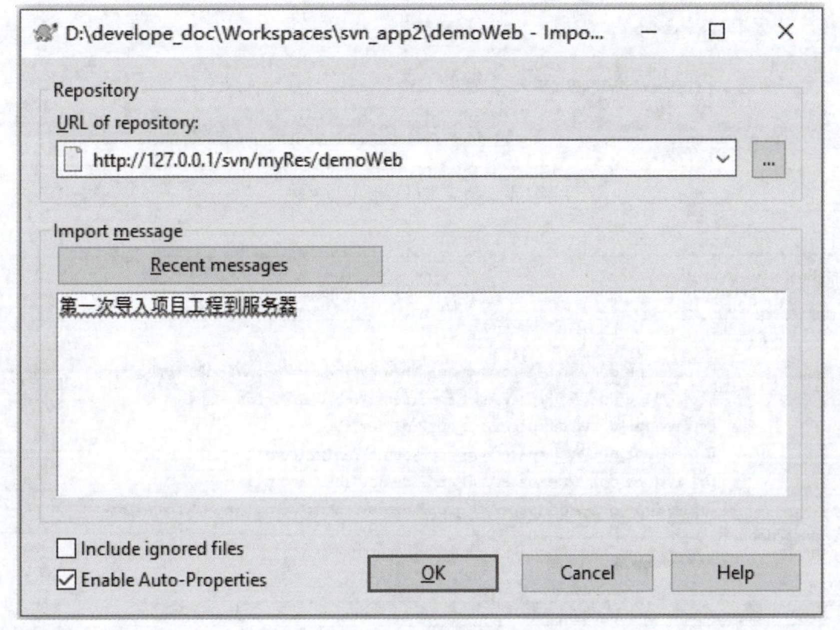

图 6－80　项目导入（4）

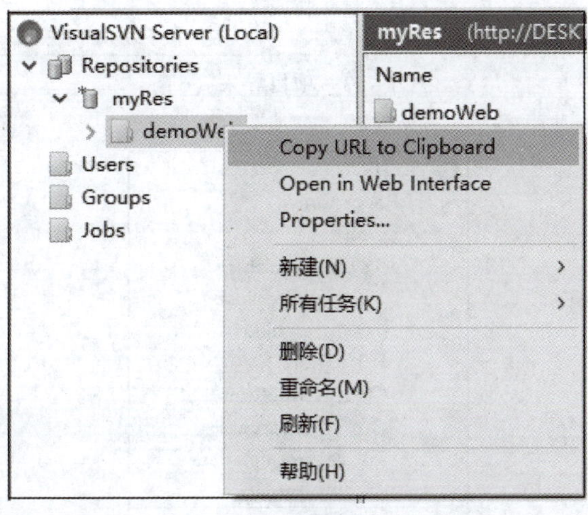

图 6－81　项目导入（5）

在图 6－82 中，输入之前创建好用户账号，并单击“OK”按钮，最终弹出如图 6－83 所示的窗体，输出的相关信息，表示项目工程已正式导入 SVN 的代码库中，也可以在 SVN 管理面板上看到导进来的项目代码，如图 6－84 所示。

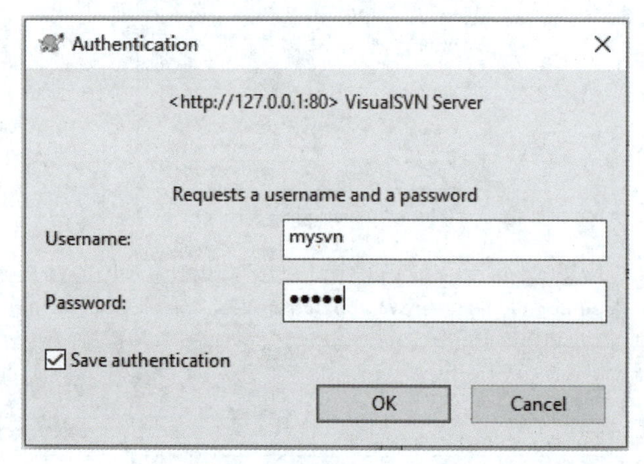

图 6－82　项目导入（5）

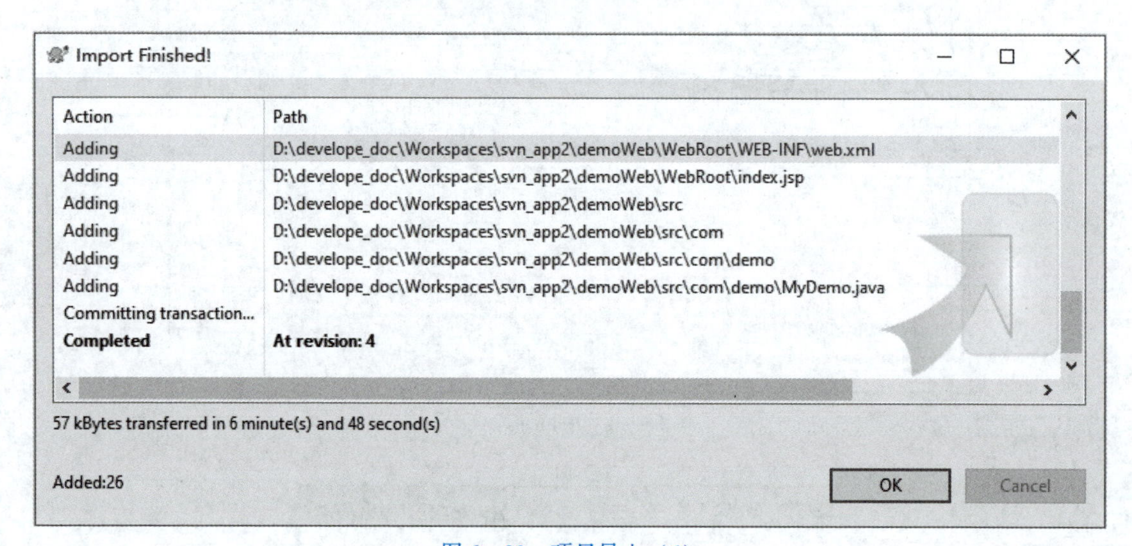

图 6－83　项目导入（6）

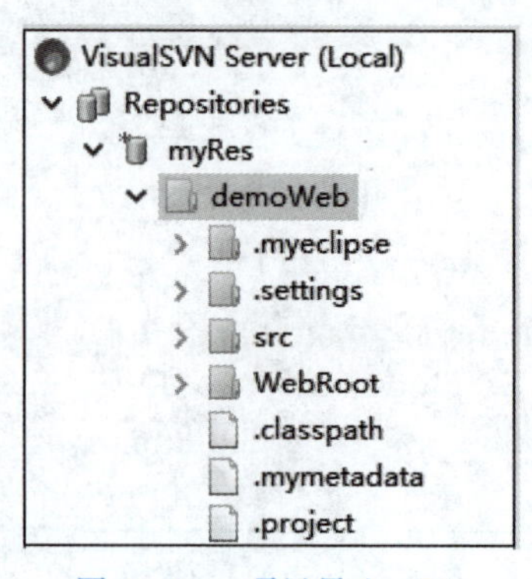

图 6－84　项目导入（7）

（2）检出项目工程（checkout）

检出项目工程，也称为导出项目工程，是从 SVN 服务器的代码库中把项目工程检出为本地工程代码的操作过程。

如把 SVN 服务器上的“demoWeb”工程检出到本地机器中进行编码开发，按以下操作进行。

在本地机上创建一个名称为“demoWeb”的文件夹，作为项目工程的存在目录。右键单击刚创建的“demoWeb”文件夹，在弹出的右键菜单中，选择“SVN Checkout”菜单项，弹出代码检出窗体，如图 6－85 所示。在“URL of repository”栏输入待检出资源的 URL，在“Revision”栏的“HEAD revision”项表示检出最新版本，如果希望检出其他版本，则可选择下面一项，并输入对应的版本号。最后单击“OK”按钮，即可把工程代码下载到本地空间，进行编程开发，如图 6－86 所示。

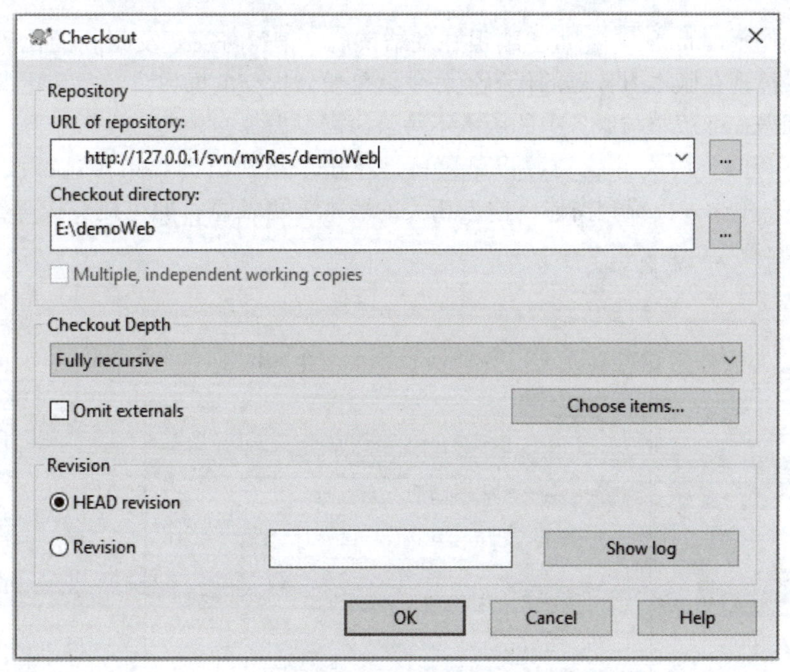

图 6－85　项目检出（1）

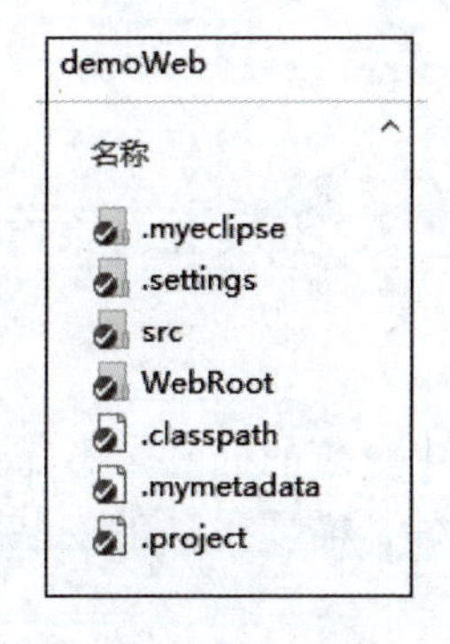

图 6－86　项目检出（2）

(3) 版本管理常规操作

除了项目工程的导入与检出操作外，还有其他许多的常规操作，如更新代码、提交代码、版本比对、合并冲突等。

①更新操作（update）：在每次编程开发前，应用与服务器的上版本同步，即取得最新版本，也就是做更新操作。选择要更新的资源文件或资源目录，右键单击，在弹出的菜单中选择“SVN Update”项，如图6－87所示，即可完成资源的更新操作。

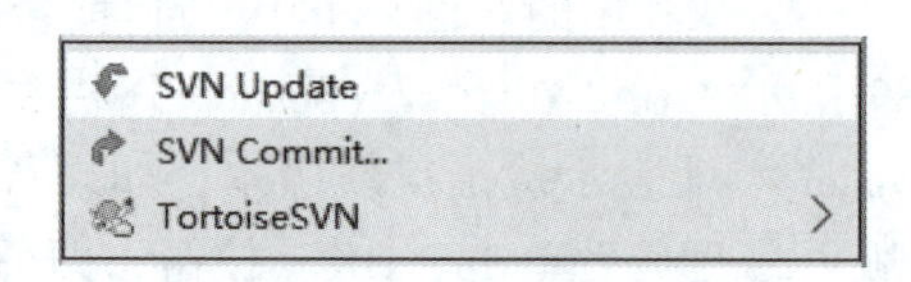

图6－87　更新操作

②提交操作（commit）：在每次编程开发结束后，记得务必提交最新的代码，以保证最新的开发成果体现在版本服务器的代码上，也就是要做提交的操作。经过变更的文件会有一个红色的感叹号，即版本与服务上的版本不一致，需要做提交处理。

选择要更新的资源文件或资源目录，右键单击，在弹出的菜单中选择图6－87中的“SVN Commit”项，弹出提交窗体，输入相关的版本变更信息，即可提交代码，如图6－88所示。

图6－88　提交操作

6.3.5　MyEclipse 集成 SVN

大多数的开发工作都是直接通过 MyEclipse 工具来完成的，在 MyEclipse 上集成 SVN 客户端将能大大提升项目编码开发的速度。

（一）插件集成过程

CVS 版本管理工具是 MyEclipse 中自带的插件，不需要另外集成即直接使用。SVN 不同于 CVS，不是 MyEclipse 中自带的插件，需要另外的安装集成，但其集成过程比较简单，以下做相关讲解。

① 准备好 SVN 集成的插件包“site－1.10.13－1.9.x.zip”，可以在网络平台上下载各种不同版本。

② 把插件包“site-1.10.13-1.9.x.zip”解压出来得到如图6-89所示的相关资源，把相关资源全部复制到MyEclipse根目录下的“dropins”文件夹中。

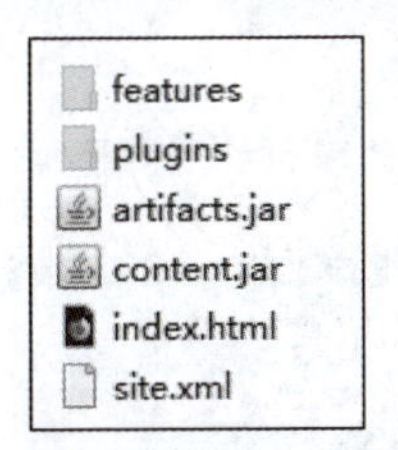

图6-89 集成SVN（1）

③ 重启MyEclipse工具，在“Window/Show View/Other”菜单下的“Show View”视图中即可看到SVN的功能项，表明插件安装成功，如图6-90所示。

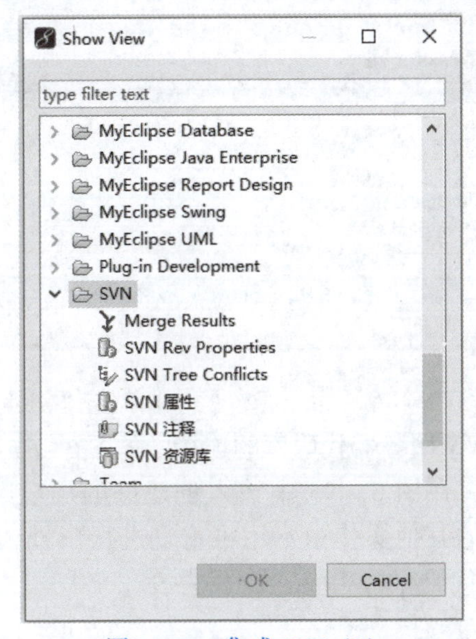

图6-90 集成SVN（2）

（二）编程开发版本管理操作

按上面步骤集成完毕的SVN插件是汉化版的，这样就造成MyEclipse中语言不统一的问题，可通过对相关文件配置来实现语言的统一。完成相关集成操作后，即可通过SVN插件在MyEclipse进行版本控制管理，如代码检出、代码更新、代码提交等操作。

（1）配置英文化菜单

在MyEclipse根目录的“configuration”文件夹下，找到“config.ini”配置文件，在该文件的最后面添加如图6-91所示语言配置代码并保存。重新启动MyEclipse工具，重新打开“Show View”视图，可以看到SVN功能项的信息已全部统一为英文，如图6-92所示。

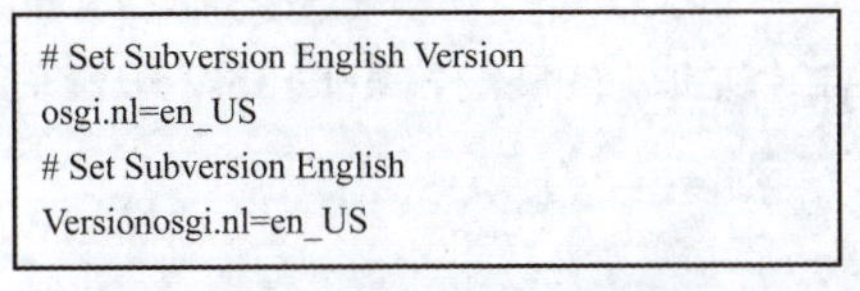

```
# Set Subversion English Version
osgi.nl=en_US
# Set Subversion English
Versionosgi.nl=en_US
```

图6-91 config.ini语言配置代码

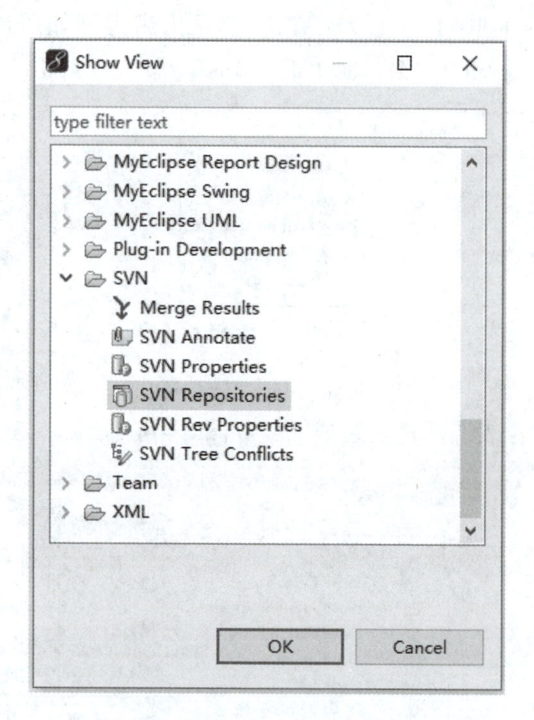

图6－92　Show View视图

（2）检出项目工程

在图6－92中，选择“SVN Repositories”项，并单击“OK”按钮，可调出SVN资源库视图，在视图中可创建到SVN服务器代码库的连接，如图6－93所示。在图6－94中输入要检出工程项目的URL路径，在图6－95中输入创建好的用户账号及密码，并且把“Save Password”项选中，在后面的其他操作中不用再重复进行账号认证，单击“OK”按钮，则配置好从MyEclipse到SVN代码库的连接，如图6－96。

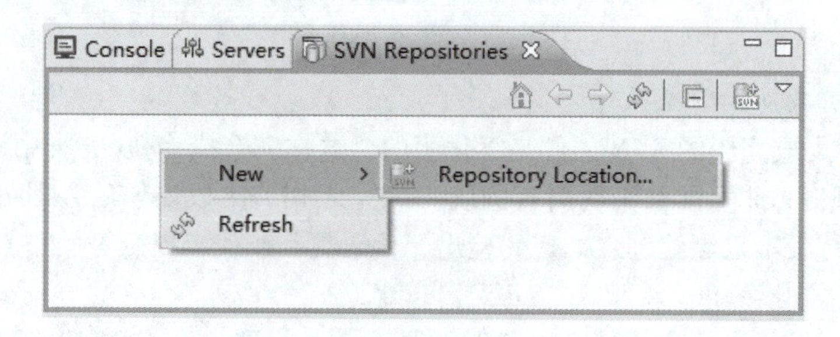

图6－93　检出项目工程（1）

在SVN资源库视图中，右键单击资源库连接，在弹出的菜单中选择“Checkout”项，如图6－97所示。在图6－98中，各项保持默认，直接单击“Finish”按钮，则从SVN服务器的代码库中开始检出项目工程，完成后可以在MyEclipse中看到如图6－99所示的项目工程代码。

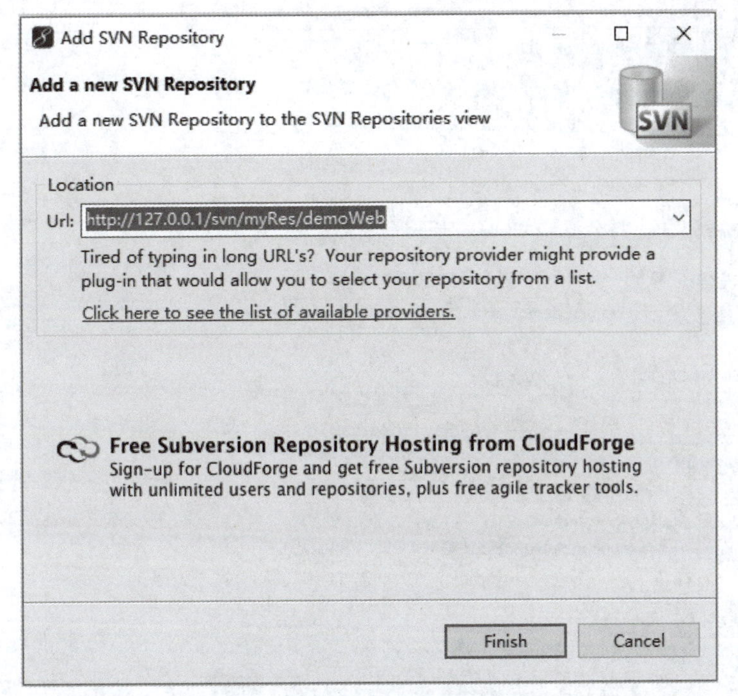

图 6－94　检出项目工程（2）

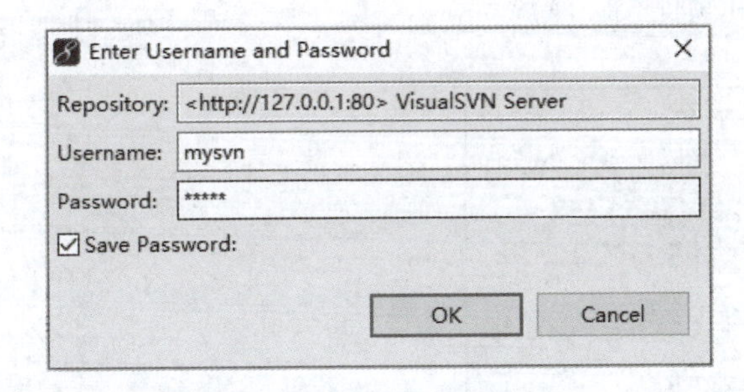

图 6－95　检出项目工程（3）

图 6－96　检出项目工程（4）

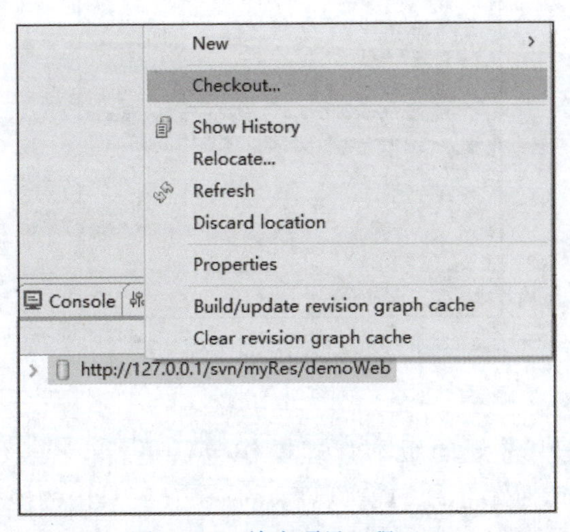

图 6－97　检出项目工程（5）

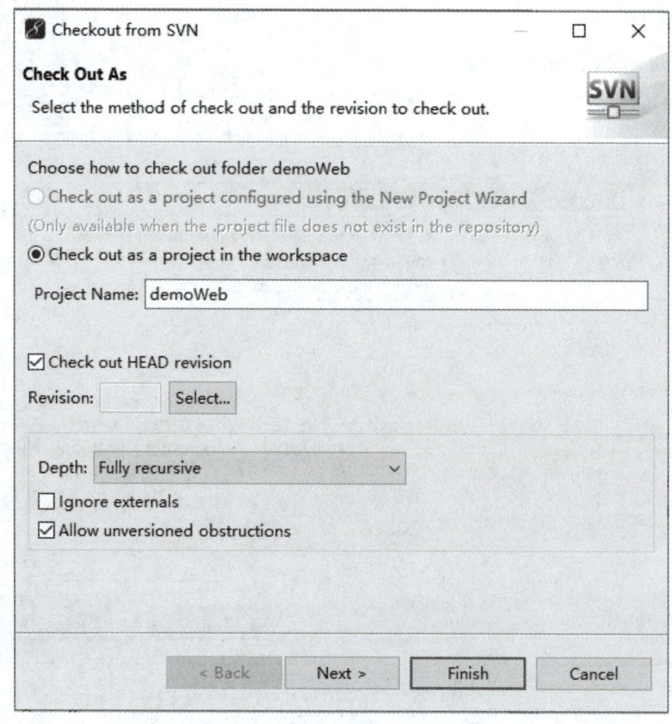

图 6－98　检出项目工程（6）

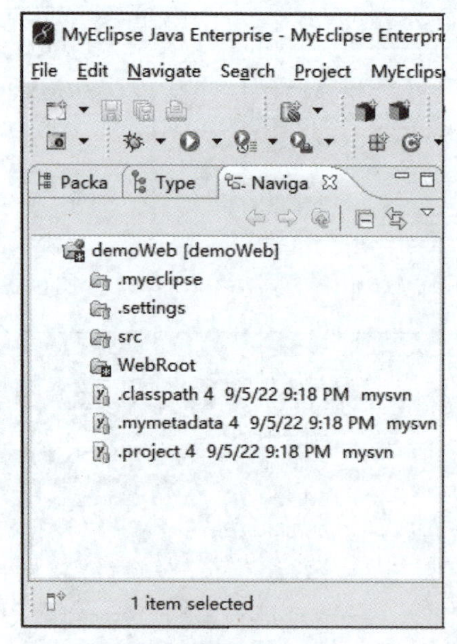

图 6－99　检出项目工程（7）

（3）其他版本管理操作

MyEclipse 编程开发中常规的版本管理操作包括更新、提交、回退、比对等方面，MyEclipse工具集成了 SVN 插件包后，能实现 TortoiseSVN 工具中的绝大部分功能，把项目开发与版本管理完美融合。

选中某个资源文件或文件夹，右击，在弹出的一级菜单中选择“Team”项，如图 6－100 所示，接着弹出二级菜单，如图 6－101 所示。二级菜单的命令众多，主要常规操作命令如下。

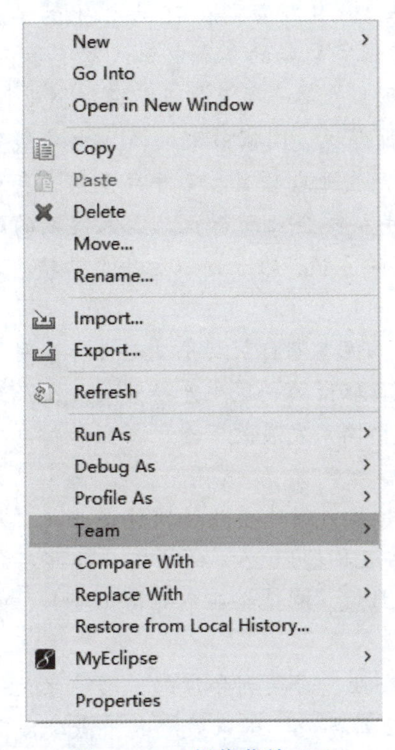

图 6－100　操作菜单（1）

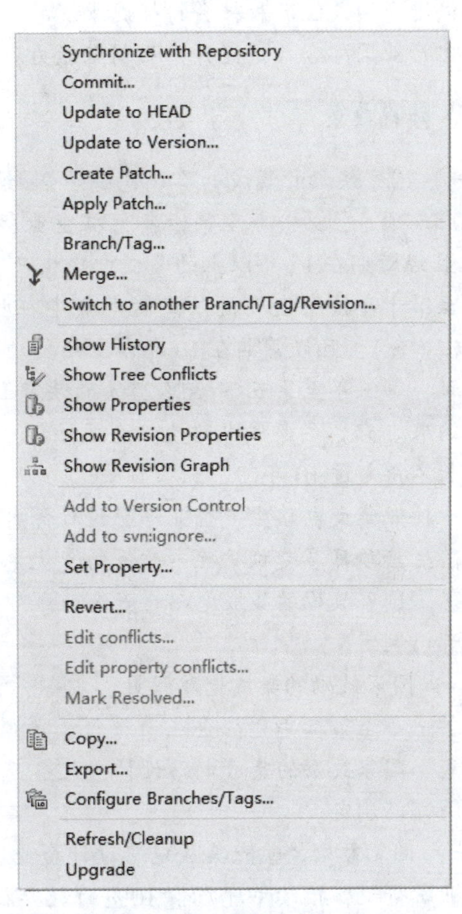

图 6－101　操作菜单（2）

- 菜单功能操作：

√ Commit：提交资源到服务器上。

√ Update to HEAD：从服务器上取得最新的资源。

√ Update to Version：从服务器上取得某个版本的资源。

√ Revert：把本地所做的修改全部撤销，回退还原资源。

√ Merge：合并某个代码分支。

√ Show History：查看版本日志信息。

√ Synchronize with Repository：本地资源与服务器上的不同版本进行比对。

思政讲堂

新时期促进集成电路产业和软件产业高质量发展的若干政策

集成电路产业和软件产业是信息产业的核心，是引领新一轮科技革命和产业变革的关键力量。《国务院关于印发鼓励软件产业和集成电路产业发展若干政策的通知》（国发〔2000〕18 号）、《国务院关于印发进一步鼓励软件产业和集成电路产业发展若干政策的通知》（国发〔2011〕4 号）印发以来，我国集成电路产业和软件产业快速发展，有力支撑了国家信息化建设，促进了国民经济和社会持续健康发展。为进一步优化集成电路产业和软件产业发展环境，深化产业国际合作，提升产业创新能力和发展质量，制定以下政策。

一、财税政策

（一）国家鼓励的集成电路线宽小于 28 纳米（含），且经营期在 15 年以上的集成电路生产企业或项目，第一年至第十年免征企业所得税。国家鼓励的集成电路线宽小于 65 纳米（含），且经营期在 15 年以上的集成电路生产企业或项目，第一年至第五年免征企业所得税，第六年至第十年按照 25% 的法定税率减半征收企业所得税。国家鼓励的集成电路线宽小于 130 纳米（含），且经营期在 10 年以上的集成电路生产企业或项目，第一年至第二年免征企业所得税，第三年至第五年按照 25% 的法定税率减半征收企业所得税。国家鼓励的线宽小于 130 纳米（含）的集成电路生产企业纳税年度发生的亏损，准予向以后年度结转，总结转年限最长不得超过 10 年。

对于按照集成电路生产企业享受税收优惠政策的，优惠期自获利年度起计算；对于按照集成电路生产项目享受税收优惠政策的，优惠期自项目取得第一笔生产经营收入所属纳税年度起计算。国家鼓励的集成电路生产企业或项目清单由国家发展改革委、工业和信息化部会同相关部门制定。

（二）国家鼓励的集成电路设计、装备、材料、封装、测试企业和软件企业，自获利年度起，第一年至第二年免征企业所得税，第三年至第五年按照 25% 的法定税率减半征收企业所得税。国家鼓励的集成电路设计、装备、材料、封装、测试企业条件由工业和信息化部会同相关部门制定。

（三）国家鼓励的重点集成电路设计企业和软件企业，自获利年度起，第一年至第五年免征企业所得税，接续年度减按 10% 的税率征收企业所得税。国家鼓励的重点集成电路设计企业和软件企业清单由国家发展改革委、工业和信息化部会同相关部门制定。

（四）国家对集成电路企业或项目、软件企业实施的所得税优惠政策条件和范围，根据产业技术进步情况进行动态调整。集成电路设计企业、软件企业在本政策实施以前年度的企业所得税，按照国发〔2011〕4 号文件明确的企业所得税“两免三减半”优惠政策执行。

（五）继续实施集成电路企业和软件企业增值税优惠政策。

（六）在一定时期内，集成电路线宽小于 65 纳米（含）的逻辑电路、存储器生产企业，以及线宽小于 0.25 微米（含）的特色工艺集成电路生产企业（含掩模板、8 英寸及以上硅片生产企业）进口自用生产性原材料、消耗品，净化室专用建筑材料、配套系统和集成电路生产设备零配件，免征进口关税；集成电路线宽小于 0.5 微米（含）的化合物集成电路生产企业和先进封装测试企业进口自用生产性原材料、消耗品，免征进口关税。具体政策由财政部会同海关总署等有关部门制定。企业清单、免税商品清单分别由国家发展改革委、工业和信息化部会同相关部门制定。

（七）在一定时期内，国家鼓励的重点集成电路设计企业和软件企业，以及第（六）条中的集成电路生产企业和先进封装测试企业进口自用设备，及按照合同随设备进口的技术

（含软件）及配套件、备件，除相关不予免税的进口商品目录所列商品外，免征进口关税。具体政策由财政部会同海关总署等有关部门制定。

（八）在一定时期内，对集成电路重大项目进口新设备，准予分期缴纳进口环节增值税。具体政策由财政部会同海关总署等有关部门制定。

二、投融资政策

（九）加强对集成电路重大项目建设的服务和指导，有序引导和规范集成电路产业发展秩序，做好规划布局，强化风险提示，避免低水平重复建设。

（十）鼓励和支持集成电路企业、软件企业加强资源整合，对企业按照市场化原则进行的重组并购，国务院有关部门和地方政府要积极支持引导，不得设置法律法规政策以外的各种形式的限制条件。

（十一）充分利用国家和地方现有的政府投资基金支持集成电路产业和软件产业发展，鼓励社会资本按照市场化原则，多渠道筹资，设立投资基金，提高基金市场化水平。

（十二）鼓励地方政府建立贷款风险补偿机制，支持集成电路企业、软件企业通过知识产权质押融资、股权质押融资、应收账款质押融资、供应链金融、科技及知识产权保险等手段获得商业贷款。充分发挥融资担保机构作用，积极为集成电路和软件领域小微企业提供各种形式的融资担保服务。

（十三）鼓励商业性金融机构进一步改善金融服务，加大对集成电路产业和软件产业的中长期贷款支持力度，积极创新适合集成电路产业和软件产业发展的信贷产品，在风险可控、商业可持续的前提下，加大对重大项目的金融支持力度；引导保险资金开展股权投资；支持银行理财公司、保险、信托等非银行金融机构发起设立专门性资管产品。

（十四）大力支持符合条件的集成电路企业和软件企业在境内外上市融资，加快境内上市审核流程，符合企业会计准则相关条件的研发支出可作资本化处理。鼓励支持符合条件的企业在科创板、创业板上市融资，通畅相关企业原始股东的退出渠道。通过不同层次的资本市场为不同发展阶段的集成电路企业和软件企业提供股权融资、股权转让等服务，拓展直接融资渠道，提高直接融资比重。

（十五）鼓励符合条件的集成电路企业和软件企业发行企业债券、公司债券、短期融资券和中期票据等，拓宽企业融资渠道，支持企业通过中长期债券等方式从债券市场筹集资金。

三、研究开发政策

（十六）聚焦高端芯片、集成电路装备和工艺技术、集成电路关键材料、集成电路设计工具、基础软件、工业软件、应用软件的关键核心技术研发，不断探索构建社会主义市场经济条件下关键核心技术攻关新型举国体制。科技部、国家发展改革委、工业和信息化部等部门做好有关工作的组织实施，积极利用国家重点研发计划、国家科技重大专项等给予支持。

（十七）在先进存储、先进计算、先进制造、高端封装测试、关键装备材料、新一代半导体技术等领域，结合行业特点推动各类创新平台建设。科技部、国家发展改革委、工业和信息化部等部门优先支持相关创新平台实施研发项目。

（十八）鼓励软件企业执行软件质量、信息安全、开发管理等国家标准。加强集成电路标准化组织建设，完善标准体系，加强标准验证，提升研发能力。提高集成电路和软件质量，增强行业竞争力。

四、进出口政策

（十九）在一定时期内，国家鼓励的重点集成电路设计企业和软件企业需要临时进口的自用设备（包括开发测试设备）、软硬件环境、样机及部件、元器件，符合规定的可办理暂时进境货物海关手续，其进口税收按照现行法规执行。

（二十）对软件企业与国外资信等级较高的企业签订的软件出口合同，金融机构可按照独立审贷和风险可控的原则提供融资和保险支持。

（二十一）推动集成电路、软件和信息技术服务出口，大力发展国际服务外包业务，支持企业建立境外营销网络。商务部会同相关部门与重点国家和地区建立长效合作机制，采取综合措施为企业拓展新兴市场创造条件。

五、人才政策

（二十二）进一步加强高校集成电路和软件专业建设，加快推进集成电路一级学科设置工作，紧密结合产业发展需求及时调整课程设置、教学计划和教学方式，努力培养复合型、实用型的高水平人才。加强集成电路和软件专业师资队伍、教学实验室和实习实训基地建设。教育部会同相关部门加强督促和指导。

（二十三）鼓励有条件的高校采取与集成电路企业合作的方式，加快推进示范性微电子学院建设。优先建设培育集成电路领域产教融合型企业。纳入产教融合型企业建设培育范围内的试点企业，兴办职业教育的投资符合规定的，可按投资额30%的比例，抵免该企业当年应缴纳的教育费附加和地方教育附加。鼓励社会相关产业投资基金加大投入，支持高校联合企业开展集成电路人才培养专项资源库建设。支持示范性微电子学院和特色化示范性软件学院与国际知名大学、跨国公司合作，引进国外师资和优质资源，联合培养集成电路和软件人才。

（二十四）鼓励地方按照国家有关规定表彰和奖励在集成电路和软件领域作出杰出贡献的高端人才，以及高水平工程师和研发设计人员，完善股权激励机制。通过相关人才项目，加大力度引进顶尖专家和优秀人才及团队。在产业集聚区或相关产业集群中优先探索引进集成电路和软件人才的相关政策。制定并落实集成电路和软件人才引进和培训年度计划，推动国家集成电路和软件人才国际培训基地建设，重点加强急需紧缺专业人才中长期培训。

（二十五）加强行业自律，引导集成电路和软件人才合理有序流动，避免恶性竞争。

六、知识产权政策

（二十六）鼓励企业进行集成电路布图设计专有权、软件著作权登记。支持集成电路企业和软件企业依法申请知识产权，对符合有关规定的，可给予相关支持。大力发展集成电路和软件相关知识产权服务。

（二十七）严格落实集成电路和软件知识产权保护制度，加大知识产权侵权违法行为惩治力度。加强对集成电路布图设计专有权、网络环境下软件著作权的保护，积极开发和应用正版软件网络版权保护技术，有效保护集成电路和软件知识产权。

（二十八）探索建立软件正版化工作长效机制。凡在中国境内销售的计算机（含大型计算机、服务器、微型计算机和笔记本电脑）所预装软件须为正版软件，禁止预装非正版软件的计算机上市销售。全面落实政府机关使用正版软件的政策措施，对通用软件实行政府集中采购，加强对软件资产的管理。推动重要行业和重点领域使用正版软件工作制度化规范化。加强使用正版软件工作宣传培训和督促检查，营造使用正版软件良好环境。

七、市场应用政策

（二十九）通过政策引导，以市场应用为牵引，加大对集成电路和软件创新产品的推广力度，带动技术和产业不断升级。

（三十）推进集成电路产业和软件产业集聚发展，支持信息技术服务产业集群、集成电路产业集群建设，支持软件产业园区特色化、高端化发展。

（三十一）支持集成电路和软件领域的骨干企业、科研院所、高校等创新主体建设以专业化众创空间为代表的各类专业化创新服务机构，优化配置技术、装备、资本、市场等创新资源，按照市场机制提供聚焦集成电路和软件领域的专业化服务，实现大中小企业融通发展。加大对服务于集成电路和软件产业的专业化众创空间、科技企业孵化器、大学科技园等专业化服务平台的支持力度，提升其专业化服务能力。

（三十二）积极引导信息技术研发应用业务发展服务外包。鼓励政府部门通过购买服务的方式，将电子政务建设、数据中心建设和数据处理工作中属于政府职责范围，且适合通过市场化方式提供的服务事项，交由符合条件的软件和信息技术服务机构承担。抓紧制定完善相应的安全审查和保密管理规定。鼓励大中型企业依托信息技术研发应用业务机构，成立专业化软件和信息技术服务企业。

（三十三）完善网络环境下消费者隐私及商业秘密保护制度，促进软件和信息技术服务网络化发展。在各级政府机关和事业单位推广符合安全要求的软件产品和服务。

（三十四）进一步规范集成电路产业和软件产业市场秩序，加强反垄断执法，依法打击各种垄断行为，做好经营者反垄断审查，维护集成电路产业和软件产业市场公平竞争。加强反不正当竞争执法，依法打击各类不正当竞争行为。

（三十五）充分发挥行业协会和标准化机构的作用，加快制定集成电路和软件相关标准，推广集成电路质量评价和软件开发成本度量规范。

八、国际合作政策

（三十六）深化集成电路产业和软件产业全球合作，积极为国际企业在华投资发展营造良好环境。鼓励国内高校和科研院所加强与海外高水平大学和研究机构的合作，鼓励国际企业在华建设研发中心。加强国内行业协会与国际行业组织的沟通交流，支持国内企业在境内外与国际企业开展合作，深度参与国际市场分工协作和国际标准制定。

（三十七）推动集成电路产业和软件产业“走出去”。便利国内企业在境外共建研发中心，更好利用国际创新资源提升产业发展水平。国家发展改革委、商务部等有关部门提高服务水平，为企业开展投资等合作营造良好环境。

九、附则

（三十八）凡在中国境内设立的符合条件的集成电路企业（含设计、生产、封装、测试、装备、材料企业）和软件企业，不分所有制性质，均可享受本政策。

（三十九）本政策由国家发展改革委会同财政部、税务总局、工业和信息化部、商务部、海关总署等部门负责解释。

（四十）本政策自印发之日起实施。继续实施国发〔2000〕18 号、国发〔2011〕4 号文件明确的政策，相关政策与本政策不一致的，以本政策为准。

◇ 思政浅析：

（1）打造数字产业集群

中国共产党二十大报告中指出，我们将进一步推动战略性新兴产业融合集群发展，加快发展物联网，建设高效顺畅的流通体系，降低物流成本。加快发展数字经济，促进数字经济和实体经济深度融合，打造具有国际竞争力的数字产业集群。优化基础设施布局、结构、功能和系统集成，构建现代化基础设施体系。

（2）高新技术产业是科技进步的产物，代表国家科技实力

高新技术产业是信息技术革命发展的必然结果，作为一种新兴的产业，其更多体现的是知识与技术的浓缩，具有能耗低、消耗少的特征。世界上大多数国家都把高新技术产业作为推动本国经济发展新动力，同时也作为国家安全的核心战略，重点扶持以及大力发展。

（3）国家政策扶持，实现半导体行业振兴

数字信息技术是拉动国民经济发展的引擎，引领社会发展的关键力量，当前我国半导体行业由于受到国外的持续打压，面临极大的发展“瓶颈”。在此形势下，国家发布《新时期促进集成电路产业和软件产业高质量发展的若干政策》，从各方面扶持相关重点企业，培育行业龙头，实现数字产业的振兴。

（4）数字产业在我国具有广阔的发展空间

数字产业是一种科技含量高的智慧型产业，同时也是绿色、环保的可持续发展产业，是未来的一个重要经济增长方式。目前我国数字产业存在发展水平较低、在国民经济中比重过低、地区发展不均衡、研发投入不足等方面的问题。基于此，国家已经从税收、资金、人才培养等方面来加大对行业的培育，相信数字产业能够在我国得到长足发展。

本章练习

一、选择题

1. 下列关于版本控制工具 CVS 的描述，正确的是（　　）。[单选]

A. CVS 可以帮助团队在一个项目上协同工作

B. CVS 可以对软件系统进行编译

C. 使用 CVS 工具后，不再需要进行项目管理

D. CVS 可以替代开发者之间的交流

2. CVS 是一种（　　）工具。[单选]

A. 需求分析　　B. 编译　　C. 程序编码　　D. 版本控制

3. 用 VSS 进行版本控制，如果只需要读取某一文档而并不需要编辑，可以执行（　　）命令操作。[单选]

A. 签出（CheckOut）　　B. 签入（CheckIn）

C. 取出（Get）　　D. 撤销签出（UndoCheckOut）

4. 以下是版本控制工具的有（　　）。[多选]

A. VSS　　B. SVN

C. ClearCase　　D. Ant

5. 以下（　　）是CVS版本管理工具的全称。[单选]

A. Visual Source Safe　　B. Concurrent Version System

C. Subversion　　D. StarTeam

6. CVS进行版本管理的过程中，如果想把本地的项目代码与服务器上的代码保持同步，从服务器取得最新代码，使用（　　）操作命令。[单选]

A. check out　　B. commit　　C. update　　D. merge

7. 使用CVS进行版本管理，第一步是把软件项目的整个目录都上传到CVS仓库中去，可以执行（　　）命令。[单选]

A. 导入（Import）　　B. 签出（Checkout）

C. 签入（Checkin）　　D. 修改（Update）

8. 在使用版本管理工具进行项目代码管理时，发现当前最新代码存在严重的bug，需要紧急回退到之前某个版本的代码，以下说法正确的是（　　）。[单选]

A. 无法通过版本管理工具找回之前版本的代码

B. 只有CVS版本管理可以实现版本回退功能，其他版本管理工具无法实现

C. 只有SVN版本管理可以实现版本回退功能，其他版本管理工具无法实现

D. 可以在CVS版本管理工具中通过展示历史版本（Show History）功能，回退到之前某个版本的代码

9. 关于SVN的标准目录结构的描述，正确的是（　　）。[多选]

A. trunk是主分支，是进行日常开发的分支

B. branches是发布分支，存储release版本

C. tags是只读的分支，存储基线版本

D. bin是编译分支，存储工程项目字节码的目录

10. 以下关于SVN进行版本管理的说法，正确的是（　　）。[多选]

A. SVN工具用于团队开发中，代码版本控制管理。

B. SVN是一个CS结构的软件工具

C. SVN是一个BS结构的软件工具

D. SVN是一个开源插件

11. SVN正常使用的流程是（　　）。[单选]

A. 检出→安装→更新→增加/修改→提交

B. 检出→安装→增加/修改→提交

C. 安装→检出→提交→增加/修改

D. 安装→检出→更新→增加/修改→提交

12. 用SVN进行版本管理时，以下操作错误的是（　　）。[多选]

A. 修改文件之前，先对其文件进行更新

B. 提交代码时，不填写版本变更说明，以提高开发效率

C. 把编译没通过的代码提交到 SVN 上

D. 开发的代码尽可以少提交，以减少冲突

13. 在 SVN 里修改了表格或者文件并保存之后，想撤销修改，以下方法可以恢复到修改前的表格或者文件的是（　　）。[单选]

A. 对资源所在的文件夹做“Revert”操作

B. 直接删除本地文件

C. 对文件夹做提交操作

D. 对文件夹做更新操作

14. 下列属于 SVN 的操作的是（　　）。[多选]

A. Checkout　　B. Commit　　C. Update　　D. Pull

15. 在 SVN 上提交代码需要必须要做的操作是（　　）。[单选]

A. Merge　　B. Commit　　C. Update　　D. Revert

16. 关于软件版本管理的内涵，最准确、完整的描述是（　　）。[单选]

A. 软件配置管理　　B. 文档版本控制　C. 项目实施管理　　D. 数据变更管理

二、问答题

1. 什么是 CVS？
2. 什么是资源库？
3. 什么是版本？
4. VSS、ClearCase、CVS、SVN 有什么区别？
5. 怎么在 SVN 平台上传文件共享？
6. 怎么在 SVN 平台下载文件？
7. 什么是分支？
8. 什么是冲突？
9. Eclipse 如何集成 SVN？

第 7 章

日志组件应用

本章目标

知识目标

① 了解信息系统日志的功能及使用场景。
② 理解 Log4j 日志组件的信息记录原理。
③ 理解 Log4j 组件的五种信息级别。
④ 理解 Log4j 组件输出格式设置。
⑤ 理解 Log4j 组件相关配置语法。

能力目标

① 能够正确添加 Log4j 日志组件到 Web 工程中。
② 能够配置 Log4j 日志组件的信息输出形式。
③ 能够配置 Log4j 日志组件按天生成日志文件。
④ 能够使用 Log4j 日志组件进行编程开发。

素质目标

① 具有良好的问题追踪与管理能力。
② 具有良好的大局观与责任担当。
③ 具有严密的逻辑思维与务实的工匠品格。
④ 养成勇于创新、开拓进取的职业胆魄。
⑤ 树立程序开发人员职业生涯规划意识。

日志是软件应用必备的重要组件，可以记录系统的运行状态及系统用户的操作行为，是程序调试、数据收集、运维管理的重要依据与手段。总的来说，应用程序日志可分四大类：设备日志、网络日志、调试日志、用户日志。设备日志用于记录服务器的硬件设备信息，如监控系统、主机温度等；网络日志用于记录系统网络请求相关信息，如系统访问异常、访问量、单击率等；调试日志用于记录系统试运行信息，帮助开发人员排错及处理其他系统问题；用户日志用于记录用户请求访问、消费习惯、新闻偏好等方面的行为信息。

7.1 Log4j 概述

Log4j 入门简介

Log4j 是 Apache 的一个开放源代码项目，通过使用 Log4j，可以控制日志信息输送的目的地是控制台、文件、GUI 组件，甚至是套接口服务器、NT 的事件记录器、UNIX Syslog 守护进程等。也可以控制每一条日志的输出格式，通过定义每一条日志的信息级别，能够更加细致地控制日志的生成过程。以上所有功能都可以通过一个配置文件来灵活地进行配置，而不需要修改应用的代码。

Log4j（Log For Java，Java 的日志）是一种广泛使用的以 Java 编写的日志记录包。在强调可重用组件开发的今天，Apache 提供了一个强有力的日志操作包——Log4j。通过 Log4j 其他语言接口，可以在 C、C ++ 、. Net、PL/SQL 程序中使用 Log4j，其语法和用法与在 Java 程序中一样，使得多语言分布式系统得到一个一致的日志组件模块。同时，通过使用各种第三方扩展，可以很方便地将 Log4j 集成到 J2EE、JINI 甚至是 SNMP 应用中。

由于 Log4j 出色的表现，在 Log4j 完成时，Log4j 开发组织曾建议 Sun 公司在 JDK1. 4 中用 Log4j 取代 JDK1. 4 的日志工具类。但当时 JDK1. 4 已接近完成，所以 Sun 公司拒绝使用 Log4j。由于在 Java 开发中实际使用最多的还是 Log4j，人们逐渐遗忘了 Sun 公司的日志工具类。Log4j 的一个重要特性是能够在类别中继承，通过使用类别层次结构，减少了日志记录输出量，并将日志记录的开销降到最低。

Log4j 允许开发者控制以任意间隔输出哪些日志语句。通过使用外部配置文件，完全可以在运行时进行配置。几乎每个大的应用程序都包括其自己的日志记录或跟踪 API。经验表明，日志记录是开发周期中重要的组成部分。同样，日志记录有一些优点：首先，它可以提供运行应用程序的确切上下文，一旦插入代码中，生成日志记录输出就不需要人为干涉。其次，日志输出可以保存到永久媒体中以便以后研究。最后，除了在开发阶段中使用，十分丰富的日志记录包还可以用作审计工具。

在 1996 年年初，EU SEMPER（欧洲安全电子市场）项目就决定编写自己的跟踪 API。在无数次改进、几次具体化和许多工作之后，该 API 演变成 Log4j。这个日志记录包按 IBM 公共许可证分发，由开放源码权威机构认证。

日志记录有其自己的缺点。它会降低应用程序的速度。如果太详细，它可能会使屏幕滚动，变得看不见。为了降低这些影响，Log4j 被设计成快速且灵活的。由于应用程序一般情况下很少将日志记录当作系统主功能，Log4j API 力争简单易用，避免过于复杂。

7.2　Log4j 应用配置

Log4j 组件配置

Log4j 由三个重要的组件构成：日志信息的优先级、日志信息的输出目的地、日志信息的输出格式。日志信息的优先级从高到低有 FATAL、ERROR、WARN、INFO、DEBUG，分别用来指定这条日志信息的重要程度；日志信息的输出目的地指定了日志将打印到控制台还是文件中；输出格式控制了日志信息的显示内容。

7.2.1　配置文件

使用日志组件时，可以不使用配置文件，在代码中直接配置 Log4j 环境即可，但是使用配置文件可以使应用程序更加灵活地配置日志模块。Log4j 支持两种配置文件格式：一种是 XML 格式的文件，一种是 properties 格式的文件。本节介绍使用 properties 格式作为配置文件的方法。

配置文件名称为“log4j. properties”，位于应用项目源码根目录下，也就是 src 的目录下，编译后在 classes 的根目录下将有 log4j. properties 文件的副本。应用程序读取配置文件方式为 BasicConfigurator. configure( )，由组件底层调用实现。

```
log4j.properties
log4j.rootCategory=INFO, consoleLog, fileLog
log4j.appender.consoleLog=org.apache.log4j.ConsoleAppender
log4j.appender.consoleLog.layout=org.apache.log4j.PatternLayout
log4j.appender.consoleLog.layout.ConversionPattern=[PN] %d{yyyy MMM dd HH:mm:ss,SSS} %p %t %c - %m%n
log4j.appender.fileLog=org.apache.log4j.FileAppender
log4j.appender.fileLog.File=C:\\LogFile\\test.log
log4j.appender.fileLog.layout=org.apache.log4j.PatternLayout
log4j.appender.fileLog.layout.ConversionPattern=%d{yyyy MMM dd HH:mm:ss,SSS} %p %t %c - %m%n
```

在编辑配置文件时需注意，每行的最后不能留有多余的空格符，否则会出现相关的错误。下面对配置文件的内容与含义进行逐项解释：

（1）log4j. rootCategory = INFO，consoleLog，fileLog

① 定义 Log4j 信息输出级别为 INFO。

② 定义两个输出目标的名称为 consoleLog、fileLog。

Log4j 默认定义是五个级别，优先级从高到低分别是 FATAL、ERROR、WARN、INFO、DEBUG。通过在这里定义的级别，可以控制到应用程序中相应级别的日志信息的开关。比如在这里定义了 INFO 级别，则应用程序中所有 DEBUG 级别的日志信息将不被打印出来；INFO 级别及以上（INFO、WARN、ERROR、FATAL）的所有日志信息都会被打印出来。

consoleLog 指定日志信息输出目的地名称，名称可以任意定义，可以同时指定多个输出目的地。

（2）log4j. appender. consoleLog = org. apache. log4j. ConsoleAppender

- 定义 consoleLog 输出目标的具体输出位置。
- org. apache. log4j. ConsoleAppender 为控制台。

Log4j 提供的 appender 有以下几种：

① org. apache. log4j. ConsoleAppender（控制台）。

② org. apache. log4j. FileAppender（文件）。

③ org. apache. log4j. DailyRollingFileAppender（每天产生一个日志文件）。

④ org. apache. log4j. RollingFileAppender（文件大小到达指定尺寸的时候产生一个新的文件）。

⑤ org. apache. log4j. WriterAppender（将日志信息以流格式发送到任意指定的地方）。

（3）log4j. appender. consoleLog. layout = org. apache. log4j. PatternLayout

① 定义 consoleLog 信息输出的布局模式 layout。

② PatternLayout 表示日志信息的输出格式将通过其他后继参数的配置来确定。

Log4j 提供的布局模式 layout 有以下几种：

① org. apache. log4j. HTMLLayout（以 HTML 表格形式布局）。

② org. apache. log4j. PatternLayout（可以灵活地指定布局模式）。

③ org. apache. log4j. SimpleLayout（包含日志信息的级别和信息字符串，选择此种模式将不用再具体指定信息输出格式）。

④ org. apache. log4j. TTCCLayout（包含日志产生的时间、线程、类别等相关的信息）。

（4） log4j. appender. fileLog. layout. ConversionPattern =% d{yyyy MMM dd HH: mm: ss, SSS}%p%t%c -%m%n

① 指定打印信息的具体格式 ConversionPattern。

② 具体格式通过%d、%p 等参数设定。

各种参数的含义如下：

%p：输出日志信息优先级，即 DEBUG、INFO、WARN、ERROR、FATAL。

%d：输出日志时间点的日期或时间，默认格式为 ISO 8601，也可以在其后指定格式，比如%d{yyyy MM dd HH:mm:ss,SSS}，输出类似于：2002 年 10 月 18 日 22:10:28，921。

%r：输出自应用启动到输出该 log 信息耗费的毫秒数。

%c：输出日志信息所属的类目，通常就是所在类的全名。

%t：输出产生该日志事件的线程名。

%l：输出日志事件的发生位置，包括类目名、发生的线程，以及在代码中的行数。举例：Testlog4. main(TestLog4. java:10)。

%x：输出和当前线程相关联的 NDC（嵌套诊断环境），尤其应用于像 java servlets 这样的多客户多线程中。

%%：输出一个“%”字符。

%m：输出代码中指定的消息，产生日志具体信息。

%n：输出一个回车换行符，Windows 平台为“\r\n”，UNIX 平台为“\n”。

（5） log4j. appender. fileLog = org. apache. log4j. FileAppender

① 定义 fileLog 输出目标的具体输出的目的地。

② FileAppender 表示输出日志内容到日志文件。

（6） log4j. appender. fileLog. File = C:\\LogFile\\test. log

① 定义 fileLog 输出目标的日志文件的路径。

② File 指明哪个文件是对应的日志文件。

7.2.2 案例应用

Log4j 组件的使用

案例要求：

① 建立一个 Java Project。

② 在一个 DAO 类中实现增加及删除用户功能。

③ 将增加及删除成功或失败的信息通过 Log4j 写入日志文件及控制台。

操作过程：

新建项目 log4j_ app，在项目 lib 目录中增加 log4j - 1. 2. 15. jar、mysql - connector - java - 5. 1. 6 - bin. jar，增加 log4j. properties、com. log. DAO. java 文件，具体的位置图 7 - 1 所示。

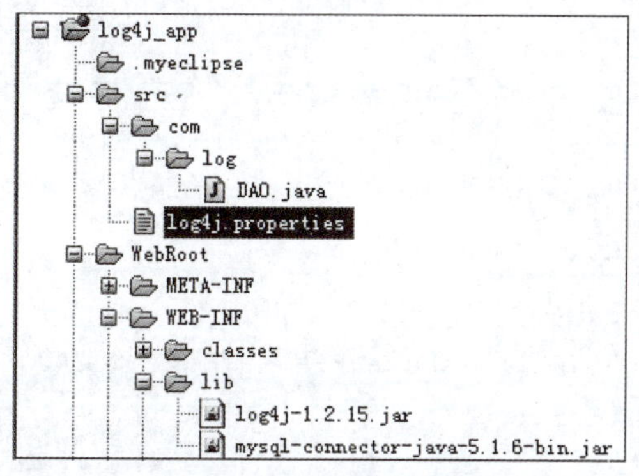

图 7-1　Log4j 实验操作

```
log4j.properties
log4j.rootCategory=INFO, consoleLog,fileLog
log4j.appender.consoleLog=org.apache.log4j.ConsoleAppender
log4j.appender.consoleLog.layout=org.apache.log4j.PatternLayout
log4j.appender.consoleLog.layout.ConversionPattern=[PN] %d{yyyy
MMM dd HH:mm:ss,SSS} %p %t %c - %m%n
log4j.appender.fileLog=org.apache.log4j.FileAppender
log4j.appender.fileLog.File=C:\\LogFile\\test.log
log4j.appender.fileLog.layout=org.apache.log4j.PatternLayout
log4j.appender.fileLog.layout.ConversionPattern=%d{yyyy MMM dd
HH:mm:ss,SSS} %p %t %c - %m%n
```

在数据库 test 中创建 User 表，如果存在 User 表，则先删除。创建表的方法如下：

```
use test;
create table user(
    name varchar(20) primary key,
    password varchar(20),
    role varchar(10)
);
```

实现 DAO.java 文件，文件中包含详细的使用 Log4j 组件的过程。

```
DAO.java
package com.log;
import java.sql.*;
import org.apache.log4j.Logger;
public class DAO {
```

```
//获取 Logger 实例
private static final Logger log = Logger.getLogger(DAO.class);

//用于获取数据库的连接
public Connection getConnection(){
  Connection conn = null;
  String url = "jdbc:mysql://localhost:3306/test";
  String user = "root";
  String password = "root";
  try {
      Class.forName("com.mysql.jdbc.Driver");
      conn = DriverManager.getConnection(url,user,password);
      log.debug("获取连接成功。");
  } catch(Exception e) {
      log.debug("获取连接失败。");
  }
  return conn;
}

//增加一个用户
public void addUser(String name,String password,String role) {
  Connection conn = getConnection();
  PreparedStatement pre = null;
  String sql = "insert into user values(?,?,?)";
  //以下部分请补充完相应的代码
  try {
    pre = conn.prepareStatement(sql);
    pre.setString(1, name);
    pre.setString(2, password);
    pre.setString(3, role);
    int i = pre.executeUpdate();
    if(i >0){
      log.warn("插入一个用户:" +name + " 成功。");
    }
    else{
      log.warn("插入一个用户:" +name + " 失败。");
    }
  } catch(SQLException e) {
```

```
        log.info("插入用户:" +name + "过程中出现异常,操作失败。");
    }
    finally{
      try {
          if(pre ! = null){
          pre.close();
        }
        if(conn ! = null){
          conn.close();
        }
      } catch(SQLException e) {
        log.debug("释放资源失败。");
      }
    }
}
//删除一个用户
public void deleteUser(String name){
    Connection conn = getConnection();
    PreparedStatement pre = null;
    String sql = "delete from user where name = ?";
    try {
      pre = conn.prepareStatement(sql);
      pre.setString(1, name);
      int i = pre.executeUpdate();
      if(i >0){
        log.warn("删除一个用户:" +name + " 成功。");
      }
      else{
        log.warn("删除一个用户:" +name + " 失败。");
      }
    } catch(SQLException e) {
        log.info("删除用户:" +name + "过程中出现异常,操作失败。");
    }
      finally{
        try {
          if(pre ! = null){
            pre.close();
          }
```

```
            if(conn ! = null){
              conn.close();
            }
        } catch(SQLException e) {
          log.debug("释放资源失败。");
        }
      }
  }

  public static void main(String[] args)
                          throws InterruptedException{
      DAO dao = new DAO();
      //正常插入一个用户,操作成功,相关事件记入日志
      dao.addUser("梁吕军", "lianglvjun", "普通用户");
      Thread.sleep(2000);
      //再次插入一个同名用户,操作失败,相关事件记入日志
      dao.addUser("梁吕军", "lianglvjun", "普通用户");
      Thread.sleep(2000);
      //删除一个不存在用户,操作失败,相关事件记入日志
      dao.deleteUser("张辉明");
      Thread.sleep(2000);
      //正常删除一个用户,操作成功,相关事件记入日志
      dao.deleteUser("梁吕军");
  }
}
```

在 DAO. java 文件中，获取日志类 Logger 的实例是使用 Logger 类中的静态方法 getLogger( )，并在该方法中传入需要记录日志的 Java 类的类型来实现：Logger. getLogger(DAO. class)。

在 DAO. java 文件中，不同的信息是用不同的级别如 DEBUG、INFO、WARN 写入 Log4j 的，在配置文件中，日志信息的输出级别是 INFO：log4j. rootCategory = INFO，因而 DEBUG 级别的信息在程序运行过程中是无法输出的。如果要输出 DEBUG 级别的信息，修改配置文件中的信息输出级别为 DEBUG，则可以输出所有的日志信息，如图 7 – 2 所示。

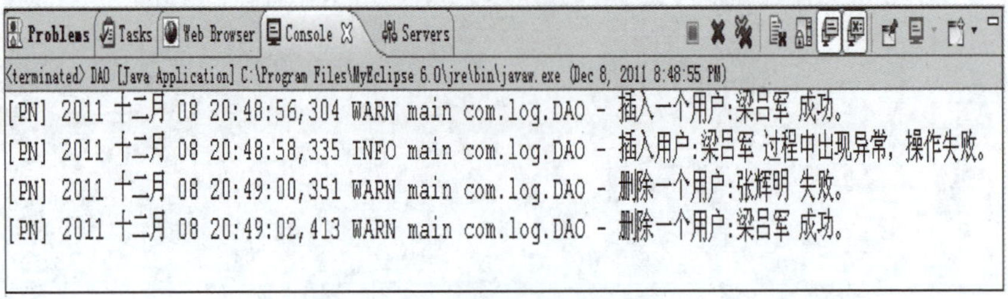

```
Problems  Tasks  Web Browser  Console  Servers
<terminated> DAO [Java Application] C:\Program Files\MyEclipse 6.0\jre\bin\javaw.exe (Dec 8, 2011 8:48:55 PM)
[PN] 2011 十二月 08 20:48:56,304 WARN main com.log.DAO - 插入一个用户:梁吕军 成功。
[PN] 2011 十二月 08 20:48:58,335 INFO main com.log.DAO - 插入用户:梁吕军 过程中出现异常, 操作失败。
[PN] 2011 十二月 08 20:49:00,351 WARN main com.log.DAO - 删除一个用户:张辉明 失败。
[PN] 2011 十二月 08 20:49:02,413 WARN main com.log.DAO - 删除一个用户:梁吕军 成功。
```

图 7 – 2　控制台日志输出

运行该 DAO 类中的 mian( )方法，可以在控制台及 C:\LogFile 目录下的 test. log 日志文件中看到相关的操作信息，如图 7 - 3 所示。

图 7 - 3　日志文件 test. log 输出

决战疫情，“健康码”开发过程

从 2019 年 12 月以来，一种由冠状病毒引起的传染病——新冠肺炎袭卷全球，在广大人群中快速传播。为了区别健康人群与风险人群，刚开始进行流行病问卷调查时采用纸质登记的形式，但由于人群数量极为庞大，纸质登记方式效率低，还容易出错。在这种情况下急需要有一种能准确、高效的区分出健康人群与风险群体的流调方式，来尽可能减少对大众生活与工作的影响。在这种情势下，“健康码”就走进了抗击新冠肺炎的舞台。

2020 年 2 月 6 日，杭州公安局提出了一个想法——研制一种“健康码”，通过“健康码”分析每个人到过哪里，从而将风险降到最低。这个想法提出来以后，具体任务落到了杭州市公安局计算机应用管理科科长钟毅的身上。钟毅临危受命，但“健康码”此时只是一个概念、一个想法，究竟应该做成什么样子，应该赋予“健康码”哪些用途和功能，究竟如何实现定位与筛查功能，这些都是摆在面前的难题。这些难题指望一个人肯定是不可能完成的，而且后续面临着上线、优化、调整、客服等多个环节，如果没有一个专业且顶尖的团队，基本不可能完成这项任务

杭州是我国高新技术产业强市，聚集了很多互联网科技企业。在钟毅的牵头下，一个由互联网技术专家组成的开发团队马上就成立了，开发团队有来自阿里的资深专家马晓东，阿里集团下面的其他互联网工程师、技术开发人员等。

疫情就是命令，鉴于时间紧迫性，整个技术开发团队高效运作，加班到凌晨是常有的事情，各成员分工明确，在短短 3 天以内就发布了第一版的“健康码”，实现了从无到有的突破。

2020 年 2 月 11 日下午，杭州“健康码”体验版就正式上线，面向全杭州市民开放注册，上线首日，注册人数达到 130 万人。

但第一个版本是体验版，有测试运营的意味。第一版的“健康码”还是存在很大的缺陷，很不成熟的，短短 4 天的时间就受到了 5 000 多件投诉。有人质疑为什么和家人的行程是一模一样的，但“健康码”的颜色却不一样，怀疑是否真的有效。在接到投诉后，技术

开发团队反复地找 Bug、反复修改完善和优化，通过不断的迭代更新，成熟的“健康码”终于上线。杭州“健康码”上线后，为防控带来了意想不到的帮助，并受到了全国各地的青睐，迅速推广到全国 20 多个省份 200 多个城市。

◇ 思政浅析：

（1）人民至上、生命至上

中国共产党二十大报告中指出，面对突如其来的新冠肺炎疫情，我们坚持人民至上、生命至上，坚持外防输入、内防反弹，坚持动态清零不动摇，开展抗击疫情人民战争、总体战、阻击战，最大限度保护了人民生命安全和身体健康，统筹疫情防控和经济社会发展取得重大积极成果。

（2）人心齐，泰山移，团结就是力量

“健康码”的开发，从无到有，从不稳定到走向成熟，不是一个人的功劳，也不是一家公司的功劳，而是得益于一个团队，得益于团队中每一位成员的付出和夜以继日的辛苦工作，作为当代大学生，应该注重培养团队合作的精神与能力。

（3）功成不必在我，功成必定有我

“健康码”为防控和阻断传播链做出了巨大贡献，它的诞生离不开团队中每一个成员与奉献与努力。尽管不是每一个人都能走上领奖台，但是，有领奖台下他们的默默无闻的奉献才有今天的成果，功成不必在我，功成必定有我。

（4）勇于担当，敢于担当

“健康码”开发团队的牵头人钟毅临危授命，以国家需要为己任，以民众所需要为职责，带领技术开发团队快速开发出“健康码”，为抗击新冠疫情作出重要奉献。作为青年一代，勇于担当既是挑战，也是责任，更是机遇。

本章练习

一、选择题

1. Log4j 是（　　）。[单选]

A. 日志工具　　B. 单元测试工具　　C. 开发框架　　D. Java EE 规范

2. 以下是 Log4j 的日志级别的有（　　）。[多选]

A. DEBUG　　B. INFO　　C. WARN　　D. ERROR

E. FATAL　　F. ON

3. Log4j 日志插件可以控制日志信息输出的目的地为（　　）。[多选]

A. 控制台　　B. 文件

C. 数据库　　D. 套接服务器

4. Log4j 日志模块的配置文件名称是（　　）。[单选]

A. log4j. txt　　B. log4j. properties

C. log4j. xml　　D. log4j. html

5. Log4j 日志模块的配置文件必须存储在（　　）。[单选]

A. Web 工程项目的 CONFIG 路径下

B. Web 工程项目的 DAO 路径下

C. Web 工程项目的字节码路径下，即编译后为 classes 的根目录下

D. Web 工程项目的 BASE 路径下

6. Log4j 日志模块的“log4j. rootCategory”配置（　　）。[多选]

A. 项目的日志级别　　B. 项目的日志输出目标位置实例

C. 项目的日志输出格式　　D. 项目的日志输出时间

7. Log4j 日志模块的“log4j. appender”配置（　　）。[单选]

A. 指定项目的日志信息的加载方式

B. 指定项目的日志信息输出的具体时间

C. 指定项目的日志信息输出的具体位置

D. 指定项目的日志模块的插件 jar 包

8. 当 Log4j 日志模块使用 PatternLayout 方式布局信息输出格式时，要配置 ConversionPattern 属性来指定日志信息的具体格式，此时如果使用“%m”符号，表示要取得（　　）信息。[单选]

A. 日志的具体内容　　B. 日志的产生时间

C. 日志的级别　　D. 日志的产生线程

9. 当 Log4j 日志模块使用 PatternLayout 方式布局信息输出格式时，要配置 ConversionPattern 属性来指定日志信息的具体格式，此时如果使用“%p”符号，表示要取得（　　）信息。[单选]

A. 日志的具体内容　　B. 日志的产生时间

C. 日志的级别　　D. 日志的产生线程

10. 当 Log4j 日志模块使用 PatternLayout 方式布局信息输出格式时，要配置 ConversionPattern 属性来指定日志信息的具体格式，此时如果使用“%d”符号，表示要取得（　　）信息。[单选]

A. 日志的具体内容　　B. 日志的产生时间

C. 日志的级别　　D. 日志的产生线程

11. 当 Log4j 日志模块使用 PatternLayout 方式布局信息输出格式时，要配置 ConversionPattern 属性来指定日志信息的具体格式，此时如果使用“%t”符号，表示要取得（　　）信息。[单选]

A. 日志的具体内容　　B. 日志的产生时间

C. 日志的级别　　D. 日志的产生线程

12. 当 Log4j 日志模块使用 PatternLayout 方式布局信息输出格式时，要配置 ConversionPattern 属性来指定日志信息的具体格式，此时如果使用“%C”符号，表示要取得（　　）信息。[单选]

A. 日志的具体内容

B. 日志的产生时间

C. 日志的级别

D. 日志信息产生的所在类的名称

二、问答题

1. Log4j 有几种信息级别？
2. Log4j 怎么配置 PatternLayout？
3. 如何把日志信息输出到控制台？
4. 如何把配置日志信息输出到日志文件？
5. 如何配置系统，使其每天产生一个日志文件？
6. 如何将系统运行错误信息与一般业务信息分离到不同日志文件上？

第 8 章
单元测试技术

本章目标

知识目标

① 认识、了解单元测试在软件工程中的作用。
② 认识、了解 JUnit 单元测试过程与步骤。
③ 认识、了解 JUnit 单元测试组件的结构。
④ 掌握 TestCase 组件基本语法。
⑤ 掌握 TestSuite 组件基本语法。

能力目标

① 能够正确添加 JUnit 单元测试到 Web 工程中。
② 能够使用 TestCase 组件进行单业务类编码测试。
③ 能够使用 TestSuite 组件进行多业务类联合编码测试。
④ 能够使用 JUnit 单元测试组件进行问题定位与调试。

素质目标

① 培养对问题的分析与追踪能力。
② 养成良好的动手操作能力。
③ 具有良好的面对挫折的抗压能力。
④ 具有质量意识、安全意识、效率意识。
⑤ 养成遵循软件测试的基本原则。

JUnit 入门简介

8.1 单元测试概述

单元测试是指对软件中的最小可测试单元进行检查和验证，是在软件开发过程中要进行的最低级别的测试活动，是在软件的功能单元与应用程序的其他部分相隔离的情况下进行的验证测试。单元测试作为测试金字塔的第一环，是最接近代码底层实现的验证手段，可以在软件开发早期以最小的成本保证局部代码的质量，帮助开发工程师改善代码的设计与实现。

8.1.1 认识单元测试

单元测试是开发者编写的一小段代码，用于检验被测代码的一个很小的、很明确的功能是否正确。通常而言，一个单元测试用于判断某个特定条件（或者场景）下某个特定方法的行为。单元测试是由程序员自己来完成的，最终受益的也是程序员自己。程序员编写功能代码，同时也就有责任为自己的代码编写单元测试。执行单元测试，证明这段代码的行为和期望的一致。

我们每天都在做单元测试。程序员编写了一种方法，总是要执行一下，看看功能是否正常，有时还要想办法输出些数据，如弹出信息窗口等，这也是单元测试的一种形式。这种形式的单元测试，针对代码的测试很不完整，代码覆盖率超过 70% 都很困难，未覆盖的代码可能遗留大量的细小的错误。这些错误还会互相影响，当 Bug 暴露出来的时候难于调试，大幅度增加了后期测试和维护成本，也降低了开发商的竞争力。可以说，进行充分、完整的单元测试，是提高软件质量，降低开发成本的必由之路。

对于程序员来说，如果养成对自己写的代码进行单元测试的习惯，不但可以写出高质量的代码，还能提高编程水平。要进行充分的单元测试，应专门编写测试代码，并与产品代码隔离。比较简单的办法是为产品工程建立对应的测试工程，为每个类建立对应的测试类，为每个方法建立测试方法。

一般认为，在结构化程序时代，单元测试所说的单元是指函数，在当今的面向对象时代，单元测试所说的单元是指类。以实践来看，以类作为测试单位，复杂度高，可操作性较差，因此仍然主张以方法作为单元测试的测试单位，但可以用一个测试类来组织某个类的所有测试方法。单元测试不应过分强调面向对象，因为局部代码依然是结构化的。单元测试的工作量较大，简单、实用、高效才是硬道理。有一种看法是，只需要测试类的接口（公有方法），其他方法不用测试，从面向对象角度来看，确实有其道理，但是，测试的目的是找错并最终排错，因此，只要是包含错误的可能性较大的方法，都要测试，跟方法是公有还是私有没有关系。

8.1.2 为什么要使用单元测试

我们编写代码时，一定会反复调试，以保证它能够编译通过。对于编译没有通过的代码，没有人会愿意交付给自己的项目经理。但代码通过编译，只是说明它的语法正确，却无法保证它的语义也一定正确，没有人可以轻易承诺这段代码的行为一定是正确的。单元测试则可以为我们的承诺做保证，编写单元测试就是用来验证这段代码的行为是否与期望的一致。有了单元测试，可以自信地交付自己的代码，而没有任何后顾之忧。

什么时候测试？单元测试越早越好，按极限编程的理论，是测试驱动开发，先编写测试代码，再进行开发。在实际的工作中，可以不必过分强调先什么后什么，重要的是高效和感觉舒适。从实践来看，先编写产品方法的框架，然后编写测试方法，针对产品方法的功能编写测试用例，然后编写产品方法的代码，每写一个功能点都运行测试，随时补充测试用例。所谓先编写产品方法的框架，是指框架中先编写空的方法体，有返回值的随便返回一个值，编译通过后，再编写测试代码，这时，方法名、参数表、返回类型都应该确定下来了，所编写的测试代码以后需修改的可能性比较小。

由谁测试？单元测试与其他测试不同，单元测试可看作是编码工作的一部分，包含了单元测试的代码才是已完整的代码，提交产品代码时也要同时提交测试代码。测试部门可以做一定程度的审核。

在一种传统的结构化编程语言中，比如 C，要进行测试的单元一般是函数或子过程。在 Java 这样的面向对象的语言中，要进行测试的基本单元是类。单元测试的原则同样被扩展到第四代语言（4GL）的开发中，在这里基本单元被典型地划分为一个菜单或显示界面。

单元测试作为一种无错误编码的辅助手段，无论是在软件修改还是在代码移植过程中，都必须是可重复的，软件测试贯穿在整个软件系统的运行、维护、升级、扩展等阶段。

经常与单元测试联系起来的另外一些开发活动包括代码走读（Code review）、静态分析（Static analysis）和动态分析（Dynamic analysis）。静态分析就是对软件的源代码进行研读，查找错误或收集一些度量数据，并不需要对代码进行编译和执行。动态分析就是通过观察软件运行时的动作，来提供执行跟踪、时间分析，以及测试覆盖度方面的信息。

经验表明，一个尽责的单元测试方法将会在软件开发的某个阶段发现很多的Bug，并且修改它们的成本也很低。在软件开发的后期阶段，Bug的发现并修改将会变得更加困难，并要消耗大量的时间和开发费用。无论什么时候做出修改，都要进行完整的回归测试，在生命周期中尽早地对软件产品进行测试将使效率和质量得到最好的保证。在提供了经过测试的单元的情况下，系统集成过程将会大大地简化。开发人员可以将精力集中在单元之间的交互作用和全局的功能实现上，而不是陷入充满很多Bug的单元之中不能自拔。

8.2 JUnit 技术

TestCase 测试组件

目前最流行的单元测试工具是XUnit系列框架，根据语言不同，分为JUnit（Java）、CppUnit（C++）、DUnit（Delphi）、NUnit（.Net）、PhpUnit（Php）等。JUnit测试框架由Kent Beck和Erich Gamma建立，逐渐成为XUnit家族中最为成功的一个。

在学习JUnit技术前，先来认识四个概念：

测试用例：TestCase，对测试目标进行测试的方法与过程集合。

测试包：TestSuite，测试用例的集合，可容纳多个测试用例。

白盒测试：把测试对象看作一个打开的盒子，程序内部的逻辑结构和其他信息对测试人员是公开的。

回归测试：软件或环境的修复或更正后的“再测试”，自动测试工具对这类测试尤其有用。

JUnit是一个开放源代码的Java测试框架，用于编写和运行可重复的测试。它是用于单元测试框架体系XUnit下的一个实例（用于Java语言），主要用于白盒测试、回归测试，因为程序员知道被测试的软件如何完成功能和完成什么样的功能。

JUnit是在极限编程和重构（Refactor）中被极力推荐使用的工具，因为在实现自动单元测试的情况下，可以大大提高开发的效率。使用JUnit框架有如下几大好处：

① 可以使测试代码与产品代码分开。

② 针对某一个类的测试代码通过较少改动便可以应用于另一个类的测试。

③ 易于集成到测试人员的构建过程中。

④ JUnit是公开源代码的，可以进行二次开发。

⑤ 可以方便地对JUnit进行扩展。

8.2.1 JUnit 测试框架

JUnit 之所以流行并为广大的开发人员所推崇，一是因为它实战性强，功能强大；二是因为它实在、简单。简单地讲，这个框架提供了许多断言（assert）方法，允许设置测试的规则，如 assertEquals( ) 等方法。

一个测试用例包括了多个断言，当运行测试用例后，JUnit 运行器会报告哪些断言没有通过，开发人员就可顺藤摸瓜搞个水落石出了。而传统的测试方法需要将期望的结果用诸如 System. out. println( ) 等语句将过程信息打印到控制台或日志中，现在这种“观察”的工作由 JUnit 的 assertXxx( ) 方法自动完成。

JUnit 的测试框架类结构很简单，主要由 3 个类组成，关系如图 8 – 1 所示。

① junit. framework. Test：测试框架总接口。

② junit. framework. TestCase：测试用例类。

③ junit. framework. TestSuite：测试套件类，它可以将多个测试用例类捆绑在一起运行，也可以捆绑另一个测试套件。

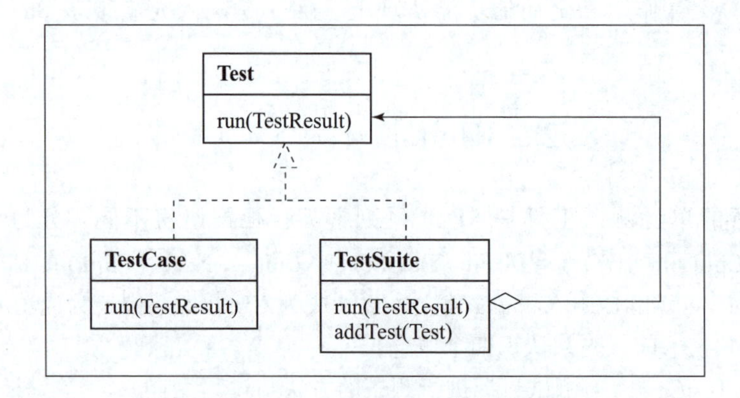

图 8 – 1 JUnit 测试框架类结构图

在使用 JUnit 测试框架时，必须遵循如下相关规则：

① 编写的所有测试类，都必须继承自 junit. framework. TestCase 类。

② 测试类的所有测试方法的命名规则如下：

a. test + 被测试的方法名，并且第一个字母大写，如 testHello( )。

b. 测试方法头中修饰语必须是 public void。

c. 测试方法不能有参数。

d. 一个 testXxx 方法对一个被测试的方法进行测试。

③ 使用 TestCase 中的断言方法 assertEquals( ) 来判断测试结果正确与否。

TestCase 实例被运行时，依照以下步骤运行：

① 创建测试用例的实例。

② 调用 setUp( ) 方法，执行一些初始化工作。

③ 运行 testXxx( ) 测试方法。

④ 调用 tearDown( ) 方法，执行销毁对象的工作。

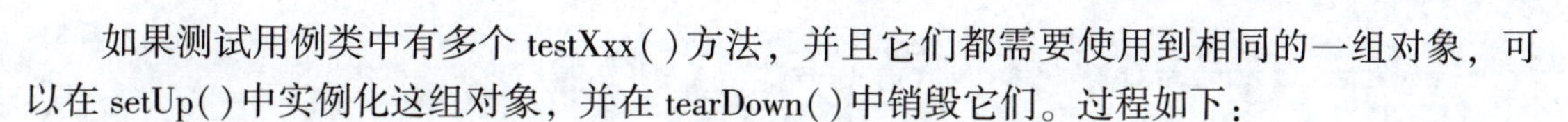

如果测试用例类中有多个 testXxx( )方法，并且它们都需要使用到相同的一组对象，可以在 setUp( )中实例化这组对象，并在 tearDown( )中销毁它们。过程如下：

① 创建 TestCase 类的子类。

② 在子类中声明若干个测试所用的对象。

③ 覆盖 setUp( )方法，在方法中实例化这些对象。

④ 覆盖 tearDown( )方法，释放这些对象的资源。

JUnit 框架中包含两个重要的版本：JUnit3 和 JUnit4。在 JUnit3 版本中，测试方法必须以 test 开始，即方法为 testXXX( )，但在 JUnit4 版本中没有这个限制。JUnit4 中可以利用注解 (Annotation) 方式，通过@ Test 标注业务测试方法。同时，JUnit4 中不能继承 TestCase 父类，如果继承了该父类，JUnit4 的注解功能将会全部失效。JUnit4 中由于没有继承 TestCase，所以不能直接使用 assertEqual 等方法。当要使用断言时，必须通过静态引用的方式进行调用，如 Assert. assertEqual(int, int)。

8.2.2 Testcase 案例应用

案例要求：

① SampleCalculator 类有两个业务方法：

add( )实现加法功能；

subtraction( )实现减法功能。

② 为 SampleCalculator 类写对应的单元测试代码。

③ 在 IDE 集成开发工具上运行测试代码。

操作过程：

在 MyEclipse 工具中新建一个 Web 项目 junit_app，在 lib 目录中添加 JUnit 组件包 junit－4.8.2.jar，如图 8－2 所示；在项目中新建一个类 com. test. SampleCalculator，并为其添加两个业务方法 add( )、subtraction( )。

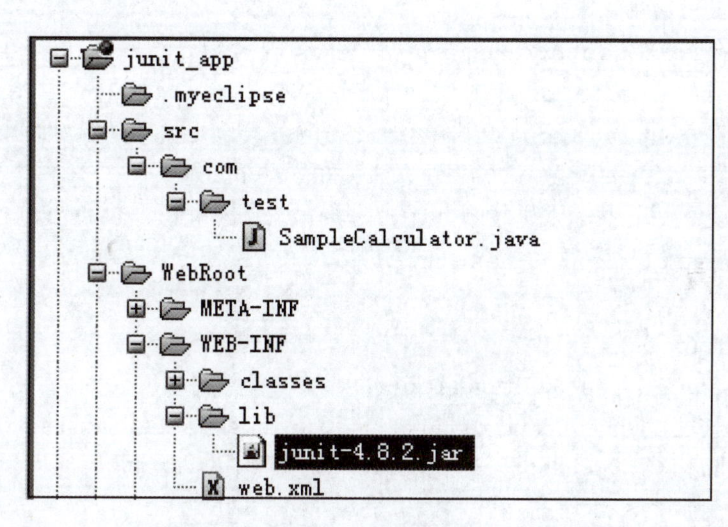

JUnit 课堂运用_1

图 8－2 JUnit 实验操作 (1)

```
SampleCalculator.java
package com.test;
public class SampleCalculator {
    //实现加法
    public int add(int augend , int addend){
      return augend + addend;
}
    //实现减法
    public int subtraction(int minuend , int subtrahend) {
      return minuend - subtrahend;
    }
}
```

添加一个单元测试类 com. test. TestSample，并在单元测试类中添加两个与 SampleCalculator 类中业务方法相对应的测试方法：testAdd( )、testSubtration( )。

```
TestSample.java
package com.test;
import junit.framework.TestCase;
public class TestSample extends TestCase {
    //初始化……
    public void setUp(){
      System.out.println("初始化 TestSample 类……");
    }
    //测试 Add 功能
    public void testAdd(){
      SampleCalculator calculator = new SampleCalculator();
      //调用 SampleCalculator 类的 add()并得到方法运算后的值
      int result = calculator.add(50, 20);
//调用 assertEquals(),比较预期值 70 与 add()运算值是否一致
      assertEquals(70, result);
    }
    //测试 Subtration 功能
    public void testSubtration(){
      SampleCalculator calculator = new SampleCalculator();
      //调用业务类的 subtraction()并得到方法运算后的值
      int result = calculator.subtraction(50, 20);
      //调用 assertEquals(),比较预期值 30 与 subtraction()运算结果
      assertEquals(30 , result);
```

```
    }
    //释放初始化资源……
    public void tearDown(){
      System.out.println("释放 TestSample 类初始化资源……");
    }
}
```

自定义测试类 TestSample 必须继承 junit. framework. TestCase 类。类中 testAdd()运行过程如下：

① 使用 setUp()进行测试前，初始化相应资源（此方法可省略）。

② 使用 testAdd()进行测试工作。

a. 先在 testAdd()中调用被测试方法 add()，并得到该方法的运算结果值。

b. 用我们希望得到的预期值 70（20 + 50 = 70）与 add()运算的结果值在 assertEquals()中比较。

c. 检查是否一致，一致时为测试通过，不一致则测试结果不通过。

③ 运行 tearDown()进行测试完毕初始化资源的释放（此方法可省略）。

testSubtraction()的执行步骤与 testAdd()的是一样的。

运行 TestSample 类，可以查看测试代码运行的结果，如图 8 – 3 所示。

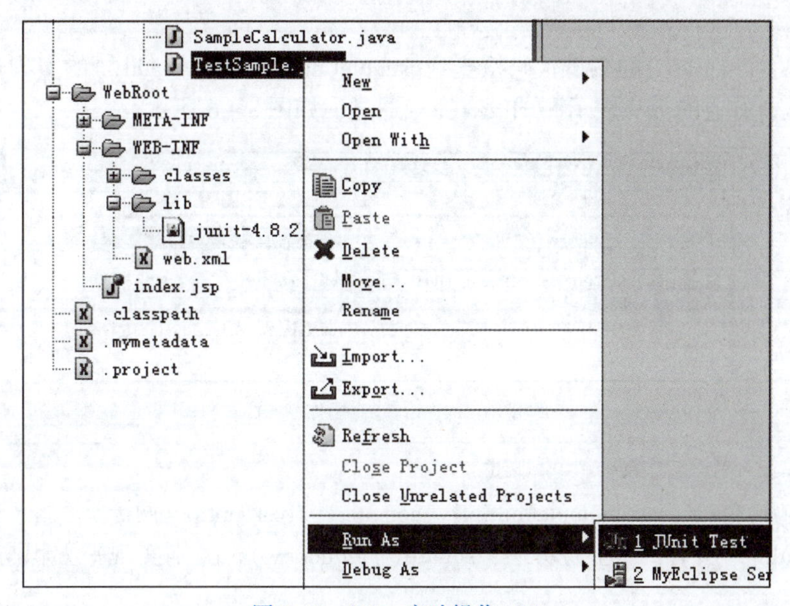

图 8 – 3　JUnit 实验操作（2）

测试结果："Runs：2/2"，运行了两种测试方法；"Errors：0"，此次单元测试内容以外的错误 0 个；"Failures：0"，此次单元测试内容范围内的错误 0 个；右边的带状表示测试全部通过，如图 8 – 4 所示。

对于控制台的输出，运行每个测试方法前调用 setUp()，结束后调用 tearDown()。

如果测试把 SampleCalculator 类的 add()修改为如下代码，即可得到一个错误的 add()方法，运行测试类 TestSample，可得到单元测试没有完全通过的结果，如图 8 – 5 所示。

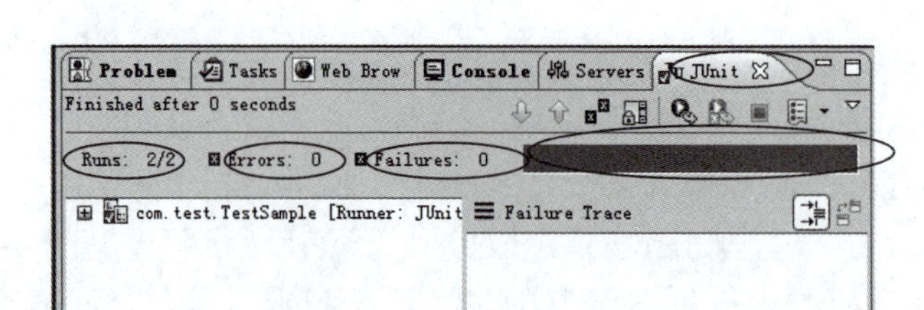

图8-4　JUnit 实验操作（3）

```
<terminated> TestSample [JUnit] C:\F
初始化TestSample类……
释放TestSample类初始化资源……
初始化TestSample类……
释放TestSample类初始化资源……
```

图8-5　JUnit 实验操作（4）

```
public int add(int augend , int addend){
    return augend + augend;
}
```

测试结果：testAdd( )的测试代码检查到 SampleCalculator 类中 add( )的实现过程有问题，没有通过测试，右边的带状表示测试没有完全通过，如图8-6所示。

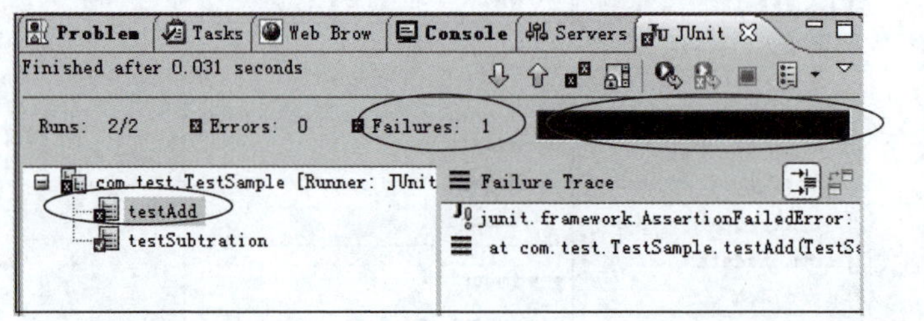

JUnit 课堂运用_2

图8-6　JUnit 实验操作（5）

接下来进行一个全局综合性的测试。

在项目中添加 com. test. SampleMultiply、com. test. TestMultiply 两个类。

SampleMultiply 类有两个业务方法：square( )和 cube( )，分别实现平方积与立方积的计算功能。

```
SampleMultiply.java
package com.test;
public class SampleMultiply {
    //实现平方运算
    public int square(int num){
      return num * num;
```

```
    }
    //实现立方运算
    public int cube(int num) {
      return num * num * num;
    }
}
```

TestMultiply 类为 SampleMultiply 类的单元测试类，分别对其中的两个方法进行单行测试。

```
TestMultiply.java
package com.test;
import junit.framework.TestCase;
public class TestMultiplyextends TestCase {
    //初始化……
    public void setUp(){
      System.out.println("初始化 TestMultiply 类……");
    }
    //测试 Square 功能
    public void testSquare(){
      SampleMultiply multiply = new SampleMultiply();
      int result = multiply.square(20);
      assertEquals(400 , result);
    }
    //测试 Cube 功能
    public void testCube(){
      SampleMultiply multiply = new SampleMultiply();
      int result = multiply.cube(20);
      assertEquals(8000 , result);
    }
    //释放初始化资源……
    public void tearDown(){
      System.out.println("释放 TestMultiply 类初始化资源……");
    }
}
```

运行 TestMultiply 测试类，可以看到单元测试代码运行的结果，如图 8－7 所示。

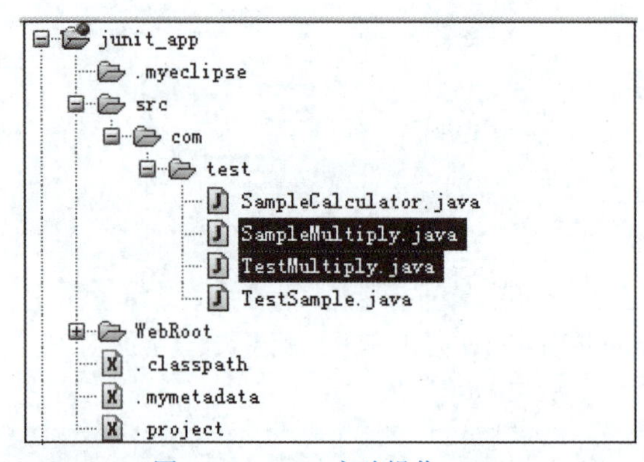

图 8－7　JUnit 实验操作（6）

TestMultiply 类单元测试代码通过，如图 8－8 所示。

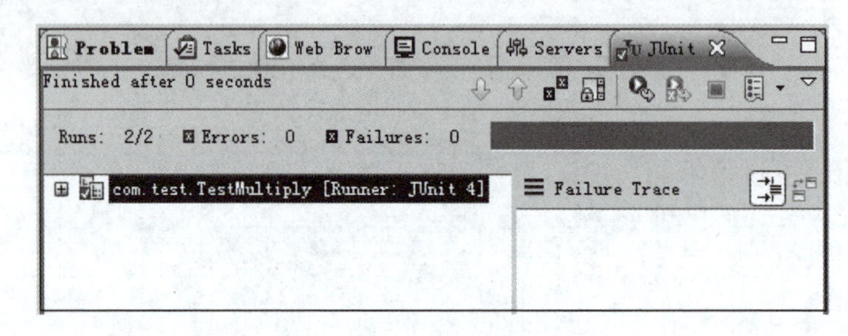

图 8－8　JUnit 实验操作（7）

控制台输出，如图 8－9 所示。

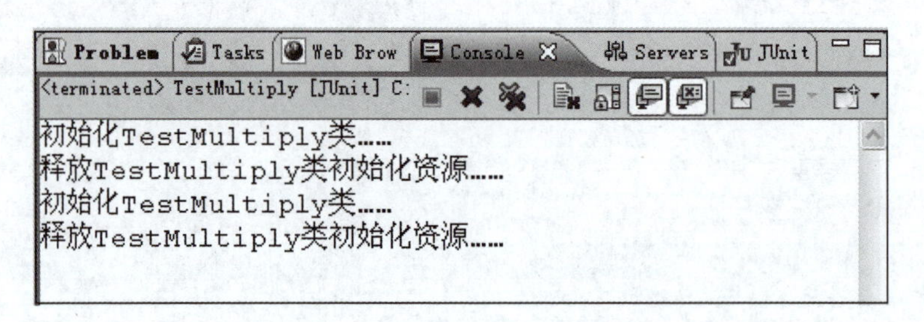

图 8－9　JUnit 实验操作（8）

假如 SampleCalculator 类是项目中的一个模块，SampleMultiply 类是项目中的另一模块，TestSample、TestMultiply 分别为以上两模块的单元测试代码类。在进行整体的单元测试时，只能分别运行每个测试类，在大型的应用项目中非常不现实，那么怎么来解决这个问题呢？

在 JUnit 测试框架中，组件 junit. framework. TestSuite 类可以帮用户把系统中各个模块的测试类组织起来，然后按一定顺序统一执行，极大地增强了 JUnit 测试框架的功能，方便系统集成测试。

在项目中增加一个 com. test. TestAll 类，该类实现统一执行 TestSample、TestMultiply 两个测试类功能，如图 8－10 所示。

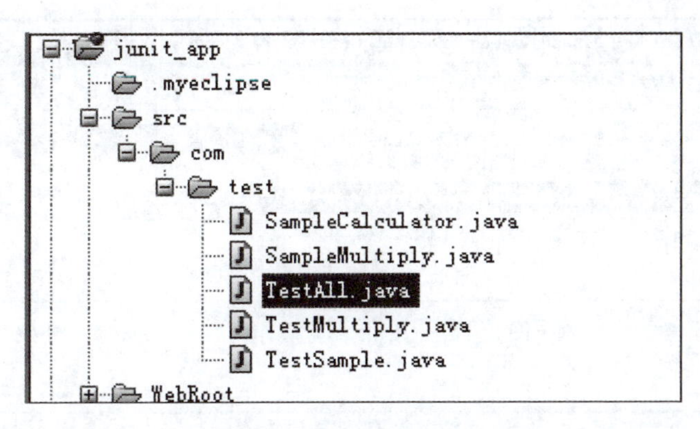

JUnit 课堂运用_3

图 8-10 JUnit 实验操作（9）

```
TestAll.java
package com.test;
import junit.framework.Test;
import junit.framework.TestSuite;
public class TestAll extends TestSuite{
    public static Test suite(){
      TestSuite suite = new TestSuite();
      //把 TestSample 类型添加到 suite 对象
      suite.addTestSuite(TestSample.class);
      //把 TestMultiply 类型添加到 suite 对象
      suite.addTestSuite(TestMultiply.class);
      //返回 suite 对象
      return suite;
    }
}
```

自定义的 TestAll 类必须满足如下要求：

① TestAll 类必须继承 junit.framework.TestSuite 类。

② 必须定义一个方法 public static Test suite()，供底层调用。

③ 必须要创建 TestSuite 对象 new TestSuite()。

④ 必须调用 addTestSuite()，按测试类执行顺序添加到 TestSuite 对象中。

a. addTestSuite()的参数为测试类的类型，如 TestSample.class。

b. addTestSuite()的参数不能是测试类的对象，如 new TestSample()。

⑤ 必须返回 TestSuite 对象。

运行 TestAll 类，可以看到图 8-11 所示的输出结果。

执行了四个测试方法（TestSample 与 TestMultiply 各两个方法），全部测试方法均通过，全体单元测试代码执行成功，如图 8-12 所示。

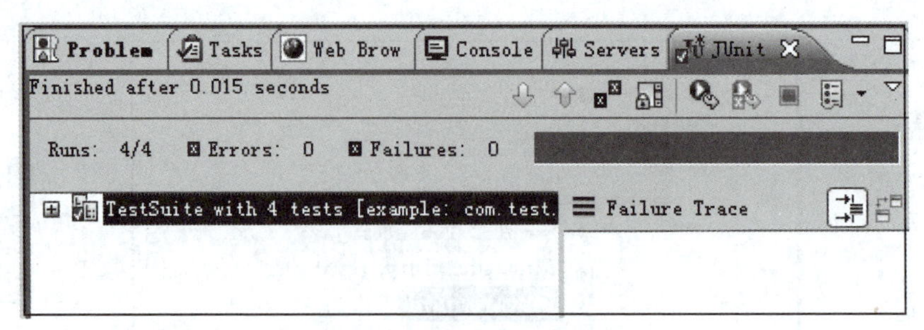

图 8－11　JUnit 实验操作（10）

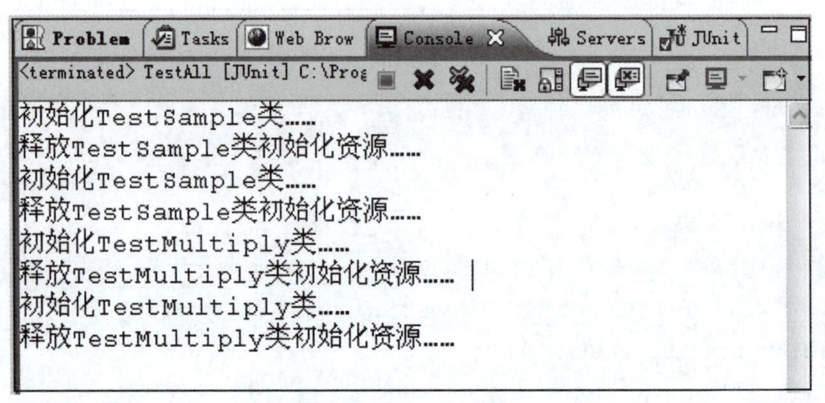

图 8－12　JUnit 实验操作（11）

从控制台的输出中可以看到，测试框架先执行了 TestSample 的两个测试方法，再执行 TestMultiply 的两个测试方法。全体单元测试代码的集成测试成功。

8.2.3　测试套件 TestSuite 类

TestSuite 是一个组测试套件类，即把若干个测试类串联起来，进行模块整体单元测试，主要用于对模块功能单元的批量测试场景。TestSuite 类是 Test 接口的一个实现类，与 TestCase 类的位置是并列、对等的，TestCase 针对的是单个 Java 类业务方法的单元测试行为，而 TestSuite 可以把多个 TestCase 的单元测试片断集成、串联起来，针对的是整个业务系统模型中的单元测试行为。

TestSuite 测试套件语法规则：

- 定义一个组测试入口方法，方法签名如下：

√ public static Test suite()

- 创建 TestSuite 对象，并在对象中添加所有要集成组合的单元测试类

TestSuite 测试组件

√ TestSuite testSuite = new TestSuite()

√ testSuite. addTestSuite()

√ addTestSuite()方法参数中传入 TestCase 子类的类型

- 返回 TestSuite 对象

√ return testSuite

- 断言方法

√ assertEquals( )：比较对象包含的值，支持八大数据类型。
√ assertSame( )：比较是否为同一对象，本质是内存地址比较。
√ assertNull( )：判断对象是否为 Null。
√ assertTrue( )：判断是否为真。
√ assertThat( )：判断变量值是否符合某个条件。

8.2.4　TestSuite 案例应用

案例要求：

① HelloString、HiString、HahaString 类中各有一个同名业务方法。

getString( )分别返回“hello”“hi”“haha”。

② 为 HelloString、HiString、HahaString 类编写对应的单元测试代码。

③ 把以上三个单元测试代码集成、串联起来，实现整个模块一体化测试。

④ 在 IDE 集成开发工具上运行一体化测试代码。

操作过程：

① 在 MyEclipse 工具中新建一个 Web 项目 suite_app，在 lib 目录中添加 JUnit 组件包junit－4.8.2.jar，如图 8－13 所示；在项目中新建一个 com.web.test 包，并在其中创建三个业务类：HelloString、HiString、HahaString，相关代码如下。

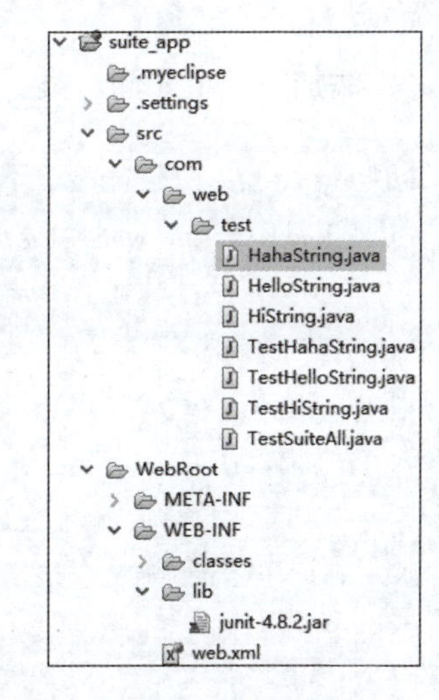

图 8－13　TestSuite 实验操作（1）

```
HelloString.java
package com.web.test;
public class HelloString {
    public String getString() {
        return "hello";
    }
}

HiString.java
package com.web.test;
public class HiString {
    public String getString() {
        return "hi";
    }
}
```

```
HahaString.java
package com.web.test;
public class HahaString {
    public String getString() {
        return "haha";
    }
}
```

②添加三个单元测试类：TestHelloString、TestHiString、TestHahaString，代码如下。

```
TestHelloString.java
package com.web.test;
import junit.framework.TestCase;
public class TestHelloString extends TestCase {
    public void testGetString() {
        HelloString hello = new HelloString();
        String actual = hello.getString();
        String expected = "hello";
        assertEquals(expected, actual);
    }
}

TestHiString.java
package com.web.test;
import junit.framework.TestCase;
public class TestHiString extends TestCase {
    public void testGetString() {
        HiString hi = new HiString();
        String actual = hi.getString();
        String expected = "hi";
        assertEquals(expected, actual);
    }
}

TestHahaString.java
package com.web.test;
import junit.framework.TestCase;
public class TestHahaString extends TestCase {
```

```
    public void testGetString() {
        HahaString haha = new HahaString();
        String actual = haha.getString();
        String expected = "haha";
        assertEquals(expected, actual);
    }
}
```

③添加一个组测试类 TestSuiteAll，把单元测试类 TestHelloString、TestHiString、TestHahaString 集成串接起来，代码如下。

```
TestSiteAll.java
package com.web.test;
import junit.framework.Test;
import junit.framework.TestSuite;
public class TestSuiteAll {
    public static Test suite() {
        TestSuite testSuite = new TestSuite();
        testSuite.addTestSuite(TestHelloString.class);
        testSuite.addTestSuite(TestHiString.class);
        testSuite.addTestSuite(TestHahaString.class);
        return testSuite;
    }
}
```

④运行单元测试套件 TestSuiteAll 类，得到如图 8－14 所示的结果，可以得知三个单元测试类 TestHelloString、TestHiString、TestHahaString 均被执行并且结果通过，表示集成串联组测试操作成功。

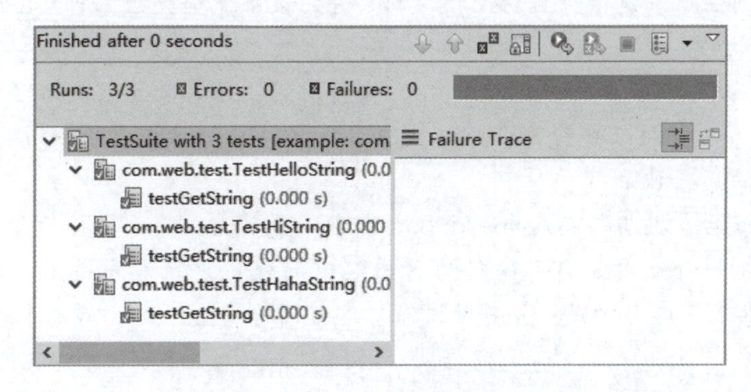

图 8－14　TestSuite 实验操作（2）

“熊猫烧香”网络安全事件

2006 年年底，许多人在打开电脑后陷入无知状态，因为电脑屏幕上有一只可爱的大熊猫，它手里还拿着三支香，没几天，这只烧香的熊猫几乎侵入了所有人的电脑。这个新型网络病毒传染性很强，很多政府机构和企业的内网都被入侵，网络瞬间瘫痪。

面对如此严重的网络安全事件，网络监察机构会同公安部门立案侦查，很快就抓到了事件的始作俑者。2007 年 9 月 24 日，25 岁的李俊因破坏计算机信息系统罪被湖北省仙桃市人民法院判处有期徒刑四年，网上猖獗的“熊猫烧香”网络案件正式告破。

李俊出生在一个普通家庭，他从小就痴迷于玩电脑，有空总会跑去网吧。其父母为了防止儿子误入歧途，给他买了一台电脑，以避免经常跑去网吧。因此，李俊获得了更多接触电脑的机会，他在计算机方面有一定的天赋，同时他愿意花时间学习编程，学习技术，兴趣和天赋促成李俊掌握了比较出色的计算机网络技术。

然而网络跟现实还是存在很大的差距，李俊的学习成绩不佳，中专毕业后，就直接进入社会工作。在他的内心世界里，他是互联网上的王者，然而现实生活中的经历却让他一次次落魄。他想从事与互联网相关的工作，却因没有学历背景，一次次被拒之门外。

李俊知道自己唯一能找到存在感的地方就是在网络上，所以他决定用自己的网络技术去干一件轰动的大事，从而证明自己的能力。2006 年 10 月 26 日，他决定放一个大绝招出来——开发“熊猫烧香”网络病毒。“熊猫烧香”病毒在当时的网络安全中造成了相当严重的后果，影响非常恶劣，震惊了整个互联网界。

（1）覆盖面之广

短短两个月时间，数百万台个人电脑感染了“熊猫烧香”病毒，1 000 多台政府部门和企业的计算机被感染，包括金融、税务、能源等关系国计民生的重要机构。当时几乎没有电脑幸存，病毒造成的损失无法估量。

（2）杀伤力之大

一旦“熊猫烧香”病毒入侵，电脑就会失控，C、D 等分区盘打不开，所有软件图标变成熊猫。计算机开机后将自动运行“熊猫烧香”病毒，自动搜索杀毒软件并强制退出，自动删除杀毒软件的注册表键值，自动使指定的文件，设备完全失控，自动扩散到互联网中。

（3）反杀毒软件

“熊猫烧香”病毒擅长和用户电脑的 .exe 文件绑定，杀毒软件解决不了它，因为杀毒软件无法将病毒与 .exe 文件正确分离，只能删除目标文件，而且中毒后，所安装的杀毒软件，会先被控制系统的病毒秒杀。

李俊被捕入狱后，思想与态度出现了很大转变。事实上，病毒失控后，他就意识到事情的严重性，意识到他可能要为自己的行为付出沉重的代价。在看守所里，李俊专门编写了“熊猫烧香”病毒专杀应用代码，并对外发布，这起网络安全事件才得以平息。

◇ 思政浅析：

（1）建设法治社会

中国共产党二十大报告中指出，法治社会是构筑法治国家的基础。弘扬社会主义法治精神，传承中华优秀传统法律文化，引导全体人民做社会主义法治的忠实崇尚者、自觉遵守者、坚定捍卫者。建设覆盖城乡的现代公共法律服务体系，深入开展法治宣传教育，增强全民法治观念。推进多层次多领域依法治理，提升社会治理法治化水平。发挥领导干部示范带头作用，努力使尊法学法守法用法在全社会蔚然成风。

（2）守法是每个公民的基本职责

遵守国家法律准则不但是对全体公民道德、品行的要求，也是也全体公民应尽的义务与职责。没有规矩不成方圆，没有人能凌驾于法律之上，违反法律就要受到法律的制裁。青少年要知法、懂法、守法，自觉维护法律的权威，当自身的权益受到不法侵害时，要敢于拿起法律武器。

（3）互联网空间不是法外之地

互联网是社会生活的延伸，互联网空间受国家相关法律保护，我国《刑法》规定，公民不得用互联网造谣、攻击或诽谤他人，以及传播其他有害信息。青少年在互联网上发言要文明、客观，不得利用互联从事违法行为。

（4）网络安全受国家法律保护

在互联网2.0的背景下，互联网成为现代生活的一部分，网络安全关系国民经济、国家安全等方面，破坏计算机互联网应用将受到国家的法律制裁。“熊猫烧香”病毒破坏了网络通信系统，给国家与社会造成巨大损失，开发者理应受到法律惩罚。

本章练习

一、选择题

1. JUnit是（　　）。[单选]

A. 日志工具　　B. 单元测试工具　　C. 开发框架　　D. J2EE规范

2. 关于JUnit的描述，正确的是（　　）。[单选]

A. JUnit可以用于单元测试　　B. JUnit可以用于并发性能测试

C. JUnit可以用于黑盒功能测试　　D. JUnit可以用于压力测试

3. Java单元测试框架包括（　　）。[多选]

A. JUnit3　　B. JUnit4　　C. NUnit　　D. xUnit

4. Junit3常用的断言包括（　　）。[多选]

A. assertEquals　　B. assertTrue　　C. assertNull　　D. assertSame

5. 关于assertEquals和assertSame的描述，错误的是（　　）。[单选]

A. assertEquals支持boolean、long、int等Java原始变量

B. assertSame只支持Object

C. assertEquals的本质是==操作的比较

D. assertSame的本质是==操作的比较

6. 关于JUnit3和JUnit4的描述，正确的是（　　）。[多选]

A. JUnit4中引入新的断言assertThat

B. JUnit3和JUnit4都需要继承TestCase类

C. JUnit4引入Annotation特性简化测试用例的编写

D. JUnit3 中的测试方法名必须以 test 开头

7. 创建一个基于 JUnit 的单元测试类，该类必须扩展（　　）类。[单选]

A. TestSuite　　B. Assert　　C. TestCase　　D. JFCTestCase

8. 用 JUnit 断言一个方法输出的是指定字符串，应当用的断言方法是（　　）。[单选]

A. assertNotNull()　　B. assertSame()

C. assertEquals()　　D. assertNotEquals()

9. TestCase 是 junit. framework 中的一个（　　）。[单选]

A. 方法　　B. 接口　　C. 类　　D. 抽象类

10. Test 是 junit. framework 中的一个（　　）。[单选]

A. 方法　　B. 接口　　C. 类　　D. 抽象类

11. TestSuite 是 JUnit 中用来（　　）。[单选]

A. 集成多个测试用例的　　B. 做系统测试用的

C. 做自动化测试用的　　D. 方法断言的

12. 关于 TestSuite 类在 JUnit 框架中的用法，描述正确的是（　　）。[多选]

A. 需要定义一个组测试入口方法，方法签名为 public static Test suite()

B. 必须通过此类中的方法 addTestSuite()来添加相关的单元集成测试类

C. 需要把相关单元测试类的类型以参数的形式传入 addTestSuite()方法中

D. 组测试入口方法必须返回 TestSuite 的对象实例

13. 要在 JUnit 单元测试框架中销毁一个被测试对象，释放对象所占据的资源，会在测试类的（　　）中进行。[单选]

A. tearDown()　　B. setUp()　　C. 构造方法　　D. 任意位置

14. 通常在 JUnit 单元测试框架中初始化一个被测试对象，会在测试类的（　　）中进行。[单选]

A. tearDown()　　B. setUp()　　C. 构造方法　　D. 任意位置

15. JUnit 的特征，不正确的是（　　）。[单选]

A. 用于测试程序运行结果是否符合预期，可以使用断言方式去判断

B. AssertEquals、AssertNotEquals：判断两个对象所包含的相关值是否相同

C. 测试类的测试方法签名格式是 public void 的，并且不能有任何输入参数

D. JNuit 是收费的，不能做二次开发

16. 单元测试中设计测试用例的依据是（　　）。[单选]

A. 概要设计规格说明书　　B. 用户需求规格说明书

C. 项目计划说明书　　D. 详细设计规格说明书

17. 单元测试一般以白盒法为主，测试的依据是（　　）。[单选]

A. 系统实施说明书　　B. 模块内部逻辑规格说明

C. 系统结构图　　D. 系统需求规格说明

18. 程序员编码阶段产生的错误，一般由（　　）检查出来。[单选]

A. 单元测试　　B. 集成测试　　C. 有效性测试　　D. 系统测试

19. 从测试的执行者来区分，以下测试不属于同一类型的测试是（　　）。[单选]

A. 白盒测试　　B. 黑盒测试

C. 单元测试　　　　D. 回归测试

20. 下列属于单元测试内容的是（　　）。[单选]

A. 系统并发能力测试

B. 模块内部的类中相关方法的功能逻辑测试

C. 系统可靠性、稳定性测试

D. 系统安全性测试

二、问答题

1. JUnit 是一个什么框架？
2. JUnit 单元测试用例类中需继承什么父类？
3. JUnit 单元测试中 assertEquals 有什么作用？
4. 写一个完整的 JUnit 单元测试用例的流程是什么？

第 9 章

Java Web 集成开发工具

本章目标

知识目标

① 认识 Java Web 集成开发工具的种类。

② 了解集成开发工具的组成结构。

③ 理解 Eclipse 工具的环境配置参数。

④ 掌握 Eclipse 工具整合 Tomcat 插件方法。

⑤ 掌握 Ant 脚本的打包语法。

能力目标

① 能够在 Eclipse 工具集成 Tomcat 插件。

② 能够在 Eclipse 工具发布 Web 工程。

③ 能够编写 War 文件打包脚本。

④ 能够使用 Eclipse 工具进行 Java Web 应用开发。

素质目标

① 具有良好的专业术语表达能力。

② 培养良好的应用软件的配置管理能力。

③ 具有乐于探索科学的品格与精神。

④ 具有良好的创新能力与创新。

⑤ 养成敬业爱岗、无私奉献的职业精神。

Eclipse 入门简介

9.1 集成开发工具概述

集成开发工具，也称为集成开发环境（Integrated Development Environment，IDE），是指为程序设计提供全方位开发环境的软件服务套，包括代码编辑、编译、调试、分析、GUI 图形用户界面展示等功能应用，是一款既可以独立运行，也可以整合其他应用程序使用的开发应用软件。

9.1.1 IDE 的作用

早期编程语言的程序设计过程中，各个阶段都要经过不同软件的专门处理，如先用文字处理软件编辑源程序，然后用链接程序进行函数、模块链接，再用编译程序进行编译，开发者必须在几种软件间来回切换操作，开发效率极为低下。

从终端机开发应用程序开始，集成开发环境渐渐成为主流、必要的工具。Basic 是第一个有 IDE 的编程语言，可以直接在终端机前进行程序设计。早期的 IDE 采取命令行的方式进行编程，尽管与当今的IDE图形化操作存在很大的差别，但它强大的整合编辑、档案、管理、编译、调试、执行等的能力在编程市场受到了热烈的欢迎。

IDE的作用就是把各种命令行的开发工具集成起来，提供一个可视化、多功能的工具，减少学习编程语言的时间。同时，将开发工作的各方面更密切地整合，提升程序开发人员的工作效率。例如，在写程序的时候就直接做编译，一发现有语法上的错误，就立即回应。

IDE集成开发环境在程序设计中具有巨大的潜能，具有不可替代的优势，具体体现在如下三个方面。

（1）提高程序开发的效率

IDE的作用就是使程序开发更加快捷、方便，通过提供工具来帮助开发者组织资源，减少失误，提供捷径。

（2）为开发团队提供一致的开发规范与标准

IDE可以提供预设的平台模板，当团队中的每位成员都使用同一个开发平台时，就建立了统一的工作标准，在不同团队间合作开发时，这一特征更为明显。

（3）协助做好项目管理工作

IDE提供的文档工具，能高效地管理项目开发各阶段的文档资源、成果，能动态查看团队成员每天的工作进展，及时发现问题，化解项目开发周期内的各种风险。

9.1.2　常见的IDE工具

使用IDE工具可以帮助人们在处理复杂问题时省去很多麻烦的中间环节，节省大量的开销时间，能极大地提高程序开发的效率。在Java EE开发领域使用最广泛的几种IDE是Eclipse、MyEclipse、NetBeans、JBuilder。

（1）Eclipse工具

Eclipse是著名的跨平台自由集成开发工具，最初由IBM公司开发，2001年11月移交给开源社区，由非营利软件供应商联盟Eclipse基金会负责管理。Eclipse是一个开放源代码，使用Java语言开发的可扩展开发平台。由于Eclipse开放源码的属性，所有开发人员都能共享IDE成果并且可以在此基础上开发各自的插件，因此越来越受开发者的追捧。

Eclipse中的每样东西都是插件，就IDE自身而言，只是一个框架和一组服务，用于通过插件构建开发环境，通过安装不同的插件可以支持不同的计算机语言。尽管Eclipse是使用Java语言开发的，但它的用途并不限于Java语言，其支持如C、C++、PHP、Python等众多语言的程序设计，Eclipse的目标是成为所有开发语言的IDE集成者，只需添加不同语言版本的插件即可正常使用。

（2）MyEclipse工具

MyEclipse是用Java语言编写而成的，启动时会启动javaw.exe进程，是一个十分优秀的，用于开发Java EE应用的插件集合。MyEclipse在Eclipse的基础上加上自己的开发插件，成为功能强大的企业级集成开发环境，主要用于Java、Java EE及移动应用的开发。MyEclipse支持非常广泛，尤其是兼容各种开源软件产品，可以在开发、发布及应用程序服务器整合等方面极大地提高工作效率，完整支持HTML、JSP、CSS、JavaScript、Struts、Spring、Hibernate、MyBatics、EJB、JDBC等技术。

MyEclipse的功能模块分为七大类：JavaEE模型、Web开发工具、EJB开发工具、应用程序服务器的连接器、JavaEE 项目部署服务、数据库服务、MyEclipse 整合帮助 。这种模块结构可以让人们在不影响其他模块的情况下，对任一模块进行单独的扩展和升级。

（3）NetBeans 工具

NetBeans 是一个开源的集成开发工具，1996 年诞生于布拉格查理大学的一个学生项目，1997 年成为一个商业产品，1999 年被 Sun 公司收购，并在 2000 年开放源代码，成 Java 语言中最正统的 IDE 开发环境，可运行于 Windows、Linux、Olaris 等平台环境上。NetBeans IDE 包括开源的开发环境和应用平台，可以使开发人员能够快速创建 Java EE 领域的 Web 应用、企业应用、桌面级应用、移动互联应用。

NetBeans 对 Java8 有较好的支持，可以通过 IDE 的编辑器、代码分析器和转换器将低版本的 Java 源代码转换成基于 Java8 结构及规范的代码语句。NetBeans8 以上的版本中的 Java－Script插件改进了对 Node. js 及一些新的 JavaScript 工具的支持，还改进了对 JavaScript Nashorn 引擎的支持。

NetBeans 可以集成多种插件，各种插件之间兼容性非常好，不会产生相互干扰，目前最新版的 IDE 已经支持 PHP、Ruby、JavaScript、Groovy、Grails 和 C/C ++ 等开发语言。

（4）JBuilder 工具

JBuilder 是 Borland 公司开发的一个可视化的 Java IDE 开发工具，是在 Java EE 平台上开发商业应用程序、数据库及发布程序的优秀工具。使用 JBuilder 可以快速、有效地开发各类 Java 应用. JBuilder 的 JDK 与 Sun 公司标准的 JDK 不同，经过了较多的修改，以使开发人员可以像开发 Delphi 应用那样开发 Java 应用。

JBuilder 的核心有一部分采用了 VCL 技术，使得程序条理非常清晰，初学者也能完整地读懂相关代码。JBuilder 的另一个特点是简化了团队合作，它采用互联网工作室技术，使不同地区、不同国家的人联合开发一个项目成为可能。JBuilder 从 2006 版开始使用 Eclipse 作为其核心开发，最新版本的 JBuilder IDE 平台全方位支持 Java 平台各种组件与规范，如 Applets、JSP/Servlet、JavaBean，支持各种 Web 应用服务器，支持最新的 EJB3. 0 规范及 JPA 技术。

9.2 Eclipse 开发工具的使用

Eclipse 是一个开放源代码的通用工具平台，其目的是提供一个集成开发工具的必要服务。它拥有非常小的运行内核，可以通过一个或多个的插件来不断扩展各种功能，以支持各种不同的应用。同时，Eclipse 的插件可以用于管理多种开发任务，其中包括性能优化、程序调试等。

9.2.1 Eclipse 搭建 Web 工程

Eclipse 作为一个插件集成平台，其本身的功能非常有限，可以进行桌面级的 Java 程序设计，但无法直接开发 Java EE 应用程序，如无法创建直接创建 Web 工程，无法直接提供 Servlet 的编译、运行环境。要解决以上的问题，必须要对 Eclipse 工具进行必要的环境设置与插件整合，下面以 Eclipse 3. 2 为例介绍如何创建 Java Web 工程。

① 打开 Eclipse 工具，选择“Navitor”视图，在视图中创建一个 Java Porject，如图 9－1

所示，并命名为“myweb”。

② 在新建工程的根路径下新建一个资源目录 web 作为工程部署目录，在 web 目录下创建 WEB－INF 目录，并在 WEB－INF 路径下新建 classes、lib 文件目录及 web. xml 文件，如图 9－2所示。classes 路径用于存放字节码文件，lib 路径用于存放工程所要依赖的 jar 文件。

Eclipse 搭建 Web 开发环境_1

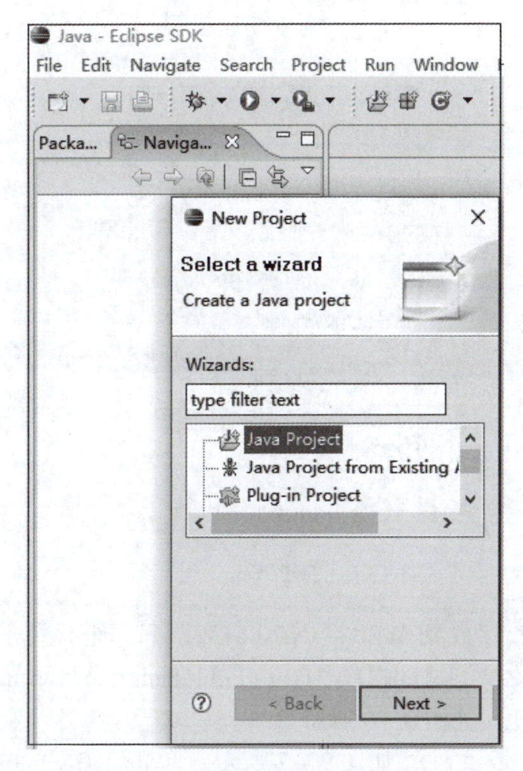

图 9－1　创建 Web 工程（1）

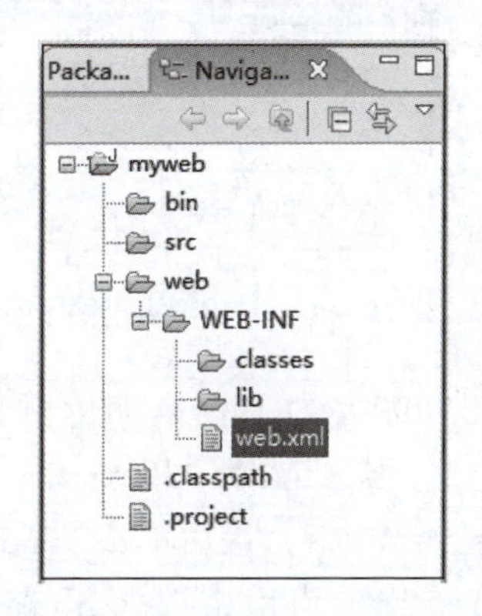

图 9－2　创建 Web 工程（2）

③ 修改字节码的存放路径，右击“工程”，选择“Properties”，在弹出的窗口中选择“Java Build Path”，并单击“Source”选项卡，最后单击“Browse”按钮，如图 9－3 所示。

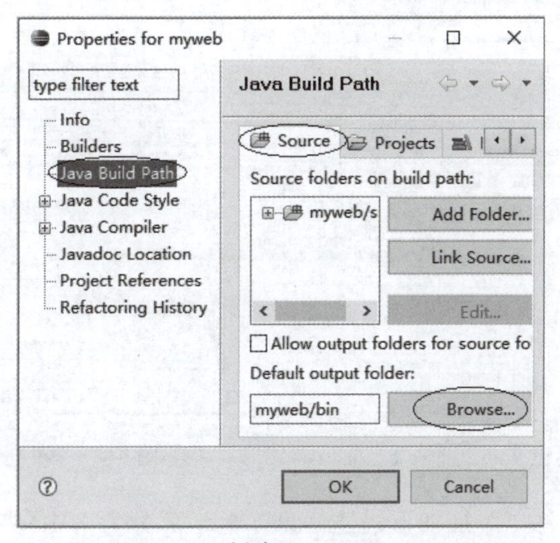

图 9－3　创建 Web 工程（3）

④ 在弹出的窗口中选择之前创建的 classes 路径作为工程中 Java 字节码的存放路径，如图 9 -4所示，单击“OK”按钮回到图 9 -3 所示的界面，再次单击“OK”按钮，则字节码的存放路径被修改。

此时如果在工程下创建 Java 文件，则其编译后生成的字节码文件将自动存放在 classes 路径下，如图 9 -5 所示。

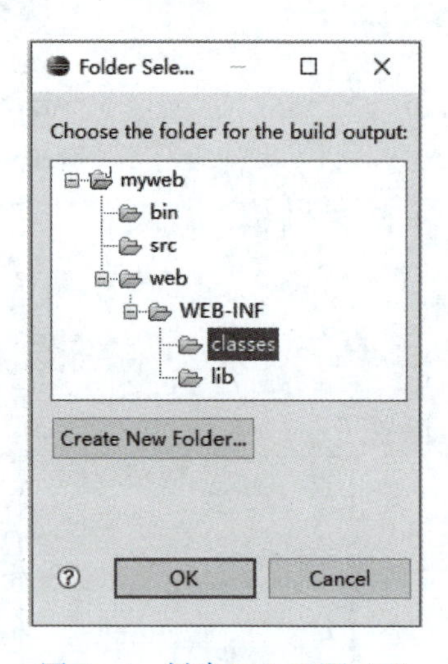

图 9 -4　创建 Web 工程（4）

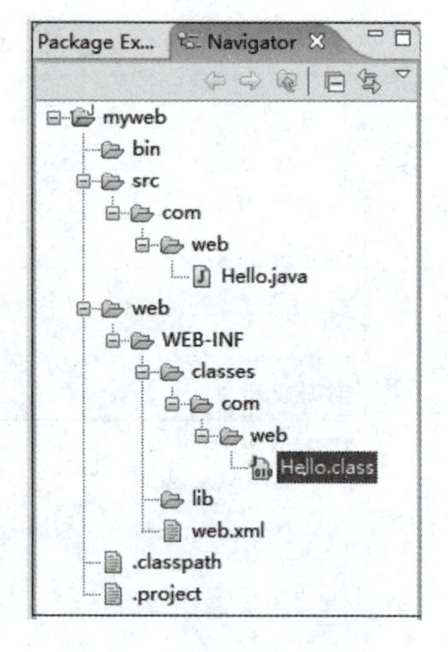

图 9 -5　创建 Web 工程（5）

⑤ 如果需要为工程添加依赖包，直接将其存放到 WEB - INF\lib 路径下，然后右击“myweb”工程，选择“Properties”，在弹出的窗口中选择“Java Build Path”，并单击“Libraries”选项卡，最后单击“Add JARs”按钮，如图 9 -6 所示。

⑥ 在弹出的窗口中选择 lib 路径下的相关 jar 文件，如图 9 -7 所示，单击“OK”按钮回到图 9 -6 所示的界面，再次单击“OK”按钮，则所依赖的 jar 文件已添加到工程中。

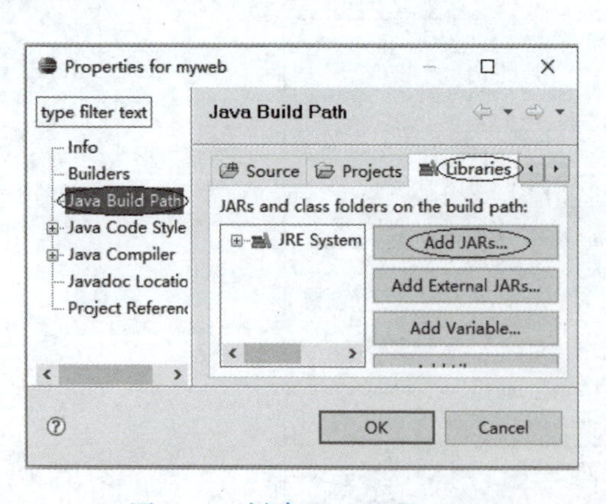

图 9 -6　创建 Web 工程（6）

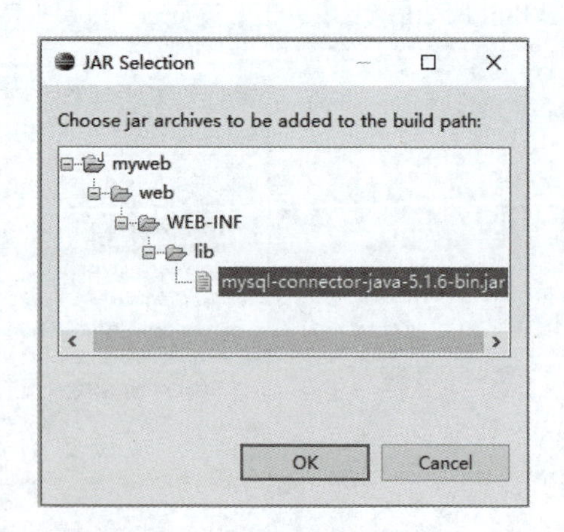

图 9 -7　创建 Web 工程（7）

⑦ 打开 web. xml 文件，添加如下描述信息，上半部分为 XML 头文件的声明，下半部分声明工程的首页为 index. jsp 视图。至此，Web 工程的项目资源结构创建完毕。

```
web.xml
<? xml version = "1.0" encoding = "UTF - 8 "? >
<web - app version = "2.5"
    xmlns = "http://java.sun.com/xml/ns/javaee"
    xmlns:xsi = "http://www.w3.org/2001/XMLSchema - instance"
    xsi:schemaLocation = "http://java.sun.com/xml/ns/javaee
    http://java.sun.com/xml/ns/javaee/web - app_2_5.xsd" >
  <welcome - file - list >
    <welcome - file > index.jsp < /welcome - file >
  < /welcome - file - list >
< /web - app >
```

9.2.2 Eclipse 集成 Tomcat

Eclipse 作为一个集成框架，自身并不包含任何 Web 应用服务器模块，当进行 Java EE 企业级应用开发时，需要通过插件包的形式另外集成 Web 容器环境。Eclipse 对插件的管理方式是动态装载、动态调用，即需要用到某个插件时才会装入内存，不需要时则会在适当时候自动移出内存。下面以 8.1.1 节中搭建的“myweb”及 Tomcat 插件为例，讲解 Eclipse 集成 Web 应用服务器插件过程。

① 准备好 Tomcat 插件包 tomcatPluginV33.zip，将其解压缩后得到的 com.sysdeo.eclipse.tomcat_3.3.0 资源包复制到 Eclipse 根目录的 plugins 路径下。启动 Eclipse 工具，如果工具栏中出现如图 9－8 所示的 Tomcat 按钮图标，则证明 Tomcat 插件已经安装成功。

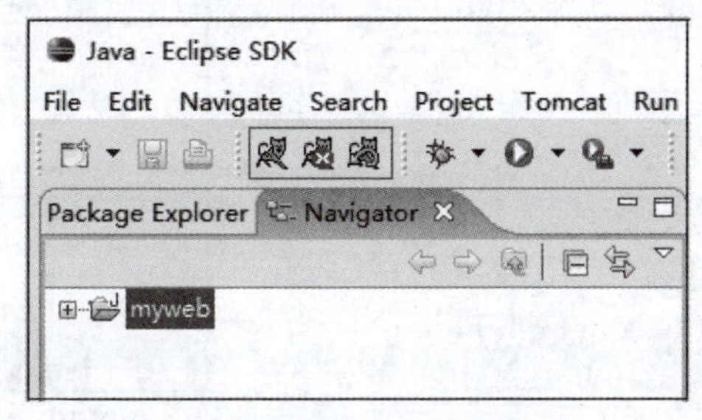

图 9－8　集成 Tomcat 服务器（1）

② 在工具栏的“Window”菜单栏中打开“Preferences”窗体，选择左边的“Tomcat”选项，再根据自己机器的 Tomcat 服务器选择对应的版本，如图 9－9 所示，最后单击“Browse”按钮来指定 Tomcat 服务器的 Home 路径。

③ 在弹出的菜单中选择 Tomcat 服务器的安装根目录，如图 9－10 所示，单击“确定”按钮，回到图 9－9 所示的界面，再次单击“OK”按钮，则 Eclipse 工具与 Tomcat 服务器已经绑定。

④ 完成①、②、③操作后，即可配置 Web 项目的部署环境。重新回到上一节创建的“myweb”工程，右击项目，并选择“Properties”项，如图 9－11 所示，打开“Properties for myweb”窗口。

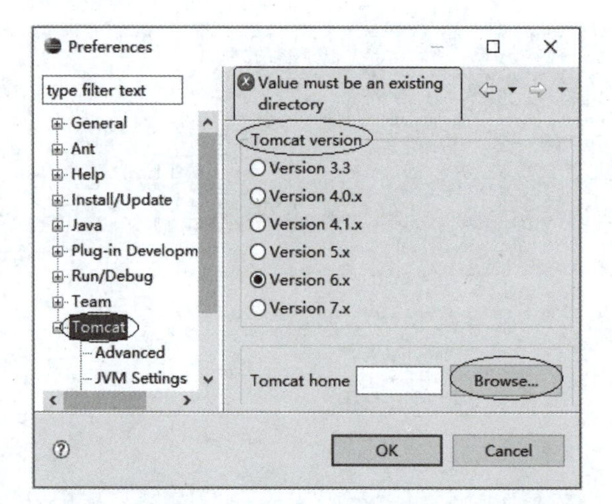

图 9－9　集成 Tomcat 服务器（2）

Eclipse 搭建 Web 开发环境_2

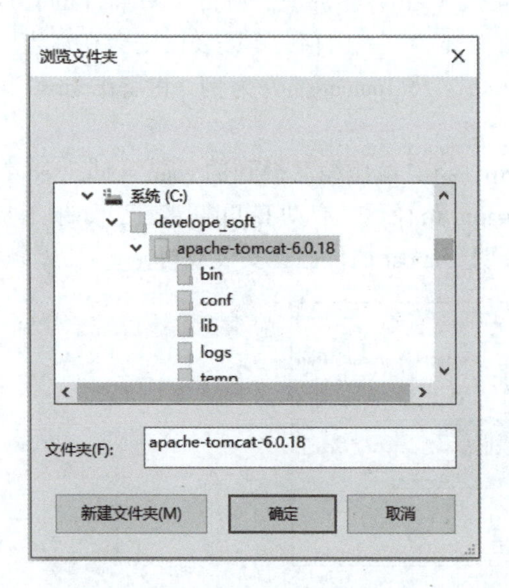

图 9－10　集成 Tomcat 服务器（3）

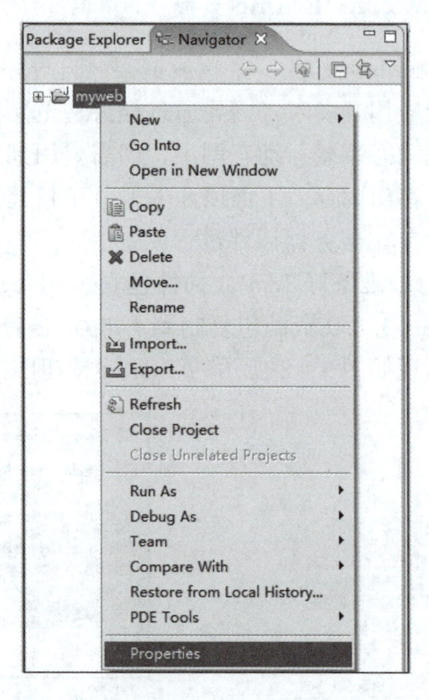

图 9－11　集成 Tomcat 服务器（4）

⑤ 在“Properties for myweb”窗口中，如图 9－12 所示，按如下过程操作：

- 单击图 9－12 中①处的“Tomcat”选项，表示要对“myweb”工程进行 Tomcat 部署环境配置。
- 勾选图 9－12 中②处的“Is a Tomcat Project”选项，表示该项目会发布到 Tomcat 应用服务器上。
- 在图 9－12 中③处的“Context name”框中输入“/myweb”，表示该项目访问请求的 URI。
- 在图 9－12 中④处的文本框输入“/web”，声明“myweb”工程的部署目录，此处必须与图 9－12 中⑤处所标识的目录名称一致。

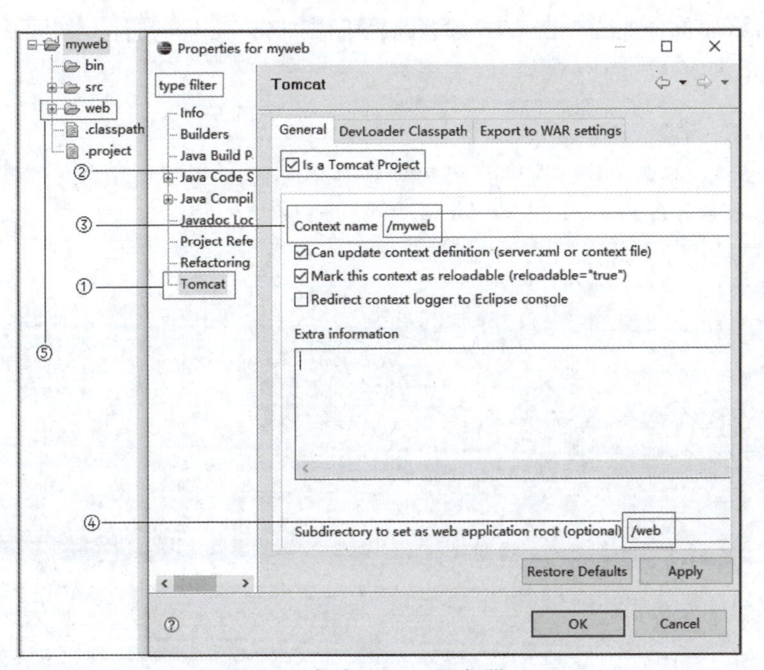

图 9 – 12　集成 Tomcat 服务器（5）

⑥ 为项目添加 Web 容器开发环境，即 Servlet 相关的插件包。重新回到“myweb”工程，右击项目，选择“Tomcat project”项，并在弹出的菜单中选择“Add Tomcat libraries to project build path”，如图 9 – 13 所示，即在项目的编译环境中添加了 Tomcat 的相关 jar 文件。

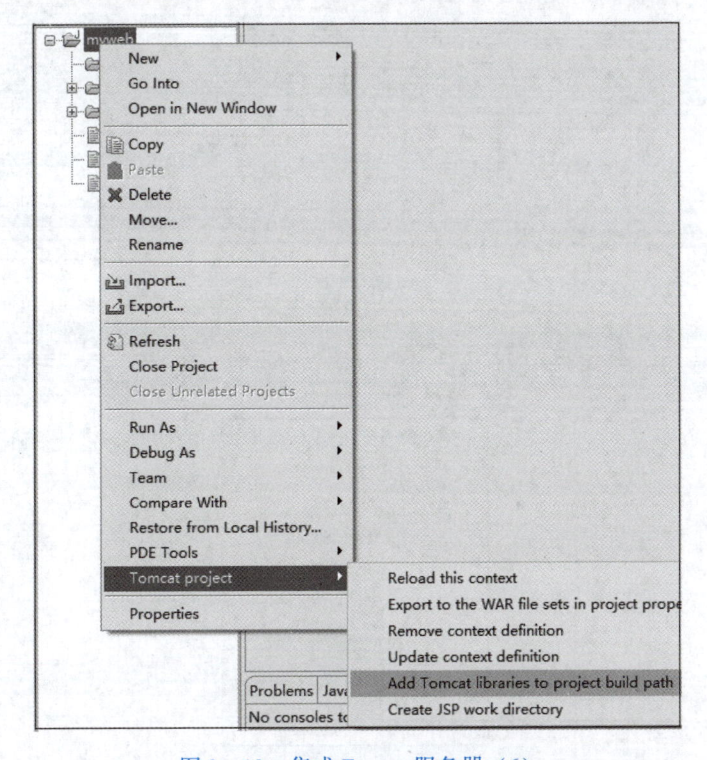

图 9 – 13　集成 Tomcat 服务器（6）

⑦ 为项目添加首页视图，在 Web 部署路径下添加 index. jsp 文件，如图 9－14 所示，在文件中写入如下内容。

```
index.jsp
<%@ page language="java" pageEncoding="utf-8"%>
<!DOCTYPE HTML PUBLIC "-//W3C//DTD HTML 4.01 Transitional//EN">
<html>
  <body>
  <center>
    <form action="login.action" method="post" focus="login">
      <h2>Welcome to login</h2>
      <table border="0">
        <tr>
          <td>Username:</td>
          <td><input type="text" name="username" /></td>
        </tr>
        <tr>
          <td>Password:</td>
          <td><input type="password" name="password"/></td>
        </tr>
        <tr>
          <td colspan="2" align="center">
          <input type="submit"name="submit" value="OK"/>
          </td>
        </tr>
      </table>
    </form>
   </center>
  </body>
</html>
```

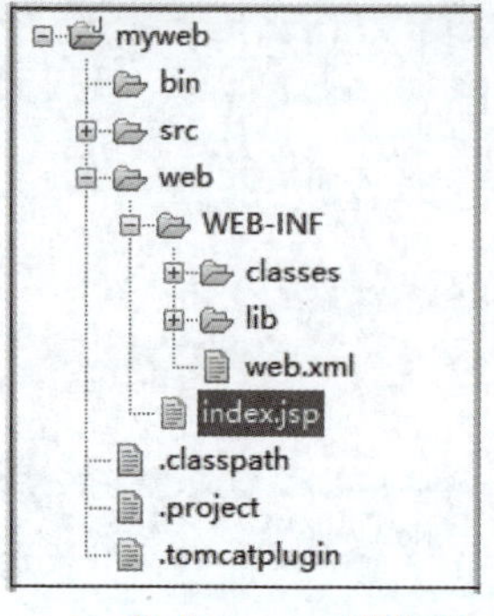

图 9－14　集成 Tomcat 服务器（7）

⑧ 对项目正式部署，回到“myweb”工程，右击项目，并选择“Tomcat project”项，并在弹出的菜单中选择“Update context definition”，如图 9 – 15 所示，表示把工程发布到 Tomcat服务器。部署成功后，会在 tomcat_home\conf\Catalina\localhost 路径下找到一个名称为 myweb. xml 的部署描述文件。

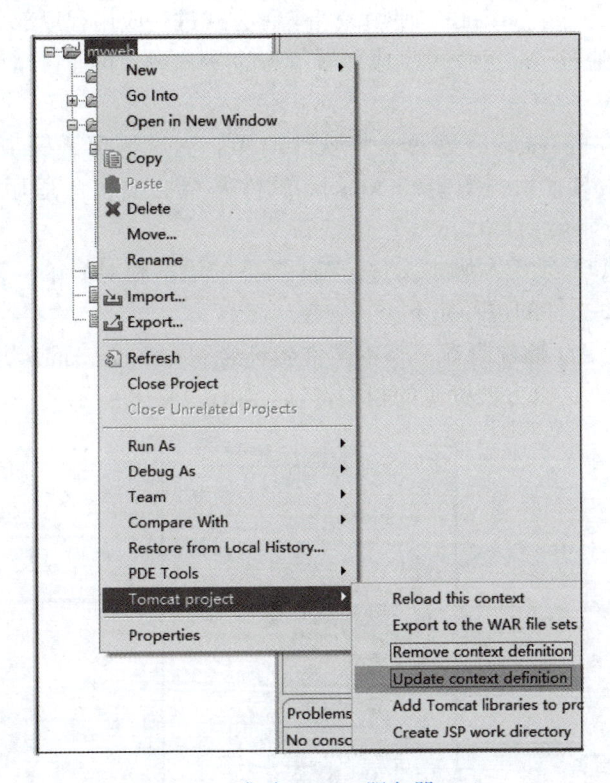

图 9 – 15　集成 Tomcat 服务器（8）

如果要反部署项目，则选择“Remove context definition”，项目反部署后，之前的 XML 部署描述文件会被删除。

⑨ 单击 Eclipse 工具栏的 Tomcat 启动命令图标，如图 9 – 16 所示，待服务器启动完毕后，打开浏览器，输入“http://localhost:8080/myweb”，即可访问到如图 9 – 17 所示的“myweb”工程的首页。

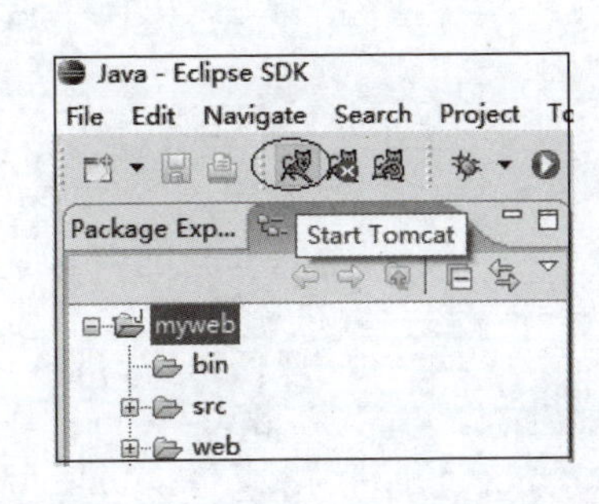

图 9 – 16　集成 Tomcat 服务器（9）

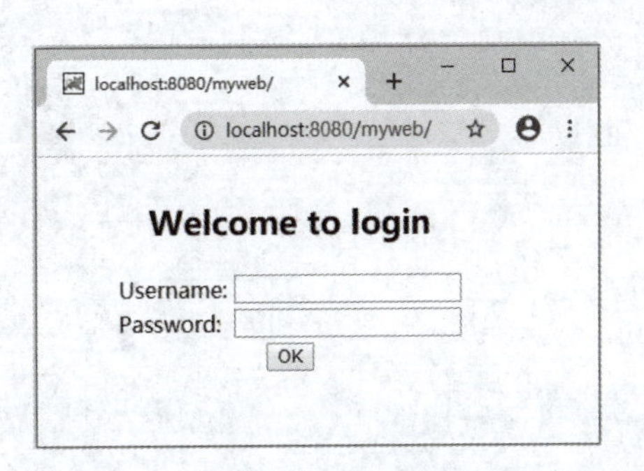

图 9 – 17　集成 Tomcat 服务器（10）

9.2.3 Eclipse 打包部署项目

Eclipse 直接关联 Tomcat 的整合方式只适用于开发者的本地开发环境配置，作为一个运维管理人员或开发团队的管理者，要把整个团队共同开发的应用程序以阶段性版本发布的方式集成到机房应用服务器上，则必须使用另外一种方式进行应用程序部署。Eclipse 平台中包含了一种 Ant 插件，通过 Ant 插件可生成部署所需的 War 包，再通过 War 包集成到机房服务主机上。

Ant 插件是一种由 Java 语言编写，将软件编译、测试、部署等步骤整合在一起的应用程序自动化构建工具，由开源组织 Apache 软件基金会提供，适用于 Java 环境的软件开发。

要使用 Ant 插件，必须编写脚本文件，Ant 插件的语法相对简单，容易掌握，相关语法及 Eclipse 中生成 War 文件的过程如下。

① 在项目中创建 Ant 插件脚本，脚本文件名称必须为 build. xml，并且脚本文件一般置于项目工程的根目录下，以方便资源的相关定位，如图 9－18 所示。

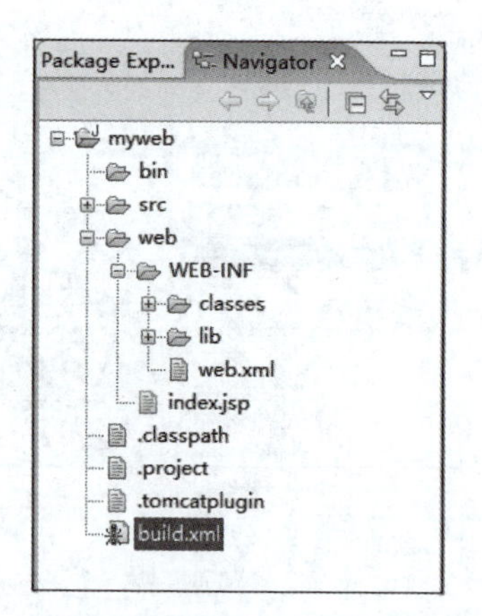

图 9－18　Ant 插件（1）

Eclipse 打包集成部署_1

② 编写脚本文件 build. xml，脚本内容如下。

```
build.xml
<?xml version="1.0" encoding="UTF-8"?>
<project name="hello" default="mywar">
    <target name="mywar">
        <war destfile="myweb.war" webxml="web/WEB-INF/web.xml">
            <fileset dir="web" includes="**/*.jsp"></fileset>
            <lib dir="web/WEB-INF/lib" />
            <classes dir="web/WEB-INF/classes"></classes>
        </war>
    </target>
</project>
```

③ build. xml 是一个标准的 XML 文件，必须符合可扩展标记语言的文件语法，同时，必须符合 Ant 插件的相关脚本语法。

Eclipse 打包集成部署_2

- <project>节点

√ 脚本的根节点。
√ name 属性必须唯一。
√ default 属性必须声明，表示默认执行的任务。

- <target>节点

√ <project>的子节点。
√ 代表打包时要执行的目标任务。
√ 可以有多个<target>节点。
√ name 属性必须唯一，代表目标任务的名称。
√ 必须有一个目标任务与脚本中默认的执行任务匹配。

- <war>节点

√ <target>的子节点。
√ 表示生成 War 包时，所包含的资源。
√ destfile 属性声明所生成 War 包的名称。
√ webxml 属性声明项目中 web. xml 文件的位置。

- <fileset>节点

√ 一般用于定义所包含视图文件的目录。
√ dir 属性声明相关路径的根路径，一般指工程的部署目录。
√ includes 属性声明路径下所包含的相关资源文件。
√ <lib>节点。
√ 表示打包时工程对应的依赖包。
√ dir 属性声明 jar 文件的路径。

- <classes>节点

√ 代表工程中 Java 字节码的根路径。
√ dir 属性声明字节码的路径。

④ 在项目中运行脚本，右击"build. xml"文件，选择"Run As"项，并在弹出的菜单中选择"2 Ant Build"，如图 9-19 所示。

⑤ 在弹出的窗口中选择要执行的目录任务，多个任务时，可根据实际情况进行选择，如图 9-20 所示，最后单击"Run"按钮。

⑥ build. xml 脚本运行后，如果没有编写错误，则可以看到如图 9-21 所示的运行结果，提示 War 文件导出成功。

⑦ 回到 Eclipse 工具的 Navigator 视图，如图 9-22 所示。重新刷新项目的资源后，可以看到 build. xml 脚本所生成的 War 文件，如图 9-23 所示。把 War 文件上传到 Tomcat 服务器即可自动解压部署应用程序。

myweb
bin
src
web
.classpath
.project
.tomcatplugin
build.xml
New
Open
Open With
Copy
Paste
Delete
Move...
Rename
Import...
Export...
Refresh
Open Javadoc Wizard...
Run As
Debug As
Team
Compare With
1 Ant Build
2 Ant Build...
External Tools

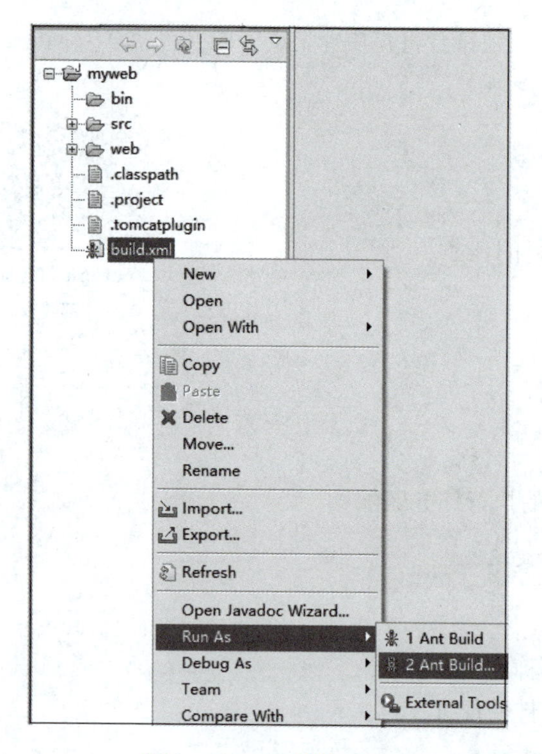

图 9－19　Ant 插件（2）

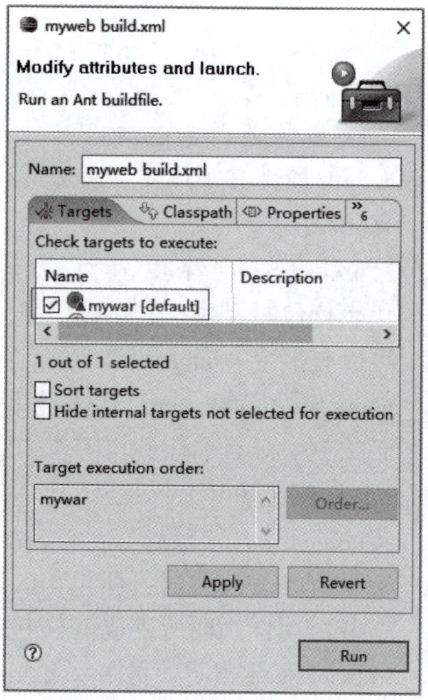

myweb build.xml
Modify attributes and launch.
Run an Ant buildfile.
Name: myweb build.xml
Targets
Classpath
Properties
Check targets to execute:
Name
Description
mywar [default]
1 out of 1 selected
Sort targets
Hide internal targets not selected for execution
Target execution order:
mywar
Order...
Apply
Revert
Run

图 9－20　Ant 插件（3）

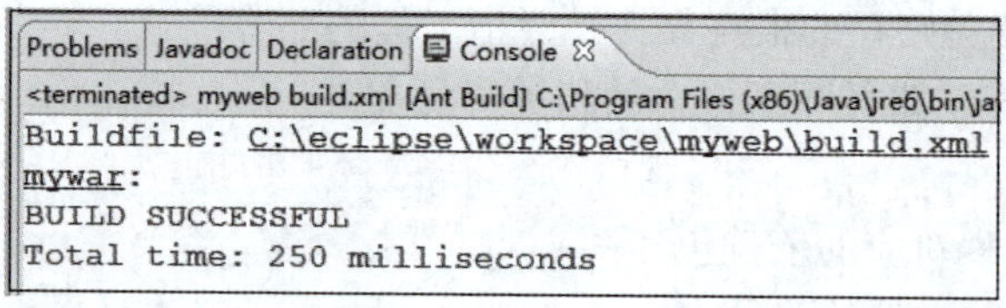

Problems
Javadoc
Declaration
Console
<terminated> myweb build.xml [Ant Build] C:\Program Files (x86)\Java\jre6\bin\ja
Buildfile: C:\eclipse\workspace\myweb\build.xml
mywar:
BUILD SUCCESSFUL
Total time: 250 milliseconds

图 9－21　Ant 插件（4）

Package ...
Navigator
myweb
New
Go Into
Open in New Window
Copy
Paste
Delete
Move...
Rename
Import...
Export...
Refresh
Close Project
Close Unrelated Projects

图 9－22　Ant 插件（5）

Packa...
Naviga...
myweb
bin
src
web
.classpath
.project
.tomcatplugin
build.xml
myweb.war

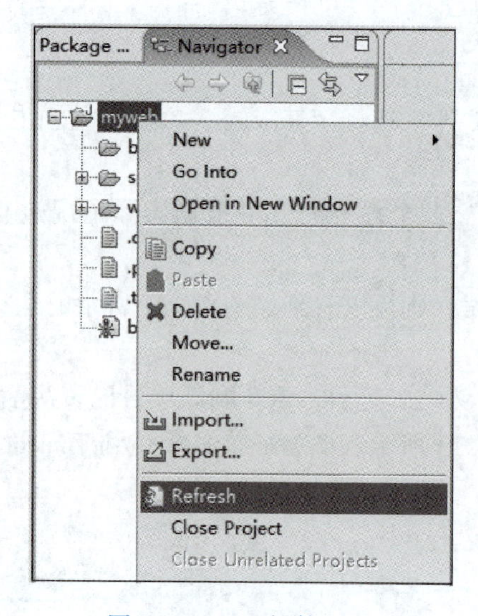

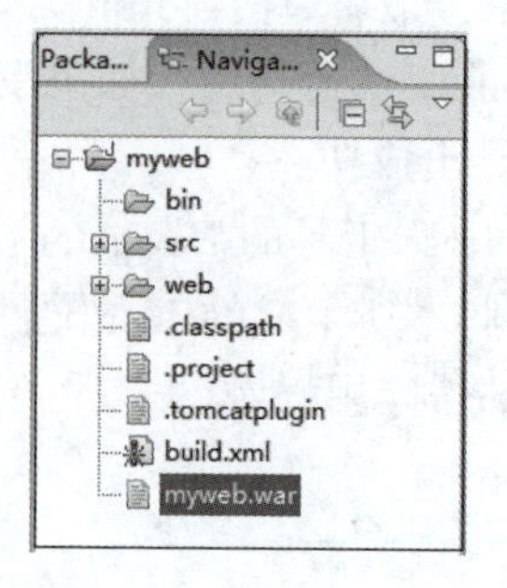

图 9－23　Ant 插件（6）

汉字激光照排之父王选

汉字精密照排是1974年8月设立的国家重点科技攻关项目（简称“748工程”），由北京大学承担研制任务。

1976年夏，还是北京大学助教的王选力排众议，提出“748工程”要跳过日本流行的光学机械式第二代照排系统，跳过美国流行的阴极射线管式第三代照排系统，研究国外还没有商品化的第四代激光照排系统。

人们嘲笑他的异想天开，“你想搞第四代，我还想搞第八代呢！”还有人怀疑他在“玩弄骗人的数学游戏”。他找到赏识他的“748工程”办公室主任、电子工业部计算机工业管理局局长郭平欣，据理力争，最终获得支持，同意立项。

尽管王选的跨越式路径选择获得了支持，但是就在原理性样机研制的紧要时刻，中国实行改革开放，国门打开，“狼”来了。1979年，世界上最先发明第四代激光照排机的英国蒙纳（Monotype）公司在上海、北京展出英国制造的“汉字激光照排系统”，准备大举进入中国市场。当时，国内出版印刷界也大多倾向于引进这一系统。

1980年2月，国家进出口管委会副主任给几位国务院副总理写了一封四页的亲笔信，反对引进，主张支持北大等单位研制完成先进的系统。主管科技的国务院副总理方毅也大力支持，批示说：“这是可喜的成就，印刷术从火与铅的时代过渡到计算机与激光的时代。”邓小平也批示：“应加支持”。

由于领导人的支持和Monotype系统汉字信息处理技术的不完善，第一次引进风潮暂时平息。王选决定集中精力研制基于大规模集成电路的真正实用的Ⅱ型机，1983年夏，Ⅱ型系统研制成功，但很快就在第二次引进高潮中遭到重创。引进国外先进技术，不但符合当时大势，相关人员还可以出国考察、接受培训，国内出版印刷企业一时间趋之若鹜。在人民日报社组织的是否引进外国系统的专家论证会上，除新华社外，绝大多数参会者都赞成引进。

与出现第一次风波的1979年相比，1984年的改革开放已前进了一大步，有关部门更少干预地方和各部门的引进工作，市场成为主导性的力量。不利的消息接连传来：一家国家级大报社最终决定购买美国HTS公司的照排设备，6家大报社购买了美、英、日等国生产的5种不同牌子的照排系统，几十家出版社、印刷厂购买了蒙纳系统和若干台日本第三代照排机。

1987年5月22日，《经济日报》的四个版面全部开始采用王选研发的北大的华光Ⅲ型汉字激光照排系统。近10天中，系统的软硬件问题层出不穷。王选手忙脚乱，胆战心惊。

经济日报社几乎每天都会刊登向读者的道歉信，报社员工联名给单位领导写信，认为这是拿《经济日报》当试验品，一致要求下马。报社也向印刷厂厂长发出最后通牒，必须在10天内排除故障，做到顺利出报，否则退回到铅排作业！好在在限期内故障一一排除，照排系统顶住了压力。

1989年，华光Ⅳ型机开始在全国新闻出版、印刷业推广普及。这年年底，英国蒙纳公司、美国王安公司等来华研制和销售照排系统的外国公司先后放弃竞争，退出中国。到1993年，国内99%的报社和90%以上的黑白书刊出版社与印刷厂采用了以王选技术为核心的国产激光照排系统，中国传统出版印刷行业被彻底改造。2018年12月18日，王选被授予“改革先锋”称号，获评“科技体制改革的实践探索者”。

◇ 思政浅析：

（1）加快实施创新驱动发展战略

中国共产党二十大报告中指出，我们必须坚持面向世界科技前沿、面向经济主战场，加快实现高水平科技自立自强。以国家战略需求为导向，集聚力量进行原创性引领性科技攻关，坚决打赢关键核心技术攻坚战。加快实施一批具有战略性全局性前瞻性的国家重大科技项目，增强自主创新能力。加强基础研究，加强企业主导的产学研深度融合，提高科技成果转化和产业化水平。

（2）厚积薄发，弯道超车

王选在做了大量调查研究的基础上，提出跳过第二代光学机械式照排系统、第三代阴极射线管式照排系统，直接研究第四代激光式照排系统，眼光独到，实现了跨越式的成功。作为当代大学生，应该去除浮躁的心态，学习好每一门课程，厚积薄发，在日后升学、工作等领域实现弯道超车。

（3）做一行，爱一行

王选为了攻克技术难关，常常冥思苦想、寝食难安，解决问题后又能感受到难以形容的愉快和享受，工作中挫折与快乐是并行的。青年一代也可以把工作当成一种乐趣，生活与工作融为一体，做一行，爱一行，行行出状元。

（4）敢于担当，大有可为

王选在国外印刷照排系统强势发展并占据市场占导的情况下，毅然承接国家重点科技攻关项目“748 工程”，克服重重困难，不计个人得失，成功研发出我国汉字激光照排技术。作为新时代青年，也应该勇于承接单位、上级分配的难题、难项，在工作、学习中将大有作为。

本章练习

一、选择题

1. Eclipse 是 Java 开发的（　　）。[单选]

A. 开发工具套　　B. 集成开发环境

C. 应用程序服务器　　D. Web 服务器

2. 下列关于 Eclipse 的说法，错误的是（　　）。[单选]

A. 使用 Eclipse 开发 Java 程序时，程序员编辑源程序后即可运行该程序，因此无编译程序的过程

B. Eclipse 中的 Workspace 用于存储工程的路径

C. 在 Windows 系统下，Eclipse 程序包解压缩后即可直接使用，无须安装

D. Eclipse 是一个基于 Java 的、可扩展的、开放源代码的开发平台

3. 下列关于 IDE 开发环境 Eclipse 的说法，正确的是（　　）。[单选]

A. Eclipse 可以通过插件（plugin）的方式扩展其功能

B. Eclipse 是 Borland 公司旗下的产品

C. Eclipse 自带有 Web 应用服务器

D. Eclipse 的运行不需要有 JRE 的支持

4. 关于 Java IDE 开发工具的说法，错误的是（　　）。[单选]

A. Jcreator 是 Xinox Software 公司旗下的 IDE 产品

B. MyEclipse 与 Eclipse 一样，都是免费、开源的产品

C. MyEclipse 是企业级开发工具，其主要用于 Java EE 平台编程开发

D. Eclipse 最初由 IBM 开发，后来移交给开源社区

5. Java 语言中，属于 IDE 集成开发工具的有（　　）。[多选]

A. Eclipse　　B. MyEclipse　　C. NetBeans　　D. JBuilder

6. 下列关于 JavaEE 编程开发工具的说法，正确的是（　　）。[多选]

A. Eclipse 不需要操作系统 JDK 编程环境的支持

B. Eclipse 需要操作系统 JDK 编程环境的支持

C. MyEclipse 自带 JDK 编程环境，不需要操作系统 JRE 环境的支持

D. MyEclipse 需要依赖操作系统 JRE 环境，不能独立运行

7. 下列关于 Eclipse 开发工具的说法，正确的是（　　）。[多选]

A. Eclipse 可以不通过任何插件，直接创建集成部署 War 文件

B. Eclipse 不能直接导出 Web 应用集成部署包，需要借助 Ant 插件才能创建集成部署 War 文件

C. Eclipse 是 Sun 公司旗下的产品

D. Eclipse 是一个开源的 IDE 集成开发平台

8. 下列关于 Eclipse 开发工具的说法，正确的是（　　）。[多选]

A. Eclipse 运行 Web 应用时，自带中间件服务器，可以不需要借助第三方中间件

B. Eclipse 插件中自带 Web 应用的前端类库

C. Eclipse 工具中更换工作空间后，之前的项目工程将会消失，如同换成了另外一个开发者的空间视图

D. Eclipse 项目工程代码中的断点只有在 debug 模式下才会生效

9. 下列关于 Eclipse 开发工具的说法，正确的是（　　）。[多选]

A. Eclipse 的 Console 视图是整个开发工具的输出控制台视图

B. Eclipse 的 Problems 视图是一个项目工程的错误集合视图

C. Eclipse 的 Package Explore 视图是一个包视图

D. Eclipse 的 Navigator 视图是一个目录结构视图

10. Eclipse 通过 Ant 插件创建 War 包的脚本文件名称是（　　）。[单选]

A. ant. xml　　B. build. xml　　C. web. xml　　D. ant_build. xml

二、问答题

1. 你所知道的 Java EE 领域的集成开发工具有哪些？

2. Eclipse 集成开发工具如何搭建 Web 工程项目？

3. Eclipse 集成开发工具如何集成 Tomcat 插件？

4. Eclipse 集成开发工具如何对 Web 工程项目打 War 包？

第 10 章

Web 服务器配置与应用

本章目标

知识目标

① 认识 Web 服务器的种类与类型。

② 了解 Web 服务器的功能与作用。

③ 了解不同类型 Web 服务器之间的差别。

④ 理解 Web 服务器的实现原理。

⑤ 理解 Tomcat 服务器的主要目录结构。

⑥ 掌握 Tomcat 服务器内存参数配置方法。

能力目标

① 能够在同一台机器上配置双机节点。

② 能够把 Tomcat 服务主页变为所开发 Web 应用程序主页。

③ 能够在 Tomcat 安装目录外部署应用程序。

④ 能够以远程方式在 Tomcat 上部署 Web 应用。

⑤ 能够配置 Tomcat 访问用户，并进行权限控制。

素质目标

① 养成有耐心不急躁的品格，处理问题有条不紊。

② 培养敢于担当的能力，敢于承担学习、工作中的重任。

③ 具有危机意识，努力做好本职工作。

④ 具有敬业爱岗的职业精神与良好的职业操守。

⑤ 养成安全、规范的运维操作习惯。

Web 应用服务器入门简介

10.1 Web 服务器概述

Web 服务器是运行及发布 Web 应用的容器，指互联网计算机设备上所存放的某种类型计算机程序，可以处理、响应浏览器、小程序、微服务等 Web 请求，只有将开发的 Web 项目、资源放置到该运行容器中，才能让远程用户通过网络进行访问。开发 Java Web 应用所采用的服务器主要是与 JSP/Servlet 组件兼容的 Web 服务器，比较常用的有 WebSphere、WebLogic、Resin、JBoss、Jetty、Tomcat 等。

10.1.1 Web 服务器原理

作为一种资源的组织和表达机制，Web 已成为 Internet 最主要的信息传送媒介，而 Web 服务器则是 Web 系统的一个重要组成部分。完整的 Web 结构应包括 HTTP 协议、Web 服务器、通用网关接口 CGI、Web 应用程序接口、Web 浏览器。

通常来说，Web 服务器以 HTTP 为核心，以 Web UI 为向导，同时支持高负载、企业级特性、事务和队列、多通道通信等实现。对于一个应用服务器程序，有四方面的元素是必不可少的：客户端、服务器端、通信交互协议、服务器端的资源。客户端通过相关协议发送请求到服务器端，服务器端通过通信协议返回响应内容给客户端。

Web 服务器的工作过程分四个阶段：连接、请求、应答、关闭连接，Web 服务器通信的四个步骤紧密相连、相互依赖，可以支持多进程的并发操作。

第一阶段：在 Web 服务器端和客户端应用程序之间通过指定的协议建立一条通信渠道，以供数据交互服务。在这一阶段主要完成两个操作：首先浏览器发出请求，表示要和服务器端程序通信，然后浏览器通过 Socket 连接与服务器建立 TCP 交互信道。

第二阶段：客户端应用程序通过之前创建的通信渠道向其服务器端发起数据交互请求。在这一阶段，第一步是浏览器首先将请求的数据装入 HTTP 格式协议，封装成通信数据包；第二步是把封装好的数据包写入信道并发送到服务器端。

第三阶段：服务器端接受客户请求并把响应数据传输到 Web 客户端。第一步是对接收到的数据包以超文本传输协议 HTTP 的格式进行逆向解析，得到请求的原文；第二步是进行数据处理，如检索数据、更新数据、插入数据、删除数据等；第三步是把响应数据再次以 HTTP 格式封装成数据包；第四步是把数据包通过之前创建好的信道发送到浏览器。

第四阶段：与客户端完成一次数据交互后，Web 服务器断开之前创建的信道，释放资源，完成交互过程。在此阶段，第一步是接收服务器端的响应数据包；第二步则同样以 HTTP 的格式对数据包进行解释；第三步输出展示相关信息到视图页面；第四步断开本次交互所创建的连接信道，释放相关资源，一次完整的交互请求至此完成。

10.1.2　常见的 Web 服务器

（1）WebSphere 服务器

WebSphere 是 IBM 公司 Web 产品，可以运行在多平台上，例如 Windows、Linux、Solaris 等，能提供可靠、灵活、健壮的产品服务。WebSphere 是一个模块化的平台，基于业界支持的开放标准，可以通过受信任和持久的接口将 Web 应用程序插入容器中。WebSphere 包含了编写、运行和监视等服务，能为 Web 应用程序中跨平台、跨产品解决方案提供所依赖的中间件基础设施，如服务器、服务和工具。

WebSphere 可进一步细分为 WebSphere Performance Pack、Cache Manager 和 WebSphere Application Server 等系列。其中，WebSphere Application Server 是基于 Java 的应用环境，可以运行于 Sun Solaris、Windows NT 等多种操作系统平台，用于建立、部署和管理 Internet 和 Intranet Web 应用程序。

（2）WebLogic 服务器

WebLogic 是 BEA 公司旗下的产品，是一个基于 Java EE 架构的应用服务器，主要用于开发、集成、部署和管理大型 Web 应用、网络应用、数据库应用。WebLogic 将 Java 的动态功能和 Java Enterprise 标准的安全性引入 Web 应用的开发、测试、运维、实施之中，是一种高效、安全、可靠的中间件容器。

WebLogic 可进一步细分为 WebLogic Server、WebLogic Enterprise 和 WebLogic Portal 等系

列。WebLogic 支持企业级、多层次和完全分布式的 Web 应用，并且服务器的配置简单、界面友好。

（3）Resin 服务器

Resin 是 Caucho 公司的软件产品，是一个 Web 容器，为 Servlet 和 JSP 提供了良好的支持，性能优良，响应速度快。Resin 自身采用 Java 语言开发，包含了一个支持 HTML 的 Web 服务器，不但可以完美地显示动态内容，而且也有强显示静态内容的能力，众多网站均采用 Resin 服务器构建。

Resin 支持负载均衡，支持 Servlets 2.3 标准和 JSP 1.2 标准。Resin 有两个版本：Pro 版本和普通版本。Pro 版本支持缓存和负载均衡，能独立作为 Web 服务器处理静态页面性能；普通版本单独作为 Web 服务器，与其他 Web 容器相比较，性能要稍微差一些，可以通过组合其他中间件的形式来提升响应性能与处理速度。

（4）JBoss 服务器

JBoss 是一个开源的 Web 容器，采用 JML API 实现软件模块的集成与管理，遵循最新的 Java EE 规范，引入了 AOP 框架，提供 EJB 的运行环境，弥补了 Tomcat 中不支持 EJB 的缺失。

JBoss 是一个非常轻量级的中间件，所需要的内存和硬盘空间非常小，安装、集成便捷，支持热部署，支持集群，操作简单方便。JBoss 与 Web 服务器在同一个 Java 虚拟机中运行，Servlet 调用 EJB 不经过网络，从而大大提高了运行效率，提升了安全性能。时至今日，JBoss 已经成为一个基于 J2EE 的 Web 操作系统，体现了 J2EE 规范中最新的技术，是一个非常优秀的 Web 平台。

（5）Jetty 服务器

Jetty 是一个开源的 Web 容器，实现了 Servlet 规范，可以为 JSP 和 Servlet 应用程序提供运行环境。Jetty 是使用 Java 语言编写的，它的 API 以一组 JAR 包的形式发布。程序员可以将 Jetty 容器实例化成一个对象，可以迅速为一些独立运行的 Java 应用提供网络服务和 Web 连接。

Jetty 主要用于网络交互的长连接场景，一个重要应用是 HTML 5 中 WebSocket 的握手交互协议，实现后台服务器对前端视图的即时数据推送。Jetty 作为一个 Web 容器，并没有实现 Web 规范中所有的技术，开发者可以根据实际需要使用插件自由扩展想要的功能，Jetty 默认的访问端口为 8080。

（6）Tomcat 服务器

Tomcat 是 Apache 软件基金会核心项目，最初由 Sun 公司软件架构师詹姆斯·邓肯·戴维森开发，并由 Sun 公司移交给 Apache 软件基金会。目前最高版本为 Tomcat 9.X，实现了最新的 Servlet 4.0 和 JSP 2.3 规范。由于 Tomcat 技术具有先进、性能稳定、开源等方面的优势，深受 Java 开发者的追捧，并得到众多软件提供厂商的认可。

Tomcat 服务器是一款免费、开源的 Web 应用服务器，属于轻量级应用服务器，主要用于 Web 服务交互中的短连接方面。在中小型系统和并发访问用户不是很大的场合下，Tomcat 被普遍使用，是开发和调试 Java EE 应用程序的首选 Web 容器。Tomcat 是 Apache 服务器的扩展，但不依赖于 Apache，可以独立运行，也可以与 Apache 整合成负载均衡服务机制。

10.2　Tomcat 开发环境集成

Tomcat 是一个出色的 Web 容器，既能作为一个 Web 服务器独立运作，也能与 IDE 环境无缝整合。在 Java EE 的 Web 开发环境中，其能与各自开发工具完美搭配，既能够无障碍地集成开源工具，也能够以插件形式完美地整合商业化开发工具，在 Java EE 开发领域独树一帜。

10.2.1　Tomcat 服务器 IDE 的集成

MyEclipse 是一个常见的 IDE 工具，也是一个高效的开发工具，可集成众多的开发插件包。为了提高开发的效率，可将 Tomcat 集成在 MyEclipse 开发工具上。以下以该 IDE 工具为例，讲述集成 Tomcat 插件的操作过程。

首先打开 MyEclipse 集成开发工具，选择 “Window” 菜单，并在其弹出的下拉菜单中选择 “Preferences” 选项，如图 10 - 1 所示。

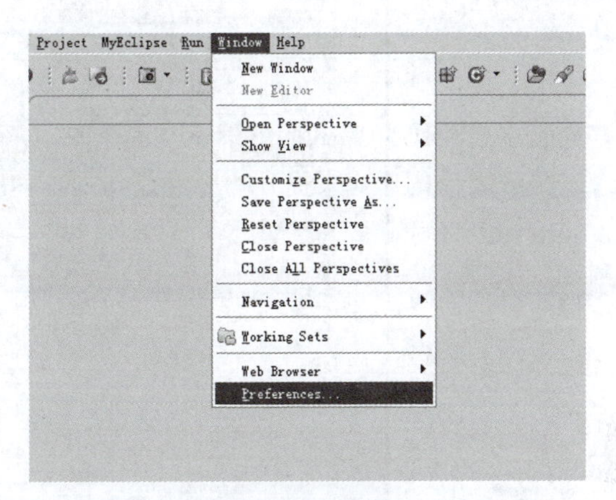

图 10 - 1　MyEclipse 集成 Tomcat（1）

单击 “MyEclipse” 选项左边的 “+” 号，如图 10 - 2 所示。

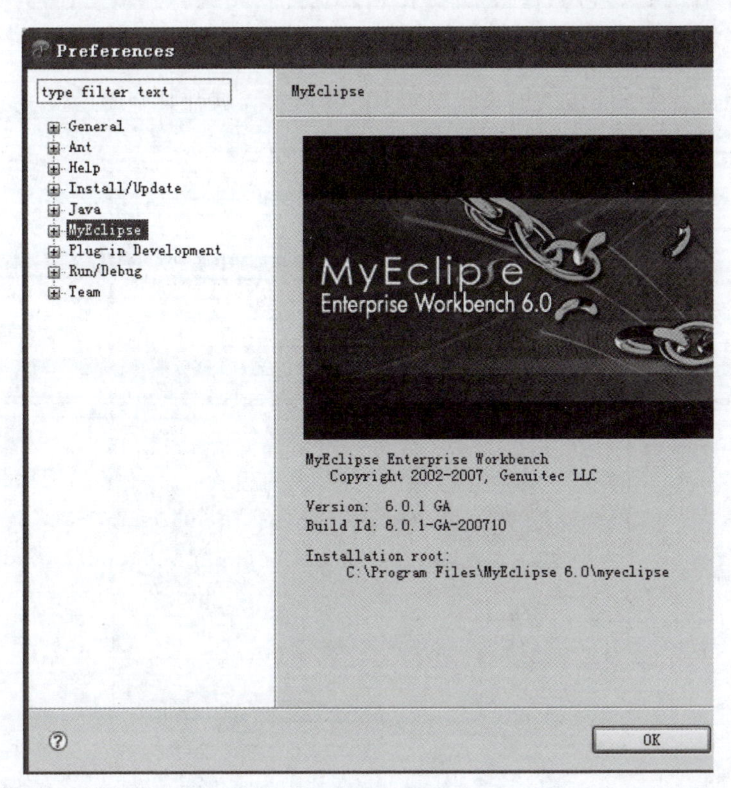

图 10 - 2　MyEclipse 集成 Tomcat（2）

单击“Servers”选项左边的“+”号，展开其中的选项，如图 10-3 所示。

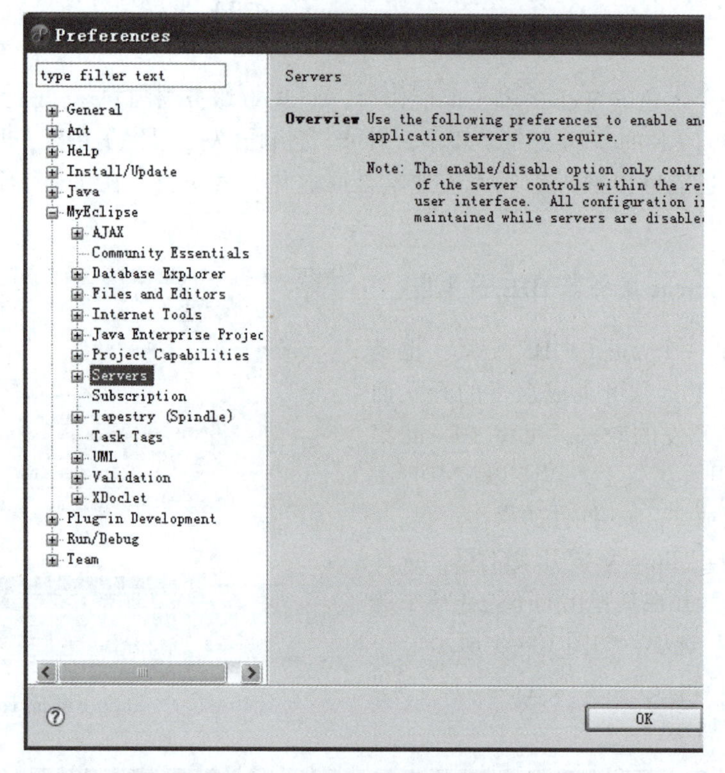

图 10-3　MyEclipse 集成 Tomcat（3）

单击“Tomcat”选项左边的箭头，如图 10-4 所示，展开其中的选项。

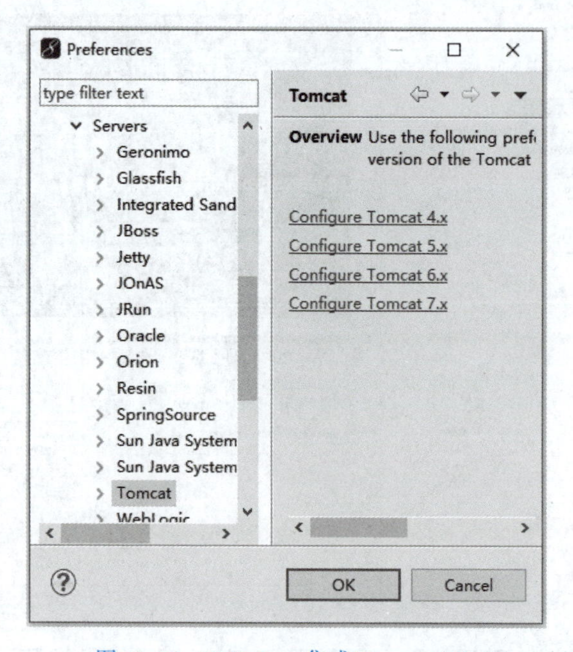

图 10-4　MyEclipse 集成 Tomcat（4）

单击“Tomcat 6. x”选项左边的箭头，如图 10－5 所示，展开其中的选项。

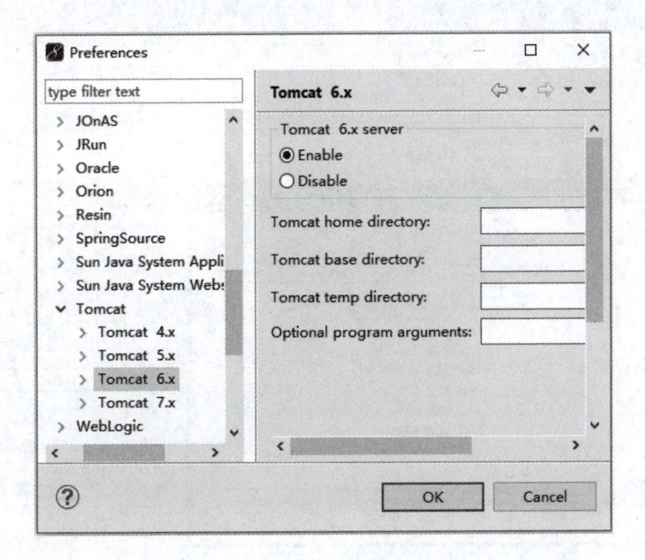

图 10－5　MyEclipse 集成 Tomcat（5）

单击“JDK”选项，把注意力转移到右边栏，单击“Add”按钮，为 Tomcat 指定一个依赖的 JDK 环境，如图 10－6 和图 10－7 所示。

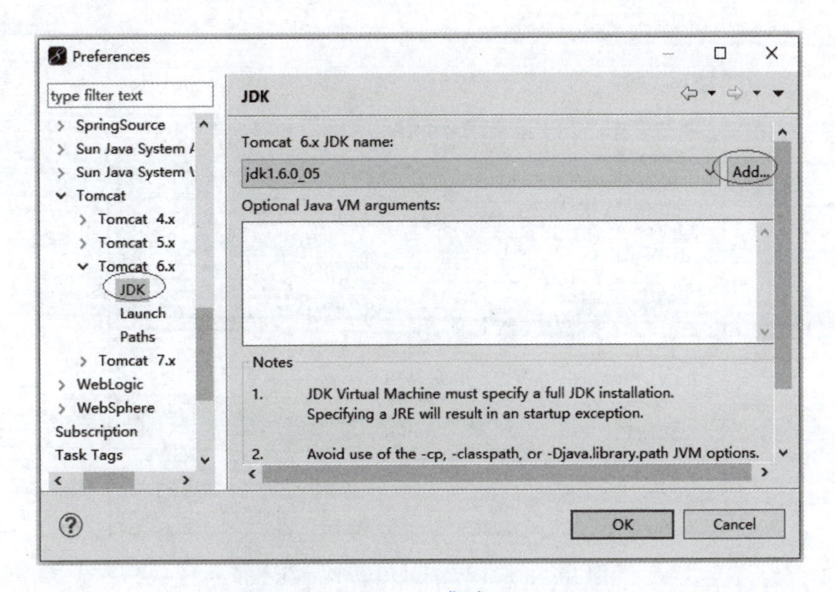

图 10－6　MyEclipse 集成 Tomcat（6）

在“JRE name”栏中输入“jdk1. 6”。

在“JRE home directory”栏定义 JDK 的根目录的路径，可以通过单击旁边的“Browse”按钮来选定 JDK 的根目录。

其他的属性默认，单击“确定”按钮，单击“OK”按钮。

单击“Tomcat 6. x”选项，在“Tomcat 6. x server”单选栏中选择“Enable”选项，如图 10－8 所示。

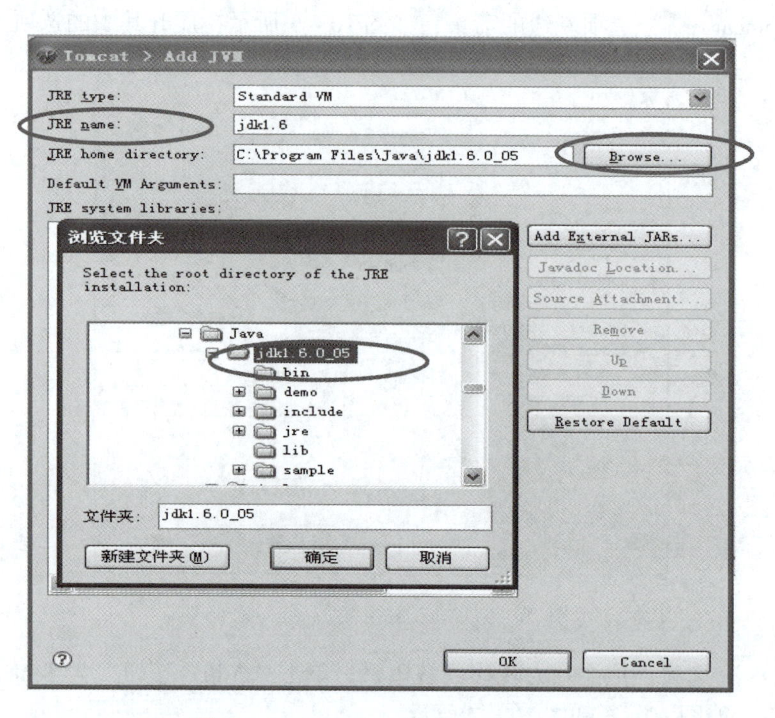

图 10－7　MyEclipse 集成 Tomcat（7）

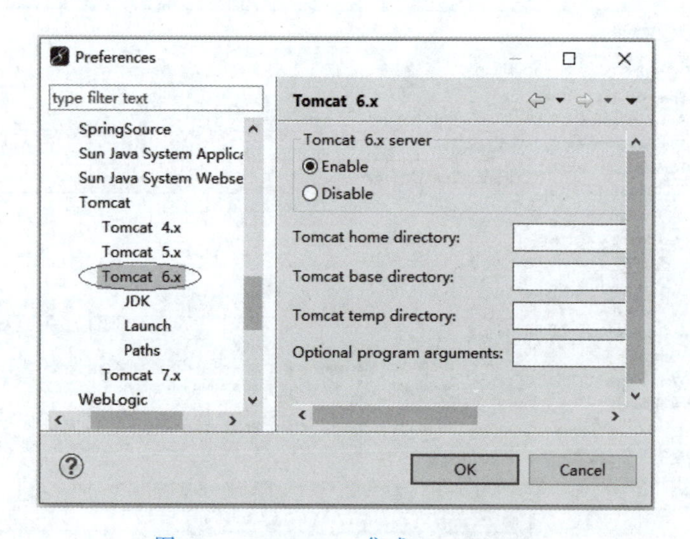

图 10－8　MyEclipse 集成 Tomcat（8）

在“Tomcat home directory”栏中指明 Tomcat 安装的根目录，可以通过单击此行最右边的“Browse”按钮进行指定，如图 10－9 所示。在弹出的窗口中选择 Tomcat 安装的根目录，单击“确定”按钮。

单击“Apply”按钮，单击“OK”按钮，如图 10－10 所示。

单击图 10－11 中圈住的黑色三角形，在弹出的菜单中选择“Tomcat 6. x”，在其二级菜单中选择“Start”项，在集成工具上启动 Tomcat。

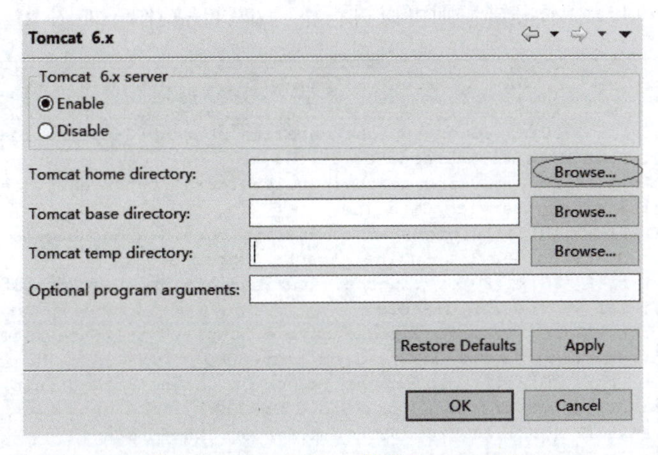

图 10－9　MyEclipse 集成 Tomcat（9）

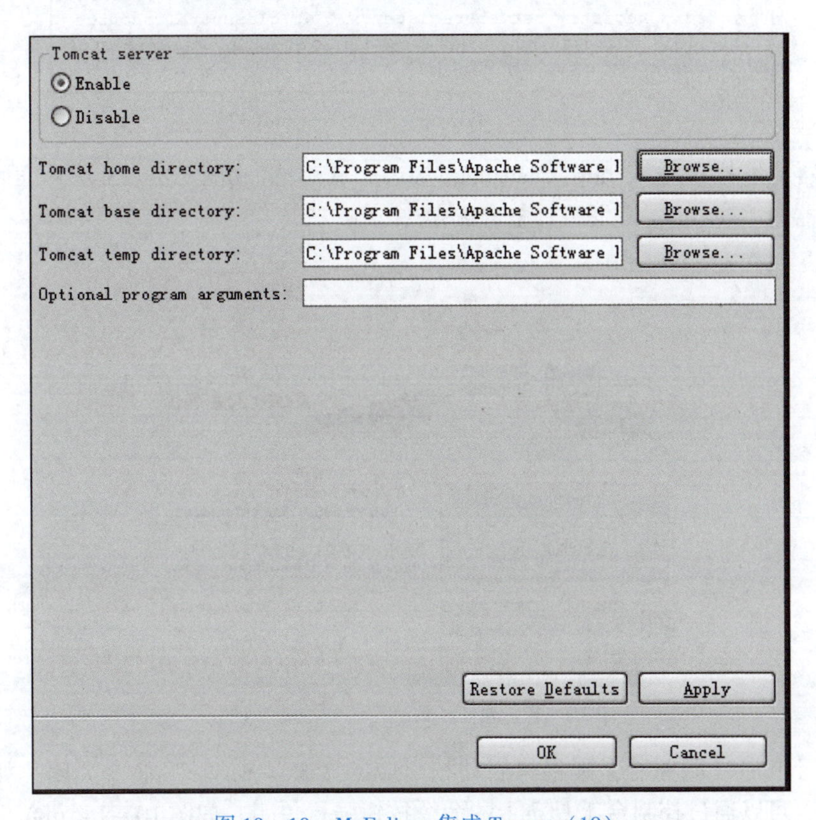

图 10－10　MyEclipse 集成 Tomcat（10）

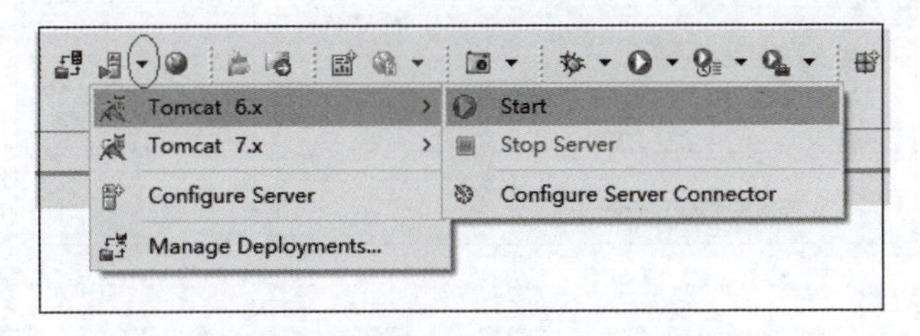

图 10－11　MyEclipse 集成 Tomcat（11）

若在 Console 控制台中不报错，则可以进行下一步验证操作，如图 10－12 所示。

```
Problems  @ Javadoc  Declaration  Console ✕  CVS Repositories
tomcat5Server [Remote Java Application] C:\Program Files\Java\jdk1.6.0_05\bin\javaw
2011-11-17 20:21:20 org.apache.catalina.startup.Catalina load
信息: Initialization processed in 531 ms
2011-11-17 20:21:20 org.apache.catalina.core.StandardService s
信息: Starting service Catalina
2011-11-17 20:21:20 org.apache.catalina.core.StandardEngine st
信息: Starting Servlet Engine: Apache Tomcat/5.5.27
2011-11-17 20:21:20 org.apache.catalina.core.StandardHost star
信息: XML validation disabled
2011-11-17 20:21:21 org.apache.coyote.http11.Http11BaseProtoco
信息: Starting Coyote HTTP/1.1 on http-8080
2011-11-17 20:21:21 org.apache.jk.common.ChannelSocket init
信息: JK: ajp13 listening on /0.0.0.0:8009
2011-11-17 20:21:21 org.apache.jk.server.JkMain start
信息: Jk running ID=0 time=0/62  config=null
2011-11-17 20:21:21 org.apache.catalina.storeconfig.StoreLoade
信息: Find registry server-registry.xml at classpath resource
2011-11-17 20:21:21 org.apache.catalina.startup.Catalina start
信息: Server startup in 1000 ms
```

图 10－12　MyEclipse 集成 Tomcat（12）

在浏览器地址栏中输入 http://localhost:8080，若能生成图 10－13 所示页面，则表示 Tomcat 服务器与 MyEclipse 开发工具整合成功。

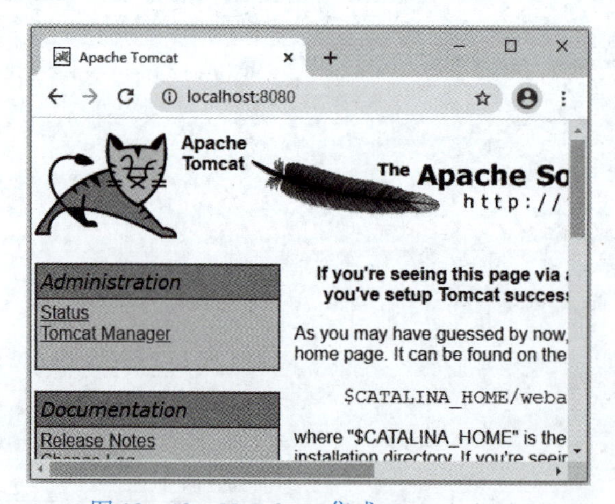

图 10－13　MyEclipse 集成 Tomcat（13）

若要关闭 Tomcat 服务器，则将与启动相对应的“Stop Server”命令关闭，如图 10－14（a）所示；也可以通过控制台工具条上的命令按钮强行关闭，如图 10－14（b）所示。

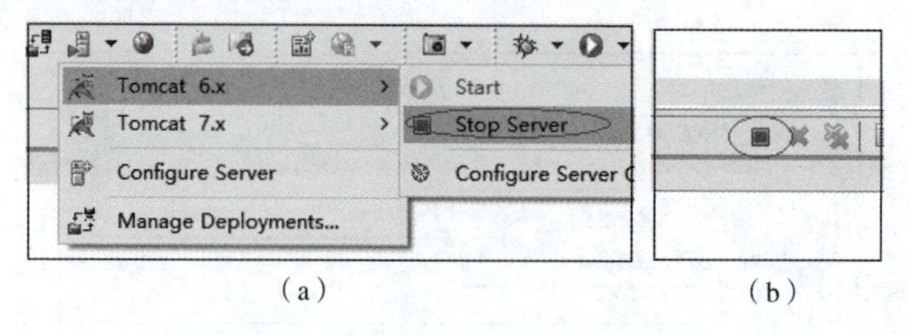

（a）　　（b）

图 10－14　MyEclipse 集成 Tomcat（14）

至此，Tomcat 应用服务器的安装及与 MyEclipse 工具集成整合过程全部完成，开发环境已完全搭建起来，可在此开发环境中开发、测试、集成 Java EE 的绝大多数 Web 应用系统。

10.2.2　Tomcat 资源目录结构

在 Tomcat 的根目录中有若干个文件目录，每个目录的功能与作用均不相同，经常使用的有如下几个。

bin 目录：Tomcat 服务器相关的命令均在此目录下，例如启动服务器、关闭服务器、启动属性窗口等操作的命令。

conf 目录：Tomcat 服务器的各种配置文件都存放在此目录下，例如访问用户的配置文件 tomcat - users. xml、组件配置文件 server. xml 等。

webapps 目录：这是各种应用的部署目录。用户只要把开发好的 Web 应用存放在此目录下，就能运行并访问。

work 目录：这是 Tomcat 服务器的工作目录。部署的 Web 应用程序运行时，服务器会复制一份到该目录对应的文件目录上。

手动新建一个 Web 应用程序到服务器上运行的操作步骤如下：

① 在 webapps 目录下创建一个项目文件夹，命名为“HelloApp”。

② 进入这个文件夹，创建一个名为“WEB - INF”的文件夹。

③ 进入 WEB - INF 文件夹，并在里面创建两个文件夹，分别命名为“classes”和“lib”。同时创建一个名为“web. xml”的空白文件。

④ 在 web. xml 文件中添加相应的配置内容：

```
web.xml
 <? xml version = "1.0" encoding = "UTF - 8"? >
 <web - app version = "2.5"
     xmlns = "http://java.sun.com/xml/ns/javaee"
     xmlns:xsi = "http://www.w3.org/2001/XMLSchema - instance"
     xsi:schemaLocation = "http://java.sun.com/xml/ns/javaee
     http://java.sun.com/xml/ns/javaee/web - app_2_5.xsd" >
     </web - app >
```

⑤ 返回上一级目录，即在 HelloApp 目录下添加一个名为“hello. jsp”的文件，并在文件中添加如下内容：

```
hello.jsp
 <% @ page language = "java" import = "java.util. * "
       pageEncoding = "UTF - 8"% >
 <html >
   <head >
```

```
        <title>Hello</title>
    </head>
    <body>
      <br><br><br>
        <center>
          <h1>欢迎进入 Java EE 编程世界! </h1>
        </center>
    </body>
</html>
```

⑥ 启动 Tomcat 服务器，可以在集成工具 MyEclipse 中启动，也可以在 Tomcat 的 bin 目录下通过 startup. bat 文件启动。

⑦ 在浏览器中输入 “http://localhost:8080/HelloApp/hello. jsp”，则可以看到第一个最简单的 Web 应用，如图 10 – 15 所示。

欢迎进入Java EE编程世界!

图 10 – 15　浏览器输出

本例中，HelloApp 文件夹的目录结构如图 10 – 16 所示，WEB – INF 文件夹的目录结构如图 10 – 17 所示。

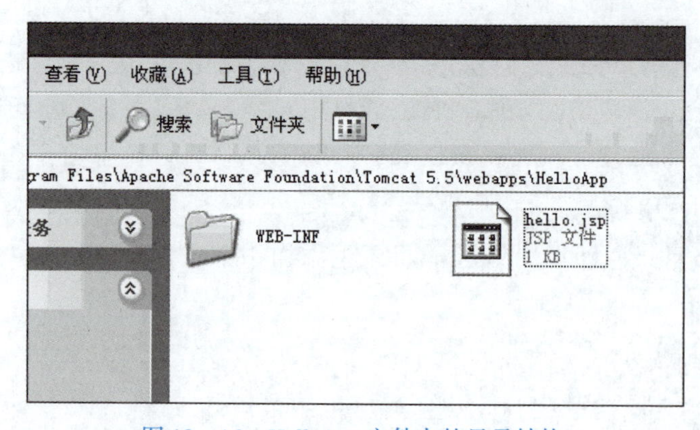

图 10 – 16　HelloApp 文件夹的目录结构

其中：

classes 目录存放项目中字节码的路径；

lib 目录存放项目中需要依赖的第三方包的路径；

web. xml 文件是 Web 应用项目的相关配置文件。

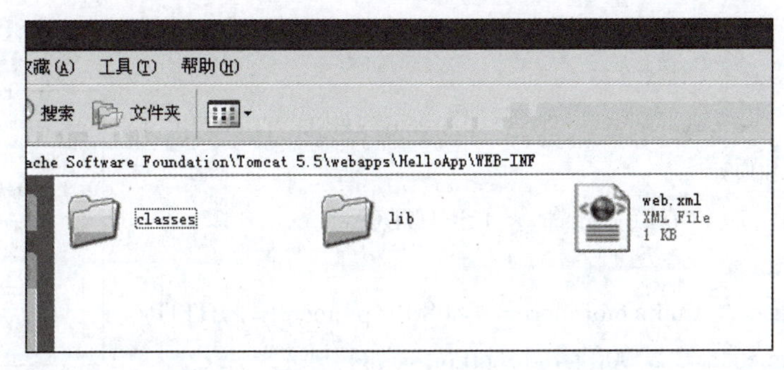

图 10-17　WEB-INF 文件夹的目录结构

双服务节点配置

10.3　Tomcat 基本服务配置

Tomcat 是由 Apache 组织提供的一种 Web 服务器，提供对 JSP 和 Servlet 的支持，是当前应用最广的 Java Web 服务器。Tomcat 的主要组件包括服务组件 Service、连接器组件 Connector、安全组件 Security、日志组件 Logger、会话组件 Session、命名组件 Naming 等，这些组件共同为 Web 容器提供必要的服务。

10.3.1　多节点配置

多节点配置是指在同一个集成环境中，同时配置并运行多个 Tomcat 节点，以满足 Web 系统设计参数的需要。一般来说，配置多个服务器节点可解决两方面的问题：一方面，多节点能够提升系统用户的并发访问数量。例如，正常情况下，单个服务节点若能支撑 100 个客户的并发访问数量，则 N 个节点在理论上就能够支撑 100N 个客户的并发访问数量。另一方面，若一个服务节点一天能处理 100 万个订单业务，则 N 个节点在理论上一天的订单业务处理能力可达到 1 000 000N。可以看出，无论是从并发访问数量还是从数据处理能力来看，多服务节点具有非常巨大的潜能和优势。

Tomcat 作为一个 Web 中间件，同样可以配置多服务节点，以满足系统架构及实际业务性能的需求。下面以 Windows 平台为例，介绍如何对 Tomcat 服务器进行多服务节点配置。

① 准备一个绿色版本的 Tomcat 服务器插件（Tomcat 6. x 或 Tomcat 7. x），必须先确保 Tomcat 服务器能够正常运行。Tomcat 启动后，直接访问 http://localhost:8080，能正常访问即可。

② 复制一份或多份 Tomcat 服务器插件。如果准备配置双机服务节点，则只复制一份即可；如果要配置多服务节点，则要复制多份。

③ 进入 Tomcat 服务器安装的根目录，如图 10-18 所示，在此路径下可以看到一个 conf 目录，其专门存放 Tomcat 插件的各种服务参数配置。

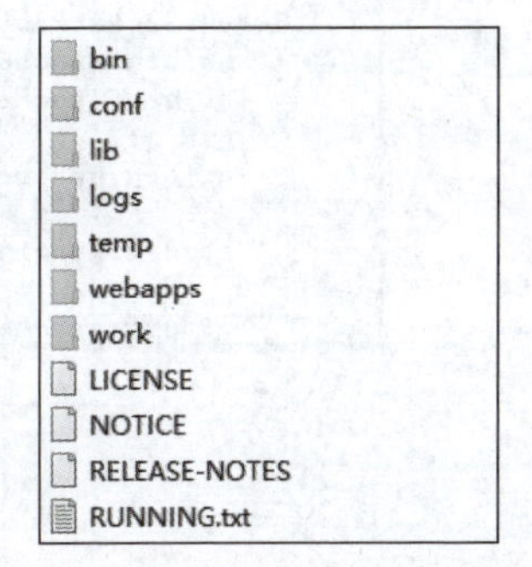

图 10-18　Tomcat 目录结构

④ 进入 conf 目录后，可以看到如图 10-19 所示的目录文件资源，在其中找到 server. xml 文件。该文件是 Tomcat 服务节点的相关配置文件，以文本工具打开后，可以看到文件中有多个监听

端口（Port）。

➢ 端口（Port）1

- 端口配置：<Server port = "8005" shutdown = "SHUTDOWN" >
- 端口号：8005
- 功能：监听服务节点关闭命令（SHUTDOWN）

➢ 端口（Port）2

- 端口配置：< Connector port = " 8080 " protocol = " HTTP/1. 1" connectionTimeout = "20000" redirectPort = "8443"/ >
- 端口号：8080
- 功能：HTTP 传输协议连接端口

catalina.policy
catalina.properties
context.xml
logging.properties
server.xml
tomcat-users.xml
web.xml

图 10 – 19　conf 目录文件资源

➢ 端口（Port）3

- 端口配置：<Connector port = "8009" protocol = " AJP/1. 3" redirectPort = "8443"/ >
- 端口号：8009
- 功能：服务器集群转跳 AJP 端口

⑤ Tomcat 服务器启动时，以上三个监听端口默认是开启的，所以，当第一个节点启动后，再启动第二个节点时，可以看到在启动过程中即抛出端口被占用的异常，如图 10 – 20 所示。因为 8005、8080、8009 已经被服务节点 1 占用，所以第二个节点不是正常的。只要对以上三个监听端口做相关修改即可，把端口改成 8006、8081、8010，配置如下。

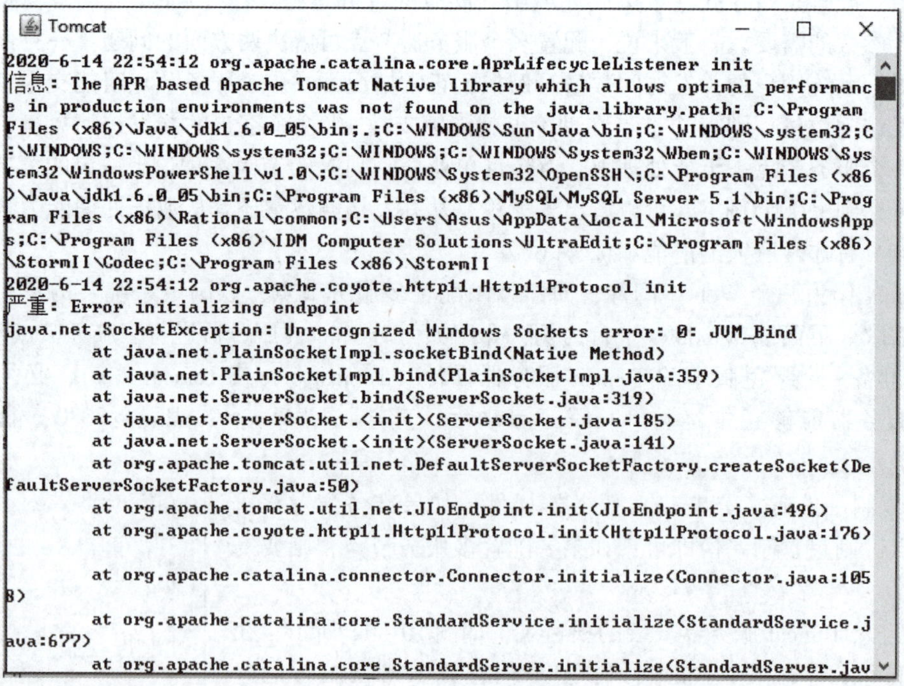

```
Tomcat
2020-6-14 22:54:12 org.apache.catalina.core.AprLifecycleListener init
信息: The APR based Apache Tomcat Native library which allows optimal performanc
e in production environments was not found on the java.library.path: C:\Program
Files (x86)\Java\jdk1.6.0_05\bin;.;C:\WINDOWS\Sun\Java\bin;C:\WINDOWS\system32;C
:\WINDOWS;C:\WINDOWS\system32;C:\WINDOWS;C:\WINDOWS\System32\Wbem;C:\WINDOWS\Sys
tem32\WindowsPowerShell\v1.0\;C:\WINDOWS\System32\OpenSSH\;C:\Program Files (x86
)\Java\jdk1.6.0_05\bin;C:\Program Files (x86)\MySQL\MySQL Server 5.1\bin;C:\Prog
ram Files (x86)\Rational\common;C:\Users\Asus\AppData\Local\Microsoft\WindowsApp
s;C:\Program Files (x86)\IDM Computer Solutions\UltraEdit;C:\Program Files (x86)
\StormII\Codec;C:\Program Files (x86)\StormII
2020-6-14 22:54:12 org.apache.coyote.http11.Http11Protocol init
严重: Error initializing endpoint
java.net.SocketException: Unrecognized Windows Sockets error: 0: JVM_Bind
        at java.net.PlainSocketImpl.socketBind(Native Method)
        at java.net.PlainSocketImpl.bind(PlainSocketImpl.java:359)
        at java.net.ServerSocket.bind(ServerSocket.java:319)
        at java.net.ServerSocket.<init>(ServerSocket.java:185)
        at java.net.ServerSocket.<init>(ServerSocket.java:141)
        at org.apache.tomcat.util.net.DefaultServerSocketFactory.createSocket(De
faultServerSocketFactory.java:50)
        at org.apache.tomcat.util.net.JIoEndpoint.init(JIoEndpoint.java:496)
        at org.apache.coyote.http11.Http11Protocol.init(Http11Protocol.java:176)

        at org.apache.catalina.connector.Connector.initialize(Connector.java:105
8)
        at org.apache.catalina.core.StandardService.initialize(StandardService.j
ava:677)
        at org.apache.catalina.core.StandardServer.initialize(StandardServer.jav
```

图 9 – 20　节点启动异常

- <Server port = "8006" shutdown = "SHUTDOWN" >
- <Connector port = "8081" protocol = " HTTP/1. 1" connectionTimeout = "20000" redirectPort = "8443"/ >

- <Connector port = "8010" protocol = " AJP/1. 3" redirectPort = "8443"/ >

⑥ 进入第一个服务节点的 Tomcat 插件的 bin 目录下，找到 startup. bat 文件，双击启动。访问 http://localhost:8080，可看到如图 10 – 21 所示的视图页面。

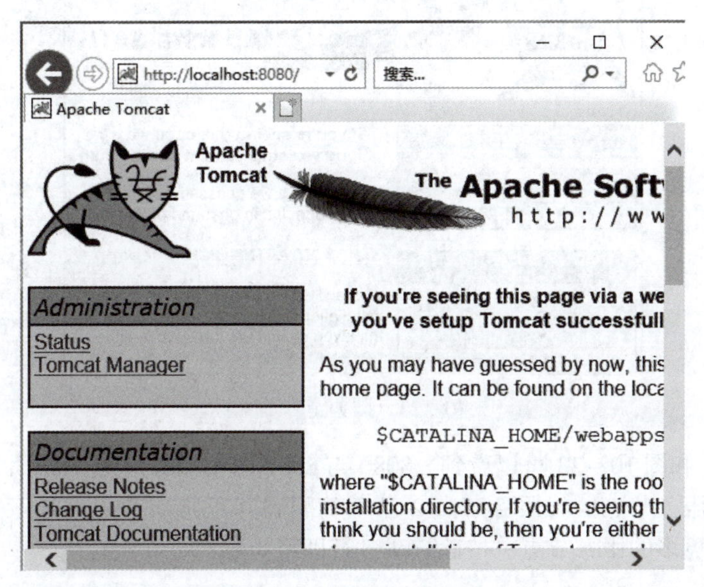

图 10 – 21　服务节点 1 主页

⑦ 进入第二个服务节点的 Tomcat 插件的 bin 目录下，同样找到 startup. bat 文件，双击该 bat 脚本文件，可以看到启动过程中不再抛出异常，如图 10 – 22 所示。访问 http://localhost:8081，可看到如图 10 – 23 所示的视图页面。

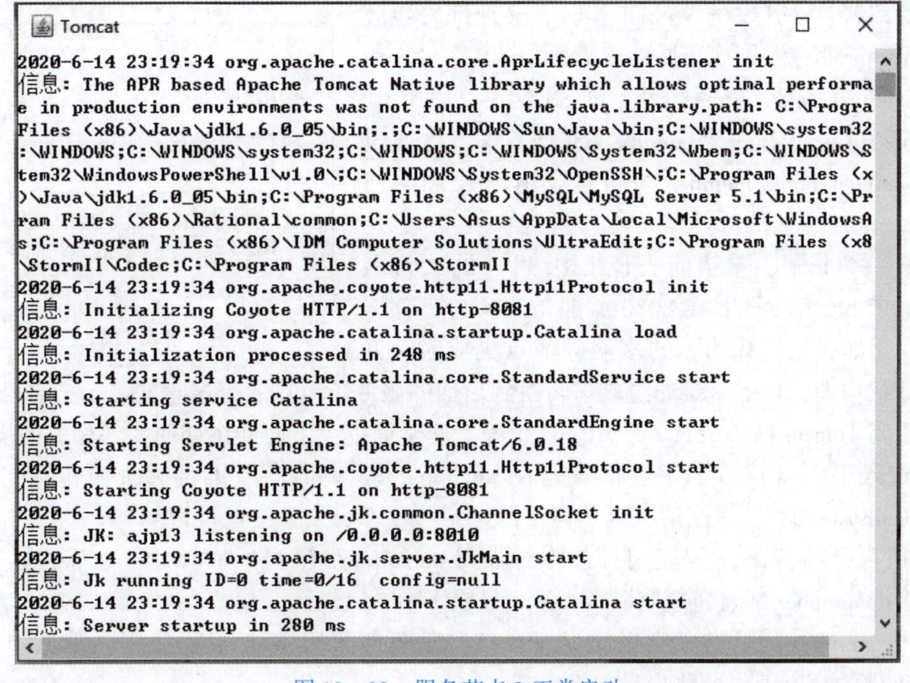

图 10 – 22　服务节点 2 正常启动

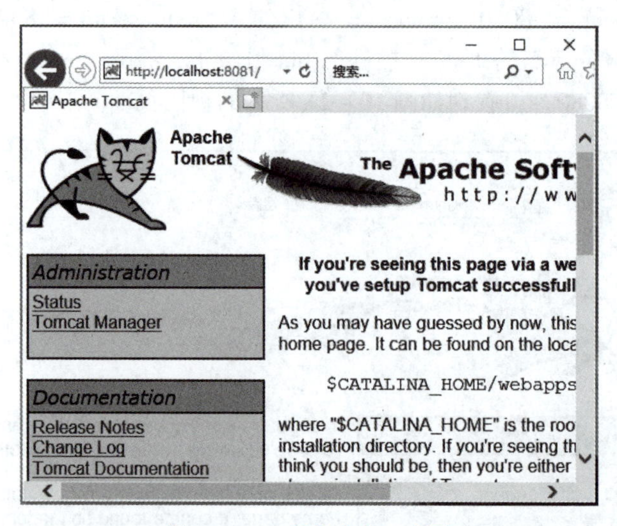

图 10－23　服务节点 2 主页

从图 10－21 和图 10－23 可以看到，8080 与 8081 两个端口对应 Tomcat 服务器主页均可正常访问，说明服务节点 1 与服务节点 2 已正确配置并正常启动。这是双机服务节点的配置，如果要配置更多的服务节点，按此方法进行即可。

10.3.2　ROOT 应用配置

ROOT 工程是 Tomcat 服务器的官方应用，在此应用上集成了所有的 Tomcat 功能及安全校验、权限控制。当访问 http://localhost:8080 时，其实就是向 ROOT 应用请求数据。ROOT 工程部署包同样位于 Tomcat 插件的部署目录 webapps 下，进入该目录即可看到此应用。

当要部署自己开发的 Web 工程时，会把部署包放置于 webapps 目录下，启动 Tomcat 服务器后，访问 http://localhost:8080/项目工程。如图 10－24 所示，在 webapps 目录下有一个 member 部署工程，可通过 http://localhost:8080/member 访问此应用。图 10－25 所示为 member 应用的首页。

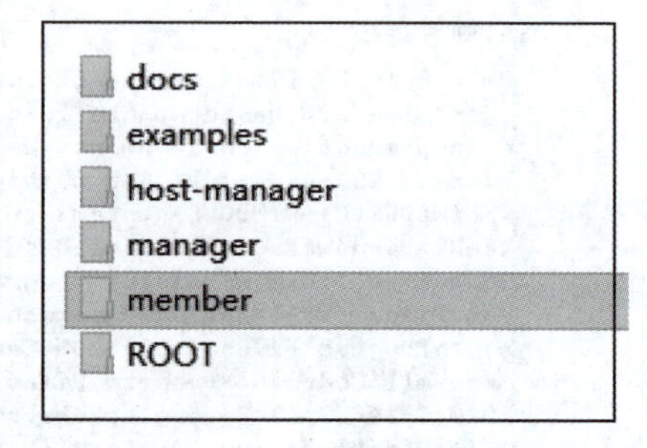

图 10－24　webapps 目录部署包

在某些场景下，希望能去掉 URL 后面的项目名称，即请求 http://localhost:8080 就能访问到自己部署的应用。比如，在负载均衡的多服务节点集成时，就需要从负载均衡门户上直接通过端口转跳到后面的服务子节点上，这时就需要把自己的工程应用配置成 Tomcat 插件的官方应用。这个配置非常简单，下面介绍如何实现相关的操作。

① 进入 Tomcat 插件的工程部署路径 webapps 下，删除所有的部署资源包，此时访问 http://localhost:8080，无法请求到任何资源。

② 把自己的 Web 工程应用打包并部署到 webapps 路径下，如本例中的 member 工程应用，直接把 member 部署包复制到 webapps 目录下。

③ 把 member 部署包的名称改成 ROOT，即把自己的 Web 工程应用在形式上封装成 Tomcat 插件的官方工程，此步是关键。

Web 应用服务器主页配置

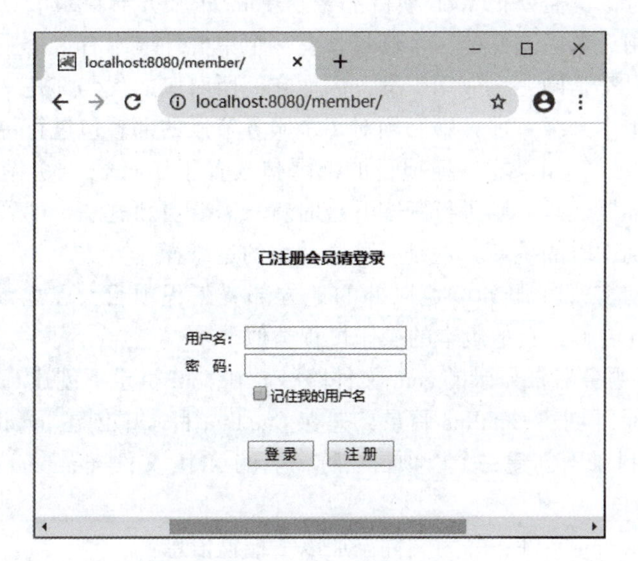

图 10－25　member 应用首页（1）

④ 进入 Tomcat 插件的 bin 目录，找到 startup. bat 文件，双击启动 Tomcat 服务器。

⑤ 打开浏览器，在 URL 栏输入"http://localhost:8080"，可以看到所访问的应用已经不再是 Tomcat 的官方主页，而是自己部署的应用，如图 10－26 所示。

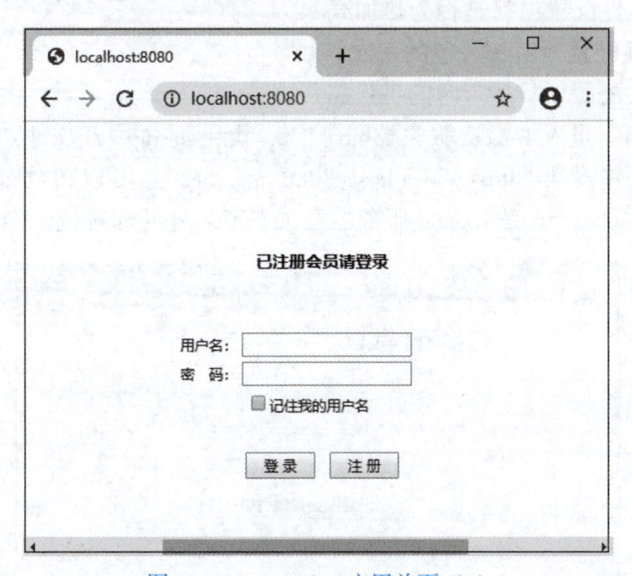

图 10－26　member 应用首页（2）

10. 3. 3　服务器路径以外的应用部署

Tomcat 应用服务器中，项目代码的部署方式很多，一般来说，最常见的方式是直接把工程部署包放置在 webapps 目录下，服务器启动时便自动加载所部署的项目。这是一种非常普遍、通用的部署方式，这种方式以部署包放置于 Tomcat 服务器安装目录内为前提，是一种成熟、可靠的实现方式。

在某些特殊场合下，需要把 Web 项目部署于 Tomcat 服务器目录节点以外的地方，此时此部署方式则不适用。考虑这样的一个场景：在一个集群环境中有多个服务节点，每个服务节点上所运行的项目都是同一套应用工程，因而它们所对应的代码都是一样的，如果现在要对现行的项目进行版本升级，那么就必须对每个服务节点的部署包进行更新操作，这是一种非常低效率的操作方式。如果能够把项目的部署包放置于 Tomcat 服务节点的外部，每一个节点都指向这一套部署代码，则进行版本升级时就只需要更新这一个部署包，所有服务节点上的版本功能都得到即时的更新，这是一种高效率的运维操作方式。

下面将介绍如何实现在服务节点以外的地方部署工程项目，以之前的 member 项目及 Tomcat 6. x 为例进行讲解，其他版本的操作过程类似。

① 进入 Tomcat 服务器根目录的 conf 文件路径，在 conf 目录下创建 Catalina\localhost 两级目录，即在 conf 目录下创建 Catalina 目录，并在 Catalina 目录中创建 localhost 目录。

② 在 localhost 目录下创建一个以项目名称命名的 XML 文件 member. xml，此文件为项目的部署描述文件。

③ 打开 member. xml 文件，并为文件添加以下配置信息：

```
<Context path ="/member" reloadable ="true" docBase =" E:\web\member" workDir =
" E:\work\member"/>
```

配置代码的具体含义如下：

- path 属性配置项目访问的 URL。
- reloadable 属性配置项目是否为热加载。
- docBase 属性配置项目部署包的存放路径。
- workDir 属性配置项目运行时的工作路径。

④ 把文件保存好，进入 Tomcat 服务器 bin 目录，找到 startup. bat 文件，双击启动服务。

⑤ 打开浏览器并输入“http://localhost:8080/member”，可以得到如图 10 – 27 所示的 member 应用的响应页面，证实 Tomcat 服务器已关联节点外的部署包。

Web 应用服务器节点外部署应用_1

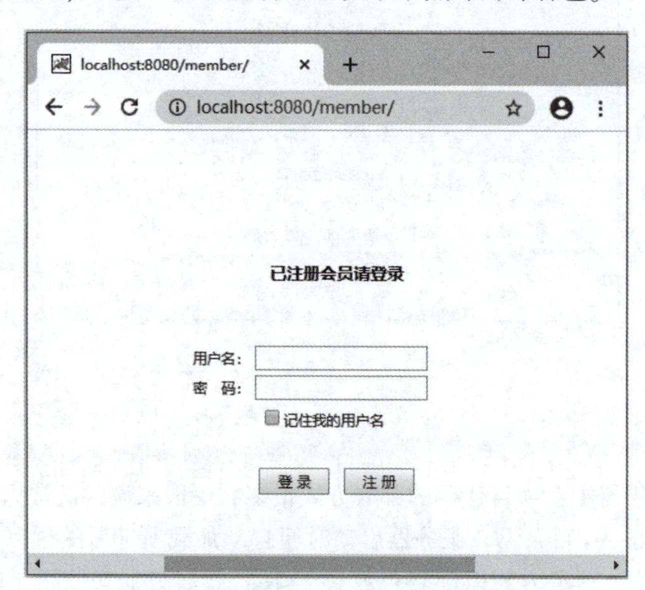

图 10 – 27　member 应用首页（3）

⑥ 进入 E 盘，可以看到已经自动生成了 work\member 文件目录，在此目录的子路径下可以看到包含有 Java 源文件及 Class 字节码文件，如图 10－28 所示。这是 JSP 文件在项目运行过程中先转换为 Java 文件，再编译出 Class 文件，最后 JVM 解释运行的结果，所以该目录称为项目运行的工作路径。

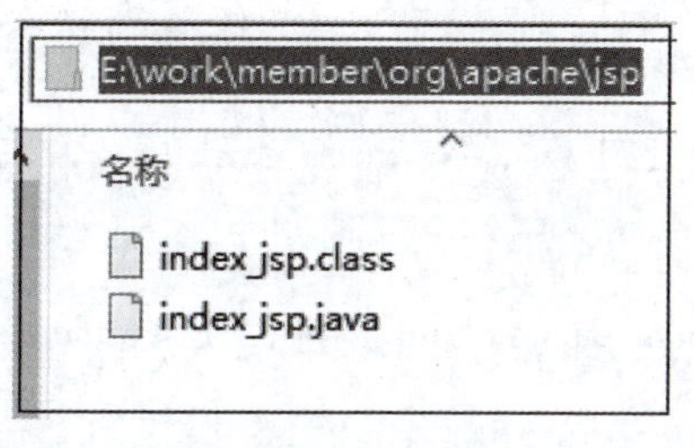

图 10－28　工作目录

Web 应用服务器节点外部署应用_2

10.4　Tomcat 远程项目管理

远程项目管理是指通过 Tomcat 插件的官方 ROOT 应用，来对项目工程进行的部署、启动、停止、销毁等方面的运维管理工作。区别于本地部署，远程部署不需要操作人员连接或进入安装 Tomcat 插件的计算机上，这将进一步提升计算机的数据安全。比如在一些重要的数据中心机房，机房中所有计算上的数据、应用都非常重要，决不允许出现任何错误，如果允许用户随便连接、访问机房中的计算机，会造成非常严重的安全隐患。这时通过 Tomcat 远程项目运维管理能有效地解决此类问题，降低项目运维过程中对机房计算机的安全风险。在 Tomcat 服务器上对远程项目进行管理，需要通过权限认证，插件会对操作用户进行相关管理，通过授权管理的用户才能进行远程项目运维。

10.4.1　用户管理

Tomcat 插件的业务模块组件设置有权限控制功能，只有合法并且通过认证的用户才能访问或操作相应模块。Tomcat 服务的用户权限管理不太复杂，大体来说，就是对系统平台划分角色（Role），每个角色均有特定的权限（Privilege），然后把角色赋给服务器上的相关用户（User），这样每一个用户就有了对应的权限。

Tomcat 服务器内部默认配置了两种角色：admin 和 manager，其中，admin 角色用于管理和配置 Tomcat 服务器的相关组件与环境，manager 角色用于管理部署到 Tomcat 服务器中的 Web 应用程序。目前版本的 Tomcat 插件包中已经不包含部分服务器组件，所以，如果要使用 admin 角色来配置 Tomcat 服务组件，要另外下载相关组件插件包集成到容器环境中才能操作。

Tomcat 服务器的根目录下的 conf 路径下的 tomcat－users. xml 文件是用户管理文件，如图 10－29 所示。用户角色、权限、账号、密码等相关信息均配置在该文件中，但在默认情况下，该 xml 文件中只有文件头声明及一个根节点 <tomcat－users>，如图 10－30 所示，没有任何实质性的内容，即不存在任何用户，因此无法直接操作服务器，要配置好相关的用户角色才能进行服务器平台的其他操作。下面将介绍如何对 Tomcat 服务器进行用户角色配置，以及相关操作过程控制。以 Tomcat 6. x 为例进行讲解。

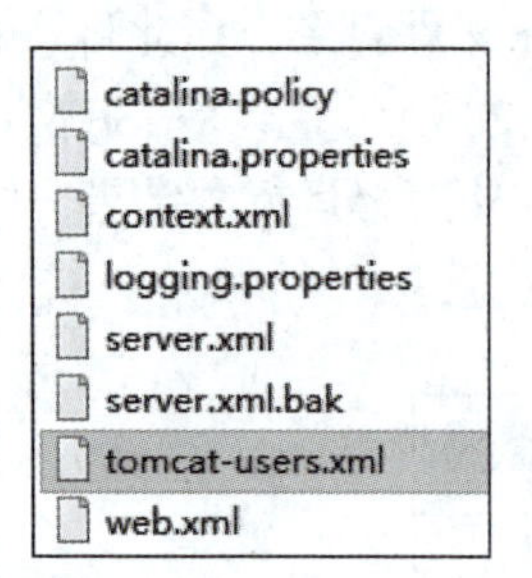

图 10 – 29　用户管理文件位置

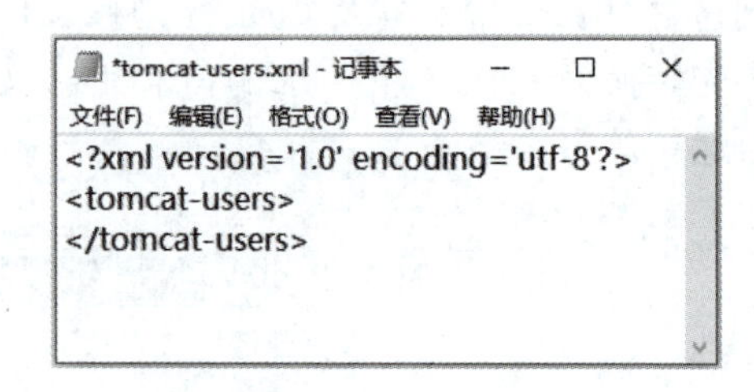

图 10 – 30　tomcat – user. xml 内容

① 用文本编辑器打开 tomcat – users. xml 文件，在 < tomcat – users > 节点中添加如下的配置内容：

```
<role rolename = "manager"/>
<role rolename = "admin"/>
<user username = "super" password = "123" roles = "admin,manager"/>
```

配置代码的具体含义如下：

- 第一行表示定义了一个叫 manager 的角色。
- 第二行表示定义了一个叫 admin 的角色。
- 第三行表示配置一个名称为 “super”，密码为 “123” 的账号。
- super 账号同时具有 admin 与 manager 两种角色的权限。

② 把文件保存好，进入 Tomcat 服务器 bin 目录，找到 startup. bat 文件，双击启动服务。

③ 在浏览器的 URL 栏输入 “http://localhost: 8080”，进入 Tomcat 服务器主页，如图 10 – 31 所示。

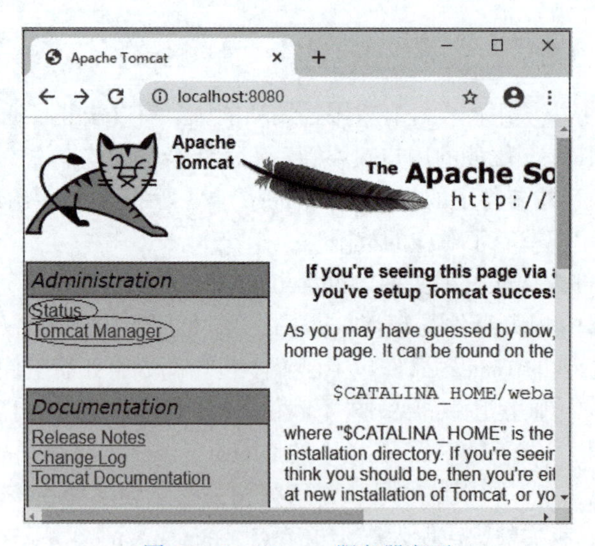

Web 应用服务器
远程管理_1

图 10 – 31　Tomcat 服务器主页

④单击 Tomcat 主页 “Administration” 栏的 “Status” 或 “Tomcat Manager”，弹出如图 10 – 32 所示的登录认证框。

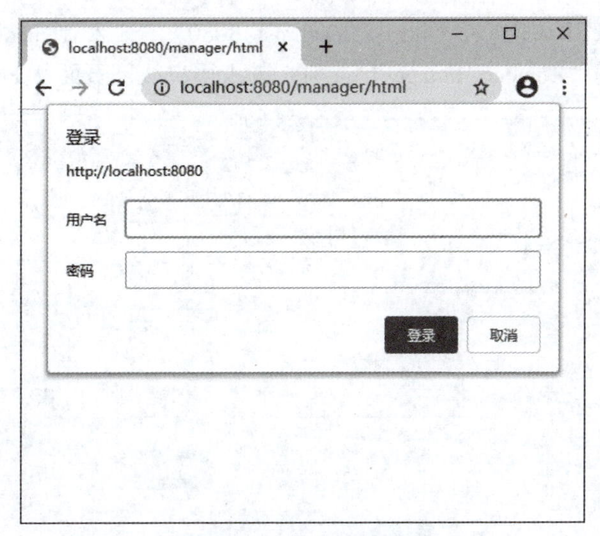

图 10－32　登录认证框

⑤ 在登录认证框的"用户名"文本框中输入"super"，密码为"123"，单击"登录"按钮可看到跳转到另一个模块页面，如图 10－33 所示，表示用户管理配置成功。

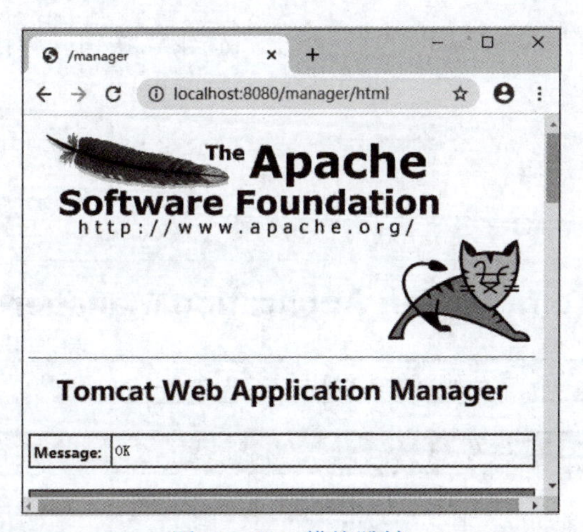

图 10－33　模块跳转

10.4.2　远程项目部署与运维管理

远程项目部署与运维管理是指在不需要直接连接或进入服务器主机的情况下去实现对 Web 工程项目部署或其他方面的运维管理工作。这样有利于保障服务器主机的安全性，提升机房设备与外部环境的隔离性，降低外来因素可能导致的风险。

远程项目部署与运维管理是 Web 服务器中间件常用项目的运维方式，其他运维方式需要借助 Web 容器的权限控制及应用管理模块来实现，要先配置好 Web 服务器的授权用户，同时还要将所要部署的 Web 工程项目打包成 War 包，以 War 包的形式进行统一部署。以下以 Tomcat 6. x 为例讲解远程项目管理的操作过程。

① 按上一节的操作过程配置好 Tomcat 服务器的授权用户，此用户必须具有 mamager 角色的权限。假设已授权用户的账号为"super"，密码为"123"。

② 在浏览器的 URL 栏输入 “http://localhost:8080”，进入 Tomcat 服务器主页，单击 “Administration” 栏的 “Tomcat Manager” 选项，进入用户认证页面，如图 10－34 所示。

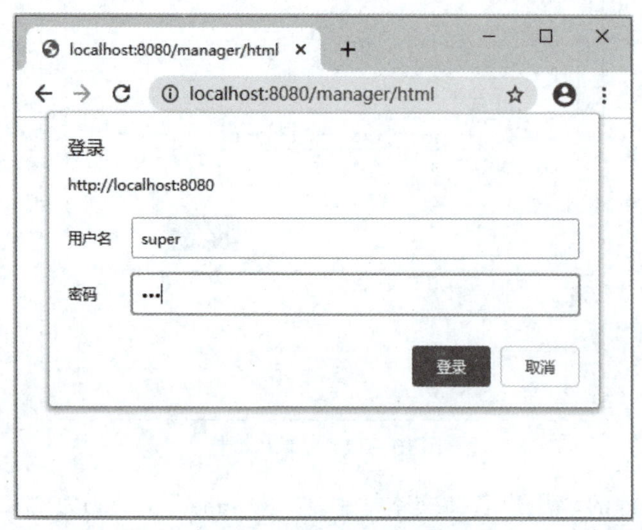

图 10－34　用户认证页面

③ 输入账号 “super” 及密码 “123”，单击 “登录” 按钮，弹出部署项目的管理页面，如图 10－35 所示。

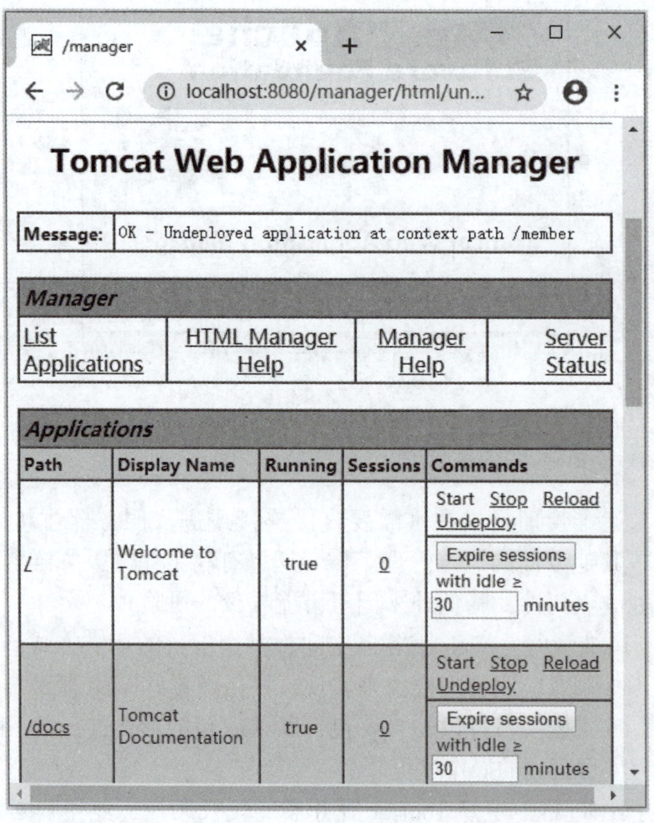

图 10－35　项目管理页面

④ 将所要部署的 Web 工程项目打包成 War 包。打包成 War 包有很多的方式，可以通过 Ant 脚本实现，也可以使用 IDE 工具实现。

最简单的方式是使用 MyEclipse 集成开发工具，按下列步骤操作。

- 把上一节中的 member 项目导入工具，然后在项目上右击，在弹出的菜单中选择“Export”，表示要从 IDE 工具向外部导出资源，如图 10 – 36 所示。

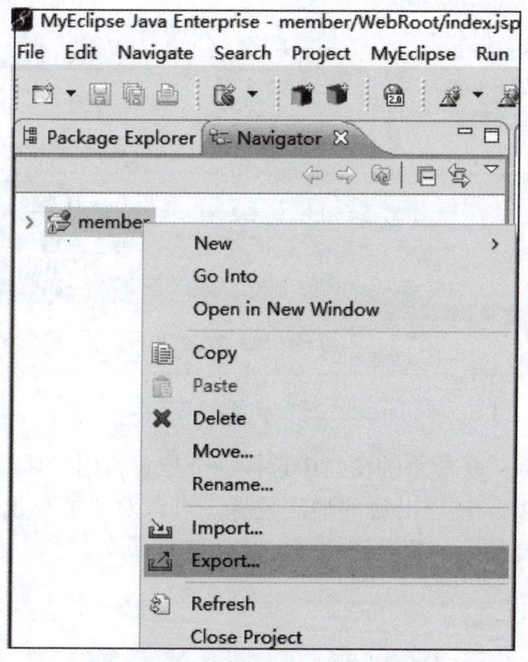

图 10 – 36 打包成 War 包操作（1）

Web 应用服务器远程管理_2

- 在弹出的窗口中选择“Java EE”，再选择“WAR file”，表示要将所选的资源打包成 War 包，如图 10 – 37 所示。单击“Next”按钮，进入下一步操作。

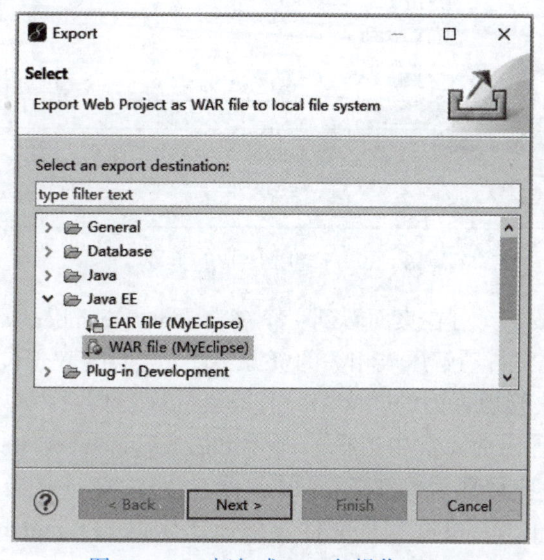

图 10 – 37 打包成 War 包操作（2）

• 在弹出的如图 10－38 所示的窗口中选择“member”，表示要将 member 工程打包成 War 包，单击“Browse”按钮。

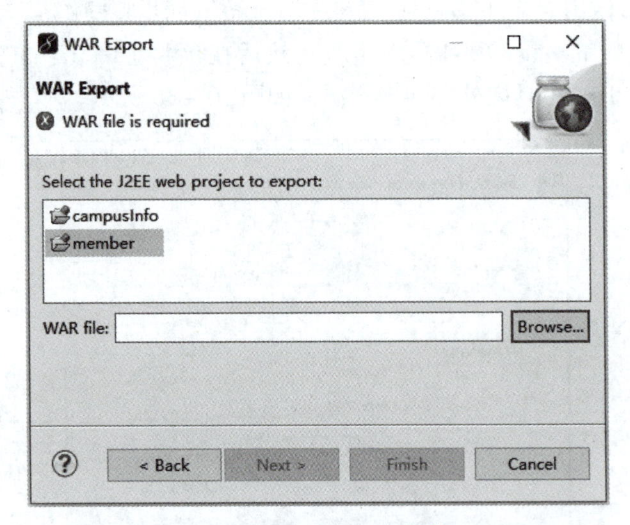

图 10－38　打包成 War 包操作（3）

• 在弹出的如图 10－39 所示的窗口中选择一个位置，用于存放所导出的 War 文件，在本操作中选择桌面作为 War 包导出后的最终位置。可以对所要导出的 War 文件重命名，默认是项目的名称。为了与前面的项目区别开，此处把名称改为“my_member”。

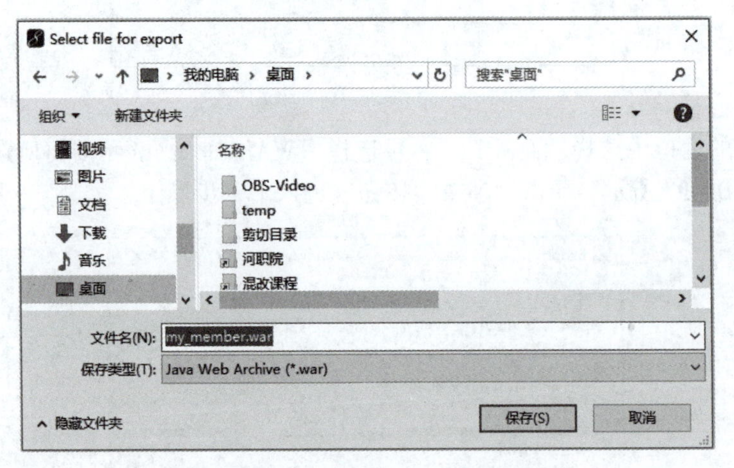

图 10－39　打包成 War 包操作（4）

• 单击“保存”按钮，可在桌面看到一个名称为 my_member. war 的部署文件。此文件上传到 Web 服务器后，将自动解压成相关的资源文件，至此，War 包导出操作完成。

⑤ 在项目管理模块管理页面的“WAR file to deploy”栏目中单击“选择文件”按钮，如图 10－40 所示。在弹出的窗口中选择前面导出的 my_member. war 文件，单击部署页面的“Deploy”按钮，则项目部署到 Tomcat 服务器。进入 Tomcat 插件的 webapps 目录下，可以看到刚刚上传的 my_member. war 文件及解压出来的 my_member 资源包，如图 10－41 所示。

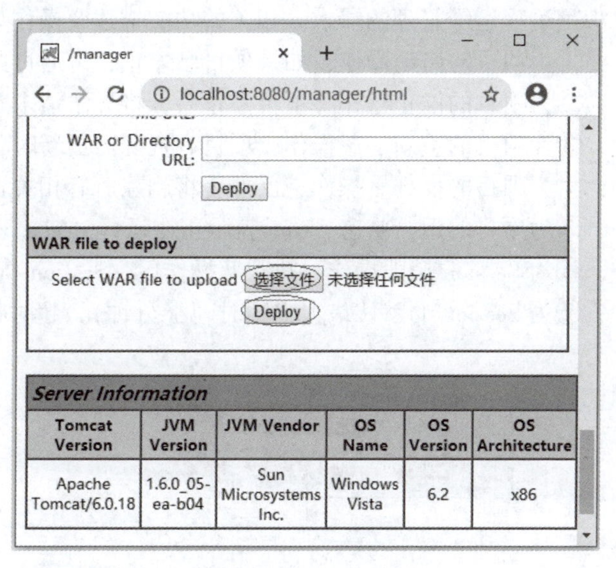

图 10－40　上传 War 包

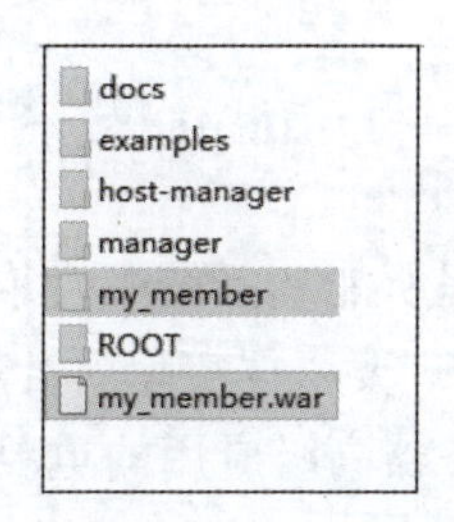

图 10－41　webapps 资源包

⑥ 项目部署成功后，在项目管理模块页上可以看到新添一个名称为 my_member 的项目，如图 10－42 所示。在浏览器的 URL 栏中输入"http://localhost:8080/my_member"，可以得到如图 10－43 所示的响应页面，证明 member 项目已正常部署。

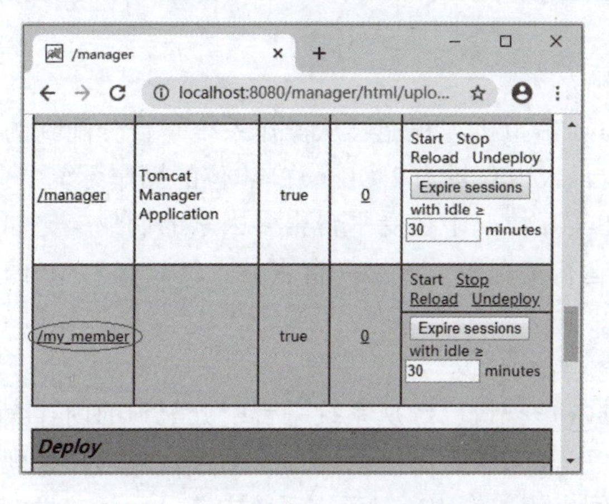

图 10－42　新增 my_member 项目

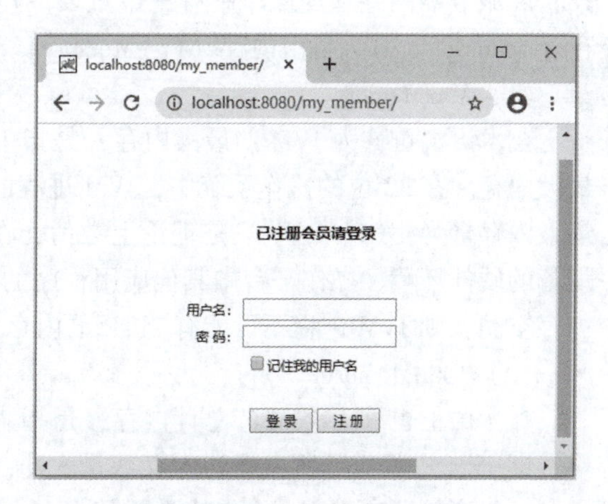

图 10－43　member 应用首页

⑦ 在 my_member 项目的右侧可以看到如图 10－44 所示的项目运行状态及运维管理操作功能，这些功能可以满足远程运维管理的需求。相关的功能描述及操作如下。

- 图 10－44 中，①为项目的启动操作，如果项目已停止，可通过此链接启动。
- 图 10－44 中，②为项目的停止操作，项目停止后，将无法请求及访问。
- 图 10－44 中，③为项目的重新加载操作，项目有资源需更新时，可执行此操作。
- 图 10－44 中，④为项目的反部署操作，反部署将删除所有相关资源。
- 图 10－44 中，⑤为项目的运行状态，true 表示正在运行，false 表示已停止。
- 图 10－44 中，⑥为 Session 销毁操作，执行此操作后，Session 将失效。
- 图 10－44 中，⑦为 Session 的默认最大空闲时间（分钟），超时将失效。

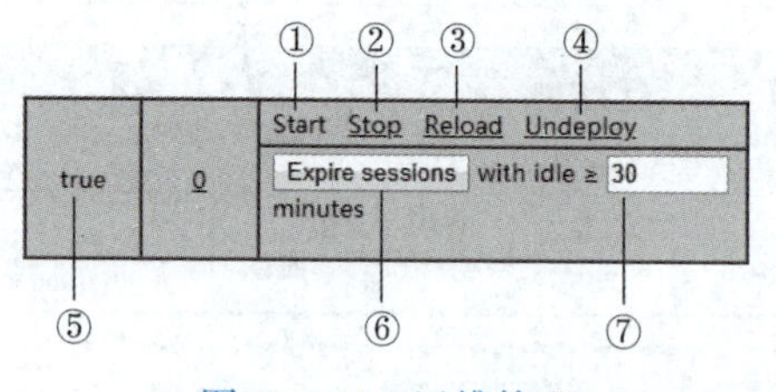

图 10－44　运维管理

10.5　Tomcat 内存管理

内存管理是指对 Web 服务器进程所能从系统平台取得的内存大小进行相关的配置与优化的操作管理过程。内存的配置与管理要依据实际项目需求，同时要兼顾平台运行环境等各方面的因素。内存管理是 Tomcat 服务器高级应用的重要模块，是优化 Web 服务器性能的重要途径。

10.5.1　内存管理入门

内存管理是 Web 服务器日常运维的重要内容，同时也是服务器集成的重要组成部分。Tomcat 服务器内存管理操作中有三个重要的概念，分别是最大内存（MaxMemory）、总计内存（TotalMemory）、自由内存（FreeMemory）。

（1）MaxMemory

在术语上也称为 JVM 的最大内存，是指 Java 虚拟机进程能够从操作系统平台分配到的最大内存。在 32 位的操作系统中，JVM 进程的最大内存量为 2 GB；在 64 位的操作系统中，最大内存量为 4 GB。这些只是理论上数值，在实际情况中还受平台很多因素的制约，比如设备的硬件环境、操作平台中其他应用程序的运行情况等。如果一台服务主机只有 1 GB 的内存空间，则 JVM 进程不可能有 2 GB 的内存。

（2）TotalMemory

在术语上也称为 JVM 的总计内存，是指 Java 虚拟机已经从系统平台中分配到的内存大小，即 JVM 进程实际所占据的内存数量大小。一般来说，操作系统基于平台自身内存管理机制，不会给所有进程分配最大数量的内存空间。例如，JVM 进程在系统中能分配到的最大内存为 1.5 GB，则系统平台不会在最初就为其分配 1.5 GB 内存，最初分配的内存可能只有

125 MB 或者可能更小，后面根据 JVM 进程的实际运行需要进行逐步追加。

（3）FreeMemory

在术语上也称为 JVM 的自由内存，是指 Java 虚拟机所占据的实际内存中，还没有使用的、空闲可自由支配的内存大小。其计算方式如下：

自由内存数量 = 总计内存数量 – 已使用的内存数量

登录 Tomcat 服务器主页，在如图 10 – 45 所示的 Administration 栏中选择 “Status”，会跳转到用户认证模块。输入已经配置好的授权用户后，跳转到服务器参数详情页面，可以查看 Tomcat 服务器上的三个内存参数，如图 10 – 46 所示。三个内存参数的默认值都非常小，其中最大的内存数只有 64 MB，在一些大型的 Web 应用中明显不够，需要做进一步的优化调整。

内存配置管理_1

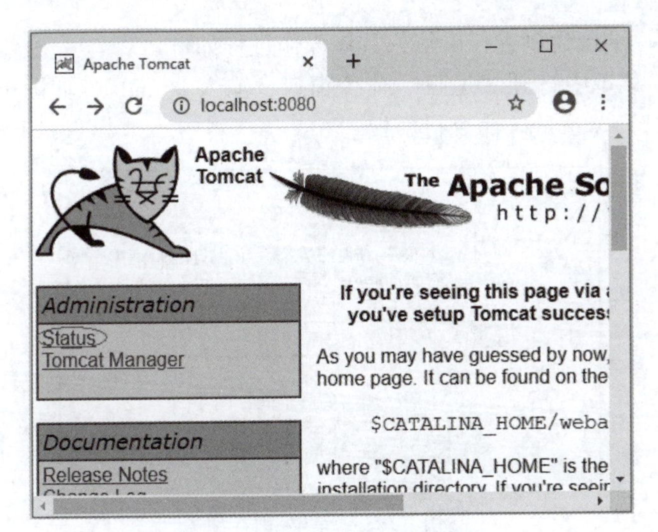

图 10 – 45　Tomcat 服务器主页

/manager

localhost:8080/manager/status

Tomcat Version	JVM Version	JVM Vendor	OS Name	OS Version	OS Architecture
Apache Tomcat/6.0.18	1.6.0_05-ea-b04	Sun Microsystems Inc.	Windows Vista	6.2	x86

JVM

Free memory: 1.20 MB Total memory: 4.93 MB Max memory: 63.56 MB

http-8080

Max threads: 40 Current thread count: 2 Current thread busy: 2

Max processing time: 130 ms Processing time: 0.159 s Request count: 2 Error count: 1

图 10 – 46　Tomcat 的内存参数

10.5.2 配置管理操作

Web 服务器的内存配置管理既要考虑实际需求，又要考虑运行环境，内存分配过多会造成浪费。当运行平台所能提供的最大内存小于实际需求时，只能以运行环境的最大内存空间为限度，超过这个限度，则内存配置将不起作用。

（1）JVM 最大可用内存

每个操作平台对 JVM 所支持的最大内存都不尽相同，在实际内存配置管理过程中，无法获取精确的数值，只能通过相关命令做大概的估算，以满足内存管理工作的需要。

最大内存探测命令为 java - XmxXXXXM - version，表示创建一个最大内存为 XXXX 兆字节（MB）的 JVM 进程。如果能创建，表示可分配相关的内存数量；如果无法创建，表示无法分配相关的内存数量。

下面以 Windows 平台为例进行讲解，具体操作过程如下。

① 在“开始”菜单中打开“运行”命令窗口，输入“cmd”，如图 10 - 47 所示，单击“确定”按钮即可打开 Windows 命令行面板。

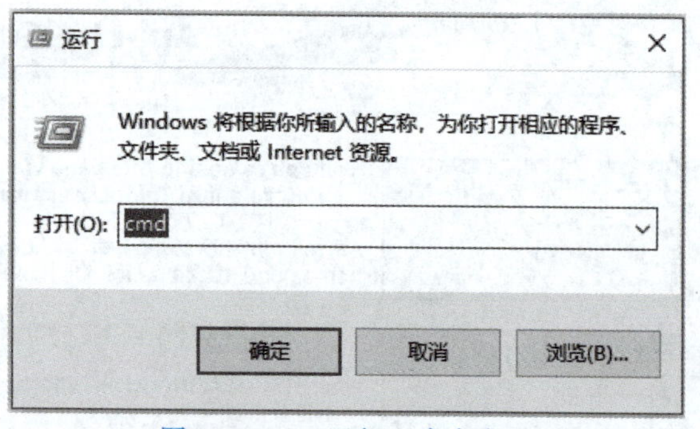

图 10 - 47 “运行”命令窗口

② 在 Windows 命令行面板中输入一个较小的内存值，测试能否正常创建 JVM 进程。如图 10 - 48 所示，输入“java - Xmx512M - version”，能正常创建 JVM，则表示操作平台可以分配 512 MB 内存到 JVM 进程。

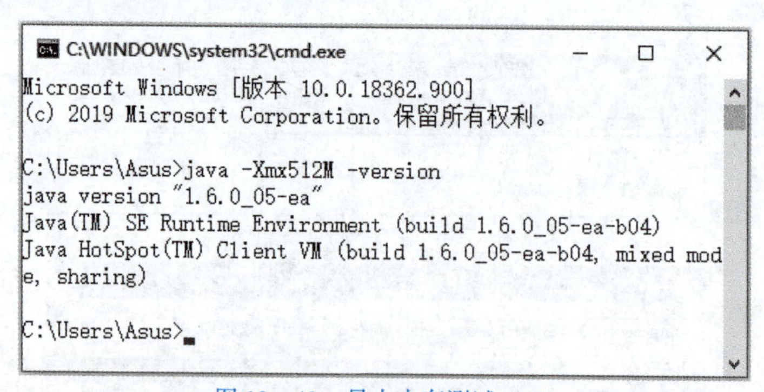

图 10 - 48 最大内存测试（1）

③ 在 Windows 命令行中加大内存数据值，重复执行上一步操作的命令，若能正常创建 JVM 进程，则再次加大内存数据值，再次重复执行上一步操作命令。多次重复，直到最后抛出异常，表示操作平台无法分配相关的内存给 JVM 进程，如图 10 - 49 所示。

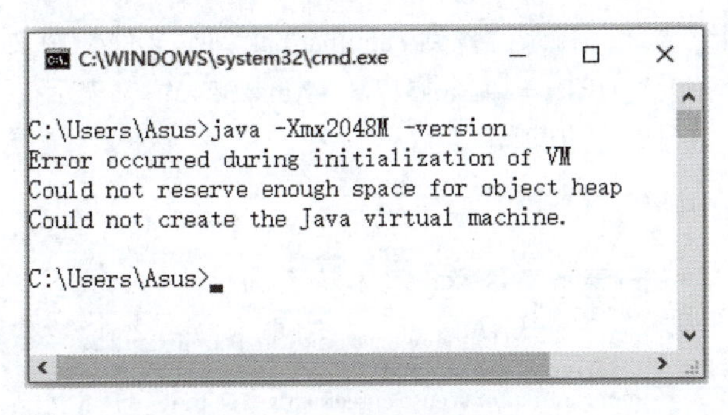

图 10－49 最大内存测试（2）

④ 根据上面②与③的操作，可大概得出操作平台能够分配给 JVM 进程的最大内存。

（2）参数设置

内存参数设置是内存配置的重要环节，也是内存管理的关键内容。内存配置操作涉及三个重要指标：内存初始值、内存最大值、内存最小值。

- 初始值（－Xms）

√ －Xms512M

√ 表示内存初始值为 512 MB

- 最大值（－Xmx）

√ －Xmx1024M

√ 表示内存最大值为 1 024 MB

内存配置管理_2

- 最小值（－Xmn）

√ －Xmn256M

√ 表示内存最小值为 256 MB

内存配置管理还必须使用特定命令，对特定的资源文件，使用特定启动方式才会生效。

- 内存配置命令（set JAVA_OPTS）

√ set JAVA_OPTS＝－Xms512M －Xmx1024M

√ JVM 进程最小可分配 512 MB 内存空间

√ JVM 进程最大可分配 1 024 MB 内存空间

- 内存配置资源文件

√ Windows 平台下使用 catalina. bat 脚本

√ Linux 平台下使用 catalina. sh 脚本

- 内存配置启动命令

√ Windows 平台下使用 startup. bat 脚本启动

√ Linux 平台下使用 startup. sh 脚本启动

√ 如果用其他方式启动，则内存配置不生效

（3）操作过程

在不同的环境与操作平台中，内存配置的操作过程会有所不同，下面以 Windows 平台为例，说明内存配置管理的操作过程。

① 按照前面的操作过程，用 java －XmxXXXXM －version 命令测试出操作系统所能分配给 JVM 进程的最大内存，假如通过测试得到最大可分配内存为 1 024 MB。

② 进入 Tomcat 服务器 bin 目录，找到 catalina. bat 脚本文件并用文本编辑器打开，在文件的最前面添加 “set JAVA_OPTS = - Xms512M - Xmx1024M”，表示最小内存为 512 MB、最大内存为 1 024 MB，如图 10 - 50 所示。

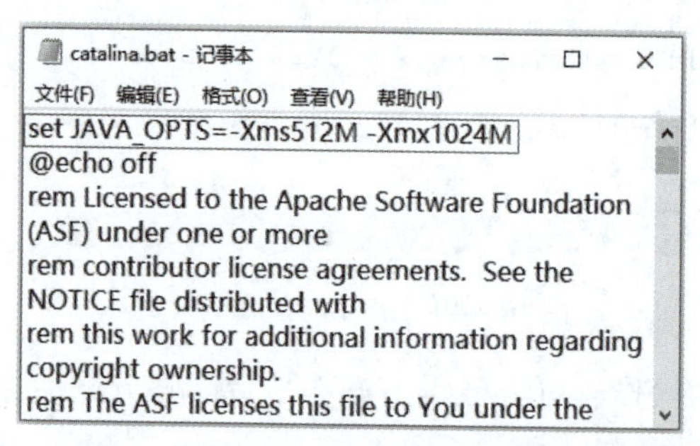

图 10 - 50 修改 catalina. bat 脚本（1）

③ 进入 Tomcat 服务器 bin 目录，找到 startup. bat 脚本，双击启动。如果最大内存数值是错误的，则启动会抛出异常，内存配置不生效。

④ 如果操作③能正常启动服务器，则访问 Tomcat 主页 http://localhost:8080，进入 Status 模块，查看服务器内存配置详情，如图 10 - 51 所示。由图可知，各项内存参数值不再是之前的默认值，而是重新配置的值，和预期的数据值是一致的。

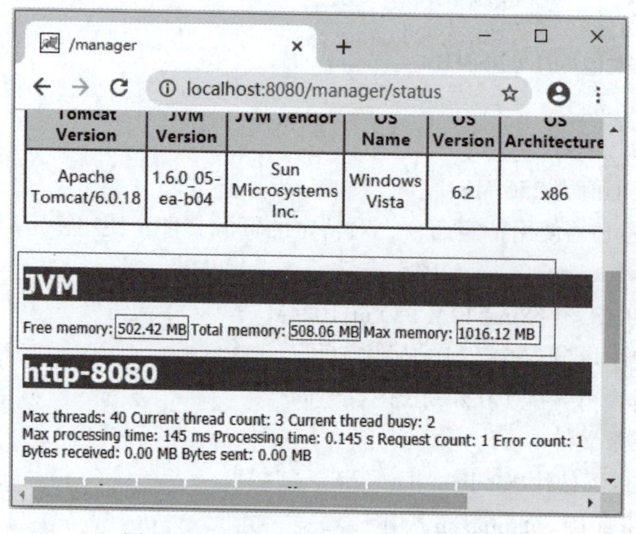

图 10 - 51 修改 catalina. bat 脚本（2）

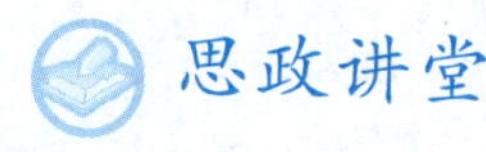

大数据时代的信息安全

当前，大数据正在成为信息时代的核心战略资源，对国家治理能力、经济运行机制、社会生活方式产生深刻影响。与此同时，各项技术应用背后的数据安全风险也日益凸显。近年来，有关数据泄露、数据窃听、数据滥用等安全事件屡见不鲜，保护数据资产已引起各国高度重视。在我国数字经济进入快车道的时代背景下，如何开展数据安全治理，提升全社会的“安全感”，已成为普遍关注的问题。

(1) 数据是21世纪的石油和钻石

所谓数据，“是指对客观事件进行记录并可以鉴别的符号，是对客观事物的性质、状态以及相互关系等进行记载的物理符号或这些物理符号的组合。”

数据作为数字经济时代最核心、最具价值的生产要素，正深刻地改变着人类社会的生产和生活方式。特别是受新冠肺炎疫情的影响，以数据为核心的数字技术逐步成为经济发展的新驱动力，也深刻地改变人们的日常生活。实施疫情地图使我们对全国的疫情防控形势一切尽在“掌”握之中，社区门禁的人脸识别功能使我们可以“刷脸”通关，“健康宝”成为我们的随身证件，“行程码”也成了“旅行必备”。大数据在疫情期间的应用发展，不仅为疫情监测、防控救治、资源调配等提供了有效指引，也给全社会上了一堂生动的数据科普课，彰显了大数据作为国家基础性战略资源的重要意义。

(2) 数据安全是数字经济健康发展的基础

根据《数据安全法》和其他一些相关法规的要求，商家必须对所收集的数据负安全责任。掌握的数据越多，担负的责任就越大。我们都知道，单条的身份信息、轨迹信息、视频信息看起来都没有特别的价值，但是如果把这些信息拼接起来，再通过大数据分析，就可以得到很多重要的信息。

今年5月，由国家工业信息安全发展研究中心和华为公司联合发布的《数据安全白皮书》指出，数据安全已经上升到国家主权的高度，是国家竞争力的直接体现，是数字经济健康发展的基础。这就要求我们必须解决数据安全领域的突出问题，有效提升数据安全治理能力。

(3) 既要数据安全，也要数据畅通

当前形势下，我们要如何保护数据安全？数据保护是在进行数字化转型的大背景下，在数据流动和使用状态中的数据保护，不同于以前防火墙式的静态保护，数据安全治理更倾向于动态保护。

一方面，在技术设施领域，要持续提升数据安全的产业基础能力，构筑技术领先、自主创新的数据基座，确保数据基础设施安全可靠。同时，不断强化数据安全领域关键基础技术的研究与应用。

另一方面，要健全数据安全法律法规，不断强化法律法规在数据安全主权方面的支撑保障作用。《数据安全法》的出台，预示着我国数据开发与应用将全面进入法治化轨道。《数据安全法》既要数据安全，也保护数据的交易和流通，鼓励使用大数据创新，鼓励使用数据驱动业务。

大数据是把“双刃剑”，它可以使我们社会与生活变得更好，但是如果我们不对它进行规范，那么也会阻碍社会的发展。

◇ 思政浅析：

(1) 公共安全治理关系千家万户

中国共产党二十大报告中指出，公共安全关系千家万户，必须坚持安全第一、预防为主，建立大安全大应急框架，完善公共安全体系，推动公共安全治理模式向事前预防转型。同时加强信息安全的监管，保护数据资产，开展数据安全治理，提升全社会的“安全感”。

(2) 大数据时代要注重个人信息的保护

如今在仅用一部手机便可足不出户轻松获取信息的同时，也让我们面临着更多的隐私泄露风险。敏感个人信息一旦遭到泄露和滥用，极有可能会对当事人的权益造成不必要的麻烦，还有可能遭受电信诈骗。

（3）数据安全关系国家安全

数据泄露、数据窃听、数据滥用等安全事件屡见不鲜，数据安全关系国家安全、社会稳定，任何组织不得随意收集业务以外的数据信息，必须对所收集的数据负安全责任，非经国家机关批准，不得向外国机构提供国内各种数据信息。

（4）立法保障数据安全

数据是把双刃剑，既能造福社会，也会阻碍社会发展，必须治理好。数据是经济发展和动力，既要保障数据安全，也要保障数据畅通。国家在信息安全方面的立法体系不断构建完善，为开展网络安全和数据治理工作提供了充分的立法保障。

本章练习

一、选择题

1. Tomcat 默认的端口是（　　）。[单选]

A. 8080　　B. 8888　　C. 80　　D. 8090

2. 下面关于 Tomcat 服务器的描述，正确的是（　　）。[多选]

A. Tomcat 是一个开源的免费的 Web 服务器，它支持 Java EE 的所有规范

B. Tomcat 安装后，默认端口为 80

C. Tomcat 启动时，需要配置 JAVA_HOME 环境变量

D. Tomcat 启动时，必须配置 CATALINA_HOME 环境变量

3. 安装 Tomcat 成功后，若要修改 Tomcat 端口，则要修改的文件是（　　）。[单选]

A. tomcat\bin\startup. bat 文件　　B. tomcat\conf\server. xml

C. tomcat\conf\web. xml　　D. 以上都不是

4. 在 Tomcat 上发布 Java Web 应用时，默认的目录是（　　）。[单选]

A. webapps　　B. conf　　C. bin　　D. work

5. 在 Tomcat 上发布 Web 应用 myweb，定义类 cn. itcast. Hello. java，Hello. class 会被编译到（　　）目录。[单选]

A. 2

B. ${CATALINA_HOME}\webapps\myweb\WEB – INF\classes\cn\itcast\Hello. class

C. ${CATALINA_HOME}\webapps\myweb\WEB – INF\classes\cn. itcast. Hello. class

D. ${CATALINA_HOME}\webapps\myweb\WEB – INF\classes\cn. itcast\Hello. class

6. 将 Web 应用发布到 Tomcat 上的 localhost 主机，以下（　　）方式可以完成。[多选]

A. 直接将 Web 应用部署到 tomcat\webapps 下

B. 直接将 Web 应用部署到 tomcat\work 下

C. 创建一个 xml 文件，并配置 Web 应用信息，将 xml 文件放置到 tomcat\conf\Catalina\localhost

D. 在 tomcat\conf\tomcat – users. xml 文件中进行配置

7. 下列关于 Tomcat 的说法，正确的是（　　）。[单选]

A. Tomcat 是一种编程语言

B. Tomcat 是一种编程规范

C. Tomcat 是一种编程思想

D. Tomcat 是一个免费的开源的 Serlvet 容器

8. 下列关于 Tomcat 目录资源的说法，错误的是（　　）。[单选]

A. bin 目录包含启动/关闭脚本

B. conf 目录包含不同的配置文件

C. temp 目录包含环境的配置文件

D. lib 目录包含 Tomcat 使用的 JAR 文件

9. 下列关于 Tomcat 目录资源的说法，错误的是（　　）。[单选]

A. webapps 目录包含 Web 项目示例，当发布 Web 应用时，默认情况下把 Web 文件夹放于此目录下

B. work 目录包含 JSP 转换成 Java 的源文件及字节码文件，是 Tomcat 的工作目录

C. logs 目录包含各时间点运行时的日志文件，是 Tomcat 的日志目录

D. common 目录包含用户管理文件，是权限配置目录

10. Tomcat 中间件服务器启动和关闭服务的脚本存放在（　　）文件夹下。[单选]

A. bin 文件夹　　B. service 文件夹

C. temp 文件夹　　D. log 文件夹

11. 在 Tomcat 安装目录的（　　）文件下修改它的端口号。[单选]

A. bin\conf　　B. conf\server. xml

C. conf\context. xml　　D. bin\server. xml

12. WebSphere 中间件是（　　）公司的软件产品。[单选]

A. Dell　　B. IBM　　C. Microsoft　　D. Oracle

13. 中间件是一个独立的系统软件或服务程序，下列不属于中间件的是（　　）。[单选]

A. Tomcat　　B. WebSphere　　C. EJB　　D. Python

14. 如果要在同一台机器上配置启动多个 Tomcat 节点，以下描述正确的是（　　）。[多选]

A. 需要修改每个 Tomcat 节点上默认的 8005 端口：< Server port = "8005" shutdown = "SHUTDOWN" >

B. 需要修改每个 Tomcat 节点上的 8080 端口：< Connector port = "8080" protocol = "HTTP/1. 1" connectionTimeout = "20000" redirectPort = "8443" / >

C. 需要修改每个 Tomcat 节点上的 8009 端口：< Connector port = "8009" protocol = "AJP/1. 3" redirectPort = "8443" / >

D. 只需要修改每个 Tomcat 节点上的 8080 端口，其他端口无须做任何修改

15. 把 Tomcat 服务器的主页变成自己的 Web 应用的主页的方法是（　　）。[单选]

A. 只要把自己的 Web 应用部署在 webapps 目录即可

B. 把自己的 Web 应用部署在 webapps 目录，把 Web 应用部署名称修改为 ROOT

C. 把 Tomcat 节点的访问端口修改为 80

D. 以上说法都不正确

16. 如果把 Web 工程代码部署在 Tomcat 节点目录以外的位置，需要在 tomcat\conf\Catalina\localhost 路径下做相关配置，以下描述正确的是（　　）。[多选]

A. 需要创建一个与 Web 应用部署名称相同的 xml 部署文件

B. 部署文件中的 path 属性值为访问 Web 应用的相对路径

C. 部署文件中的 reloadable 属性值为 Web 工程应用是否支持热加载

D. 部署文件中的 docBase 属性值为部署代码的所在路径

E. 部署文件中的 workDir 属性值为系统运行时 JSP 文件所生成的 Java 文件的存储路径

17. 关于 Tomcat 服务器的内存管理，以下说法正确的是（　　）。[多选]

A. MaxMemory 是指 JVM 进程能够从操作系统分配到的最大内存

B. TotalMemory 是指 JVM 进程当前从操作系统得到的实时运行内存大小

C. FreeMemory 是指 JVM 进程所占据的实时运行内存中，还未使用的内存空间大小

D. 以上说法都不正确

18. 关于 Tomcat 中间件内存配置，以下说法正确的是（　　）。[多选]

A. 需要在 catalina. bat 文件中做相应的配置

B. 可以在 catalina. bat 文件中的任何位置添加内存配置语句，都会生效

C. set JAVA_OPTS = -Xms512M -Xmx1024M，表示设置 Tomcat 服务器的最小内存空间为 512 KB、最大内存空间为 1 024 KB

D. 需要从 startup. bat 或 startup. sh 脚本文件启动 Tomcat 服务器，采用其他方式启动时，内存配置将失效

19. Java EE 领域包含的中间件 Web 应用服务器有（　　）[多选]

A. IIS　　B. Tomcat　　C. Jetty　　D. Weblogic

20. 关于中间件 Web 应用服务器的描述，错误的是（　　）。[单选]

A. Tomcat 是一个开源的 Web 应用服务器

B. Weblogic 是 BEA 公司旗下的 Web 中间件产品

C. WebSphere 是 IBM 公司旗下的 Web 中间件产品

D. Tomcat 中间件主要用于长连接，Jetty 中间件主要用于短连接

二、问答题：

1. 你所知道的 Java EE 领域的开源 Web 应用服务器哪些？
2. Tomcat 服务器如何进行用户管理？
3. 如何在同一台物理机器上启动多个 Tomcat 节点？
4. 如何对 Tomcat 服务器进行远程项目管理？
5. 如何把 Web 工程项目部署在 Tomcat 服务器节点外？
6. 如何对 Tomcat 服务器进行内存配置管理？

第 11 章
UML 统一建模语言

本章目标

知识目标

① 认识 UML 建模语言。
② 了解 UML 建模语言的基本规则。
③ 理解 UML 建模设计的思想。
④ 理解 UML 建模中各种模型的功能作用。
⑤ 理解 UML 建模语言中九种建模图形的适用场景。

能力目标

① 能够在根据场景选择合适的 UML 图形来表达需求。
② 能够绘制出各类动态建模图形。
③ 能够绘制出各类静态建模图形。
④ 能够分析出 UML 模型中的编程设计含义。
⑤ 能够使用 Ration Rose 工具进行建模设计。

素质目标

① 具有良好的模型设计与分析能力。
② 具有较好的分析问题、解决问题的能力。
③ 养成细心、耐心撰写软件文档的习惯。
④ 热爱所在团队集体，具有全局观、大局观。
⑤ 树立职业生涯规划的意识。

11.1 统一建模语言入门

UML 建模入门概述

统一建模语言（Unified Modeling Language，UML）是在 Rational Software 公司支持下于 1994 年开始形成的，是 Grady Booch、James Rumbaugh、Ivar Jacobson 三位从事面向对象方法研究专家合作研究的成果。UML 标准是 OMG 协会在 1997 年制定的。

UML 统一建模语言是一种面向对象设计的建模工具，独立于任何具体程序设计语言，是用于对软件系统进行可视化和编制文档的规约语言。

11.1.1 UML 模型概述

UML 作为一种软件建模语言，具有广泛的建模能力，其在消化、吸收、提炼各种软件建模语言的基础上，形成了新一代的系统设计建模语言。UML 突破了软件的限制，广泛吸收了其他领域的建模方法，因此具有坚实的理论基础和广泛性。UML 不仅可以用于软件建模，还可以用于其他领域的建模工作。

UML 立足于对事物的实体、性质、关系、结构、状态和动态变化过程的全程描述和反映，可以从不同角度描述人们观察到的软件视图，也可以描述不同开发阶段中的软件的形态。

UML 模型由三个要件组成，分别是事物、关系、视图，三者之间互相结合，共同支撑起 UML 建模设计。

所谓事物（Things），是指 UML 模型中基本的构成要素，包括模型中的组织结构、动作行为、分类规约、描述说明等，是具有代表性的成分的抽象。

所谓关系（Relationships），是指把事物紧密联系在一起的制约要素。例如不同对象间的存在依赖、一般性关联交互、服务的需求与供给、共性与个性等都是 UML 模型中关系的体现。

所谓视图（Diagrams），是指事物和关系在模型中的可视化表现，把 UML 模型中相关的模型业务参数通过图形化的方式展现在开发者的面前，以图形替代文字的方式来展示业务规约。

11.1.2 UML 模型事物

事物是组成 UML 模型结构的核心要素，是 UML 模型图的最主要参与者，其直接体现模型的雏形。UML 模型中包含四种事物，分别是结构事物、行为事物、分组事物、注释事物。

（1）结构事物

结构事物是指 UML 模型结构的静态部分，描述的是模型概念或者组成要素，其用于表示系统模型的基本业务特征及业务的参与对象，包括类、接口、协作、用例、构件、节点等元素。

类：具有相同属性、相同操作、相同特征的一类事物的共同模型。其是 UML 模型中的一个基本模块组件。

接口：描述模型的外部可见行为，是模型组件中对外服务的集合定义。其代表模块中对外消息交互的统一出入口。

协作：描述事物间相互作用的一系列行为集合，包括消息的传递、服务的提供、行为的参与等。

用例：代表系统或模块的行为，是业务功能的系列集合。一个用例对应系统或模块中的一个业务场景。

构件：系统中的模块组件，是可替换的部件。一个构件表示一个系统模块或子服务。

节点：系统运行时的物理设备，包括硬件设施、软件系统，是系统服务功能外部载体的基本设施。

（2）行为事物

行为事物是指 UML 模型的动态部分，描述跨越时间、空间的行为，如业务活动的向前推展、对象生命状态的一系列变化、构件对象之间的消息传递等。其包括交互、状态机两种行为。

交互：为实现某一功能，构件或对象之间进行的消息交互集合。例如模块组件间的服务

调用、数据传递等行为。

状态机：对象或交互在生命周期内响应事件所经历的状态序列，包括初始状态、中间状态、终止状态等各种形态。

（3）分组事物

分组事物是指 UML 模型的结构划分方式，其描述事物的组织结构，定义系统模型的边界及组成，是一种模型表示中的分组机制或规约，其主要实现要素为包元素。

包：把事物组织划分成不同组的一种分类规则，例如模型内部构件的归类方式，或其他事物分组实现机制。

（4）注释事物

注释事物是指 UML 模型图的描述、解释部分，主要用来针对模型中视图不易展示、模糊、抽象的方面进行文字表示、补充与说明，其本质上是文字的描述与说明，其实现要素为注解元素。

注解：对事物进行约束或解释的符号表示，是图形展现方面的补充事物，主要对模型进行业务规约描述。

11.1.3 UML 模型关系

UML 模型中的关系是事物之间发生作用的纽带，模型之所以能表示产品、信息实体，就是因为模型中的事物存在各种业务关系。在 UML 建模设计过程中，事物之间存在着四种不同形式的模型关系，分别是依赖关系、关联关系、泛化关系、实现关系。各种关系的表示方法如图 11－1 所示。

依赖－泛化关系

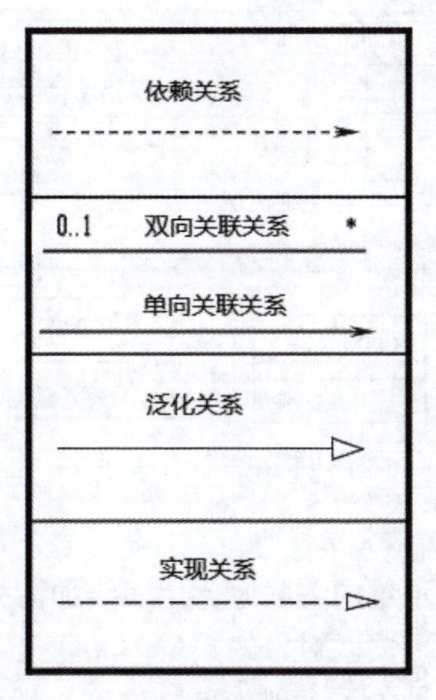

图 11－1 各种关系表示方法

（1）依赖（Dependency）

依赖关系用一条带箭头的虚线表示，其含义是：定义事物 A 与事物 B 两个事物，当事物 A 发生变化时，会影响到事物 B 的语义，称事物 B 依赖事物 A，事物 A 为独立事物，事物 B 为依赖事物。例如有一个风扇对象（Fan）及一个电流对象（Electricity），风扇的运转必须依赖电流提供的动力，所以风扇对象依赖电流对象，风扇对象是依赖事物，电流对象是独立事物，如图 11－2 所示。

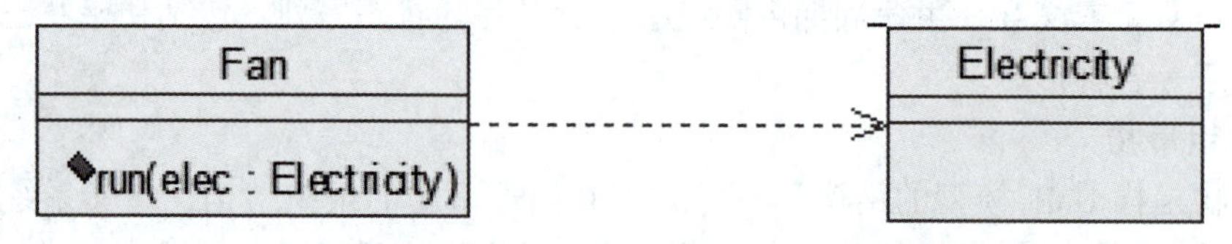

图 11－2　依赖关系

（2）泛化（Generalization）

泛化关系用一条带空心箭头的实线表示，具体含义是：去除事物的个性特征，保留同类事物的共同属性，是从个性到共性的推导、抽象过程。如中国人（Chinese）、日本人（Japanese）、法国人（French）、德国人（German）四个事物对象，去除国家属性，只保留地区属性，中国人、日本人同属于亚洲，因而从这两个事物中可以泛化出亚洲人（AsiaPerson），法国人、德国人同属于欧洲，因而从这两个事物中可以泛化出欧洲人（EuropePerson），最后再对亚洲人、欧洲人两个事物对象去除地区属性，可泛化出总人类（Person）事物。无论哪个位置的人，都具有人的一般属性，例如，有语言、会生产劳动等。Person 类是各种各样人的总父类，AsiaPerson、EuropePerson 则为各种各样人的二级父类，如图 11－3 所示。

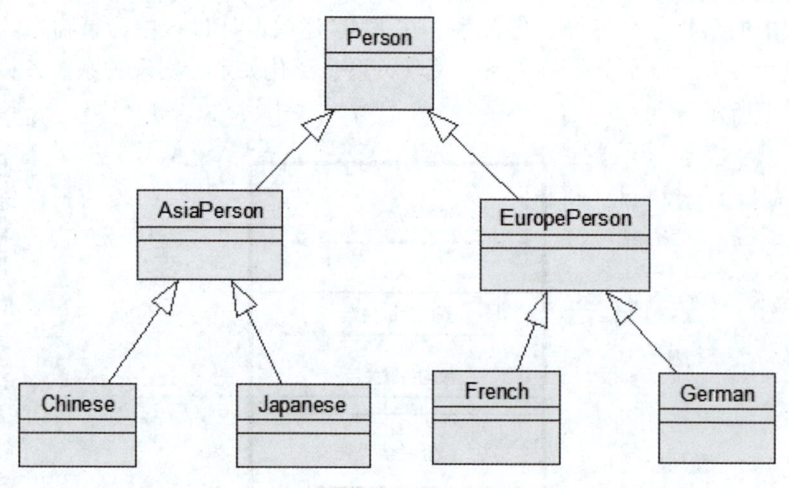

图 11－3　泛化关系

（3）关联关系（Association）

关联关系用实线表示。当表示单向关联时，用实线加箭头；当表示双向关联时，仅用一根实线。关联线的两边还可以带上关联对象的数量。关联关系表示两个事物对象之间存在某种模型业务制约、交流关系，这种关系表现为事物之间一般性业务交互。如营业员（Saler）与商品（Commodity）两个事物，营业员的任务是卖掉商品，这是一种单向关联关系，如图 11－4 所示。再如学生（Student）与学校（School）两个事物，学生在学校学习，是受教者，学校为学生提供学习环境，是施教者，同时，在某个时间内，一个学生只能在一所学校学习，但一所学校却可以招收多个学生，这是一种双向关联关系，如图 11－5 所示。在关联数量的表示方面，学生端标识为“0..n”，表示可以为 0～n 个，即任意个都可以，

这时也可以直接用星号“＊”表示；学校端标识为“1”。整个模型表示一所学校可以有任意个学生。

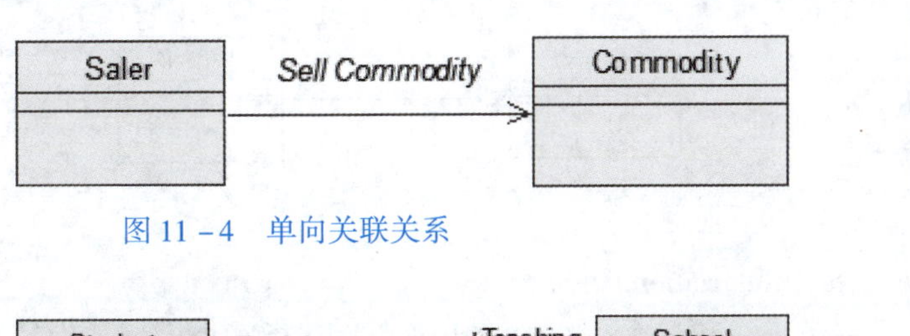

图 11－4　单向关联关系

关联－组合－聚合关系

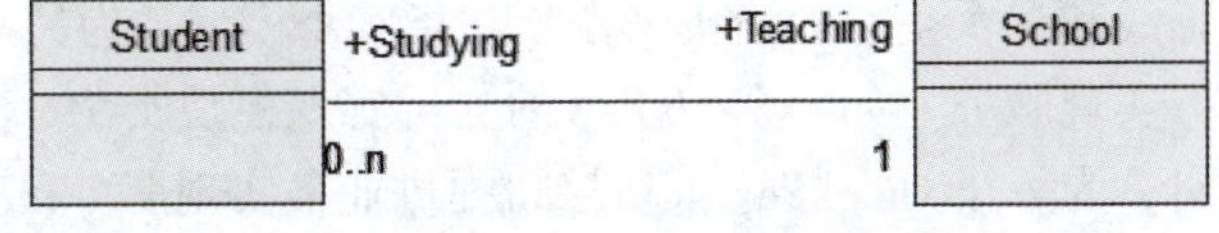

图 11－5　双向关联关系

类与对象的关联关系中，除了普通的关联关系外，还包含着两种特殊的关联关系：组合和聚合，表示方法如图 11－6 所示。

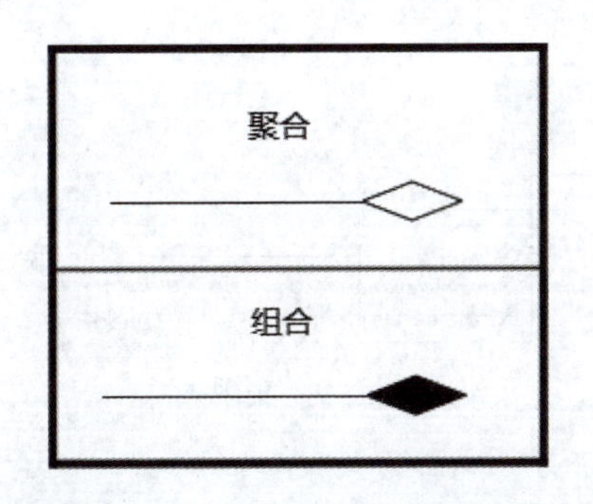

图 11－6　聚合、组合表示方法

聚合（Aggregation），在模型中使用一条实线和一个空心的菱形来表示这种关系，指两个事物之间的关联关系是一种全局与局部的关系。聚合关系也称为“has a”关系，是一种弱的整体与局部关系。如办公室（Office）与书桌（Desk）的关系，书桌是办公室的一部分，因而办公室与书桌之间就形成了一种全局与局部的关系。但书桌与办公室是两个独立的事物，即使办公室中没有书桌，也还是一个办公室，两者之间的整体－部分关系相对较弱，一般两者的生命周期不一致，如图 11－7 所示。

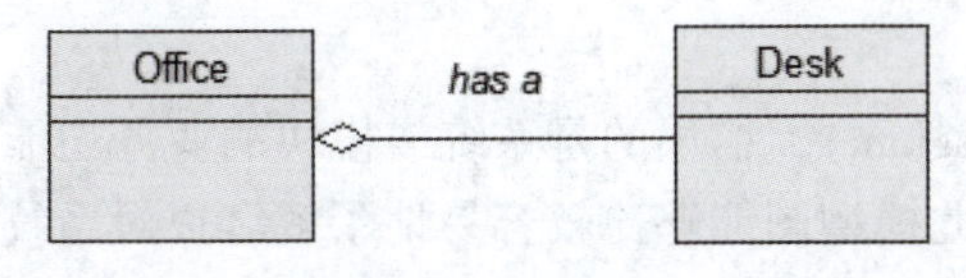

图 11－7　聚合关系

组合（Composition），在模型中使用一条实线和一个实心的菱形来表示这种关系，指两个事物之间的关联关系是一种整个与部分的关系。组合关系也称为“is a”关系，是一种强烈的整体与局部关系。如汽车（Car）与轮子（Wheel）的关系，毫无疑问，轮子是汽车的一个重要部分，两者之间具备整体与部分的关系。轮子与汽车不是两个完全独立的事物，换句话说，缺少了轮子的汽车就不再是真正意义上的汽车，两者之间的整体－部分关系非常强烈，具有一致的生命周期，如图 11－8 所示。

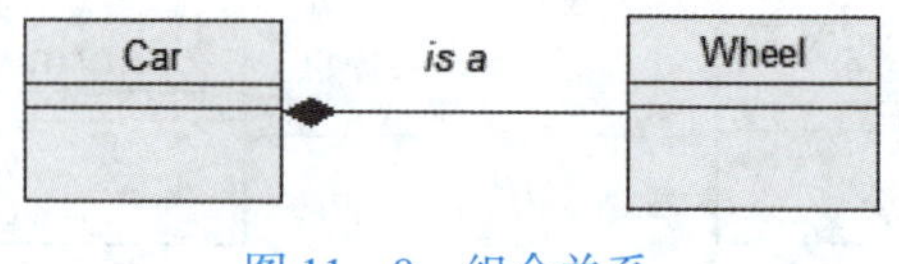

图 11－8　组合关系

（4）实现关系（Realization）

实现关系用一条虚线和一个空心的箭头来表示，指某个模型类为另一个模型抽象类或模型接口提供对应的业务实现服务。如一个 MyPay 的支付实现模块类为一个 EasePay 抽象模块类提供实现服务，同时，为一个 QuickPay 模块接口提供业务实现服务，如图 11－9 所示。接口以圆圈的形式表示，对接口的实现则以实线的形式表述。

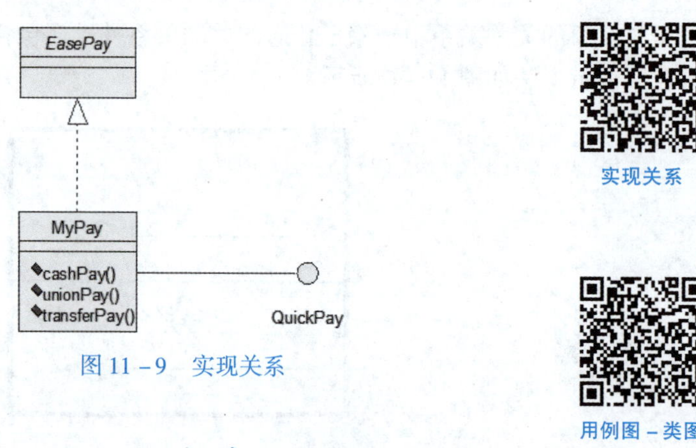

图 11－9　实现关系

11.2　静态建模视图

UML 统一建模语言中共九种模型图，这九种图形可以归为两大类，分别是静态建模视图和动态建模视图。静态建模视图主要描述的是系统的结构、参与者，系统边界的划分。包含类及对象的定义，模块之间的基本约束、规约，系统的部署、安装环境，构件之间的依赖及各种关联关系五种模型图，分别是用例图、类图、对象图、构件图、部署图。

11.2.1　用例图

用例图（Use Case Diagram），描述的是系统或模块的业务功能，主要从用户的角度去观察系统的业务功能，通过此模型图能够比较容易地了解客户对系统的功能需求，其主要用在系统需求分析及系统基本设计阶段。用例图主要由参与者和用例两部分构成。

参与者（Actor），是系统外部与系统交互的人或事物。参与者可以是具体的系统用户（User），也可以是系统以外的应用程序（Application）。只要是系统外的事物与本业务系统内部发生数据交互，都可以认为其是一个参与者。在系统的实际运作中，一个外部用户可能对应系统的多个参与者，不同的用户也可能只对应系统的一个参与者，代表同一参与者的不同实例。

用例（Use Case），代表系统的一个功能单元。一般来说，一个用例同时也对应一个业务场景。系统的功能由系统单元所提供，并通过一系列功能单元与一个或多个参与者之间交互消息。如一个会员用户可以登录某个系统，同时可以在系统中订购业务、修改业务、取消业务等，如图 11 - 10 所示。

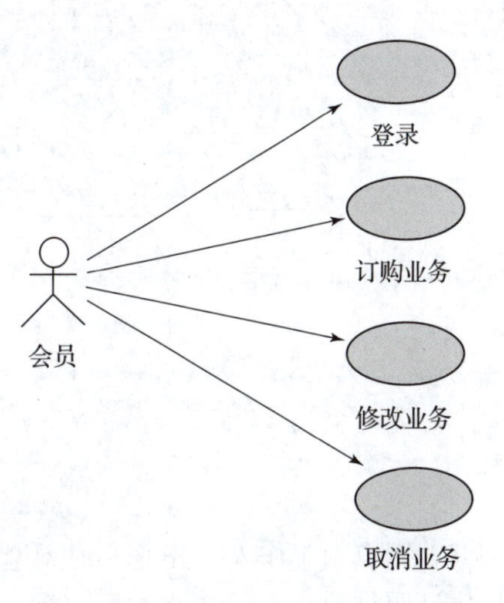

图 11 - 10　会员角色用例

在 UML 模型用例图中，用例之间也存在各种不同的交互、制约关系，总的来说，用例之间包含三种关系：包含、扩展、泛化。

（1）包含关系

指两个用例必须组合在一起才能实现一个完整的业务，缺少了任何一个用例，业务过程就存在缺失，不是一个完整的过程。在包含关系中，存在一个公共用例和若干个个性用例，公共用例可以被不同的个性用例共享，公共用例与个性用例共同组成完整的业务。比如一个业务订购过程包含两个部分：用户信息认证、订单确认，如果还有一个业务修改过程也包含两部分：用户信息认证、订单修改，那么用户信息认证就是两项业务操作的公共用例，订单确认、订单修改则为个性用例，如图 11 - 11 所示。在模型图的关系线上，用“ << include >> ”来标识用例间的包含关系，其中箭头指向被包含用例。

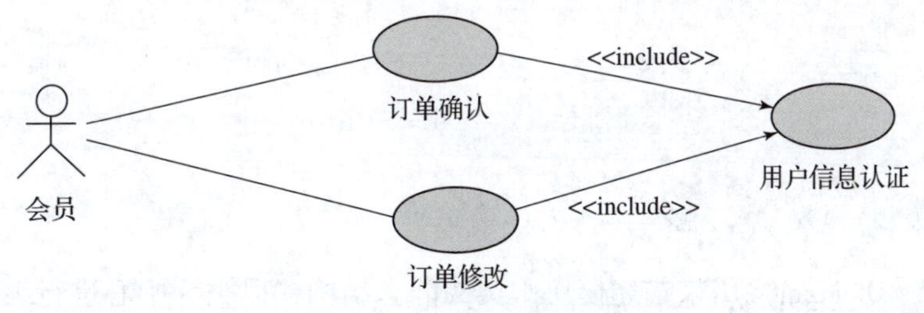

图 11 - 11　包含关系用例

（2）扩展关系

两个用例是独立的用例，可以分离，但是两个用例组合在一起时，能使业务更加完整、完善。其也可以用于在不同场景、条件下组合不同的业务操作、过程，使系统功能更加完善。比如在一个业务数据查询模块，只有管理员可以查询相关数据，数据检索出来后，为了使查询业务更加完善，提升用户的体验度，可以做一些扩展功能，可以让用户选择把查询出来的数据直接打印成纸质材料，或导出到 Excel 文件中，或通过邮件发送到指定的邮箱，这样就使数据查询模块的功能更加饱满，如图 11 - 12 所示。在模型图的关系线上，用“ << extend >> ”来标识用例间的扩展关系，其中箭头指向被扩展用例。

（3）泛化关系

当多个用例间具有相同的特性结构或行为时，把相同的属性抽象出来作为父用例，其他个性化的属性作为子用例，每一个子用例继承了父用例的全部行为与结构，同时，每一个子用例均是父用例的特殊用例。比如开通某种账户有两种方式：可以在网上自助开通，也可以

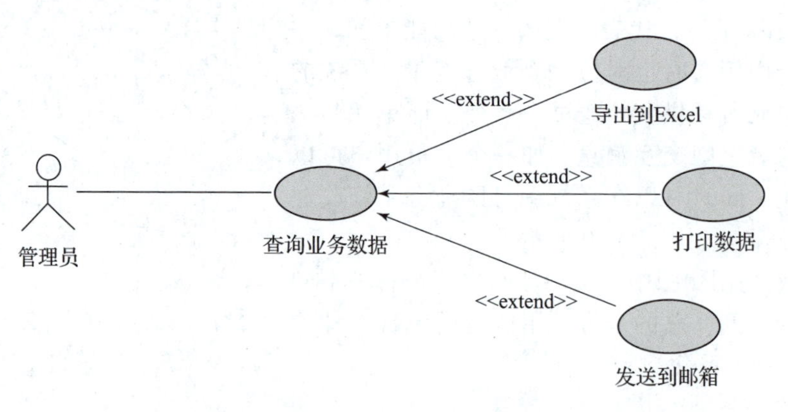

图 11－12　扩展关系用例

到营业网点由工作人员开通，但无论哪种方式，开通账户的过程中都是要填写用户资料，并提供证明材料，不同之处在于，网上注册可以 24 小时自助办理，营业网点只能在工作日的工作时间办理，可把这两种不同注册方式以泛化用例的形式来表示，如图 11－13 所示。在模型图中，用实线加空心的箭头来标识用例间的泛化关系，其中箭头指向父用例。

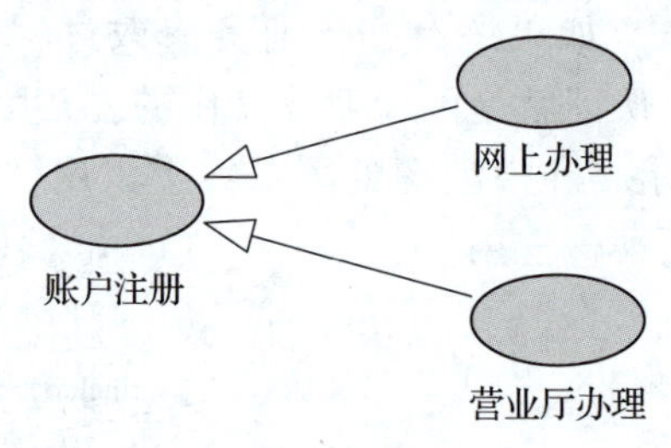

图 11－13　泛化关系用例

11.2.2　类图

类图（Class Diagram）用来描述模块中类的静态结构，以类为中心进行表述，其不仅表示系统中类的定义，以及类与类之间的联系，如关联、依赖、聚合等，也表述类的内部属性和操作。类图是一种使用频率非常高的静态建模方式，主要用于系统概要设计与模块详细设计阶段。

在 UML 类图中，类以矩形的方式来表述，从上到下分为三部分，分别是类名、属性和操作。第一部分是类名，这一项在每个类中是必需项，不能空缺。第二部分是类的属性，为可选项。类如果有属性，则每一个属性都必须有一个名字，另外，还可以有其他的描述信息，如可见性、数据类型、缺省值等。第三部分是类的操作，在程序设计语言中也称其为函数。类如果有操作，则每一个操作也有一个名字，其他描述信息包括可见性、参数的名字、参数类型、参数缺省值和操作的返回值的类型等。在图 11－14 所示的类图中，最上面部分的 Computer 为类名，中间部分的 keyboard、mouse 为类中的属性，最下面部分的 start( )、shutdown( )、sleep( )为类的操作，即类中的函数，属性和操作前面的

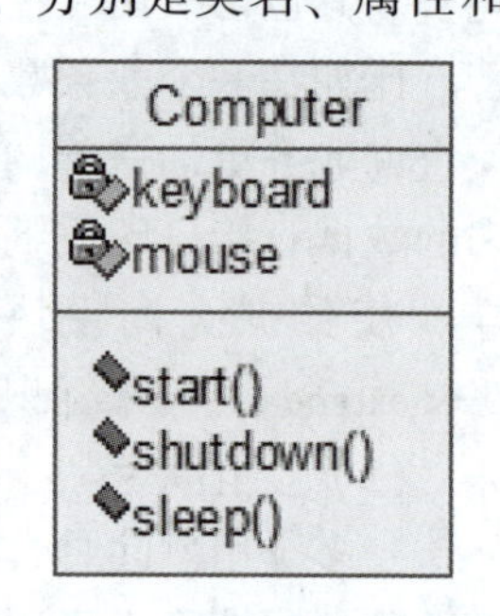

图 11－14　模板类的三种形式

图标为权限标识。

与面向对象程序设计语言一样，UML 语言中同样有公有（public）、私有（private）、受保护（protected）的权限类型，三者分别用“+”“-”“#”来表示，但在 Ration Rose 建模工具中却用表 11-1 所示的图标来表示。

表 11-1　权限可见性表示

权限可见性	UML 语言	Rational Rose
public	+	
protected	-	
private	#	

类图中的元素主要包含模板类及它们之间的各种关系。模板类主要有接口、抽象类、实体类三种类型，如图 11-15 所示，OrderInf 为接口，以圆圈的形式表示；UserDAO 为抽象类，以倾斜类名的方式表示；MyCourse 为实体类，以正放类名的方式表示。

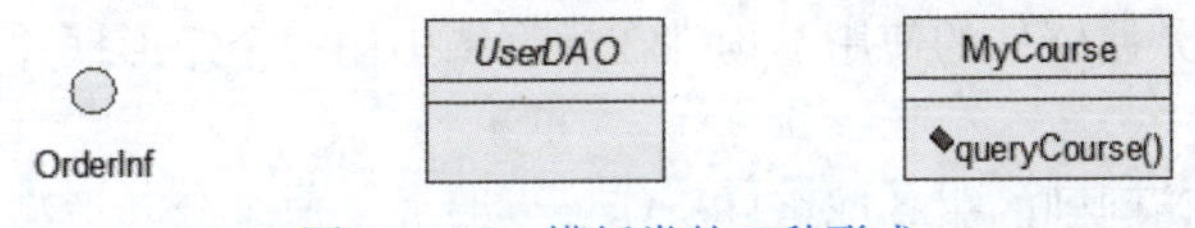

图 11-15　模板类的三种形式

11.2.3　对象图

对象图（Object Diagram）描述的是某一时刻的一组对象及它们之间的关系。对象图是类图的实例，用来表达各个对象在某一时刻的状态。对象图中的建模元素主要有对象和链。对象是类的实例，是一个封装了状态和行为的具有良好边界和标识符的离散实体，对象通过其类型、名称和状态而区别于其他对象；链是类之间的关联关系的实例，是两个或多个对象之间的独立连接，链在对象图中的作用类似于关联关系在类图中的作用。

对象图使用与类图类似的标识，用矩形框来表示对象。对象完整的命名格式是“对象名:类名”，冒号及类名两部分是可选项，可以根据实际需要添加或省略。但如果命名中包含了类名，则中间必须加上冒号。另外，为了和类图中的类名进行区分，对象名称必须加下划线。在对象图中，还可以在矩形框的下半部分列出本对象中所包含的相关属性及其属性值。在如图 11-16 所示的对象图中，对象 1 的名称为 serviceTeam，是 Team 类的实例；对象 2、对象 3、对象 4 是另一组对象，这三个对象均为 Member 类的实例；在对象名称的下方还标注了各个对象的 age、enterYear 属性；链 1、链 2、链 3 为对象之间的链，表示对象 1 与对象 2、对象 3、对象 4 之间是一种业务上的从属关系，可理解为 Jame、Kerry、Boly 三名会员（Member）均是服务队（serviceTeam）的成员。

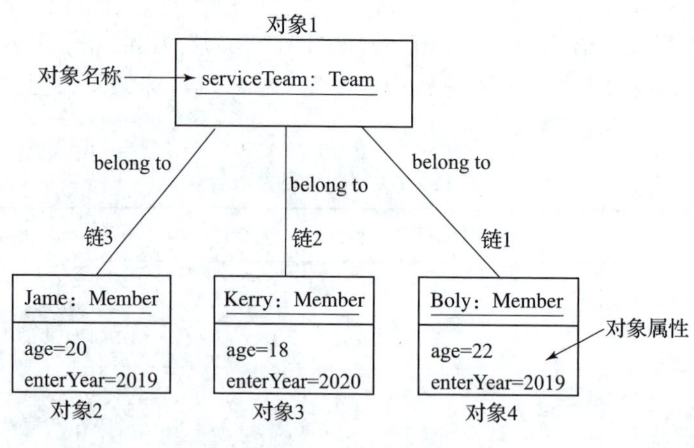

图 11－16　对象图

11.2.4　构件图

构件图（Component Diagram）用来定义一组构件类型的组织及各种构件之间的依赖关系。通过对构件间依赖关系的描述来评估对系统构件的修改给系统可能带来的影响，从全局架构的角度来阐述软件系统的主要功能，由构件、接口、实现、依赖四部分组成。

构件：是系统中遵从同一组接口并且提供实现的物理、可替换的部分，包括软件代码、脚本、命令文件、运行时对象、业务文档、数据库等。每个构件能实现一定的功能，为其他构件提供使用接口，方便软件的使用。构件在模型图中用一个矩形框并在左边的边框线上套两个小矩形来表示。

接口：指外部可访问到的服务或组件所能提供服务，包含两种类型，分别是引入接口及导出接口。接口在构件图中用圆圈表示。

实现：指构件按相关规约负责实现接口的业务功能，为接口向外提供对应的服务与支撑。构件间的实现关系用一条无方向实线来表示。

依赖：指构件内部本身缺少某种业务功能，需要借助其他构件提供对应的服务来满足自身需求，对相关构件形成服务依赖。构件间的依赖关系用一条带箭头的虚线来表示。

如图 11－17 所示，在构件图中，接口 Pay 定义一系列的支付操作，构件 MyPay 实现了 Pay 接口，负责向接口提供相应的支付服务。同时，构件 MyPay 需要依赖构件 UnionPay 提供的银联支付服务才能实现完整的支付服务功能。构件 MyPay 与接口 Pay 之间是实现关系，构件 MyPay 与构件 UnionPay 之间则是依赖关系。

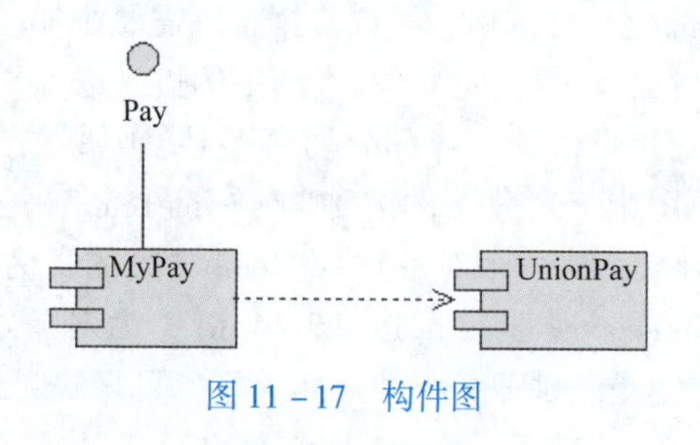

图 11－17　构件图

构件图－部署图

11.2.5　部署图

部署图（Deployment Diagram）用来表示运行过程中的节点结构、构件实例及对象结构，展示了硬件的配置及其软件如何部署到网络环境中。如果含有依赖关系的构件实例放置在不同节点上，则部署图还可以展示出执行过程中的结构瓶颈。一个系统模型只有一个部署图，部署图通常用来帮助理解分布式系统。部署图的作用是描述系统运行时的节点设备、在这些节点上运行的软件构件视图，以及用于连接异构机器之间的中间件配置。

部署图有两种表现形式：实例层部署图和描述层部署图，包含五种组成元素：节点、节点类型、物件、连接、结点容器。

节点（Node），代表计算机资源的物理元素，可以是硬件，也可以是运行在其上的软件系统。节点通常拥有一些内存，并具有数据处理能力。主机、工作站、操作系统、防火墙等都属于节点。

在 UML 中，节点用一个立方体来表示，每一个节点都必须有一个区别于其他节点的名称，其位于节点图标的内部。UML2.0 建议采用的节点命名格式为“节点类型:节点名称”，例如“Server:IIS 服务器”。

节点类型（Node Stereotypes），根据节点是否能够进行数据处理，节点可分为两种类型：处理器、设备。处理器是指本身具有程序执行或软件运行处理能力的节点，也称为 Processor 节点，例如服务器、工作站、操作系统、防火墙等。设备是指本身不具有软件运行处理能力的节点，也称为 Device 节点，例如 CD－ROM、存储设备、打印机、读卡器等。

物件（Artifact），指软件开发过程中的各种资源、成果，也称为软件信息系统的附属物，包括各种类型的模型图、源代码、可执行程序、可行性报告、设计文档、测试报告、需求原型、运维手册、用户手册等。在部署图中，物件用 artifact 关键字来标识。

连接（Association），指节点之间的连线，用来表示系统、模块之间进行交互的通信路径，这个通信路径称为连接。在连接中，可以标识各种通信协议。

在如图 11－18 所示的部署图中，客户端、Web 服务器、WebService 服务器、Socket 服务器、数据库服务器均为处理器节点，打印机为设备节点，处理器节点间的各连接线上标识了节点间互相通信的协议。

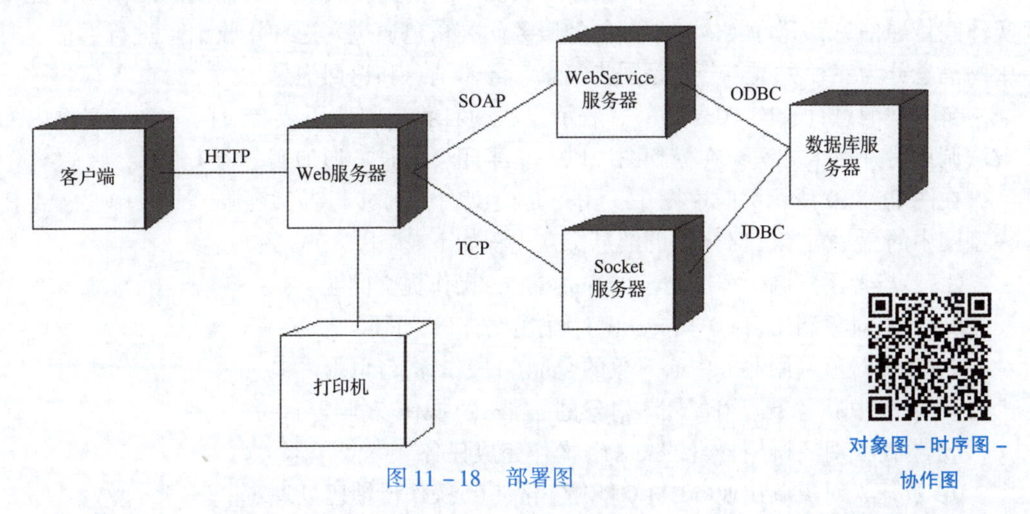

图 11－18　部署图

11.3 动态建模视图

动态模型图描述的是系统随时间变化的行为，这些行为是从静态模型中抽取出来的瞬间变化值，是系统静态成分的行为，比如消息传递、工作流及各种状态。在 UML 建模设计的表现上，动态模型主要是建立系统的交互图和行为图，交互图包括时序图和协作图，行为图包括状态图和活动图。时序图用来显示对象之间的关系，协作图主要用来描述对象间的交互关系；状态图描述对象随时间变化的动态行为，活动图用于对计算流程和工作流程建模。

11.3.1 时序图

时序图（Sequence Diagram），也叫顺序图，通过描述对象之间发送消息的时间顺序显示多个对象之间的动态协作。它可以表示用例的行为顺序，当执行一个用例行为时，其中的每一条消息对应一个类操作或状态机中引起转换的触发事件。时序图通过对象之间在场景或用例的事件流中的交互，展示类与类之间的消息序列，主要用于软件开发生命周期中的系统概要设计及模块详细设计阶段。

时序图的研读方法是从上到下查看对象间所交互的消息，其包含六种元素：参与者、对象、生命线、激活期、消息、自关联消息。

参与者（Actor），指系统的使用者或系统边界以外的其他子系统、微服务等事物或组件，在模型图中以一个小人图标来表述。

对象（Object），指系统内部的参与消息交互的模块实例，在交互中扮演类角色，一般位于时序图的项部，以一个矩形框来表述。

生命线（LifeLine），指对象的时间线，代表模型中对象在一段时间内存在。每个对象和底部中心都有一条垂直的虚线，为对象的生命线。

激活期（Activation），代表时序图中对象执行一项操作的时期，在生命线上以一个很窄的矩形来表示。

消息（Message），定义交互和协作中交换信息的类，用于对实体间的通信内容建模及在实体间传递信息，允许实体请求其他的服务。类角色通过发送和接收消息进行通信。时序图中的消息分为三种类型，分别是同步消息、异步消息和返回消息。

自关联消息（Self－Message），表示方法的自我递归调用或者对同一对象实例内的一个方法调用另外一个方法，在模型图中以一个半闭合的长方形加实心箭头表示。

在图 11－19 所示的时序图中，用户是模型图中的参与者，客服、业务中心、责任人是模型图中的三个对象，时序图的消息交互过程如下。

① 参与者用户调用客服对象的 question( )操作提交问题。

② 客服对象调用自身的 record( )操作记录相关问题。

③ 客服对象调用业务中心对象的 send( )操作移交问题。

④ 业务中心对象调用责任人对象的 assign( )操作安排任务。

⑤ 责任人对象调用自身的 task( )操作完成任务。

⑥ 责任人对象调用业务中心对象的 finish( )操作反馈已处理。

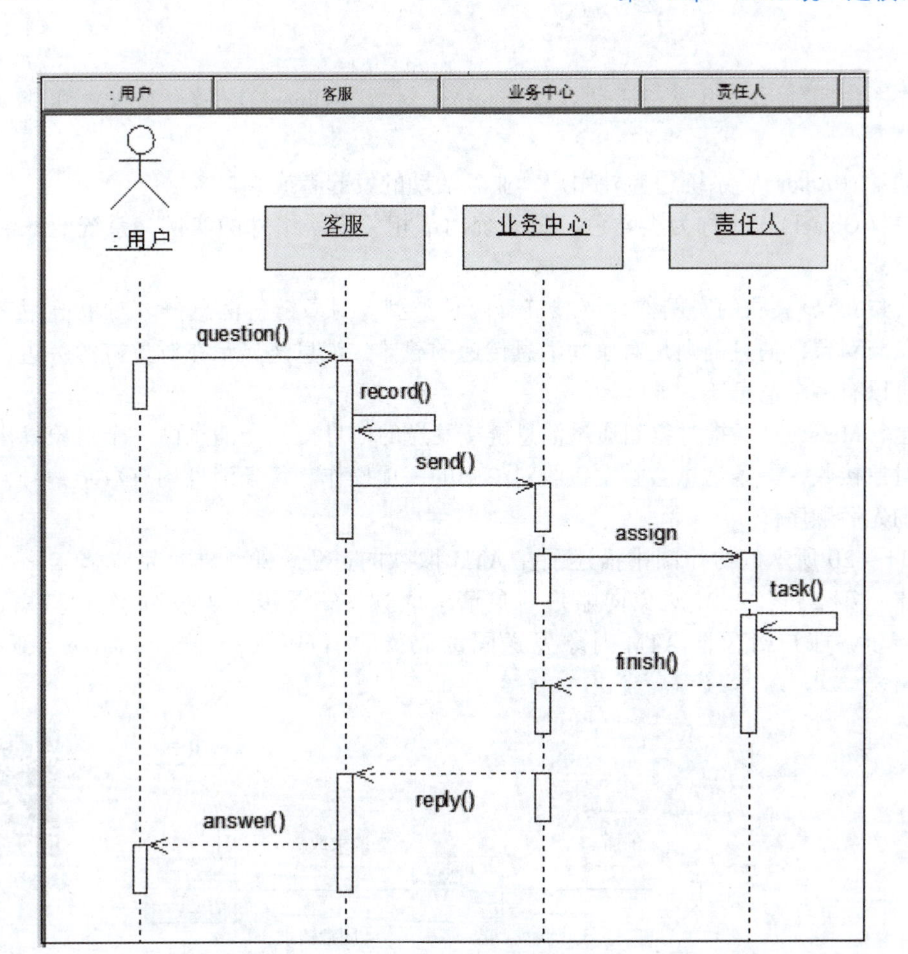

图 11－19　时序图

⑦ 业务中心对象调用客服对象的 reply( )操作告知已处理。

⑧ 客服对象调用参与者用户的 answer( )操作答复问题处理情况。

11.3.2　协作图

协作图（Collaboration Diagram）主要描述协作对象间的交互和链接，显示对象、对象间的链接及对象间如何发送消息，强调发送和接收消息的对象之间的组织结构。除显示信息交换外，协作图还显示对象和它们之间的关系，以及类操作的实现。

协作图与时序图之间可能相互转换，当为实现某个操作或达到某种结果而在对象间交换一组消息时，如果需要强调时间和消息顺序，最好选择时序图；如果需要强调上下文对象之间的相互协作，最好选择协作图。在 Ration Rose 工具中，可通过按 F5 键实现两者的自动转换。

协作图包含类元角色和关联角色。类元角色和关联角色描述了对象的配置和当一个协作的实例执行时可能出现的连接。当协作被实例化时，对象受限于类元角色，连接受限于关联角色。关联角色也可以由各种不同的临时连接所承担，例如全局过程变量或局部过程变量。协作图只对相互之间具有交互作用的对象和对象间的关联建模，而忽略了其他对象和关联。

协作图由四种元素组成：活动者（Actor）、对象（Object）、链（Link）和消息（Message）。

活动者（Actor），系统边界外用户，业务活动的发起者或参与者。

对象（Object），也称为类角色，是系统内部相关模块组件的实例，系统业务活动的参与者。

链（Link），关联的实例称为链。链有两种类型：对象链、消息链。对象链用来连接业务活动参与对象，消息链则是对象间消息传递的载体。消息链显示在对象链的旁边，一个对象链上可以有多个消息链。

消息（Message），指对象间通过消息链接发送的信息交互。消息由一个对象发出，并由指定的对象接收，一条消息会触发接收对象中的一项操作。每条消息均有数字编号，表示消息交互的先后顺序。

图 11－20 所示的协作图中描述了在 ATM 取款的过程。第 1 步，活动者 Kerry 向 ATM 对象插卡；第 2 步，ATM 对象向账户对象请求取款；第 3 步，账户对象自身进行扣款操作；第 4 步，账户对象向 ATM 对象发送同意取款的消息；第 5 步，ATM 对象向活动者 Kerry 吐钱。

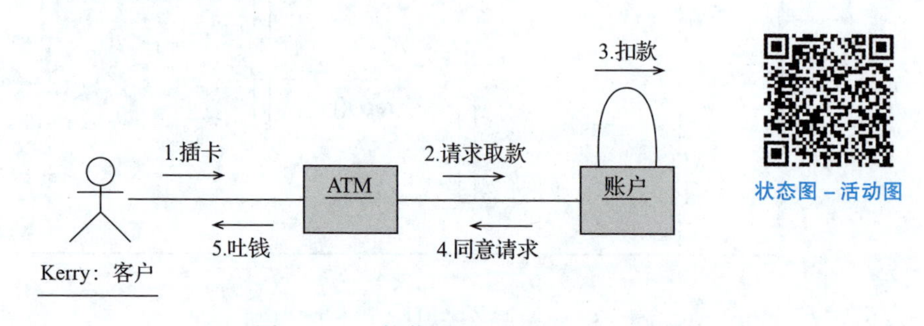

图 11－20　协作图

11.3.3　状态图

状态图（Statechart Diagram），通过对生命周期建立模型来描述对象在它的生命周期中所经历的各种状态变化，同时，状态图也是基于对事件响应的动态行为，显示对象如何根据当前所处的状态对不同事件做出相关反应，以及由于各种事件发生而引起的状态之间的转移。

状态图是从行为的结果来描述系统、模块的业务过程，自始至终只涉及一个特定的对象，由四种元素组成：状态、动作、转换、事件。

状态（State），指对象生命期中的一个条件或状况。在此期间，对象将满足某些条件，执行某些活动，或等待某些事件。一个对象只能有一个初始状态，但终止状态可以有多个，也可以没有终止状态。

动作（Action），指对象变化到一个新状态时，所触发的一系列动作，可以分为入口动作（entry）、出口动作（exit）、业务动作（do），标注在每一个对象状态的内部。入口动作是指进入新状态后要执行的第一个动作，业务动作是指与新状态相关联的业务操作，出口动作是指退出当前状态时所要执行的动作。

转换（Transition），指由于模型内部或外部条件发生变化，导致对象从一种状态转变成另一种新状态。对象状态的转换通常由事件触发，并且状态转换过程通常会触发相关的状态动作。

事件（Event），对象状态发生转换的推动力，即对象从一种状态转换成另一种状态的条件。在状态图中，事件有多种，主要包括信号事件、调用事件、改变事件、时间事件。

图 11－21 所示展示了网上购物流程中订单对象状态的变化过程。图中实心黑色圆圈表示订单的初始状态，空心环形圆圈表示订单的终止状态，状态图中只能有一个初始状态，但可以有多个终止状态。当客户下单事件发生时，就触发订单对象转换成锁定状态，在锁定状态下要执行的入口动作是锁定商品，接着执行与锁定状态相关联的业务动作：记录客户、记录商品，最后执行出口动作，把支付数据发送到支付平台，等待客户付款。当客户进行订单支付时，订单状态进入付款状态，在此状态下，如果支付失败，可重新支付。当客户在此状态下取消订单时，则订单结束。如果支付成功，则触发订单发货事件，订单对象进入配送状态。在配送状态下执行业务动作：快递发货，然后进入收货状态。客户签收后，订单将进入终止状态，整个流程结束。

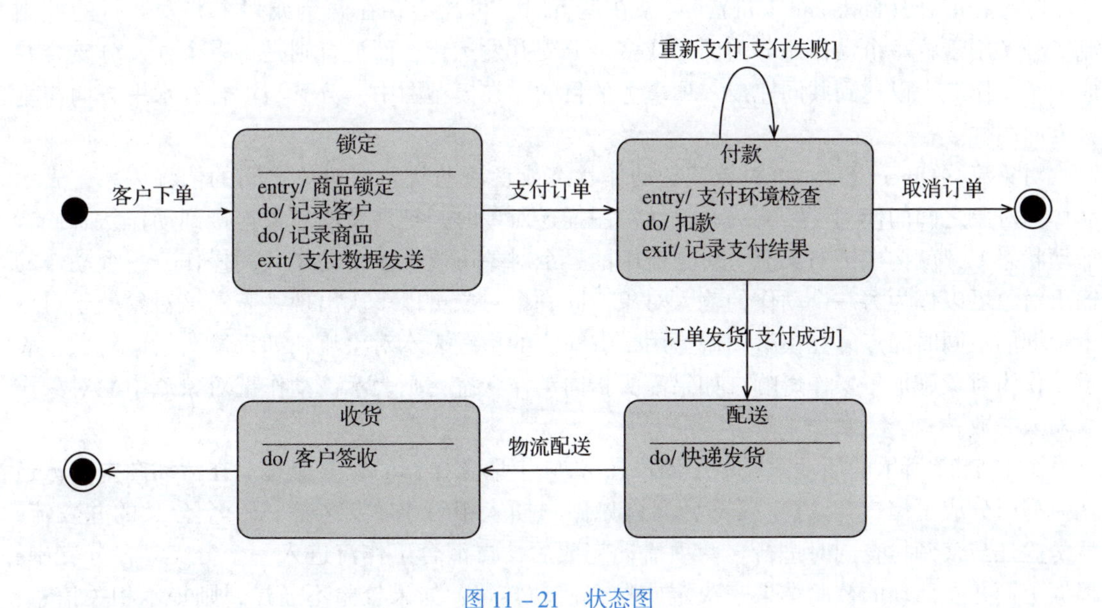

图 11－21 状态图

11.3.4 活动图

活动图（Activity Diagram）工作流程中涉及的活动及活动顺序，展现从一个活动到另一个活动的控制流，是一种表述过程机理的技术，用来对业务过程、工作流建模，还可以对用例实现、程序实现进行建模。

活动图是状态图的一个特例，它与状态图的区别在于，活动图展现的是多个对象和多个用例在一系列业务活动中的总次序，而状态图描述的是跨越多个用例的单个对象的行为。

活动图在本质上是一种流程图，是内部处理驱动的流程。活动图由以下六大元素组成：活动、转换、泳道、分支、分叉和汇合、对象流。

活动（Activity），指业务流程中的一个工作任务。此任务是非原子性的，还可以表示程序运行中的一个代码语句块，在模型图中以一个平滑的圆角矩形表示。

转换（Transition），指业务流程中从一个活动进入另一个新活动。活动转换体现了程序流程的向前推进，除不同活动间可以相互转换外，同一个活动中还可以进行自身转换。在模型图中用带箭头的直线表示转换，箭头的方向指向转入的活动。

泳道（Swimlane），泳道是活动图中划分的不同的责任区域，每个泳道代表一个责任区域，不同的对象将属于不同的泳道。泳道明确地区分出负责活动的对象，展示出活动与对象的归属关系。在包含泳道的活动图中，每个活动只能属于一个泳道。泳道在模型图中用垂直的实线表示，垂直线所分隔的区域就是泳道，泳道上方为对象名称。不同泳道的活动可以顺序进行，也可以并发进行。

分支（Branch），指业务流程从一个活动转换到新活动过程中，由于转换条件的规约，导致流程转换有多个方向选择，根据不同条件可以流向不同的活动。在模型图中，分支用菱形表示。

分叉和汇合（Fork and Join），对象在运行时，可能会存在两个或多个并发运行的控制流，分叉用于将一个动作流分为两个或多个分支并发运行，而汇合则是将多个并发分支合并成一个动作流，以达到共同完成一项事务的目的。在模型图中，分叉与汇合有水平方向与垂直方向两种。

对象流（Object Flow），对象流是动作状态或者活动状态与对象之间的依赖关系，表示动作与对象之间的使用、影响关系。活动图描述对象时，把涉及的对象连接到动作状态或者活动状态上，就构成了对象流。对象流中的一个对象可以由多个动作共同操作，一个动作的输出对象可以作为另一个动作的输入对象，同一个对象可以多次出现，表示该对象处于对象生存期的不同时间点。在模型图中，用带有箭头的虚线表示对象流，如果箭头指向对象，表示动作为对象施加了操作影响；如果箭头指向动作状态，则表示该动作把对象流中的对象作为输入参数。

图 11 - 22 所示的活动图展示了储户在 ATM 上取款操作的完整流程。在活动图中，泳道把模型图分成了储户与 ATM 两部分。首先储户插入银行卡，接着进入一个分叉的并发流，身份验证与余额检查同时进行。两项活动完成后，再汇合工作流进入一个分支。在分支中，根据上面并发活动的校验结果来决定向哪个活动转移，如果校验不通过，则提示相关信息，然后业务流程结束。如果校验通过，则进入业务选择活动。如果在业务选择活动中操作错误，则会产生一个对象流，并传递给信息提示活动，提示相关错误信息，最后结束业务流程。如果在业务选择活动中正常操作相关业务，则下一步进入 ATM 吐钱活动，整个取款流程结束。

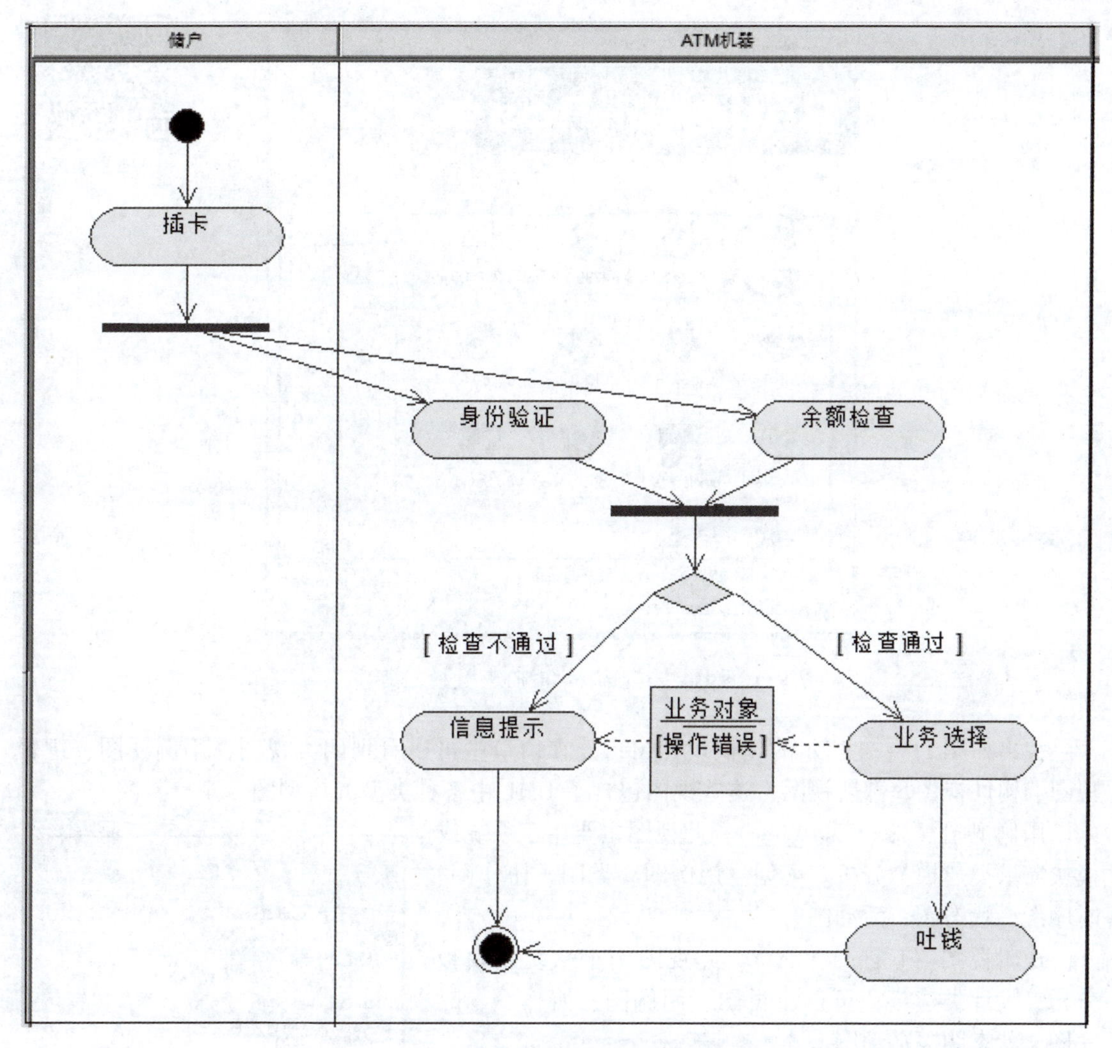

图 11-22　活动图

11.4　Rational Rose 建模工具

UML 建模设计语言在软件工程中使用非常广泛，贯穿于软件开发生命周期全过程，各类模型图适用于不同的业务场景及软件开发过程中不同的阶段和时期。在软件开发市场进行 UML 建模，使用最广泛的是 Rational Rose 建模工具。下面将对此工具的建模设计使用过程进行介绍。

11.4.1　建模视图介绍

打开 Rational Rose 建模工具，如图 11-23 所示，选择“J2EE”建模，单击“OK”按钮。

UML 图表述

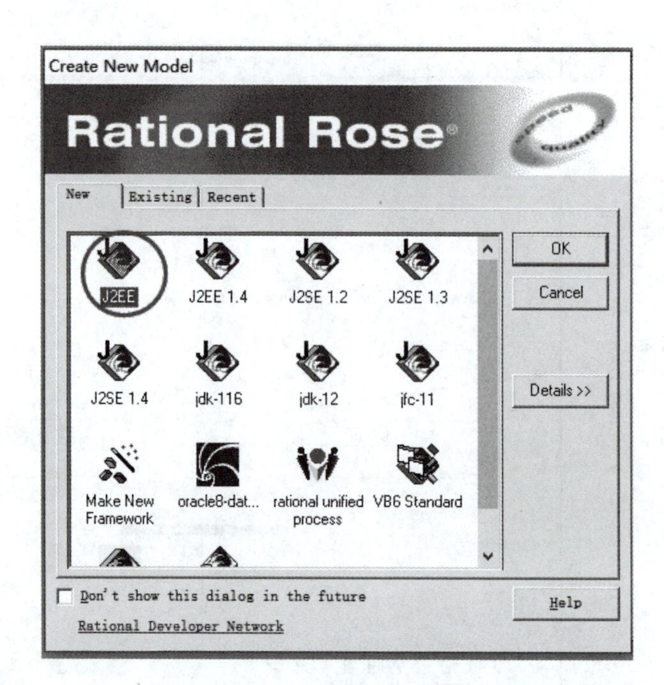

图 11－23　选择“J2EE”建模工具

弹出如图 11－24 所示的建模设计窗口，在窗口中可以看到四类视图：用例视图、逻辑视图、构件视图、部署视图，这些视图包含了 UML 中各种类型的模型图。

用例视图（Use Case View），此视图主要用于系统或模块需求类建模与分析。可创建用例图、类图、协作图、时序图、状态图、活动图。

逻辑视图（Logical View），此视图用于系统及模板分析、设计类建模。可创建类图、用例图、协作图、时序图、状态图、活动图。

构件视图（Component View），此视图用于系统或模板的组成、功能结构划分等分析。只能创建构件图。

部署视图（Deployment View），此视图用于系统集成过程、节点配置、服务依赖等软硬件的部署环境分析。只能创建部署图。

图 11－24　建模设计窗口

11.4.2　各类图形建模设计

（1）用例图建模

在“Use Case View”视图上，右击并选择“New”，选择“Use Case Diagram”，如图 11－25 所示。

在打开的用例图设计窗口上，如图 11－26 所示，可以看到一排工具按钮，在进行用例图建模设计时，只要把对应的事物拖到右边空白的建模界面即可。各个按钮的含义如下。

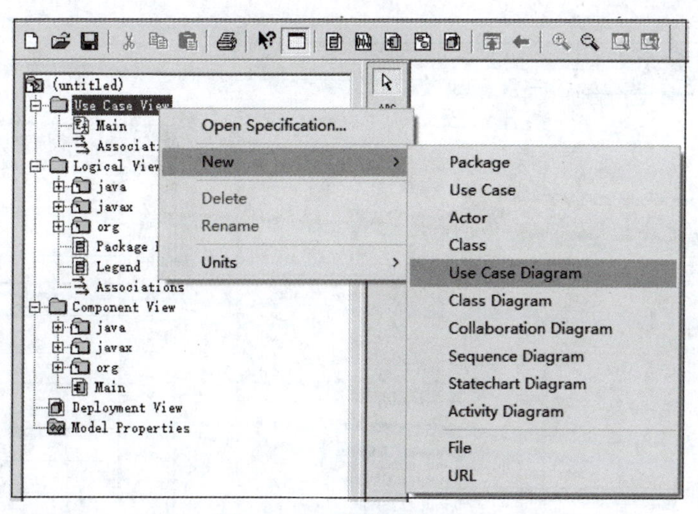

图 11－25　建模设计（1）

① 泛化关系线。

② 依赖关系线。

③ 关联关系线。

④ 参与者。

⑤ 用例。

⑥ 包。

⑦ 说明指示线。

⑧ 说明文本框。

⑨ 说明文字。

（2）类图建模

在“Logical View”视图上，右击并选择“New”，再选择“Class Diagram”，如图 11－27 所示。

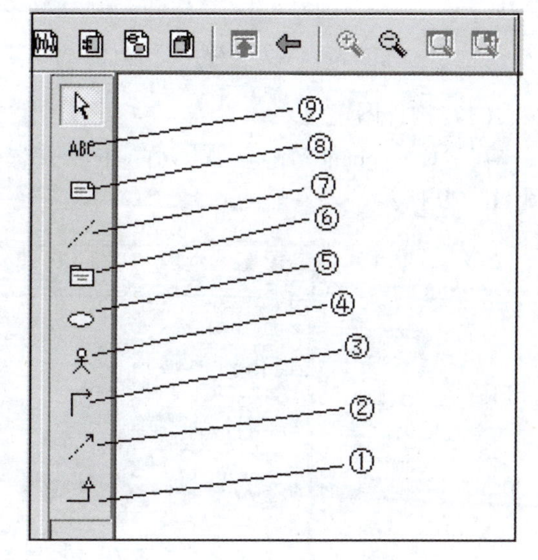

图 11－26　用例图设计窗口

在打开的类图设计窗口上，如图 11－28 所示，可以看到一排工具按钮，在进行类图建模设计时，只要把对应的事物拖到右边空白的建模界面即可。各个按钮的含义如下。

① 实现关系线。

② 泛化关系线。

③ 依赖关系线。

④ 包。

⑤ 关联类标识线。

⑥ 普通关联线。

⑦ 接口。

⑧ 类。

⑨ 说明指示线。

⑩ 说明文本框。

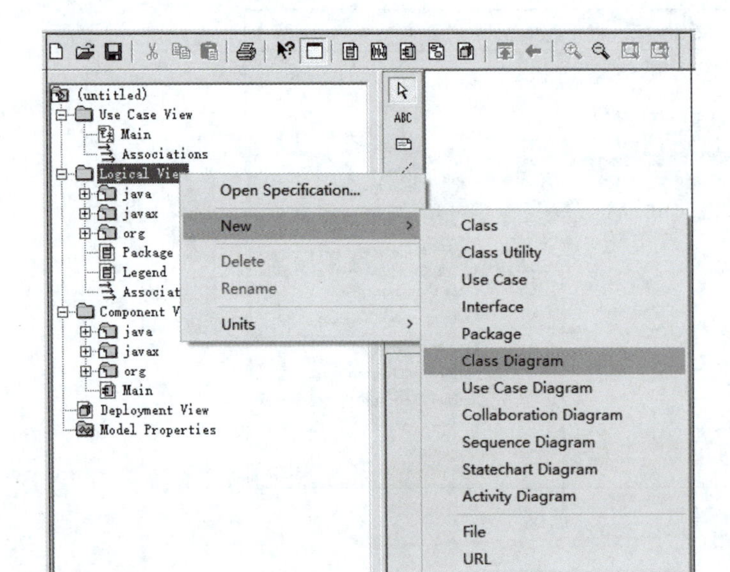

图 11－27　建模设计（2）

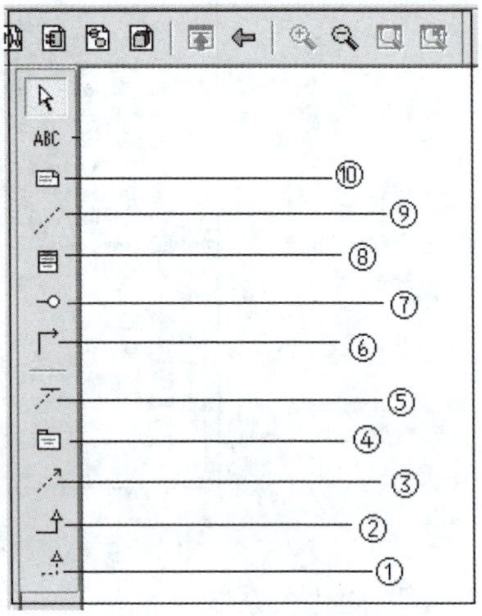

图 11－28　类图设计窗口

(3) 构件图建模

在“Component View”视图上，右击并选择“New”，再选择“Component Diagram”，如图 11－29 所示。

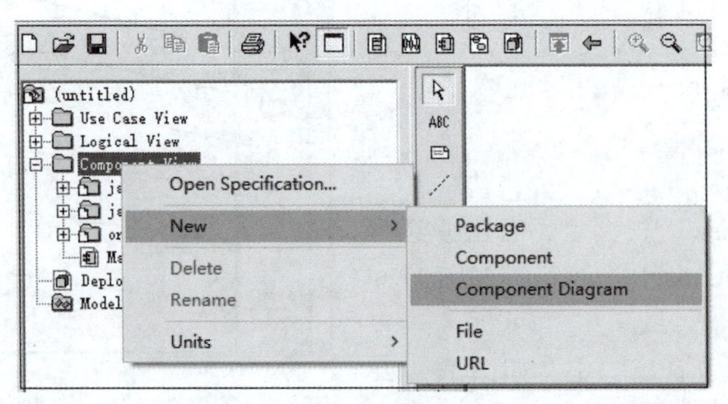

图 11－29　建模设计（3）

在打开的构件图设计窗口上，如图 11－30 所示，可以看到一排工具按钮，在进行构件图建模设计时，只要把对应的事物拖到右边空白的建模界面即可。各个按钮的含义如下。

① 依赖关系线。

② 包。

③ 构件。

④ 说明指示线。

⑤ 文字说明框。

⑥ 文字说明。

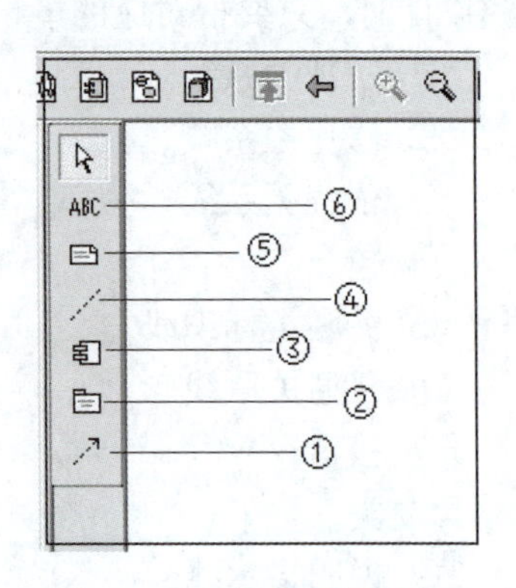

图 11－30　构件图设计窗口

(4) 部署图建模

在 UML 模型图中，一个工程只能创建一个部署图，因而在建模窗口中直接双击“Deployment View”图标即可打开部署图设计窗口，如图 11-31 所示。

在打开的部署图设计窗口上，如图 11-32 所示，可以看到一排工具按钮，在进行部署图建模设计时，只要把对应的事物拖到右边空白的建模界面即可。各个按钮的含义如下。

① 设备节点。

② 连接。

③ 处理器节点。

④ 说明指示线。

⑤ 文字说明框。

⑥ 文字说明。

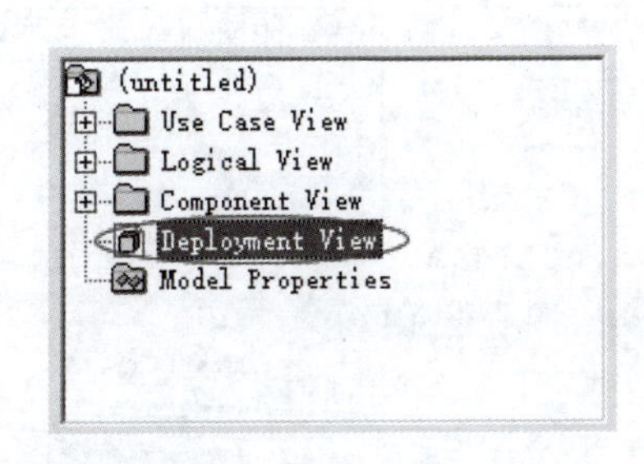

图 11-31　建模设计（4）

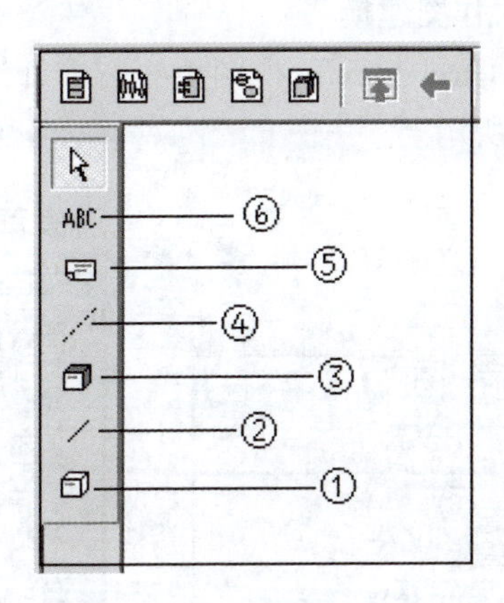

图 11-32　部署图设计窗口

(5) 时序图建模

在“Logical View”视图上，右击并选择“New”，再选择“Sequence Diagram”，如图 11-33 所示。

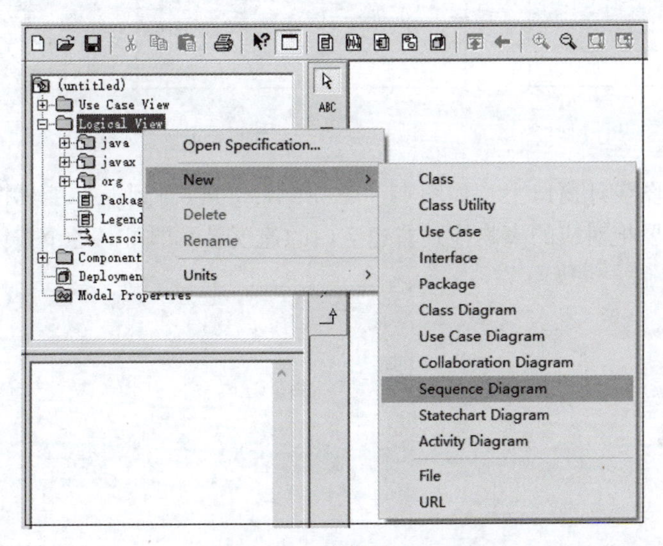

图 11-33　建模设计（5）

在打开的时序图设计窗口上，如图 11－34 所示，可以看到一排工具按钮，在进行时序图建模设计时，只要把对应的事物拖到右边空白的建模界面即可。各个按钮的含义如下。

① 对象销毁标识。

② 返回消息。

③ 自关联消息。

④ 请求消息。

⑤ 对象。

⑥ 说明指示线。

⑦ 说明文本框。

⑧ 说明文字。

（6）协作图建模

在“Logical View”视图上，右击并选择“New”，再选择“Collaboration Diagram”，如图 11－35 所示。

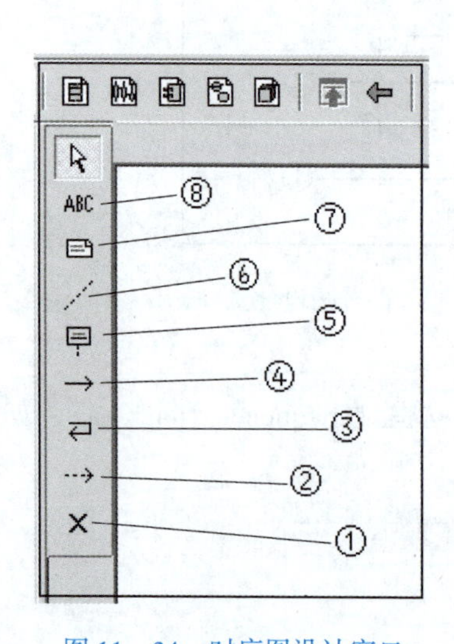

图 11－34　时序图设计窗口

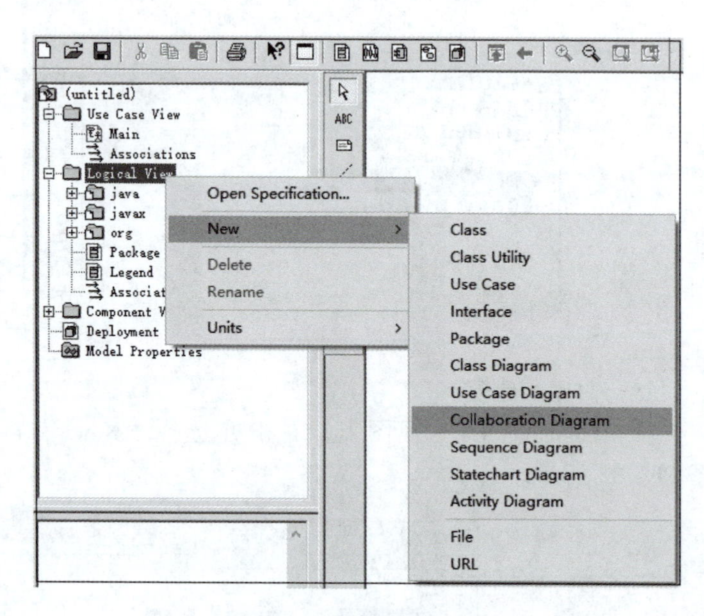

图 11－35　建模设计（6）

在打开的协作图设计窗口上，如图 11－36 所示，可以看到一排工具按钮，在进行协作图建模设计时，只要把对应的事物拖到右边空白的建模界面即可。各个按钮的含义如下。

① 反向数据令牌。

② 数据令牌。

③ 反向消息链。

④ 正向消息链。

⑤ 自身对象链。

⑥ 对象链。

⑦ 类实例。

⑧ 对象。

（7）状态图建模

在“Logical View”视图上，右击并选择“New”，再选择“Statechart Diagram”，如图 11－37 所示。

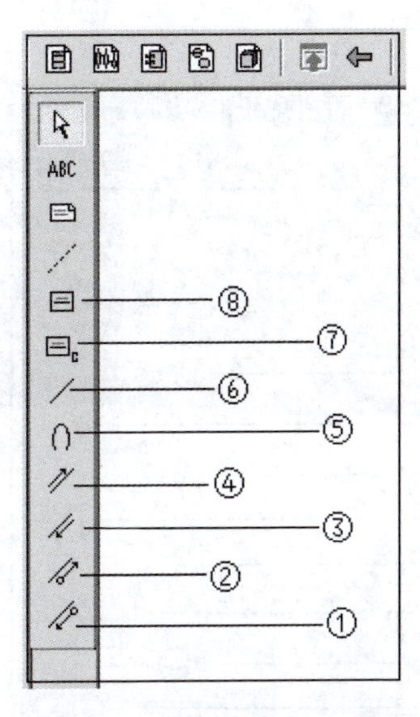

图 11－36　协作图设计窗口

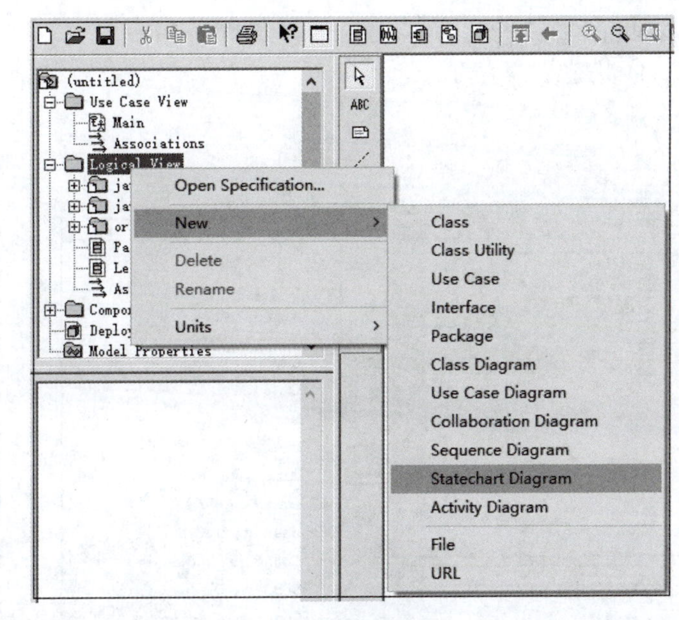

图 11－37　建模设计（7）

在打开的状态图设计窗口上，如图 11－38 所示，可以看到一排工具按钮，在进行状态图建模设计时，只要把对应的事物拖到右边空白的建模界面即可。各个按钮的含义如下。

① 自关联转换。

② 转换。

③ 终止状态。

④ 初始状态。

⑤ 对象状态。

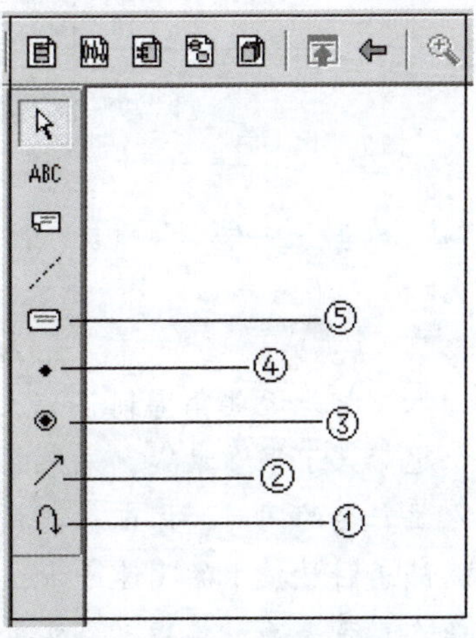

图 11－38　状态图设计窗口

（8）活动图建模

在“Logical View”视图上，右击并选择“New”，再选择“Activity Diagram”，如图 11－39 所示。

在打开的活动图设计窗口上，如图 11－40 所示，可以看到一排工具按钮，在进行活动图建模设计时，只要把对应的事物拖到右边空白的建模界面即可。各个按钮的含义如下。

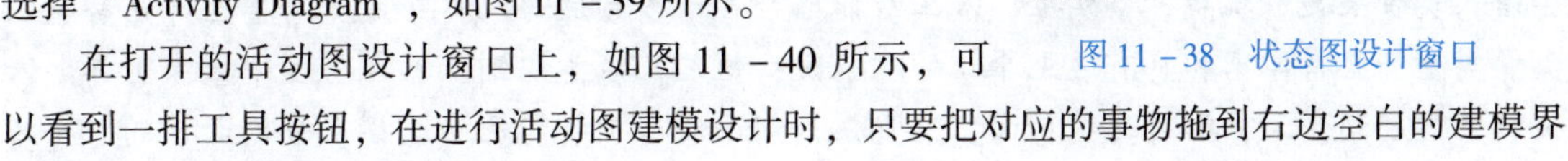

① 泳道。

② 分支。

③ 垂直分叉汇合。

④ 水平分叉汇合。

⑤ 转换。

⑥ 自转换。

⑦ 活动终止状态。

⑧ 活动初始状态。

⑨ 活动。

⑩ 状态。

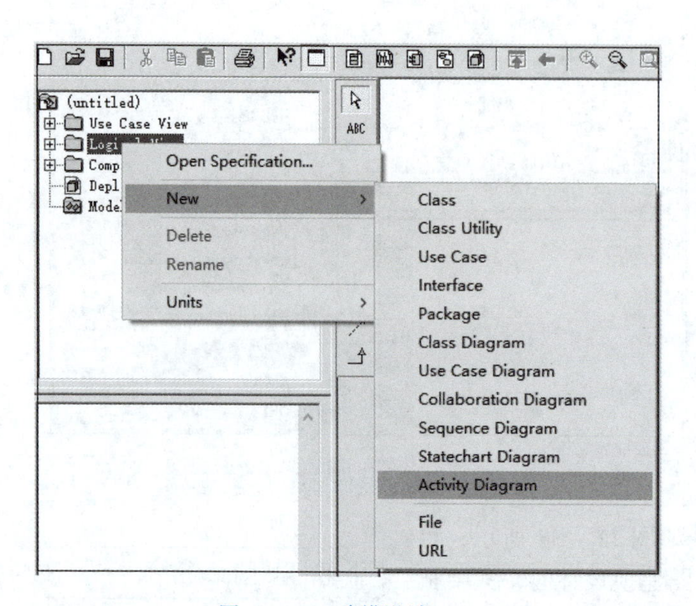

图 11－39　建模设计（8）

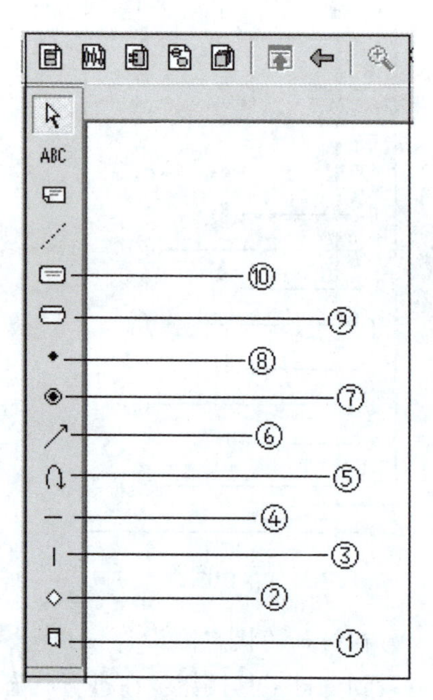

图 11－40　活动图设计窗口

思政讲堂

人工智能对当代社会生活的影响

人工智能近些年得到了如火如荼的发展，并日益深入地渗透到生活中的方方面面。同时，也带来了很多挑战，未来需要寻找应对这些挑战之道，以实现在利用人工智能最大化造福人类社会的同时，保证人类相对于人工智能的主体和支配地位。

随着科学技术的飞速进步，人工智能已经开始加速发展并将深刻地影响人类社会，甚至会给人类带来某种挑战。事实上，人工智能已经在很多领域与人类形成竞争甚至开始替代人类。对于一些科学家和具有远见卓识的人来说，他们已经意识到机器人将主宰未来世界。人类社会发展到今天，面对这种局面，究竟该如何面对人工智能已经是摆在我们面前的一个不可回避的问题。是在智能机器人尚在萌芽时就扼杀其于摇篮，还是为了眼前商业利益的需要加速其发展，必将是我们人类不得不做出的抉择。

人工智能对我们当今社会的影响特别广泛，人工智能的作用在我们生活中占有重要的地位，人工智能会帮助人们生活得更加条理化，提高了社会生产效率，使得我们现在的生活更加智能化、方便化。不过任何事物的产生都具有两面性，人工智能的出现也不例外，它既能帮助我们更好地生活，也同样会给我们带来一些挑战，智能化的技术会使得社会发展不平

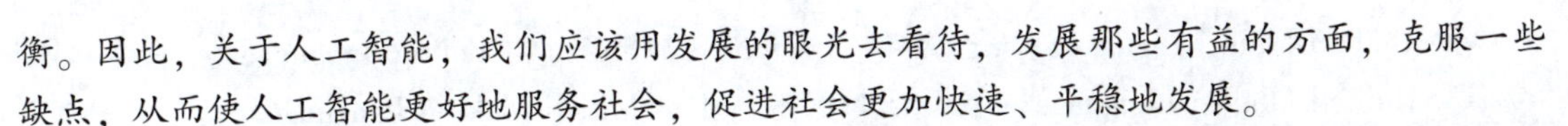

衡。因此，关于人工智能，我们应该用发展的眼光去看待，发展那些有益的方面，克服一些缺点，从而使人工智能更好地服务社会，促进社会更加快速、平稳地发展。

人工智能是人类最伟大、最神奇的发明，它深刻地改变了我们的世界，具有远大的生命前途，但同时也有一些我们难以预料的事情。目前人工智能的增长速度快，我们应该更新观念，对人工智能的价值进行反思，使人工智能更好地服务于人们的生产生活中。

人工智能作为目前乃至未来智能社会的技术支撑，对社会的生产方式、生活方式、娱乐方式都产生了很大的影响，为人与社会的进步和人的自由发展提供了很好的机会。首先，智能化程度已经成为社会和国家发展水平的标志。通过人工智能的应用，我们实现了全球范围内配置资源，智能网络、智能交通的形成更加丰富了我们的日常生活。智能化的形成带动了全球市场的发展，使全球范围内配置资源共享资源成为可能，减少了资源的浪费和闲置，更加合理地配置了资源，加速了经济的发展。人工智能日益发展，不断向传统的生产方式生活渗透，传统的产业也日益智能化，智能产业的发展更是促进了新兴经济的产业结构的升级，带来了更好的发展机遇，提高了劳动生产率，提供了丰富的产品和服务，促进了新兴经济的快速发展。

◇ 思政浅析：

（1）战略性新兴产业融合集群发展

中国共产党二十大报告中指出，国家实施产业基础再造工程和重大技术装备攻关工程，支持专精特新企业发展，推动制造业高端化、智能化、绿色化发展。推动战略性新兴产业融合集群发展，构建新一代信息技术、人工智能、生物技术、新能源、新材料、高端装备、绿色环保等一批新的增长引擎。

（2）人工智能改善了生活，但不能让人工智能主宰人类生活

人工智能的普及，给我们的生活带来了越来越多的便捷，从扫地机器人、智能手机到智能家居，无一不体现人工智能给现代生活带来的便利。但不能什么都依赖人工智能，否则人类会变成人工智能的奴隶。

（3）人工智能将介入人类工作岗位，要学会与人工智能相融合

人们一方面希望人工智能和智能机器能够代替人类从事各种劳动，另一方面又担心它们的发展会引起新的社会问题。现在和将来的很多本来由人类承担的工作岗位将引入智能机器人，因此，人们将不得不学会与智能机器相处，并适应这种变化了的社会时代。

（4）发展人工智能必须以服务人类、服从人类为前提

自从人工智能进入大众的视野，人们越来越了解和接受这一新事物。它遍布社会的每个角落，深刻地影响着人们生活的方方面面。但是这种新型科技对于人们究竟是利大于弊还是弊大于利，还是个未知数，需要人们认真探讨和深入研究。发展人工智能必须遵循三原则：不伤害人类，服从人类，保护人类从而做出牺牲。

本章练习

一、选择题

1. UML 的全称是（　　）。

A. Unified Main Language
B. Unified Modeling Language
C. Unified Modem Language
D. Unified Making Language

2. UML 图不包括（　　）。

A. 用例图
B. 类图
C. 状态图
D. 流程图

3. UML 图中，（　　）用于描述系统与外部系统及用户之间的交互。

A. 用例图　B. 类图　C. 对象图　D. 部署图

4. 下面不是 UML 中的静态视图的是（　　）。

A. 状态图　B. 用例图　C. 对象图　D. 类图

5. 下面不是 UML 中的动态视图的是（　　）。

A. 顺序图　B. 协作图　C. 活动图　D. 组件图

6. 下面 UML 视图是描述一个对象的生命周期的是（　　）。

A. 类图　B. 状态图　C. 协作图　D. 顺序图

7. “说明系统的部署分布”主要在 Rose 的（　　）视图中完成。

A. Use Case View
B. Logic View
C. Component View
D. Deployment View

8. 下面不是用例图组成要素的是（　　）。

A. 用例　B. 参与者　C. 泳道　D. 系统边界

9. “交通工具”类与“汽车”类之间的关系属于（　　）。

A. 关联关系　B. 实现关系　C. 依赖关系　D. 泛化关系

10. 描述系统中类的内部结构（属性、操作）及联系（关联、依赖、聚合）的 UML 图形是（　　）。

A. 用例图　B. 类图　C. 组件图　D. 部署图

11. 下面选项中，（　　）图表示结束状态。

A.　B.　C.　D.

12. 在类图中，下面哪个符号表示泛化关系（　　）。

A.　B.　C.　D.

13. 下图表示类图的（　　）。

Class1　1　1..n　Class2

A. 聚合关系　B. 组合关系　C. 关联关系　D. 依赖关系

14. 下图中的空心箭头连线表示（　　）关系。

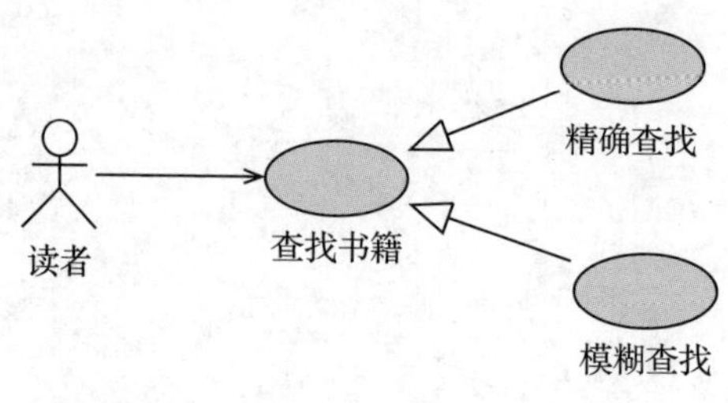

A. 泛化　　B. 包含　　C. 扩展　　D. 实现

15. 在状态图中不能表示下面哪些概念？（　　）。

A. 动作　　B. 类型　　C. 事件　　D. 转换

二、问答题

1. 组合关系和聚合关系有什么区别？
2. 什么是用例图？用例图的构成要素有哪些？
3. UML 用例图中，用例之间包含哪三种关系？
4. UML 的类图中包含哪三种元素？
5. UML 的协作图与时序图有什么区别？
6. UML 建模语言中的动态建模图形有哪几种？
7. UML 建模语言中的静态建模图形有哪几种？

参 考 文 献

[1] 李芝兴，杨瑞龙．Java EE Web 编程（Eclipse 平台）[M]．北京：机械工业出版社，2007.

[2] 孙卫琴．精通 Struts：基于 MVC 的 Java Web 设计与开发 [M]．北京：电子工业出版社，2004.

[3] 林信良．Spring 技术手册 [M]．北京：电子工业出版社，2006.

[4] 罗时飞．精通 Spring [M]．北京：电子工业出版社，2005.

[5] 孙卫琴．精通 Hibernate：Java 对象持久化技术详解 [M]．北京：电子工业出版社，2005.

[6] 程杰．大话设计模式 [M]．北京：清华大学出版，2007.

[7] 钱雪忠，王月海，陈国俊，徐华，钱瑛．数据库原理及应用 [M]．北京：北京邮电大学出版社，2015.

[8] 吴建，郑潮，汪杰．UML 基础与 Rose 建模案例 [M]．北京：人民邮电出版社，2004.

[9] 黑马程序员．Java EE 企业级应用开发教程（Spring + SpringMVC + MyBatis）[M]．北京：人民邮电出版社，2017.